ERPÉTOLOGIE

GÉNÉRALE

OU

HISTOIRE NATURELLE

COMPLÈTE

DES REPTILES.

TOME TROISIÈME.

PARIS.—IMPRIMERIE ET FONDERIE DE FAIN,
Rue Racine, n. 4, place de l'Odéon.

ERPÉTOLOGIE
GÉNÉRALE
OU
HISTOIRE NATURELLE
COMPLÈTE
DES REPTILES,

PAR A. M. C. DUMÉRIL,
MEMBRE DE L'INSTITUT, PROFESSEUR A LA FACULTÉ DE MÉDECINE,
PROFESSEUR ET ADMINISTRATEUR DU MUSÉUM D'HISTOIRE NATURELLE. ETC

ET PAR G. BIBRON,
AIDE NATURALISTE AU MUSÉUM D'HISTOIRE NATURELLE.

TOME TROISIÈME.

CONTENANT L'HISTOIRE DE TOUTES LES ESPÈCES DES QUATRE PREMIÈRES FAMILLES DE L'ORDRE DES LÉZARDS OU SAURIENS,
SAVOIR :
LES CROCODILES, LES CAMÉLÉONS, LES GECKOS ET LES VARANS.

OUVRAGE ACCOMPAGNÉ DE PLANCHES.

PARIS.
LIBRAIRIE ENCYCLOPÉDIQUE DE RORET,
RUE HAUTEFEUILLE, N° 10 BIS.

1836.

AVERTISSEMENT.

Ainsi que nous l'indiquons dans le titre, ce troisième volume est spécialement consacré à l'histoire naturelle des quatre premières familles de l'ordre des Lézards ou des Sauriens. Il est divisé en autant de chapitres, qui sont relatifs aux Crocodiles, aux Caméléons, aux Geckos et aux Varans.

La marche que nous avons adoptée est, en tout, semblable à celle que nous avons suivie précédemment pour l'histoire des Tortues. En exposant ainsi les faits dans le même ordre, nous espérons en faciliter l'étude comparée, et nous y avons trouvé nous-mêmes le grand avantage de n'omettre aucun trait important dans l'étude des formes, de l'organisation et des mœurs des espèces. Leur description s'élève ici à plus d'une centaine, qui ont été observées sur un nombre immense d'individus. Nous croyons devoir citer un exemple qui pourra donner l'idée de la position singulièrement favorable dans laquelle nous nous trouvons placés, quand nous dirons que, pour décrire les quatorze espèces du genre Crocodile, nous avons pu réunir en même temps sous nos yeux plus de cent cinquante exemplaires des deux sexes, de toutes les dimensions, soit desséchés, soit conservés dans la liqueur.

Voici l'ordre que nous avons continué de suivre dans cette histoire, en cherchant à la rendre aussi complète qu'il était possible :

Nous présentons d'abord des réflexions générales sur les motifs qui ont porté les Naturalistes à rapprocher entre elles les espèces déterminées des Reptiles Sauriens, pour en former une même famille, et sur les moyens qu'ils ont employés pour les répartir en sections et en genres. Après avoir exposé en quoi ces animaux diffèrent de tous ceux du même ordre, nous exprimons leurs caractères naturels, et nous indiquons, par ordre de dates, tout ce qui est relatif à leur classification dans les ouvrages généraux ou systématiques.

Dans un second article, nous faisons connaître les formes et la structure des espèces ainsi rapprochées, en étudiant successivement et constamment dans le même ordre, leurs quatre grandes fonctions principales, c'est-à-dire ce qui concerne les mouvemens, la sensibilité, la nourriture et la reproduction, en rapportant fidèlement toutes les circonstances qui peuvent intéresser dans leur histoire.

Les habitudes, les mœurs et la distribution géographique des espèces, font le sujet d'un troisième article

La partie historique qui suit est destinée à

exposer dans l'ordre chronologique, la série des auteurs qui ont laissé des mémoires ou des traités particuliers relatifs à une ou à plusieurs espèces, avec une courte analyse des faits principaux qui se trouvent consignés dans ces écrits.

Après ces préliminaires, dans lesquels l'histoire naturelle générale de chacune de ces familles se trouve nécessairement exposée, nous passons à l'étude de la classification, que nous résumons en présentant des tableaux synoptiques ou systématiques, destinés à rendre faciles et plus rapides les distinctions des genres et la détermination des espèces. A cet égard, nous nous sommes soumis également pour les détails à une méthode constamment la même. Voici d'ailleurs comment nous avons procédé. Après le nom du genre ou de l'espèce, nous avons tracé, d'abord les caractères essentiels à l'aide desquels l'animal est à l'instant distingué de tous ceux avec lesquels il peut avoir des rapports; la synonymie chronologique, extraite des ouvrages mêmes que nous avons pu consulter, précède toujours la description détaillée dans laquelle nous n'avons négligé aucune particularité. Nous indiquons ensuite la coloration, les dimensions, la patrie et les observations particulières auxquelles quelques individus peuvent avoir donné lieu.

Enfin, quand il existe des débris fossiles que

l'on a dû rapporter à des espèces de Sauriens analogues à celles de la famille, nous leur consacrons un dernier article, et c'est ce qui est arrivé pour les Crocodiles et les Varans.

En raison du petit nombre de planches à la publication desquelles nous avons dû nous borner, nous nous sommes surtout attachés à offrir les figures des genres principaux dans chaque famille. Nous ne devions donner d'abord que douze planches pour les Sauriens; mais, comme le volume suivant leur sera encore presque exclusivement consacré, il nous est devenu facile d'en faire représenter un plus grand nombre. Celles qui manquent dans la série feront partie de la quatrième livraison; elles sont ici remplacées par d'autres dont l'ordre numérique se trouvera rétabli par la suite.

Au Muséum d'Histoire naturelle de Paris, le 15 juin 1836.

HISTOIRE NATURELLE

DES

REPTILES.

SUITE

DU

LIVRE QUATRIÈME.

DE L'ORDRE DES LÉZARDS OU DES SAURIENS.

CHAPITRE IV.

FAMILLE DES CROCODILIENS OU ASPIDIOTES.

§ I. CONSIDÉRATIONS GÉNÉRALES ET DISTRIBUTION EN SOUS-GENRES.

Les Reptiles de cette famille des Crocodiliens ne devraient réellement pas être placés au rang le plus élevé dans l'ordre des Sauriens, si l'on ne consultait que l'énergie de leurs fonctions animales, puisqu'il en est de plus agiles, et chez lesquels les organes des sens semblent, par cela même, avoir acquis plus de perfection et de développement dans tout ce qui tient à la vie de rapports. Nous avons cependant cru devoir procéder d'abord à l'étude de leur histoire, parce que ce sont des espèces dont le corps acquiert de très-grandes dimensions, ce qui rend leurs organes beaucoup plus faciles à anatomiser, et que leur structure pourra ainsi nous servir de type ou de sujet de comparaison, quand il faudra apprécier les diverses modifications que les mêmes parties auront éprouvées dans les autres races. Cette famille forme d'ailleurs une sorte de transition naturelle à l'ordre des Chéloniens, dont les derniers genres semblent nous avoir initiés d'avance avec les détails de la conformation générale que nécessitaient une vie aquatique et une grande analogie dans les habitudes et les mœurs, qui se retrouveront en effet chez les Sauriens, réunis ici sous le nom d'Aspidiotes, c'est-à-dire écussonnés.

Nous savons déjà que les Crocodiles doivent être rapportés à l'ordre des Lézards, puisque leur corps, sans carapace, est terminé par une queue très-allongée, qu'il est supporté par quatre pattes, dont les doigts sont garnis d'ongles; puisque leurs mâchoires ont les branches soudées et dentées; qu'ils ont des paupières, un tympan, un sternum et des côtes, et que leurs petits, en sortant d'un œuf à coque dure et calcaire, sont semblables à leurs parens et ne subissent pas de métamorphoses.

En outre, cette famille présente beaucoup de particularités propres à la faire distinguer de toutes celles qui réunissent les autres Reptiles sauriens, et que nous allons indiquer d'abord, comme présentant des *caractères naturels*; nous les développerons ensuite, en entrant dans des détails qui feront mieux sentir toute leur importance par la comparaison qui en sera établie avec les autres groupes du même ordre.

1°. Tous ont les tégumens de la tête immédiatement appliqués sur les os; c'est une sorte de peau coriace qui n'est pas protégée par des écailles, mais dont l'épiderme est épais, divisé par des impressions linéaires en compartimens simulant des plaques écailleuses qu'on retrouve sur le crâne de la plupart des autres Sauriens; cette peau est lisse, mais elle suit toutes les saillies et les anfractuosités de la surface de la tête, dont le crâne et le museau sont toujours déprimés.

2° Leur langue, qui ne peut sortir de la bouche, n'est apparente que lorsque l'animal écarte les mâchoires; elle est plate, large, charnue, non échancrée à la pointe, fixée par tout son pourtour dans l'espace compris entre les branches de la mâchoire inférieure; celles-ci sont plus longues que le crâne, qui se prolonge cependant en arrière pour servir à leur articulation.

3° Les dents sont nombreuses, grosses, toujours inégales en longueur, coniques, creuses à la base, disposées en rang simple, implantées dans l'épaisseur des bords des os maxillaires supérieurs et inférieurs, et dans les cavités particulières de véritables alvéoles.

4° Les narines ont leurs orifices extérieurs rapprochés entre eux; placées près de l'extrémité antérieure et supérieure du museau, elles sont munies de valvules mobiles; leurs cavités forment deux longs canaux parallèles qui s'ouvrent, non dans la cavité de la bouche, mais dans l'arrière-gorge.

5° Les oreilles externes sont recouvertes ou cachées

1.

par deux sortes d'opercules mobiles, l'un supérieur, l'autre inférieur, attachés sur le bord du conduit auditif.

6° Le tronc est déprimé, protégé du côté du dos par des écussons solides, à lignes saillantes en longueur, ou par de grandes plaques osseuses, carénées, distribuées par bandes longitudinales. La peau du ventre est recouverte de rangées transversales de plaques écailleuses, lisses et carrées.

7° Leur queue est surmontée de crêtes longitudinales; elle est très-longue, conique, grosse à la base, toujours comprimée latéralement, et garnie de plaques carrées, verticillées.

8° Les pattes antérieures sont à cinq doigts distincts, dont les deux externes sans ongles; les postérieures n'ont que quatre doigts palmés ou demi-palmés, dont trois seulement sont onguiculés.

9° Les organes générateurs sont simples chez les mâles; le cloaque est longitudinal, ovalaire; il ne présente pas une fente transversale comme chez la plupart des autres Sauriens.

En détaillant successivement ces particularités, au nombre de neuf principales, qui distinguent cette famille des Crocodiliens, notre intention est de mieux apprécier les analogies ou les similitudes partielles qui semblent lier ce groupe à quelques autres du même ordre, en même temps que nous aurons occasion de faire saillir davantage les différences essentielles de l'organisation, qui les isolent, pour ainsi dire, de tous les autres animaux de cette même classe des Reptiles.

1° L'adhérence intime de la peau sur les os qui forment le crâne et la face, ainsi que l'absence des écailles ou des plaques cornées sur ces mêmes parties, deviennent des notes importantes pour faire distinguer les Crocodiliens des trois autres familles de Sauriens, qui comprennent les Lézards, les Scinques et les Chalcides; et quoique la dépression du crâne et l'aplatissement du museau se retrouvent aussi et presque uniquement dans quelques Geckotiens, tous les autres Sauriens, sans exception, ont une hauteur du crâne telle que dans les sections verticales que l'on pourrait en faire, cette dernière étendue serait à peu près égale à sa largeur.

2° La conformation de la langue, qui est entière, liée de toutes parts à la mâchoire inférieure, et qui par cela même ne peut sortir de la bouche, semble indiquer quelque analogie, pour sa disposition et ses usages, avec celle de la plupart des espèces de Batraciens Urodèles, comme les Salamandres. Il est vrai que les Geckotiens ont aussi une langue plate et peu mobile; mais chez eux cet organe est libre à la pointe, qui est aussi le plus souvent un peu échancrée. Wagler s'est même servi de ce caractère de l'immobilité absolue de la totalité de la langue, pour placer les Crocodiles dans une famille spéciale, qu'il distingue de celles de tous les autres Sauriens, par cette particularité qu'il a cherché à exprimer sous le nom d'*Hédrœoglosses*.

Quant à la longueur excessive de la mâchoire inférieure, relativement à l'étendue du crâne dans le même sens, c'est véritablement une singularité remarquable par la comparaison qu'on peut en faire avec la plupart des autres Reptiles, et par les effets qui résultent de leur mode d'articulation. En effet, la cavité glénoïde ou articulaire est située chez ces animaux bien en arrière de l'occipital, parce que leurs os carrés ou intra-articulaires sont soudés au crâne comme dans les Chéloniens, et bien plus en arrière. C'est ce qui fait que la commissure des mâchoires, ou la fente de la bouche, s'étend réellement au-delà du crâne, et comme les muscles destinés à écarter les mâchoires sont attachés en arrière de l'articulation, leur action s'exerce le plus ordinairement sur la totalité de la mâchoire supérieure qui s'élève et s'écarte de l'inférieure, parce que celle-ci reste fixe toutes les fois qu'elle est appuyée sur le sol, ce qui arrive le plus ordinairement lorsque l'animal est sur un terrain solide.

3° Quant aux dents des Crocodiles, dont les formes, la structure, la disposition respective et le mode de développement présentent plusieurs faits curieux, nous en avons déjà parlé dans plusieurs parties de cet ouvrage (1), et M. Cuvier a fait sur ce sujet des remarques intéressantes (2). Voici en abrégé quelques-unes de ces particularités :

Toutes ces dents, quoique très-solides par leur masse et par le poids de la matière éburnée qui les constitue, présentent cependant un amincissement notable et une cavité conique dans leur racine ; le bord tranchant de cette racine est échancré du côté interne, et c'est par cette région que pénètre le sommet du cône de la dent de remplacement qui, venant à remplir peu à peu cet espace, finit par comprimer les nerfs et les vaisseaux nutritifs de la dent primitive à laquelle celle-ci doit succéder. Peut-être même,

---

(1) Tome Ier, p. 121, et tome II, p. 640, 3e alinéa.

(2) Ossemens fossiles, tom. V, 2e partie, Ostéologie des Crocodiles, article III, p. 90.

dans ses prévoyances, la nature a-t-elle ainsi dispose une suite de dents emboîtées, destinées à se suppléer en cas d'accidens; car il est rare d'observer des absences absolues d'une ou de plusieurs dents sur les bords des mâchoires.

Au reste, les Sauriens de cette famille sont les seuls dont les dents soient véritablement implantées par gomphose dans le bord alvéolaire de l'une et de l'autre mâchoire, et qui aient une base libre tout-à-fait circulaire et tranchante, qu'on voit quelquefois rester comme un anneau en couronne sur la pointe de la dent nouvelle, lorsque la première, ou la dent primitive, a été cassée vers sa racine.

4° Comparées à celles des autres Sauriens, et même à celles de l'ordre entier des Reptiles, les narines des Crocodiliens sont certainement celles qui offrent le plus d'étendue, même respectivement à la longueur totale de leur corps. Leur double orifice en croissant, dont la concavité est en arrière, se trouve rapproché et comme confondu sur un tubercule charnu, qui occupe le sommet du museau vers son extrémité libre. Là il est muni d'un appareil de soupapes ou de valvules mises en action par des muscles. Cette conformation est certainement en rapport avec les habitudes de ces animaux, qui sont souvent obligés de plonger avec une proie entre les mâchoires, ce qui leur donne la faculté de rester ainsi sous l'eau à de grandes profondeurs avec la gueule béante.

La terminaison postérieure de ces conduits nasaux, qui, après avoir parcouru toute la longueur de la voûte du palais, viennent enfin déboucher dans l'isthme de la gorge, offre encore une singularité tout-à-fait caractéristique et liée avec la faculté que ces animaux possèdent, de pouvoir respirer par le sommet du museau situé à la superficie des eaux, pendant que leur gueule est complétement ouverte en avant, et paraissant complétement close en arrière.

5° Quoique tous les Sauriens et même les Reptiles en général n'aient pas de conque véritable ou de replis extérieurs aux oreilles, on trouve chez les Crocodiles deux sortes de plaques mobiles qui s'appliquent à volonté, plus ou moins fortement, sur l'orifice du conduit auditif externe. C'est un exemple unique, et qui a dû être par conséquent noté comme une particularité distinctive pour cette famille.

6° La forme générale du corps, dont le tronc offre toujours un peu plus d'étendue en largeur qu'en hauteur, se retrouve dans quelques autres familles de Sauriens, tels que les Geckos, les Tupinambis, etc.; mais, à l'exception de la Dragonne, on n'observe chez aucun animal de cet ordre une disposition semblable dans les plaques qui protégent les tégumens. Il y a sur la nuque et sur le dos, de grands écussons ou boucliers solides, souvent osseux, relevés suivant leur longueur par une crête ou arête longitudinale : des arêtes analogues sur la base de la queue en rangée quadruple, puis double, et enfin simple ou tranchante sur l'extrémité libre de la queue, qui est toujours comprimée ou aplatie de droite à gauche pour servir de rame ou de nageoire. Le dessous du ventre est protégé par des verticilles de plaques carrées, lisses ou sans carènes, et les flancs sont garnis de petites écailles arrondies ou ovales. Comme nous venons de le dire, le seul genre de la Dragonne présente sous ce rapport quelque analogie avec les Crocodiles; mais ses pattes sont tout autres, ayant cinq doigts distincts, et tous munis d'ongles, les postérieures n'étant pas palmées; en outre, sa langue est libre, fourchue à la pointe; enfin ses dents sont en tubercules mousses.

7° La forme des pattes, qui sont tellement courtes qu'elles peuvent à peine soutenir le poids du corps; la direction de ces membres, qui est presque transversale à la longueur de l'échine; les doigts, au nombre de cinq en avant, dont les deux externes sont constamment privés d'ongles; les membranes, qui lient entre elles les bases des doigts postérieurs, toujours au nombre de quatre, dont l'extérieur n'est pas protégé par un ongle : tout dénote les habitudes aquatiques déjà annoncées par la compression de la queue, et la position des orifices extérieurs des organes de la respiration. Or, parmi les Sauriens, les Uroplates et les Ptychozoons offrent seuls des pattes ainsi palmées, mais d'ailleurs toute leur organisation les rapporte à l'ordre des Geckotiens.

8° Enfin, les Crocodiliens mâles semblent construits comme les Oiseaux et les Chéloniens, puisque, parmi les Sauriens, ce sont les seuls dont les organes génitaux soient extérieurement simples, et chez lesquels les deux sexes portent en dessous, à la racine de la queue, une fente dirigée en longueur. C'est la terminaison du cloaque, qui est au contraire fendu en travers chez presque tous les autres Sauriens.

En analysant ces nombreuses particularités pour les réduire à leur plus simple expression, et les présenter comme une sorte de résumé de ce qui précède, nous assignerons à cette famille la série suivante de caractères essentiels ou naturels, parce que nous les avons tirés uniquement de leur conformation extérieure.

Corps déprimé, allongé, protégé sur le dos par des écussons solides et carénés.

Queue plus longue que le tronc, comprimée latéralement, annelée et garnie de crêtes en dessus.

Quatre pattes courtes, dont les postérieures ont les doigts réunis par une membrane natatoire : trois ongles seulement à chaque patte.

Tête déprimée, allongée en un museau au-devant duquel se voient des narines rapprochées sur un tubercule charnu, garni de soupapes mobiles ; bouche fendue au-delà du crâne.

Langue charnue, adhérente, entière, non protractile.

Dents coniques, simples, creuses à la base ou vers la racine, inégales en longueur, mais sur un seul rang.

Organe génital mâle, simple, sortant par un cloaque fendu en longueur.

Nous ne nous étendrons pas davantage sur ces caractères différentiels, dont les détails devront se reproduire par la suite, quand nous aurons occasion de faire connaître les autres familles, puisque nous allons d'ailleurs exposer l'organisation des Crocodiliens, pour indiquer en quoi leur structure diffère de celle des autres Sauriens.

Il serait en effet impossible, en consultant ces notes caractéristiques, de confondre cette famille avec aucune de celles des sept autres qui sont réunies dans le même ordre. En ne considérant donc que quelques points de leur conformation ou de leur structure interne, comme nous l'avons fait dans les deux tableaux synoptiques insérés aux pages 596 et 597 du volume précédent, on reconnaît, à l'aide de l'analyse : 1° que les Lézards, les Scinques et les Chalcides ont le dessus du crâne garni de plaques cornées, disposées par compartimens, ou de lames entuilées comme les écailles des poissons ; 2° que, contrairement à ce qu'on observe dans les Caméléons et les Geckos, la peau n'est pas lisse, ni irrégulièrement granulée ou chagrinée ; 3° enfin que les Varans, les Iguanes n'ont pas, comme les Crocodiles, les doigts des pattes postérieures réunis à leur base par des membranes, ni le dos protégé par des écussons osseux. Il devient donc aussi impossible de ne pas considérer les Aspidiotes comme formant une famille tout-à-fait distincte dans l'ordre des Sauriens.

Par un autre mode d'investigation fondé sur l'examen de la forme et de la disposition de la langue, qui chez les Crocodiles est entière, fixée de toutes parts au plancher que lui présentent les branches de la mâchoire inférieure, de manière à ne pouvoir se déplacer pour sortir de la bouche, on voit de suite comment ces Reptiles diffèrent d'abord des Caméléoniens et des Varaniens, chez lesquels cet organe est très-allongé, extensible, rentrant dans un fourreau ; puis ensuite des espèces comprises dans les quatre autres familles, dont la langue est dégagée, exertile, et le plus souvent fendue, ou du moins échancrée à son extrémité libre.

Il demeure donc définitivement bien établi que la famille des Aspidiotes ou des Crocodiliens comprend des animaux entièrement différens de tous ceux qu'on a rangés dans les sept autres groupes du même ordre des Sauriens. Nous pouvons maintenant procéder à l'étude de la structure intérieure et des fonctions de cette famille de Reptiles.

§ II. ORGANISATION DES CROCODILIENS.

Il n'est pas de familles parmi les Sauriens, nous pourrions même dire parmi les Reptiles, qui atteignent de plus grandes dimensions, ou qui acquièrent un poids plus considérable, et surtout qui développent une plus grande puissance de mouvemens que celle des Crocodiliens. Après les Chéloniens, il n'en est peut-être pas qui soient mieux protégés par les plaques souvent osseuses qui recouvrent leur dos et les parties les plus vulnérables de leur corps. D'ailleurs l'étude de leur organisation, dont nous allons indiquer les particularités les plus remarquables, nous offrira beaucoup de points intéressans à connaître; et comme leur anatomie a été mieux étudiée, qu'elle est plus facile à décrire, en raison du volume des parties, elle servira de type ou de point de comparaison pour les organes de même nature, que nous aurons à faire connaître dans les autres familles de Sauriens. Nous suivrons dans cet examen le même ordre que celui que nous avons adopté pour la famille des Chéloniens. Nous ne donnerons pas une description complète de l'anatomie; nous n'indiquerons parmi les particularités de l'organisation que celles qui peuvent être utiles pour la géologie ou pour la physiologie.

1° *Des organes du mouvement.*

Nous commencerons par les organes du mouvement, qui ont été, au moins pour les os, étudiés d'une manière spéciale par beaucoup de naturalistes, par Meckel, et surtout par Cuvier, qui en a consigné les résultats dans son grand ouvrage sur les ossemens fossiles, d'où nous les extrairons en grande partie, car il est inutile de refaire ces descriptions. Seulement nous ne nous attacherons qu'aux résultats les plus importans obtenus par cette curieuse investigation (1).

Nous commencerons par l'examen de la colonne vertébrale (l'échine).

L'échine des Crocodiles est composée d'un nombre de vertèbres à peu près constant, et qui reste tel dans tous les individus de la même espèce, à toutes les périodes de leur existence. Chez tous, à l'exception de la région caudale, dont les pièces osseuses paraissent en rapport avec les anneaux transversaux que forment les écailles de la queue comme autant de verticilles, et qui varient un peu, on compte sept vertèbres au cou, douze au dos, cinq aux lombes et deux seulement entre les os du bassin. Le nombre total des os de l'échine, non compris la tête, est de soixante à soixante-six ou huit en totalité. Toutes les vertèbres, à l'exception de l'atlas, ont la troncature antérieure du corps marquée d'une concavité pour recevoir la convexité ou l'espèce de condyle de la région postérieure, analogue en cela au mode d'articulation du condyle occipital unique, avec la cavité formée par les trois pièces antérieures et latérales de l'axis.

Parmi les vertèbres du cou, qui sont toutes remarquables par la non réunion des pièces qui les com-

(1) Plumier a laissé une description des os qui composent le squelette du Crocodile dans ses manuscrits, et Schneider l'a publiée en extrait dans un journal de Leipsick, p. 455 et suivantes, et planche iv. On trouve ces mêmes extraits dans le second fascicule de son Histoire littéraire et naturelle des Amphibies, en 1801, p. 72 et suivantes jusqu'à 83.

posent, on a constamment observé que la première du côté du crâne, ou l'atlas, est formée de six portions réunies entre elles par des cartilages. L'arc supérieur, qui correspond à l'apophyse épineuse et à ses lames, n'offre qu'une légère saillie médiane ; les deux branches latérales symétriques sont les apophyses articulaires qui reçoivent en partie le condyle occipital unique, et en dessous les mêmes apophyses de l'axis. La partie antérieure de cet anneau correspond au corps des autres vertèbres en avant ; elle termine la fosse condylienne, et en dedans elle reçoit la facette antérieure de l'apophyse odontoïde de l'axis ; enfin, sur sa partie antérieure, elle présente une articulation pour les deux apophyses transverses, qui sont ici mobiles et qui sont les analogues des côtes.

La deuxième vertèbre cervicale, ou l'axis, n'est formée que de cinq pièces distinctes : 1° la portion annulaire qui se joint au corps par deux sutures dentelées, et dont l'apophyse épineuse est une longue crête ; 2° les quatre apophyses articulaires qui sont presque horizontales ; 3° le corps, qui est la portion la plus développée, porte en avant l'apophyse odontoïde reçue dans la concavité de l'atlas, et elle s'y meut ; latéralement, elle supporte les deux apophyses transverses, simulacres des côtes dont elles sont les rudimens.

Les cinq autres vertèbres cervicales se ressemblent entre elles, et se rapprochent, par les notes qui y restent inscrites, des deux que nous venons de décrire ; elles sont semblables à l'axis, en ce que leurs apophyses épineuses, latérales ou articulaires, et les transverses ou costales, sont tout-à-fait analogues.

Les vertèbres dorsales diffèrent des cervicales, d'abord en ce que les six premières, quelquefois cinq seulement, ont sous le corps une sorte d'apophyse ou de tubérosité médiane ; que leurs apophyses transverses sont plus relevées et qu'elles reçoivent les véritables côtes ou les cerceaux osseux, et que cette circonstance y laisse indiquées les empreintes de ces articulations mobiles, garnies de cartilages d'incrustation.

Les vertèbres lombaires ne diffèrent des dorsales que par l'absence de ces mêmes facettes articulaires, et les vertèbres sacrées ou pelviennes, parce que ces mêmes facettes sont excessivement développées en largeur pour recevoir les articulations des os coxaux ou pelviens.

Quant aux vertèbres caudales, semblables jusqu'à un certain point aux lombaires, leur corps, ou partie moyenne la plus épaisse, va constamment en diminuant de volume du bassin à l'extrémité libre de la queue. Ce corps est d'autant plus mince et plus comprimé de droite à gauche, qu'elles se rapprochent de la terminaison. Ces vertèbres portent en outre, la première exceptée, un os mobile à deux branches en chevron, semblables aux apophyses épineuses inférieures des poissons, et destinées à former un canal, dans la longueur duquel les vaisseaux artériels et veineux sont reçus et protégés.

Les Crocodiles ont tous douze côtes de chaque côté ; si l'on ne regarde pas comme telles les apophyses mobiles des vertèbres cervicales, car alors il y en aurait dix-neuf ou vingt. Les douze côtes dorsales s'articulent sur les vertèbres par deux racines, dont l'une porte sur le corps et l'autre sur l'apophyse transverse. La première et souvent la deuxième des côtes dorsales ne se joignent pas au sternum par un cartilage ; mais les neuf qui suivent ont un prolongement cartilagineux, souvent ossifié, qui se porte et s'articule sur cette pièce moyenne de la poitrine.

Ce sternum offre une disposition toute particulière : il se prolonge sous l'abdomen pour se joindre au pubis. En avant, après avoir reçu les os coracoïdiens, il se dirige vers le cou, en formant une sorte de pointe plus ou moins obtuse. En arrière, il porte six ou sept paires de cartilages abdominaux.

Les os des membres antérieurs correspondent à l'épaule, au bras, à l'avant-bras et à la main des mammifères. On y distingue un scapulum ou omoplate, uni dans une cavité commune avec une clavicule que Cuvier regarde comme l'os coracoïdien, pour recevoir a tête de l'os du bras. Excepté l'absence de la véritable clavicule, il n'y a rien de particulier dans l'organisation de ces membres antérieurs ou thoraciques, avec ce qui se retrouve dans les autres Sauriens.

Il en est à peu près de même pour les membres abdominaux ou postérieurs ; les os qui forment le bassin restent constamment distincts, sans s'unir en une seule pièce. On y distingue cependant une paire d'ilions, d'ischions et de pubis.

L'ostéologie de la tête des Crocodiles présente beaucoup de particularités ; mais elles ne sont pas relatives aux mouvemens généraux, à l'exception de celui qui s'exerce sur la colonne vertébrale. Il en est de même des mâchoires dont les formes et le genre d'articulation ont exigé des modifications à cause de la manière de vivre de ces grands Reptiles, comme nous aurons occasion de l'expliquer bientôt.

Quant aux organes actifs du mouvement, ils sont nombreux et très-développés, surtout en raison de la vie aquatique ou du séjour le plus habituel des Crocodiliens dans l'eau, où ils nagent ayant le corps immergé.

On doit concevoir, par exemple, qu'en raison de la circonstance dont nous venons de parler, les muscles de la queue aient acquis de très grandes dimensions. Comme les Crocodiliens sont les espèces de cet ordre de Reptiles qui ont le cou le plus gros et peut-être aussi le plus long; qu'ils ont en même temps la tête la plus volumineuse, et que le poids en est devenu très-considérable, on peut supposer que ces mêmes proportions se feront reconnaître dans les organes destinés à faire agir le corps dans leurs mouvemens généraux et partiels.

Les régions supérieures et antérieures de l'échine sont entièrement remplies par une masse charnue, composée de faisceaux longitudinaux très complexes, correspondant aux muscles sacro-lombaires, longs du dos, extenseurs communs et épineux, qui occupent en dessus les gouttières vertébrales entre les apophyses épineuses et transverses. Sur le cou en particulier, on retrouve à peu près tous les muscles des mammifères correspondans à la même région; mais, comme nous venons de le dire, c'est surtout dans celle de la queue que les mêmes muscles ont acquis de plus grandes dimensions, en raison du nombre des os auxquels ils s'insèrent par autant de tendons, et à cause des usages auxquels la nature les a destinés. Cependant, comme les mouvemens de la queue, qui est le principal agent du transport dans l'eau, s'exercent de droite à gauche, ainsi que cela a lieu dans les poissons, c'est sur les parties latérales que se trouve aussi placée leur masse fibreuse contractile, et c'est une notable différence par rapport à ce qu'on observe dans la plupart des autres Sauriens, qui ont la queue conique et arrondie.

Les muscles des membres, tant antérieurs que postérieurs, sont à peu près semblables à ceux des autres Reptiles du même ordre. On trouve d'ailleurs de très bonnes descriptions de ces parties dans les ouvrages d'anatomie comparée (1).

2° *Des organes de la sensibilité.*

Nous n'ajouterons rien à ce que nous avons dit sur la disposition des parties de l'encéphale et des nerfs qui en proviennent, car elles n'offrent rien de propre aux Crocodiliens, nous indiquerons seulement les particularités que présentent leurs organes des sens en les étudiant à peu près dans le même ordre que nous avons suivi jusqu'à présent.

La *peau* des Crocodilens est en général coriace, épaisse et si résistante, que les auteurs anciens, en parlant de sa superficie, ne la disent pas écailleuse, λεπιδωτος, mais φολιδωτος, ou couverte d'une écorce. Son tissu est épais et serré, protégé par des écussons très durs, entremêlés de petites et de plus grandes plaques. Sous le ventre, ces plaques sont plus minces, tétragones, d'une teinte généralement moins foncée et presque blanchâtre. Duverney a distingué, avec raison, trois sortes parmi ces plaques tuberculeuses,

(1) Voyez les indications que nous en avons données à la page 661 du volume qui précède, et en particulier Meckel, Anatomie comparée, trad. française, tome v, page 275 ; et Carus, Traité élémentaire d'Anatomie comparée, trad. par Jourdan, tome 1, page 359.

celles qui sont arrondies, inégales, réparties irrégulièrement sur les flancs, sur le cou et sur les membres ; les écussons à crêtes saillantes, disposés par séries longitudinales, devenant le plus souvent osseuses par l'effet de l'âge et les lames carrées, disposées par zones transversales sous la mâchoire, le cou, le ventre et la queue. Dans la région du crâne et de la face, la peau est intimement collée aux os, et elle n'offre aucune trace d'écailles. Quoique la couleur des Crocodiles soit en général brune ou obscure, elle est quelquefois verte, surtout sur le dos. La tête et les flancs mêlés de verdâtre ou d'une teinte verte, avec des taches noirâtres ; le dessous des pattes et le ventre sont d'un gris jaunâtre. Mais ces nuances varient suivant l'âge, le sexe et les différentes eaux dans lesquelles séjournent les diverses espèces.

Il y a sous la mâchoire, dans des sillons longitudinaux ou dans des plis semblables à des scissures, des pores, le plus souvent au nombre de deux, qui sont la terminaison d'un canal flexueux, dilatable, par lequel suinte une sorte de graisse ou d'humeur onctueuse, grasse, provenant d'une glande qui la sécrète. Cette humeur porte une forte odeur de musc qui adhère très long-temps à tous les corps qui en sont infectés par un simple contact. On retrouve d'autres pores excréteurs semblables près du cloaque. Outre ces pores, chez beaucoup d'espèces les écailles ou tubercules ronds et carrés offrent aussi de petits trous constans dans leur situation.

Les pattes ne sont réellement point aptes à donner la perception de la nature des objets tangibles. Nous avons déjà dit qu'elles étaient très courtes, bornées par conséquent à des déplacemens peu étendus, et

2.

que les doigts, peu allongés, étaient liés entre eux à la base; enfin, que les ongles manquaient en devant aux deux doigts externes de chaque patte, et en arrière au doigt externe ou au quatrième.

Les *narines*, ou les voies par lesquelles l'air pénètre de l'extérieur, ont leurs orifices rapprochés portés sur un tubercule comme charnu, formé par une sorte de tissu érectile développé dans l'épaisseur de la peau. Cette entrée de l'air se voit à l'extrémité du museau et en dessus; on y distingue deux ouvertures sigmoïdes, garnies de pièces mobiles, qui font l'office de soupapes. Le canal se termine postérieurement, audelà de la bouche, dans l'arrière-gorge. Les cavités nasales sont beaucoup plus étendues chez les Crocodiliens que chez aucun autre Reptile et même chez les oiseaux; elles se rapprochent à cet égard de ce qu'on observe dans les mammifères. C'est aussi un long canal qui parcourt toute l'étendue des os de la face et de la partie antérieure du crâne pour arriver sous sa base, en arrière des os du palais. Ces os supportent une luette membraneuse, qui s'abaisse sur la langue comme un voile mobile, et qui ferme ainsi tout le pharynx en avant, lorsque les mâchoires s'écartent dans l'acte par lequel s'ouvre la gueule. Dans l'intérieur de ces canaux il y a une véritable membrane muqueuse, molle, vasculaire, supportée par une sorte de repli cartilagineux, qui fait l'office d'un cornet, et qui même se prolonge jusque dans les sinus osseux. L'ouverture externe des narines présente un appareil particulier dans l'organisation des bourses, qui par leurs mouvemens en dilatent ou en rétrécissent les orifices. Il y a de plus, chez les Gavials mâles et adultes, des renflemens très singuliers des lames sous-sphénoïdales, que

M. Geoffroy nomme les os *Hérisseaux*, et qui sont tellement dilatées, qu'elles ressemblent aux caisses auditives de certains mammifères (1).

La *langue* semble ne pas exister dans les Crocodiliens, car elle est attachée de toutes parts à la mâchoire inférieure pour faire le plancher de la gueule, comme la membrane palatine en forme la voûte. Aussi Wagler les a-t-il désignés sous le nom d'Hédréoglosses, à cause de cette particularité. Au reste, les Crocodiles ne mâchent pas leurs alimens, et ne se servent pas non plus de la langue pour saisir ou retenir leur proie, ni pour l'employer, comme d'autres Reptiles, à leur mode de respiration. Aussi cet organe n'offre-t-il rien de particulier à observer, sinon qu'il paraît lisse à sa surface, ou privé de papilles, quoique assez épais.

Les *oreilles* des Crocodiliens diffèrent de celles de la plupart des autres Sauriens, au moins à l'extérieur, car elles sont munies ou protégées par deux sortes d'opercules ou de replis libres de la peau du crâne, qui présentent ainsi une fente transversale, semblable à deux paupières situées dans la même direction que celles de l'œil et immédiatement derrière elles. Cette fente est l'orifice du conduit auditif, une sorte de méat, au fond duquel on trouve une membrane du tympan. La supérieure s'étend depuis l'angle postérieur de l'œil jusqu'à l'occiput, l'inférieure est moitié moins longue. Il y a dans la caisse un seul osselet allongé, évasé à l'une de ses extrémités, comme le pavillon d'un

(1) M. Geoffroy Saint-Hilaire les a fait connaître dans le tome XII des Annales du Muséum, page 97, pl. V, fig. 10, lettre v v'. — Voyez aussi tome II du présent ouvrage, page 630 et p. 665.

petit entonnoir de forme ovalaire, qui s'applique sur l'orifice vestibulaire, tandis que par l'autre bout il porte sur une portion grêle et cartilagineuse, par laquelle il adhère à la membrane du tambour. D'ailleurs l'organe de l'ouïe ressemble à celui des Chéloniens et des autres Reptiles (1), et même des Oiseaux (2).

Les *yeux* des Crocodiliens sont constamment très petits; ils présentent une fente allongée tout-à-fait dans la direction du museau. On les a comparés généralement à ceux des cochons. La structure de ces organes est à peu près celle qu'on a observée dans les Tortues aquatiques. Ils ont également trois paupières : deux externes ou cutanées, dont l'inférieure est la plus mobile; la troisième paupière, ou la nyctitante, joue transversalement sous les autres; elle est presque transparente, et elle est évidemment destinée à protéger la cornée quand l'animal ouvre les yeux dans l'eau, où il plonge à d'assez grandes profondeurs. La pupille, qui présente une fente verticale (3), paraît se dilater sur deux portions inégales d'un cercle concave, en laissant ainsi libre une fente allongée dans l'iris, dont la teinte varie. On a remarqué que le cristallin est très convexe, et semble se rapprocher de la figure sphérique, comme on l'observe dans tous les animaux aquatiques, et surtout dans les poissons. Mais il y a une glande lacrymale très développée, placée au-dessus de

(1) Voyez tome 1er du présent ouvrage, page 91, et tome II; page 634.

(2) Windischmann, De penitiori auris structurâ in Amphibiis. In-4°, 1831, Leipzick.

(3) Swammerdam, Biblia nat. tome II, p. 881, avait déjà observé ce fait : il compare l'œil du Crocodile à celui du Chat, et il dit : *Papillæ apertura diurno tempore oblongam veluti rimam refert.*

l'œil, dans la partie antérieure de l'orbite. On observe aussi un conduit qui dirige les larmes vers la partie moyenne du canal des narines, de manière à laisser constamment humide la membrane pituitaire.

3° *Des organes de la nutrition.*

Comme nous avons donné beaucoup de détails (1) sur les os qui concourent à former la bouche, et en particulier sur les deux mâchoires dans les Crocodiliens que nous avons pris pour exemple, de ce qu'on retrouve chez les autres Sauriens, nous ne présenterons pas de nouveaux développemens à ce sujet. Il nous suffira de rappeler que les condyles temporaux, qui correspondent aux os carrés, sont soudés aux temporaux, qu'ils sont rejetés très en arrière au-delà de l'articulation occipitale, et que de cette manière les branches de la mâchoire inférieure sont réellement plus longues que la tête. Comme la fosse condylienne a son plus grand diamètre en travers, ses mouvemens sont bornés à ceux de l'élévation et de l'abaissement; de sorte qu'il n'y a aucun déplacement latéral, ni de devant en arrière, l'animal n'étant réellement pas doué de la faculté de mâcher ou de broyer la proie qu'il doit saisir pour la déchirer entre deux tenailles garnies de dents coniques et pointues, qui ne peuvent se déplacer ni de devant en arrière, ni de droite à gauche. Les Crocodiliens, d'ailleurs, se distinguent de la plupart des autres Sauriens par l'absence absolue des lèvres cutanées, de sorte qu'on peut voir leurs dents, même

(1) Tome 1er du présent ouvrage, page 54 et suivantes pour les crânes, et 119 pour les mâchoires.

lorsqu'ils ont les mâchoires tout-à-fait rapprochées.

Nous savons que la base des dents coniques des Crocodiles est creusée de manière à servir de gaîne au germe de la dent prédestinée à la remplacer, et qui doit être beaucoup plus grosse, de manière à ce que le nombre de ces dents ne varie pas avec l'âge, comme cela arrive à beaucoup d'autres animaux. Par cette disposition d'une double gomphose, cette implantation des dents offre la plus grande solidité, et en outre les alvéoles sont toutes dirigées obliquement de devant en arrière.

Ces dents arrondies, isolées les unes des autres, sont inégales en grosseur et en longueur, mais d'une manière constante, même par leur direction, dans chacun des trois sous-genres. Elles sont toujours en simple rang, et uniquement sur le bord des mâchoires osseuses, qui sont recouvertes d'ailleurs d'une sorte de gencive. Dans quelques espèces, les dents placées au devant de la mâchoire inférieure sont tellement aiguës et allongées, qu'elles percent le rebord de la supérieure, et paraissent au dessus du museau quand la gueule est fermée.

Une autre particularité de l'intérieur de la bouche des Crocodiles, c'est que leur voûte palatine est à peu près plate, et qu'elle n'est jamais percée par les extrémités des fosses nasales, comme dans la plupart des autres Reptiles des différens ordres. Ici les arrière-narines débouchent dans le pharynx, en arrière du voile du palais, qui est assez long pour s'appliquer sur la portion du plancher au-devant de l'orifice de la glotte (1).

(1) De Humboldt et Bonpland, Recueil d'observations de Zoologie et d'Anatomie comparée, 1er volume, page 9 et suivantes, pl. IV, no X, fig 1 à 8.

Enfin, nous reviendrons encore sur la circonstance, tout-à-fait particulière, qui permet à la mâchoire supérieure, ou plutôt à toute la masse supérieure de la tête, de s'élever en bascule, et de se mouvoir ainsi sur la mâchoire inférieure quand celle-ci repose sur le terrain ou sur un plan fixe. Ce qui avait été reconnu du temps d'Hérodote, quoique Perrault et Duverney n'aient pas cru le fait possible (1).

Quoique les Crocodiles n'aient pas de langue en apparence, la base, ou le plancher de leur bouche, soit toute la partie charnue qui occupe l'intervalle compris entre les deux branches de la mâchoire inférieure, en fait véritablement l'office (2) Elle admet en arrière, dans son épaisseur, un cartilage élargi, qui provient du milieu de l'os hyoïde, dont les deux cornes, prolongées en arrière, reçoivent les muscles destinés à le mouvoir. Ce disque cartilagineux se relève en arrière et protége ainsi la glotte à laquelle il sert, comme l'épiglotte chez les mammifères.

Les Crocodiles sont peut-être les seuls Reptiles qui aient un véritable pharynx, c'est-à-dire un vestibule commun aux arrière-narines, à la bouche, au larynx et à l'œsophage. Ce qui a permis un mode particulier de déglutition et de respiration, surtout lorsque l'animal est plongé, et qu'il saisit sa proie sous l'eau, ou lorsque son museau seul est émergé et sert ainsi à la respiration.

---

(1) Geoffroy Saint-Hilaire, Annales du Muséum, tome II, p. 38. Cette disposition des mâchoires, et la nature de leurs mouvemens, a été le sujet de beaucoup de controverses ; cependant déjà Aristote avait dit que les Crocodiles peuvent mouvoir l'une et l'autre mâchoires : κὶνουμένων οὔτω των σιαγὸνων.

(2) Voyez tome I du présent ouvrage, pages 123 et 125, derniers alinéas.

L'œsophage est sillonné de plis longitudinaux : il représente une sorte de jabot dont les parois ou les tuniques sont lisses, épaisses, et assez semblables à celles de l'estomac ou du ventricule membraneux, de forme globuleuse, arrondie, dans lequel il aboutit sans qu'on puisse y observer un véritable étranglement ou orifice cardiaque. Mais il y a sur le côté droit un resserrement notable au débouché pylorique qui forme une espèce de valvule circulaire plus épaisse et très contractile. Un peu plus loin, dans la première portion du tube intestinal, existe une autre dilatation et une seconde valvule, de sorte qu'il y a, au moins dans le Caïman et dans le Crocodile de Siam, deux estomacs, dont le premier est le triple ou quadruple en étendue; c'est dans cette seconde partie que viennent aboutir les canaux ou conduits de la bile fournis par le foie, et le pancréatique.

Le foie est composé de deux lobes; il est situé sous une sorte de diaphragme membraneux entre l'estomac et l'œsophage; la vésicule du fiel est à droite, cachée dans l'épaisseur de son bord inférieur. La rate est d'un rouge foncé, quoique située à gauche sous l'estomac, elle se rapproche un peu de la ligne moyenne. Elle est tantôt plate, longue et arrondie, tantôt en forme de poire ou à trois angles, dont celui qui correspond au foie est un peu plus aigu que les autres. On voit que cette disposition n'est pas la même dans toutes les espèces. Il y a un pancréas volumineux, du moins les missionnaires ont décrit une masse graisseuse comme un véritable pancréas à deux lobes.

Le reste du canal intestinal est généralement court, il est retenu pour former une masse continue, à l'aide du repli mésentérique du péritoine. On y distingue une portion beaucoup plus grêle et plus longue : il n'y a pas de cœcum ni d'appendices cœcaux. Cependant au point de jonction il existe une sorte de valvule à deux lèvres, ou replis intérieurs. Le gros intestin aboutit au cloaque qui reçoit en même temps les matières sécrétées par les reins, car les urétères y aboutissent, ainsi que les organes génitaux mâles et femelles. On y voit aussi les orifices des canaux péritonéaux, déjà reconnus par le père Plumier, mais mieux décrits par MM. Isidore Geoffroy et Martin Saint-Ange (1). L'orifice extérieur du cloaque, ou de l'intestin, présente une fente longitudinale, particularité remarquable, en ce que les autres Sauriens l'offrent en travers.

Une particularité notable, mais qui paraît assez constante chez les Crocodiles, puisque tous les auteurs qui en ont fait l'anatomie en ont fait mention, c'est qu'on trouve dans leur estomac des cailloux de différentes grosseurs, qui semblent devoir servir à la trituration des alimens, comme les petites pierres qui se rencontrent dans le gésier ou l'estomac musculeux des oiseaux.

Nous devons parler ici des organes de la circulation et de la respiration ; car, de même que ces deux fonctions sont le plus souvent dans une dépendance réciproque d'action, ils se trouvent ici encore réunis dans

---

(1) Annales des Sciences naturelles, tome XIII, pl. VI, fig. 4. SCHNEIDER, *Historiæ amphibiorum*, fasc. II, p. 102. Il y a dans le rectum une petite éminence pointue et une petite caroncule à chaque côté de cette éminence. Chaque caroncule a une ouverture qui se ferme par une manière de valvule annulaire et plissée, et cette ouverture conduit dans la capacité qui est entre le péritoine et les intestins.

une même cavité, à peu près comme chez les mammifères. La cavité abdominale est en effet partagée en deux régions par une cloison en partie membraneuse et garnie de fibres charnues; celles-ci s'insèrent sur les pubis, passent sous les côtes abdominales cartilagineuses, et l'aponévrose très mince en laquelle elles semblent se réduire, se fixe sur le foie au-dessus de ses deux lobes, passe sous le péricarde fibreux, qu'elles constituent en partie, et viennent enfin se terminer dans la concavité des dernières côtes thoraciques : ainsi c'est un véritable diaphragme dont la région supérieure termine la cavité thoracique, les poumons sont sur les côtés à droite et à gauche, le cœur ou son péricarde en avant et en bas; en arrière sont la trachée, l'œsophage et les principaux vaisseaux artériels et veineux.

Le *cœur* (1) est renfermé dans un péricarde fibreux extérieurement et très lâche, muni intérieurement d'une membrane séreuse qui paraît secréter beaucoup de liquide; la pointe du cœur est en bas et souvent adhérente à la portion diaphragmatique de la tunique fibreuse; en haut ou en avant du côté de la tête, où il est beaucoup plus volumineux, il reçoit ou fournit les gros vaisseaux qui le fixent dans cette partie. Il y a deux oreillettes et deux ventricules; le ventricule droit a ses parois plus minces, sa cavité est plus grande. On voit à l'entrée de l'oreillette qui s'y abouche deux valvules, disposées de manière à s'opposer à la rétrogradation du sang; deux artères en proviennent : l'une est destinée aux poumons, l'autre aux viscères abdominaux. Le ventricule gauche reçoit le sang de l'oreillette correspon-

---

(1) Premiers mémoires de l'Académie des sciences de Paris, tome III, part. 2, page 271.

dante dans laquelle, vu son étendue considérable, une plus grande quantité de sang est admise et reste en réserve par sa surabondance relative à la capacité du ventricule, le sang qui y est admis provient des veines pulmonaires; parvenu dans le ventricule gauche, il en est chassé pour pénétrer dans l'aorte droite, dans la sous-clavière droite et la carotide. Lorsque la respiration s'exerce librement, le sang circule de manière que la totalité du liquide veineux est forcé d'aller se distribuer dans les poumons pour y subir les modifications qui le rendent artériel; mais si la respiration est suspendue, comme lorsque l'animal est plongé dans l'eau ou engourdi par l'effet d'une trop forte chaleur, alors il s'établit une communication entre l'aorte gauche ou splanchnique et le ventricule gauche, au moyen de valvules qui s'abaissent par le défaut de résistance, déterminée par la moindre quantité du fluide qui ne remplit plus ses parois (1).

Les *poumons* reçoivent les bronches, divisions d'une large trachée; ils sont très vésiculeux avec des cellules de différentes grandeurs, cependant elles communiquent toutes ensemble; ils ne se prolongent pas beaucoup dans l'abdomen, au-devant du foie. Quand ces organes sont gonflés par l'air, ils représentent deux sacs coniques qui peuvent contenir beaucoup de gaz, ce qui explique, dans quelques cas, la lenteur de leurs inspirations, et surtout la force et le prolongement de leur voix qui se forme dans une sorte de larynx composé de cartilages mobiles qui constituent une véritable glotte et qui sont au nombre de cinq pièces, dont une impaire est une plaque

(1) Voyez Anatomie comparée de Cuvier, tome v, pl. XLV, fig. 1, 2 et 3, et tome IV, page 221.

carrée située en dessous ; la fente de cette glotte est allongée, mais étroite, supportée sur une sorte de bourrelet. Tous les auteurs qui ont pu observer des Crocodiles et des Caïmans vivans, sont d'accord sur les cris que produisent les jeunes Crocodiles ; mais il paraît que ce n'est que dans des circonstances fort rares que les individus adultes les font entendre, peut-être à l'époque des amours ou de grands dangers.

M. de Humboldt, dans son Mémoire sur la respiration des Crocodiles, pag. 256, rapporte qu'en faisant des expériences sur ces animaux « ils jetèrent des » cris perçans quand je leur touchai la queue ; le cri » du Crocodile est fréquent et ressemble à celui du » chat. Au contraire, le rugissement du Crocodile » adulte doit être très rare, car ayant vécu pendant » plusieurs années, ou en couchant à l'air libre sur les » bords de l'Orénoque, nous avons été presque toutes » les nuits entourés de Crocodiles, nous n'avons jamais » entendu la voix de ces Sauriens à taille gigantesque. » (Recueil d'observations de zoologie, tome 1.) Cependant Bosc dit qu'en Caroline les Caïmans font le soir, dans les forêts marécageuses, un tintamare effroyable et qu'il les a entendus plusieurs fois (Dict. de Déterville) ; jamais nous n'avons pu entendre ces cris chez les individus que nous avons observés en état de captivité.

Nous aurons à énoncer peu de particularités sur les sécrétions opérées chez les Crocodiliens ; elles sont à peu près les mêmes que celles qui sont produites dans les autres espèces de Reptiles et que nous avons fait connaître (T. 1, p. 196 à 206) : il y a des reins très-développés, mais pas de vessie urinaire. Les glandes musquées des bords du cloaque et du menton sont les plus spéciales. Nous avons déjà dit que les premières avaient été primitivement décrites par le père Plumier dans un manuscrit dont Schneider nous a donné un extrait (1). Ce sont deux glandes ou poches de couleur jaune, de la forme et de la grosseur d'une olive; leur cavité est remplie d'une matière onctueuse qui en sort par une petite ouverture garnie d'une sorte de sphincter ridé : cette humeur porte une odeur très forte de musc. Cuvier (*Anatomie comparée*, tome II, pag. 252) a décrit anatomiquement les glandes musquées sous-maxillaires. Il y en a deux : elles ont une gaîne musculo-tendineuse et un tissu homogène blanchâtre; l'humeur sécrétée arrive dans un petit sac qui s'ouvre immédiatement au dehors par un large orifice; la matière est d'un gris noirâtre et porte aussi une forte odeur de musc.

4° *Des organes de la génération.*

Les individus mâles offrent, comme nous l'avons vu, un caractère remarquable dans leur organe génital extérieur qui est simple et impair comme dans les Chéloniens; tandis que la plupart des autres Sauriens et tous les Ophidiens ont deux de ces organes souvent tout-à-fait distincts dans leurs annexes ou dépendances. Cette sorte de pénis rétractile dans le cloaque consiste en un appendice conique, terminé par une portion un peu déprimée et sillonnée dans sa longueur; on trouve à l'intérieur un double corps caverneux, dont les parois sont très-fortes, souvent cartilagineuses et même osseuses; la portion libre est plus molle, couverte de

(1) *Hist. Natur. et lit. amphib.*, fasc. II, page 111 Les missionnaires les ont aussi indiquées, ouvrage cité, pag. 269 et 275.

papilles flexibles, et le sillon se prolonge jusqu'à son extrémité. Le nombre des mâles paraît être moins considérable que celui des femelles.

Les testicules sont situés sous le péritoine, dans la cavité abdominale, vers la région des reins; ils sont mous et de couleur blanchâtre, leurs canaux excréteurs se comportent à peu près comme dans les Chéloniens; ils se rendent dans le cloaque près de la racine et à l'origine du sillon de la verge.

Les ovaires occupent chez les femelles à peu près la même place que les testicules des mâles : ce sont des grappes suspendues à un repli du péritoine, on y distingue des œufs arrondis de couleur blanchâtre et de grosseur variable, mais en général assez peu développés. Les trompes ou les oviductes sont fort étendus en longueur, car ils remontent vers le foie et se dirigent ensuite en bas et en arrière au-dessus des reins; on y distingue des fibres longitudinales et d'autres en travers : ces oviductes viennent aboutir dans le cloaque au-dessus des orifices des canaux péritonéaux. Le père Plumier a trouvé, dans une femelle de plus de sept pieds de long, les trompes remplies d'œufs prêts à être pondus; il y en avait neuf à droite et dix du côté gauche : ces œufs, à peu près de même grosseur, avaient environ trois pouces de longueur sur un pouce et huit à neuf lignes de diamètre, ils étaient blancs, oblongs à peu près d'égal diamètre, semblablement arrondis aux deux bouts; ils étaient alors enduits d'une matière glaireuse, quoique leur coque fût bien formée, ils étaient blancs, mais imprimés de quelques petites cavités irrégulières. Il a observé que quand on les faisait s'entrechoquer, ils tintaient comme du métal; l'intérieur de la coque était enduit d'une membrane très blanche, lisse, polie et très fine; le jaune ou vitellus était volumineux et d'une teinte pâle; il était presque liquide et renfermé dans une membrane si déliée, qu'elle se crevait au moindre effort, et que le contenu s'écoulait comme de l'eau; la glaire, fort transparente, était de l'albumine assez consistante pour être coupée avec un couteau; elle prenait de la dureté par la cuisson.

La femelle seule s'occupe de la préparation du nid ou plutôt de la fosse qu'elle vient creuser dans le sable sur le rivage, qu'elle garnit de feuilles et de débris mous des végétaux; elle y pond très probablement pendant la nuit, et on ignore si c'est en une seule ou en plusieurs fois, une trentaine d'œufs au plus : elle les recouvre également de feuillages secs et d'un peu de sable, et suivant quelques espèces, de manière à ce que le monticule ne soit pas trop apparent et qu'il ne soit pas aisément découvert par les Ichneumons et les Tupinambis. Il paraît, d'après le récit des voyageurs, que les œufs éclosent au bout d'une vingtaine de jours, d'autres disent de trente et même de quarante.

§ III. HABITUDES ET MOEURS, DISTRIBUTION GÉOGRAPHIQUE.

Les Reptiles de cette famille sont de véritables amphibies, comme le prouve toute leur organisation, pouvant vivre indifféremment et tour à tour sur la terre et dans l'eau, le mécanisme de leur respiration se prêtant à la faculté que ces animaux possèdent de rester quelque temps sous l'eau, les orifices de leurs narines se fermant à l'aide d'une sorte de soupape, leurs poumons admettant une assez grande quantité d'air atmosphérique, et d'ailleurs le mode de la circulation permettant au sang destiné à parcourir ces organes, de continuer son cours quand sa direction naturelle est momentanément interceptée; d'un autre côté, la longueur de leur queue, comprimée de droite à gauche et surmontée de crêtes qui font l'office d'un aviron ou d'une rame flexible mais robuste, mise en jeu par un appareil de muscles vigoureux, sert à les pousser dans l'eau sur laquelle cette sorte de nageoire s'appuie; les pattes palmées, et surtout les postérieures, servent à aider ce mode de transport et à faire conserver l'équilibre. Cependant ces mêmes Crocodiliens peuvent marcher ou se traîner librement sur la terre, leurs quatre pattes soulevant assez le corps dans sa partie antérieure ou moyenne et la queue étant entraînée dans cette sorte de locomotion toujours lente, alternativement oblique et toujours difficile.

La plupart des individus évitent la grande lumière, et la direction linéaire et verticale de leur pupille annonce de plus qu'ils doivent mieux y voir la nuit que le jour; le plus souvent en effet, pendant le milieu de la journée, on les voit sur les rivages immobiles au milieu des roseaux ou cachés sous les plantes aquatiques, le corps immergé, n'ayant hors de l'eau que l'extrémité supérieure du museau où sont les narines, ainsi que la portion de la face où les yeux sont situés, et lorsque l'animal se déplace, il se meut à peine, très lentement et sans bruit. Quand l'eau est assez profonde et qu'il craint le danger, il fait subitement la culbute, la tête en bas et le ventre en haut. La troisième paupière, qui vient, à la volonté de l'animal, se placer transversalement au-devant de l'œil, lui permet d'écarter les deux autres paupières, et sa cornée transparente, ainsi protégée contre l'action du fluide liquide, lui laisse distinguer les objets; il nage ainsi et se dirige avec rapidité entre deux eaux, et il y poursuit les poissons dont il fait sa principale nourriture, et dans ce mode de transport il déploie une force prodigieuse qui lui fait parcourir de très grands espaces en très peu de temps; d'autrefois, gonflant ses poumons et devenant spécifiquement plus léger que le liquide, il flotte immobile, et, plaçant son corps allongé en travers à la superficie du courant des fleuves, il se laisse entraîner comme un tronc d'arbre flottant et il parcourt ainsi sans efforts de très longs espaces.

Comme tous les animaux carnassiers nocturnes, et en particulier comme les mammifères du genre des chats, il se tapit et se place en embuscade pour attendre patiemment sa proie. Dans la plus grande immobilité, il la suit de l'œil, épie ses mouvemens, son approche, et il calcule si bien les distances, que la victime est happée et souvent engloutie instantanément.

On sait, par les observations des voyageurs, que dans quelques régions où la température s'abaisse pendant certaines saisons, les Crocodiles s'engourdissent par l'effet du froid, qu'ils semblent hyberner, ne faisant pas de mouvemens et ne prenant pas de nourriture (1). C'est ce que Bartram rapporte des espèces qu'il a observées dans l'Amérique septentrionale; d'un autre côté, MM. de Humboldt et Bonpland ont trouvé ces animaux engourdis, au quarantième degré de chaleur, dans quelques lacs du Mexique.

Il paraît que les Crocodiliens ne sont pas si intrépides,

---

(1) ARISTOTE, Hist. des Animaux, livre VIII, chap. 15. Il demeure caché pendant les quatre mois les plus froids sans rien manger. HÉRODOTE, livre II, chap. 68.

ni aussi courageux qu'on le dit en Europe, d'après les récits exagérés de certains voyageurs. Leur férocité et leur cruauté apparentes dépendent du besoin qu'ils ont de se procurer des alimens, car ils ne peuvent les atteindre que par la ruse et la patience. On a reconnu que les Crocodiles à museau effilé de Saint-Domingue (1) sont émus par le moindre bruit; qu'il suffit d'imiter l'aboiement du chien pour les faire fuir, ou de produire tout autre son. Quand ils flottent à la surface des eaux, le choc de la rame d'un *couralin* (petit canot plat) les fait subitement plonger pour reparaître à une grande distance. Ælien (2) raconte à peu près les mêmes circonstances pour le Crocodile du Nil. Voici un passage extrait du manuscrit du père Plumier, qui nous donne quelques observations curieuses sur les mœurs des Crocodiles d'Amérique : « Si le Crocodile n'est pas assez fort » pour se rendre maître des gros animaux, il est d'au- » tant plus adroit pour attraper le gibier, dont le lac » de Miragoan est assez bien pourvu en certaines sai- » sons de l'année, comme canards, sarcelles, vingeons » et autres oiseaux aquatiques. Quand il veut en attra- » per quelqu'un, il se met un peu au loin, en se tenant » de manière que le dessus du dos paraît presque tout, » il demeure comme immobile. En effet, on ne le voit » pas du tout remuer ; on aperçoit bien qu'il a changé » de place, mais d'une manière presque imperceptible, » tant son mouvement est lent : on le prendrait alors » pour une pièce de bois flottante , comme cela m'est

(1) M. le docteur Alexandre Ricord, Notes manuscrites sur le Caïman des Haïtiens.

(2) Ælien, liber x, cap. 24. *Est naturâ timidus. . . . Strepitum omnem perhorrescit, humanam vocem contentiorem extimescit, eos à quibus paulò confidentius invaditur, reformidat.*

» arrivé plusieurs fois. C'est ce qui fait que le gibier,
» ne se méfiant de rien, le laisse approcher de si près,
» qu'il est gobé avant qu'il ait élevé ses ailes pour fuir.
» Le Crocodile, en s'approchant, tient toujours les
» yeux élevés sur l'eau vers son gibier; il tient aussi
» la mâchoire inférieure tellement abaissée, qu'elle
» semble pendre de la supérieure, et, quand il est à
» portée, il l'élève en manière d'une bascule avec une
» vitesse surprenante (1). »

Quant à leurs perceptions, nous avons déjà fait connaître les modifications principales que semblent avoir subies les organes des sens chez les Crocodiliens. D'après la forme et la brièveté de leurs membres, le peu de mobilité de leurs pattes, la connexion de leurs doigts, ces Reptiles semblent devoir peu exercer leur toucher actif. Cet organe leur devenait en effet inutile; d'un autre côté, les tégumens coriaces qui protégent leur corps, paraissent même devoir s'opposer à la sensation prompte et intime d'un contact subit et passif.

Les yeux des Crocodiliens réunissent dans leur disposition extérieure et dans leur organisation des circonstances indicatives de leurs habitudes. D'une part, la fente linéaire de leur pupille, qui dénote une vie essentiellement nocturne, ou du moins la faculté de mieux apercevoir les objets peu éclairés; leur membrane nyctitante ou la paupière interne et pellucide; enfin, la forme presque sphérique de leur cristallin, qui leur permet de distinguer les objets au milieu des eaux, dans lesquelles ils peuvent plonger et se diriger à de grandes profondeurs.

---

(1) SCHNEIDER, loc. cit., fasc. 11, page 123.

Les valves mobiles et solides, qui recouvrent et protégent leur tympan, en s'abaissant en bascule sur l'orifice du conduit auditif, quand l'animal est enfoncé dans l'eau, et qui se soulèvent lorsque la tête est dans l'atmosphère, viennent encore démontrer la faculté dont sont doués les Crocodiles, de mettre leur organe de l'ouïe en rapport avec la nature des fluides élastiques ou liquides dont ils doivent apprécier les ébranlemens diversement communiqués.

Il est évident que le peu de mobilité de la langue chez ces animaux, et la faculté qu'ils possèdent de laisser leur énorme gueule béante pendant des heures entières, doivent rendre l'intérieur de leur bouche peu propre à discerner les saveurs. D'un autre côté, la forme conique des dents, qui se croisent et qui ne sont réellement destinées qu'à saisir et à retenir la proie, laquelle, le plus souvent, est avalée tout entière ou par très grosses portions, ne doit pas donner ou permettre une sensation appréciable dans un temps aussi court et sous la forme solide que l'aliment conserve jusque dans l'estomac.

Ce sont principalement les narines, ou plutôt les fosses nasales, qui, par leur étendue et surtout par leur longueur, pourraient faire penser qu'elles seraient devenues le siége d'une faculté olfactive très développée. Cependant il paraît que la principale modification de cet appareil serait le résultat du procédé de l'acte respiratoire, lié avec la nécessité de saisir et de pouvoir retenir la proie sous l'eau, de manière à ce que l'air arrive dans le larynx ou la trachée-artère pendant que les mâchoires restent ainsi écartées. Il existe à la vérité une disposition particulière dans la structure des orifices nasaux, garnis de soupapes et d'un appareil dont l'ensemble constitue des bourses charnues, qui sont surtout très développées dans les Gavials du sexe mâle (1). Mais à l'intérieur de ces longs canaux, que M. Geoffroy Saint-Hilaire désigne sous le nom de *cranio-respiratoires*, il y a des sortes de replis ou de cavités ethmoïdales, que notre confrère regarde comme étant destinées à recevoir l'air dans un état de compression ou de condensation, analogue à l'effet que nous cherchons à obtenir dans la fontaine de compression ou dans la crosse d'un fusil à vent. Dans cette supposition, cet air atmosphérique, ainsi condensé, serait un réservoir où le Gavial trouverait une provision de gaz respirable, quand il est forcé de plonger long-temps.

Les Reptiles de cette famille des Crocodiliens font leur principale nourriture de poissons, de petits mammifères et d'oiseaux aquatiques, dont ils cherchent à s'emparer par la force ou par l'astuce, s'aidant de tous leurs sens et de toutes leurs facultés pour subvenir à ce besoin impérieux et seulement dans le but d'assouvir leur faim, et non par suite de la cruauté qu'on leur prête. Comme tous les animaux carnassiers auxquels la proie peut manquer, ils doivent supporter de longues privations; on sait même qu'ils peuvent, sans danger pour la vie, jeûner pendant quatre ou cinq mois. C'est en plongeant et en se tenant en embuscade à l'entrée ou à la sortie des eaux, qui se rendent ou qui proviennent des lacs et des rivières, qu'ils attrapent les poissons, genre de proie qu'ils semblent

(1) Geoffroy Saint-Hilaire, Mémoires du Muséum, tome XII, pl. V, page 111, et Description des Reptiles d'Egypte, in-folio, page 107, pl. II.

préférer à toute autre. Cependant on les a vus souvent arriver sous l'eau vers les oiseaux nageurs émergés, qu'ils ont l'adresse de saisir par les pattes, ou quand ils ont épié sur les rivages les animaux qui viennent s'y désaltérer, aussitôt qu'ils les ont happés, ils les entraînent sous les flots pour les noyer et les rapporter ensuite dans le repaire qu'ils se sont choisi. On prétend même qu'ils font ainsi une sorte de provision des cadavres de leurs victimes, qu'ils semblent rechercher de préférence lorsqu'elles commencent à s'altérer.

La proie est avalée par lambeaux quand est elle trop volumineuse pour être engloutie tout entière ou pour passer dans l'intervalle circonscrit que laissent entre elles les deux mâchoires. Ces matières séjournent ou s'arrêtent assez long-temps dans un œsophage dilaté en une sorte de jabot, avant d'arriver dans l'estomac. C'est une poche énorme, globuleuse, un peu dilatée dans son fond. Le premier des intestins semble s'en détacher latéralement, comme le bec d'une cornue. Dans cet estomac membraneux on a trouvé le plus ordinairement un certain nombre de cailloux de grosseurs diverses, dont la surface paraissait avoir été polie par leur frottement réciproque. On a dû supposer que l'animal, dirigé par l'instinct, avait avalé ces corps solides, afin qu'ils pussent servir à la trituration de la matière animale, et pour qu'elle puisse être plus facilement convertie en une bouillie chymeuse. Il est inutile de relever ici l'erreur ou les préjugés des naturels de certains pays qui regardent le nombre de ces cailloux comme un indice précis de celui des années de l'animal chez lequel on les trouve.

Le mecanisme, qui se dénote quand on suppose

les organes de la circulation mis en jeu, explique comment le sang veineux trouve une voie dérivative, quand il ne peut pénétrer dans les poumons, dont l'action est suspendue pendant que l'animal est submergé. De sorte que les Crocodiliens peuvent volontairement annuler leurs actes respiratoires sans qu'il en résulte un grand inconvénient pour leur économie. C'est bien véritablement le cas de reconnaître ici des poumons *arbitraires;* mais certainement alors l'action de la vie est moins énergique; toutes les fonctions se trouvent ainsi momentanément ralenties, mais elles ne sont que retardées, et l'animal reprend toute la vigueur et la plénitude de ses facultés dès l'instant où il rallume, pour ainsi dire, le feu de la vie, en l'excitant par la fréquence et la réitération des mouvemens alternatifs d'inspiration et d'expiration de l'air atmosphérique.

Cependant, cette énergie de la respiration n'est pas telle qu'elle puisse déterminer un développement sensible de chaleur animale par cause interne. Il est même démontré que les Reptiles résistent, jusqu'à un certain point, à l'action du froid qui les engourdit, et à celle d'une trop forte chaleur, qui paraît aussi produire le même effet. Peut-être l'accélération des mouvemens respiratoires combat-elle l'effet du froid; cependant on a reconnu que la température du corps de ces animaux reste à peu près la même que celle des fluides dans lesquels ils sont plongés. C'est dans ce même but que la plupart des espèces, pour n'être pas soumises à ces abaissemens et à ces élévations trop brusques ou trop répétés dans leur température, semblent rechercher de préférence, quand elles le peuvent, le séjour dans les eaux thermales, dont la chaleur est souvent à plus de trente à cinquante degrés centésimaux ; de sorte que dans cette habitation leurs fonctions et leurs facultés restent à peu près constamment les mêmes.

Nous avons déjà dit que les Crocodiliens peuvent émettre une sorte de voix, et que leurs cris ont été entendus par beaucoup de voyageurs, plus souvent chez les jeunes individus très irritables; mais aussi par les mâles dans la saison des amours, surtout pendant les nuits du printemps.

Il nous reste maintenant à parler de la manière dont se reproduit cette race d'animaux, et les circonstances qui servent de prélude à leur multiplication, en même temps que par une sage prévoyance, leur progéniture se trouve heureusement arrêtée dans sa progression et circonscrite dans certaines limites de température toujours dépendante des climats. Au reste, il y a encore de grandes incertitudes à cet égard. Peu d'observations sont consignées dans les auteurs. Une circonstance qui, vraisemblablement, aura moins permis d'en connaître les détails, c'est que les Crocodiles étant doués de la faculté de voir pendant la nuit, c'est très probablement dans cette époque de la journée et sur les rivages, ainsi que les cris des mâles semblent l'annoncer, que le rapprochement des sexes s'opère, et que par conséquent cet acte a dû le plus souvent échapper à l'observation.

Les mâles ne paraissent pas être en même nombre que les femelles dans les parages où ils semblent se réunir, surtout aux époques de la reproduction, qui arrive après leur état d'engourdissement ou d'hybernation, suivant les climats. Plusieurs voyageurs ont parlé de la manière dont s'opère la conjonction des sexes, et ils paraissent assez d'accord (1) sur la position qu'est obligée de prendre la femelle pour recevoir intérieurement l'organe du mâle. Voici d'ailleurs des observations directes qui nous ont été transmises sur les Crocodiles de Saint-Domingue : « L'accouplement m'a semblé se » faire de préférence au bord de l'eau ; la femelle se » place sur le côté, et tombe quelquefois sur le dos, » ainsi que j'ai pu le voir une fois ; l'intromission » dure assez long-temps, puis ils se plongent tous deux » dans l'eau. La ponte a lieu en avril et en mai ; le » nombre des œufs est de vingt à vingt-cinq, plus ou » moins, pondus en plusieurs fois. La femelle les dé- » pose dans le sable avec peu de soins et les recouvre à » peine; j'en ai rencontré dans de la chaux que des ma- » çons avaient laissée au bord de la rivière. Si j'ai bien » compté, les petits sortent de l'œuf au quarantième » jour, lorsque la température n'a pas été trop froide. » Ils ont en naissant cinq à six pouces ; ils éclosent » seuls, et comme ils peuvent se passer de nourriture, » en sortant de l'œuf, la femelle ne se presse pas de » leur en apporter ; elle les conduit vers l'eau et dans » la vase, elle leur rend en vomissant ou leur dégorge » des alimens à demi digérés. Les mâles ne s'en occu- » pent pas (2). »

---

(1) Eustate, patriarche d'Antioche, dans ses Commentaires sur l'Héxaméron, chap. 22.

Pierre Marty, italien au service d'Espagne, dans son ouvrage publié en 1601, *de Navigatione Oceani*, dit qu'il a été temoin de ce rapprochement; que ses matelots ont même tué la femelle, qui était renversée sur le dos. Au reste, voici ce passage : *Resupinat enim illam masculus et in ventrem devolvit, cum ipse, ob crurùm brevitatem, per se minimè queat*, etc.

Hasselquitz, Voyage dans le Levant, part. 2, page 41.

(2) M. Ricord, correspondant du Muséum, dans les notes manuscrites qu'il nous a remises comme étant de souvenir.

Les jeunes Crocodiles qui sortent de l'œuf conservent pendant quelque temps la marque de l'ombilic, ou la cicatrice du point des parois du ventre, par lequel le vitellus a été absorbé. Bosc a eu occasion d'observer une nichée de Caïmans et de suivre leur développement pendant quelques mois ; il a pu remarquer leur voracité et les mouvemens de colère auxquels ils s'excitaient en même temps qu'ils se disputaient leur proie.

Hérodote avait déjà fait la réflexion curieuse que de tous les êtres vivans qui sortent d'un œuf fort petit en proportion, puisqu'il n'a que la grosseur de celui de l'oie, le Crocodile est l'animal qui atteint les plus grandes dimensions. Le nombre des pièces de son squelette reste absolument le même quoique ce Reptile puisse parvenir à plus de quarante fois sa longueur primitive et acquérir plus de deux cents fois son poids. En effet, Hasselquitz parle d'une femelle de Crocodile d'Égypte, qui avait atteint plus de trente pieds de longueur, et qui, par conséquent, avait au moins soixante fois sa taille primitive.

Les œufs des Crocodiles, et les jeunes animaux qui en proviennent, sont une proie fort recherchée par diverses espèces de mammifères : des mangoustes ou ichneumons en Égypte, des loutres en Amérique, et et aussi par quelques Reptiles, tels que les Tupinambis ou Varans; par de gros poissons et des Trionyx, ou Tortues molles, qui viennent aussi sur les mêmes parages attendre, au moment de l'éclosion, l'arrivée de ces nichées imprévoyantes, pour en faire leur nourriture.

On ignore quelle est la durée de la vie chez ces animaux ; mais, comme leur accroissement est très lent, on a été porté à penser que certains individus avaient pu parvenir jusqu'à une centaine d'années. Quant à la taille que certaines espèces peuvent acquérir, les auteurs ne sont pas toujours d'accord. Il paraît cependant que les Gavials et les Crocodiles du Nil atteignent de beaucoup plus grandes dimensions que les Caïmans, dont on cite des individus ayant dix à douze pieds, tandis que parmi les autres on en a vu de vingt, de vingt-six, et Hasselquitz cite même une femelle de Crocodile qui avait trente pieds de longueur (1).

Après cet examen des mœurs et des habitudes des Crocodiliens, qui sont certainement le résultat de l'action physiologique de leur organisation, il nous reste à faire connaître de quelle manière cette race de Reptiles semble avoir été distribuée sur le globe que nous habitons.

Distribution géographique. La famille des Crocodiliens est entièrement étrangère à notre Europe, et, jusqu'ici, on n'en a rencontré aucune espèce en Australasie ; mais elle se trouve être répandue dans les trois autres parties du monde. Le premier des trois sous-genres qui la composent, celui des Caïmans, est particulier à l'Amérique; le second, ou les Crocodiles proprement dits, sont ditribués dans l'ancien et dans le nouveau monde, et le Gavial, type et unique espèce du troisième groupe, semble avoir son habitation limitée au Gange et à quelques autres grands fleuves du continent de l'Inde.

Telle est, si l'on peut s'exprimer ainsi, le séjour géographique des trois divisions établies parmi les Crocodiliens. Voici, d'un autre côté, quel est le nombre des espèces de cette famille, et la manière dont elles se

(1) Voyage en Palestine, trad. française de 1769, in-12, p. 347.

trouvent réparties dans chacune des régions qu'elles habitent.

L'Asie, outre le Gavial du Gange, nourrit trois vrais Crocodiles, qui sont le vulgaire et ceux dits à casque et à deux arêtes. Parmi ceux-ci le premier n'a guère été observé qu'à Siam, et seulement par les missionnaires jésuites, auxquels on en doit une figure et une description qui, bien que loin d'être parfaites, permettent cependant de croire que ce Crocodilien diffère des autres espèces d'Asie, aujourd'hui connues, et que nous avons été à même d'observer en nature. Quant aux espèces appelées vulgaires et à deux arêtes, ils sont originaires de la plupart des fleuves qui ont leur embouchure dans la mer des Indes et dans le Gange, où vit aussi le Gavial.

L'Afrique, où l'on n'a encore découvert ni Caïmans, ni Gavials, produit le Crocodile à bouclier et le Crocodile vulgaire; il se pourrait qu'elle fût aussi la patrie des Crocodiles de Graves et de Journu, dont l'origine n'a pas encore été constatée. Ceux-ci viendraient peut-être de la côte de Guinée. Pour ce qui est du Crocodile à bouclier, le seul point de l'Afrique d'où on l'ait reçu, est Sierra-Leone, tandis que le Crocodile vulgaire paraît être répandu dans toute l'Afrique. Il habite aussi Madagascar. Nous en possédons plusieurs exemplaires venus de cette île. Nous en avons vu des individus pris en très grand nombre dans le Nil et même un dans le fleuve Sénégal.

L'Amérique est le pays le plus fécond en Crocodiliens; à elle seule elle en possède presque autant que l'Asie et l'Afrique réunies, c'est-à-dire sept espèces dont cinq Caïmans et deux Crocodiles. Ces derniers n'ont jamais été vus sur le Continent: l'un, qui est le Crocodile à museau aigu, se trouve à la Martinique et à Saint-Domingue; l'autre, le Crocodile Rhombifère, à Cuba. La partie septentrionale n'est habitée que par une seule et même espèce, le Caïman à museau de brochet, tandis qu'il en existe quatre dans la partie méridionale: ce sont les Caïmans à paupières osseuses, et ceux dits à lunettes, pointillé et cynocéphale.

A l'aide du tableau suivant, on peut voir d'un coup d'œil quel est le nombre d'espèces dans chaque genre et dans toute la famille que renferme chacune des parties du monde où l'on trouve des Crocodiliens.

Habitation.	Europe.	Asie.	Les deux.	Afrique.	Amérique.	Douteuse.
CAÏMAN. . .	0	0	0	0	5	0
CROCODILE .	0	2	1	1	2	2
GAVIAL . .	0	1	0	0	0	0
Total 14 espèces.	0	3	1	1	7	2

§ IV. PARTIE HISTORIQUE ET BIBLIOLOGIQUE.

Nous allons maintenant faire connaître les noms, et ce qui concerne l'histoire des animaux de cette famille. En énumérant les auteurs qui ont parlé des Crocodiles et qui ont donné des détails sur leur conformation, leurs mœurs et quelques-unes des particularités qui les distinguent, nous prendrons pour guides principaux les ouvrages de Schneider (1), de Geoffroy Saint-Hilaire (2), G. Cuvier (3), et Jacobson (4).

Comme les premiers Crocodiles ont été observés en Égypte, c'est dans Hérodote, le père de l'histoire et le plus ancien des historiens, pour nous servir de la qualification qui lui a été donnée par Cicéron, que l'on trouve les premières notions sur les formes, la structure et les habitudes de ces animaux. Ælien parle, à la vérité, du Crocodile qui se trouve dans les fleuves des Indes, et en particulier dans le Gange; mais il ne fait, pour ainsi dire, que l'indiquer; Aristote cite souvent les Crocodiles dans son Histoire des animaux, et toutes ses observations sont exactes. Pline et les autres écrivains, relativement à l'histoire des Crocodiles, n'ont fait que copier ceux des auteurs qui les avaient précédés, et le plus souvent, en rapportant comme exacts des contes populaires ou tout-à-fait apocryphes, supposés ou superstitieux. Bélon, Gesner, Aldrovandi, ont rectifié quelques-unes de ces erreurs; mais ils en ont introduit d'autres. Car ce n'est que dans ces derniers temps que des notions exactes ont été acquises sur ces animaux, dont l'histoire a occupé nos plus grands naturalistes.

Voici d'abord les renseignemens fournis par les

---

(1) *Amphibiorum naturalis et litterariæ*, *fascicul. secundus*, 1801. Voyez notre tome I, p. 338.

(2) Description des Reptiles d'Egypte. Voyez notre tome II, p. 665.

(3) Recherches sur les ossemens fossiles, tome V, 2e part., in-4, 1824, page 14 et suivantes.

(4) *Animadversiones circà Crocodilum ejusque Historiam*. Voyez notre tome II, p. 669.

auteurs sur la dénomination du genre principal, et par suite sur celle de la famille.

Le nom de *Crocodile* est peut-être l'un des plus anciens dans le langage de l'erpétologie. Beaucoup de savans auteurs ont fait sur cette dénomination et sa synonymie des dissertations fort érudites. Conrad Gesner en avait présenté le résumé jusqu'à l'époque où il écrivait, c'est-à-dire vers 1540; mais depuis, Schneider, Georges Cuvier et M. Geoffroy Saint-Hilaire s'en sont particulièrement occupés (1). Il nous suffira de faire remarquer ici que le nom de Crocodile a été donné long-temps à tous les quadrupèdes ovipares, et spécialement à la plupart des Lézards ou Sauriens. Quant à l'étymologie de Κροκοδεῖλος, elle est généralement rapportée à la conjonction de deux mots, dont l'un, Δεῖλος terminal, signifie qui craint, qui redoute; mais pour l'expression initiale, les uns la font dériver de Τὸν Κροκὸν, le safran et les autres de Τὰς Κροκας, les cailloux roulés, les galets. Ces deux explications sont loin d'être satisfaisantes. Quelle que soit l'origine du mot, et de quelques autres synonymes que nous rapporterons par la suite en traitant des espèces, nous dirons que les premières notions acquises sur les Crocodiles nous ont été transmises par Hérodote et par Aristote, et que tous deux ont certainement parlé de l'espèce qui vivait dans le Nil ou en Egypte. Les Romains, au rapport de Pline, n'ont commencé à

(1) Schneider, *Historia amphib. nat. et litter., fasc.* II, *pagin.* II, *et sequens.*

Cuvier, Ossemens fossiles, tom. 4, part. 3. Crocodiles vivans, pag. 15

Geoffroy Saint-Hilaire. Description des Reptiles d'Egypte, pag. 97, in-fol.

connaître ces animaux que sous l'édilat de Scaurus, et sept années avant l'ère chrétienne. Auguste en fit présenter dans un amphithéâtre trente-six à la fois, qui furent livrés à la mort dans une sorte de combat par des gladiateurs, comme un spectacle extraordinaire et mémorable.

On sait que le Crocodile était un animal sacré pour les anciens Égyptiens, et qu'ils le révéraient comme une divinité. Quelques individus, apprivoisés dès leur jeunesse, étaient soignés et nourris par des prêtres, exclusivement consacrés à cette fonction. On ornait d'anneaux d'or et de pierres précieuses les opercules de leurs oreilles, qu'on transperçait à cet effet. On garnissait de bracelets leurs pattes antérieures, et, suivant le récit d'Hérodote, on les présentait ainsi à la vénération du peuple. Après leur mort, on en embaumait précieusement les dépouilles, avant de les déposer avec cérémonie dans des cellules particulières, disposées à cet effet dans leur nécropolis ou hypogée. C'est du centre de ces monumens funèbres que plusieurs momies de Crocodiles ont été extraites dans un état parfait de conservation, plus de vingt siècles après leur mort, et que nous en avons plusieurs exposées à la vue du public dans nos musées, à Paris.

Strabon (1) raconte que dans la ville d'Arsinoé, qu'on nommait auparavant *Crocodilopolis* ou la ville aux Crocodiles, on voyait une piscine, construite comme un édifice public, desservie par des prêtres qui prenaient un soin tout particulier d'un Crocodile choisi, auquel on donnait le nom de *Suchus* ou *Souchés*, Σοῦχις. M. Champollion jeune nous a appris que les

(1) Géographie, livre 17, pag. 811, de la traduct. française.

Égyptiens représentaient un dieu qu'ils nommaient *Souk*; que c'était un homme avec une tête de Crocodile.

Quelques autres passages des plus anciens auteurs, et en particulier d'Hérodote, ont encore donné lieu à des dissertations importantes. Tel est celui qui est relatif au *Trochile*, petit oiseau échassier, ou du moins considéré comme tel par Aldrovandi, et ensuite par Ray et Salerne, qui ont même supposé que c'était un *Coure-Vite* ou *Charadrius*, qu'Hasselquitz a nommé *Egyptius*. Il est dit que toutes les fois que le Crocodile sort de l'eau pour aller à terre, et qu'il s'y étend la gueule ouverte, le Trochile s'y glisse, et mange toutes les *Bdelles* qui y sont attachées, et que cet animal reconnaissant ne lui fait aucun mal (1). La plupart des auteurs, jusqu'à Scaliger, ont pensé que ces Βδέλλα étaient des sangsues, parce que ce mot, qui signifie animaux suceurs, désigne en effet le plus souvent ces espèces d'Annélides; mais M. Geoffroy Saint-Hilaire, qui a paraphrasé avec beaucoup de science et d'érudition le texte d'Hérodote dans le grand ouvrage sur l'Égypte, est porté à penser que ces Bdelles étaient des espèces de cousins, ou d'autres Insectes semblables aux Maringouins, qui, d'après M. Descourtils, viennent aussi en Amérique s'attacher aux parties intérieures de la bouche des Caïmans.

Le passage dans lequel Hérodote parle des habitans d'Éléphantine, qui mangeaient de la chair des Crocodiles qu'ils nommaient *Campsès* (Αλλὰ καμψαὶ), fait supposer à Cuvier (2) que ce dernier nom n'était

(1) *Voyez* aussi Histoire des Animaux, d'Aristote, traduct. de Camus, livre 9, chap. 6, page 551.

(2) Ossemens fossiles, tom. 5, 2e part., pag. 45.

4.

pas propre à ce pays, ni à une espèce particulière. M. Geoffroy Saint-Hilaire, qui a écrit très-savamment sur ce sujet dans les Mémoires de l'institut d'Égypte, est d'une autre opinion, et il la fonde sur ce que le Crocodile porte encore aujourd'hui en Égypte le nom de *Temsa*, que M. Champollion a cru reconnaître sur plusieurs papyrus MSAH, qu'il regarde comme formé de la préposition M, *dans*, et du substantif SAH, *œuf*.

Linné, dans les éditions du *Systema Naturæ* publiées de son vivant, n'admit dans le genre Lézard (*Lacerta*) qu'une seule espèce sous le nom de Crocodile. Gronovius distingua les trois espèces du Nil, d'Amérique et du Gange, qui forment aujourd'hui trois sous-genres. Laurenti n'a pas fait mention du Gavial. Schneider, dans le deuxième cahier de son Histoire naturelle et littéraire des Amphibies, publiée en 1801, fit connaître beaucoup mieux les espèces de ce genre, auquel il assigna de bons caractères; mais c'est à G. Cuvier que l'on doit les plus complètes et les meilleures descriptions et distinctions des espèces rapportées aux trois sous-genres. Son premier travail a été inséré, en 1801, dans le deuxième cahier du tome II des Archives zootomiques, publiées par Wiedman; mais il l'a bien perfectionné depuis, dans le grand ouvrage que nous venons de citer en dernier lieu; car ce même travail avait déjà été inséré en 1807 dans le xe volume des Annales du Muséum d'Histoire naturelle de Paris. C'était un mémoire ayant pour titre : sur les différentes espèces de Crocodiles vivans et leurs caractères distinctifs. Le dernier ouvrage général a été publié en 1817 par MM. Oppel, Tiedeman et Liboschitz; mais, à l'exception des figures, ce n'est réellement, pour le texte, qu'un extrait du grand travail de Cuvier.

Quant à l'histoire des espèces et même aux détails qui concernent les sous-genres, nous aurons occasion de les mentionner quand nous ferons leurs descriptions plus particulières.

Voici les caractères assignés par Cuvier à toutes les espèces comprises aujourd'hui dans cette famille, qu'il a toujours considérée comme formant un seul genre; nous les avons déjà présentés, mais nous les répétons ici dans un autre ordre.

1° Mâchoires garnies d'un grand nombre de dents coniques, simples, inégales, aiguës, disposées sur une seule rangée.

2° Langue charnue, large, entière, attachée au plancher de la bouche jusque très près de ses bords, et nullement extensible.

3° Pattes courtes, basses, espacées entre elles; les antérieures à cinq doigts distincts, les postérieures à quatre palmés ou demi-palmés; trois doigts seulement munis d'ongles à chaque pied.

4° La queue toujours plus longue que le tronc, comprimée ou aplatie sur les côtés, carénée et dentelée en dessus.

5° L'organe génital unique dans les mâles.

A ces caractères, Cuvier en a réuni plusieurs autres qu'il regardait comme moins essentiels, ou comme moins généraux; tels sont : les écailles carrées qui recouvrent la queue, le dessus et le dessous du corps; les grandes écailles dorsales, sur lesquelles on remarque des arêtes ou des lignes saillantes et longitudinales; les flancs garnis seulement de petites écailles arrondies; les conduits auditifs externes, ou les oreilles fermées, c'est-à-dire recouvertes en dehors par deux lèvres mobiles ; les narines formant un long canal étroit, qui ne s'ouvre intérieurement que dans le gosier ; les yeux munis de trois paupières ; enfin deux petites poches qui aboutissent sous la gorge et qui contiennent une humeur musquée.

Cuvier ajoute en outre l'indication de deux caractères anatomiques, qui distinguent le squelette des Crocodiles de tous ceux des autres Sauriens, et qu'il exprime ainsi :

1° Leurs vertèbres du col portent des espèces de fausses côtes (apophyses transverses articulées), se touchant par leurs extrémités, et qui empêchent l'animal de pouvoir faire tourner entièrement la tête de côté.

2° Leur sternum se prolonge au delà des côtes ; il porte des fausses côtes d'une espèce toute particulière, qui ne s'articulent point avec les vertèbres, et qui ne servent qu'à garantir le bas-ventre, etc.

Après cette esquisse historique, nous présenterons, par ordre de date, une liste des auteurs principaux qui ont écrit sur l'histoire naturelle, et de ceux qui ont laissé des mémoires sur l'organisation de ces animaux. Il nous aurait été impossible d'adopter ici une autre marche, car dans la section des auteurs anatomistes, par exemple, plusieurs de ceux que nous avons cités n'ont traité que de quelques points de l'ostéologie, ou d'autres parties isolées de la structure ; tandis qu'il y en a plusieurs qui ont porté leurs recherches sur tous les organes à la fois. D'ailleurs ces listes seront ici d'autant plus utiles que nous avons constamment indiqué les sources où nous avons puisé nos assertions.

1° *Indication par ordre chronologique des auteurs principaux qui ont écrit sur l'histoire naturelle des Crocodiles.*

1. HÉRODOTE, qui avait beaucoup voyagé, raconte, dans son admirable histoire, qui paraît avoir été écrite près de quatre cents ans avant la naissance du Christ, beaucoup de détails sur le Crocodile du Nil. Livre II, ou Euterpe, chap. 68 et 70, et livre XII, chap. 41. Il y traite du Crocodile d'Égypte, dont il fait connaître les mœurs : c'est ainsi qu'on y lit : Qu'il se trouve sur la terre et dans les lacs ; qu'il dort la nuit dans l'eau. Il parle de ses quatre mois de sommeil ou de léthargie, pendant lesquels il ne mange pas. Il fait la réflexion qu'il est peut-être celui, de tous les animaux connus, qui naît aussi petit et qui puisse devenir aussi grand, puisque l'œuf dont il sort est de la grosseur de celui d'une oie, et que le Crocodile peut atteindre jusqu'au delà de 17 coudées. En parlant de ses yeux, il les compare à ceux du cochon. Il fait observer que la mâchoire supérieure se meut ou s'élève au-dessus de l'inférieure; que les dents sont énormes; que l'animal semble privé de la langue.

2. ARISTOTE cite souvent le Crocodile dans ses ouvrages. Il paraît avoir beaucoup emprunté à Hérodote, ou bien il répète ses observations. Cependant, si nous en croyons Schneider (Cahier II, p. 6), il ne paraît pas avoir eu lui-même occasion d'observer le Crocodile. Voici les passages principaux de ses ouvrages où il en parle. Histoire des animaux, livre II, chap. 10; livre V, chap. 35 ; livre VIII, chap. 15, et dans le chap. 16, sur les parties des animaux.

3. DIODORE DE SICILE, livre IV, chap. 35, décrit le Crocodile, et parle de l'Ichneumon qui recherche ses œufs.

4. STRABON, dans sa Géographie, livre XV, chap. 17, parle du culte des Crocodiles par les Arsinoïtes.

5. OPPIEN traite aussi du Crocodile et de l'Ichneumon, ainsi que du *Trochilos*, dans leurs rapports avec ce Reptile. Livre III de son Traité de la Chasse.

6. ÆLIEN donne beaucoup de détails dans plusieurs endroits de son Histoire des Animaux, en particulier livre VIII, chap. 25; livre V, chap. 23 ; livre X, chap. 21, 24, 42, et livre XII, chap. 41,

où il distingue le Crocodile du Gange. Dans ces diverses occasions, il décrit les mœurs; et, indiquant son naturel, il s'exprime ainsi: *Naturâ timidus, improbus, malitiosus, fallax ad rapinas faciendas, strepitum omnem perhorrescit; humanam vocem contentiorem extimescit, eos à quibus confidentiùs invaditur, reformidat;* mais il mêle à ses récits beaucoup d'erreurs et de préjugés qui ont eu beaucoup d'échos.

7. PLINE répète tout ce qu'Aristote et Hérodote ont écrit. Il parle souvent des Crocodiles dans son Histoire naturelle, particulièrement dans les endroits que nous allons indiquer : livre II, chap. II, 15 et 17; livre VIII, chap. 24-26; livre XI.

1648. MARGRAVE et PISON ont parlé du Jacare, ou Caïman, dans leur Histoire des animaux du Brésil, livre VI, p. 242 et 282.

1734. SÉBA, dans son Trésor, tome III, a donné beaucoup de figures.

1749. ADANSON, Histoire du Sénégal, a traité du Crocodile d'Afrique, pag. 70 et 146.

1751. HASSELQUITZ, dans une Lettre à Linné, et dans son Voyage en Palestine, a traité du même sujet.

— KLEIN a véritablement distingué le genre du Crocodile, en le séparant du Caïman, p. 100 de son ouvrage intitulé : *Quadrupedum dispositio.*

1756. EDWARDS (Georges) a fait connaître un jeune Gavial dans les Transactions philosophiques, vol. 49, pl. XXX, p. 639. *Ventre marsupio donato, faucibus merganseris rostrum æmulantibus.*

1756. GRONOVIUS, dans la même année, établit le genre Crocodile, d'abord dans son *Museum*, puis, en 1763, dans son *Zoophylacium*, pag. 10, n° 40.

1768. LAURENTI, dans l'ouvrage qui a pour titre : *Synopsis Reptilium*, pag. 53 et 54, distingue, d'après les figures de Séba, deux espèces de Crocodiles.

1779. BATRAM, Voyage en Floride, au sud de l'Amérique septentrionale, tom. 1er, a donné beaucoup de détails sur les Crocodiles.

1782. DE LA COUDRENIÈRE a fourni des détails curieux sur les Crocodiles qu'il avait observés à la Louisiane, et il les a consignés dans le tom. XXVI du Journal de Physique pour l'année 1782.

1799 et 1801. SCHNEIDER, dans la deuxième fascicule de son Histoire littéraire et naturelle des Amphibies, a le premier recueilli tous les faits publiés avant lui, sur les formes et l'organisation des Reptiles : on y trouve surtout beaucoup de détails puisés dans les manuscrits de Plumier.

1801. CUVIER avait fait imprimer dans le second cahier du tome II des Archives zootomiques et zoologiques de Wiedman de Brunswick, une dissertation sur les Crocodiles ; mais depuis il a beaucoup ajouté à ce premier mémoire, dans ses travaux successifs publiés en 1810 dans les Annales du Muséum, tom. X, et enfin, en 1824, dans la deuxième partie du tome V de ses Ossemens fossiles.

1803. GEOFFROY SAINT-HILAIRE, dans le deuxième volume des Annales du Muséum d'histoire naturelle, a publié deux Mémoires : l'un sur l'anatomie du Crocodile du Nil, pag. 37, et un autre, pag. 53, sur une nouvelle espèce de Crocodiles d'Amérique. Enfin, son travail le plus important a été inséré dans les Mémoires de l'institut d'Égypte, en 1813, sous le titre de Description des Crocodiles du Nil, et dans les Mémoires de l'Académie des sciences, en 1831, sur les Crocodiles perdus.

2° *Indication par ordre chronologique des principaux ouvrages ou dissertations sur l'anatomie ou la physiologie des Crocodiles.*

1662. PFANZIUS (Christoph.) *Exercitatio de Crocodilo.* Lipsiæ, in-4°, sous le nom de KRAHE (Christoph.), sur les larmes du Crocodile.

1664. VESLING, *Observationes Anatomicæ*, édit. de Thomas Bartholin, in-8°, cap. XV, pag. 42. L'auteur décrit les tégumens, la langue, les mâchoires, les yeux, et les parties internes, telles que le larynx, la trachée, les poumons, l'œsophage, les intestins, le foie, la rate, les organes génitaux ; il fait surtout remarquer le peu de volume du cerveau relativement à celui de la moelle épinière.

1666. VOIGT (Godfroid) a publié à Wittenberg en Prusse une Dissertation latine sur les larmes du Crocodile.

1674. BORRICHIUS, dans sa dissertation de *Hermetis Ægyptiorum Hafniæ*, pag. 272, décrit le Crocodile des Indes, son squelette, ses viscères.

1676. Les jésuites français missionnaires à la Chine, dans les

Mémoires de l'Académie des sciences de Paris, tom. III, part. 2, pag. 255, Pl. 64 et suiv., ont donné la figure et l'anatomie de trois Crocodiles qui appartiennent à l'espèce de Siam, ou à casque, et Duverney y a joint ses remarques.

1681. HAMMEN (Von) a publié à Leyde, sous le format in-12, une description anatomique, en latin, d'une espèce de Crocodile disséquée à Dantzig, *de Crocodilo Gedani dissecto*.

1686. GREW a fait graver le squelette d'un Crocodile des Indes orientales, dans le *Museum Regiæ Societatis*, in-f°, pag. 42, fig. 4.

1693. DUVERNEY (Joseph), déjà cité à la page 436 du premier volume de cet ouvrage, et tom. II, pag. 664.

1701. PLUMIER avait laissé dans ses manuscrits, 21e cahier de sa *Zoographia Americana*, la description d'un Crocodile. C'est celle dont Schneider donne beaucoup d'extraits; mais on le trouve cité dans le Journal de Trévoux, 1704, pag. 166.

1702. BAER, *Crocodilophonia*, déjà cité, t. II, p. 662.

1707. SLOANE a donné aussi quelques détails anatomiques sur le Crocodile, dans son Voyage à la Jamaïque, publié en anglais. (*Voy.* tom 1er de cette Erpétologie, pag. 340.)

1717. FEUILLÉE, dans son Journal d'observations botaniques et physiques, in-4°, publié à Paris, parle du Crocodile, mais d'après Plumier, tom. III, pag. 399.

1718. LINCK (J.-H.) a publié à Leipsick, in-4°, *Epistola de Sceleceto Crocodili*, à l'occasion d'une empreinte fossile sur un schiste.

1748. MEYER (Jean-Daniel) a copié sur la planche 48 du tome 1er de Nuremberg, le squelette du Crocodile, d'après l'ostéographie de Cheselden.

1757. GAUTIER, planches citées, tom. II, pag. 664.

1776. BATRAM, déjà cité, tom. II, pag. 662.

1785. MERCK, Hessiche Beytrage zur Gelehrsamkeit und Kunst. fasc. V, pag. 73, a donné l'ostéologie du Gavial. Il a fait connaître l'organe génital du mâle, pag. 79.

1786. CAMPER (Pierre) a présenté des observations et des figures anatomiques sur les Crocodiles, d'abord dans le 76e volume des Transactions philosophiques, pag. 446, pl. 23 et 24; puis dans le 3e volume de ses Opuscules et dans l'édition française de Moreau de la Sarthe, pl. 6, fig. 1 et 2. D'après un dessin du même, la tête d'un Crocodile à long bec, du Gange, d'un pied de long sur huit pouces de large, a été gravé par Gout.

1797. JACOBSON (Matth.) a publié, sous la présidence de Retzius, une thèse ayant pour titre : *Animadversiones circà Crocodilum ejusque Historiam*. Schneider en parle 2ᵉ cahier, pag. 38 et 152, de son histoire des Amphibies.

1799. FAUJAS SAINT-FONDS, dans son Histoire de la montagne Saint-Pierre, citée tome II de cette Erpétologie, pag. 664.

1801. CUVIER (G.), plusieurs fois cité dans ce présent volume, en particulier pag. 52.

1801. SCHNEIDER, déjà cité tom. I, p. 237, et tom. II, p. 671, et dans ce volume, pag. 52, a recueilli de très utiles renseignemens sur l'histoire et l'anatomie des Crocodiles, dont il a fait connaître l'ostéologie de la tête dans deux bonnes planches.

1803. GEOFFROY (E.), déjà indiqué précédemment, pag. 51.

1805. HUMBOLDT et BONPLAND. Recueil d'observations anatomiques et zoologiques sur le Crocodile, pag. 284. Déjà cité t. 1er, pag. 322, et tom. II du présent ouvrage, pag. 667.

1807. LORENZ, dans ses Observations anatomiques sur le bassin des Reptiles, déjà indiquées dans cet ouvrage, tom. II, pag. 669, décrit en particulier le bassin du Crocodile d'Amérique, p. 21.

1809. DESCOURTILS donne les plus grands détails sur les mœurs, la structure et l'organisation des parties molles du Caïman, dans le 3ᵉ vol. du Voyage d'un Naturaliste.

1810 à 1824. C'est l'époque à laquelle CUVIER a commencé à donner ses premiers Mémoires sur les squelettes des Crocodiles. *Voy.* tom. II, pag. 663.

1814. CARUS (C.-G.), dans son ouvrage allemand sur le système nerveux, *Versuch eineps Dorstellung des nerven Systems*, etc. in-4°, publié à Leipzick, parle et donne des figures des nerfs du Crocodile, pag. 186, pl. 3. Il les a reproduites avec beaucoup d'autres détails dans ses deux grands ouvrages, en 1818 jusqu'en 1835, son Traité d'anatomie comparée et ses grandes planches in-f°.

—SOEMMERING a décrit à la même époque une espèce de petit Gavial fossile, dans les Actes de l'Académie de Munich, sous le nom de *Crocodilus priscus*.

1815. SPIX, dans sa Céphalogénésie, a représenté et décrit, pag. 435, une tête de Crocodile.

1817. TIEDEMAN, OPPEL et LIBOSCHITZ, dans la 1re livraison de leur grand ouvrage sur les Reptiles, qui n'a pas été continué, ont présenté en allemand, avec beaucoup de figures in-f°, l'histoire du genre et des espèces de Crocodiles, et quelques détails anatomiques.

1818. OKEN a donné dans l'Isis, 2e cahier, une description de la tête d'un Crocodile.

1821. MECKEL (J.-F.), dans son Traité général d'anatomie comparée, tom. III, pag. 145, System der Vergleichenden Anatomie, a fait très bien connaître les muscles du Crocodile.

1824. DE BLAINVILLE, déjà cité, tom. II, pag. 662.

1825. HARLAN, dans les Transactions of the American Society, IIe volume, nouvelle série, pag. 22, une Lettre sur l'anatomie et la physiologie des Caïmans (*Voy.* dans le présent ouvrage, t. II, pag. 666, l'article *Hentz*, ou mieux *Heutz*).

— GEOFFROY SAINT-HILAIRE, Mémoires du Muséum, t. XII, pag. 97 et suiv. — Mémoire déjà cité sur l'organisation des Gavials; — en particulier sur les bourses nasales et sur les genres sténosaure et téléosaure.

1826. NICOLAÏ, sur les veines du Crocodile, cité tom. II, p. 670.

1827. BELL a publié des observations curieuses sur les glandes odoriférantes des Crocodiles, pag. 132 des Transactions de la Société linnéenne de Londres, déjà cité tom. II, pag. 662.

1828. ABEL, Observations anatomiques sur le Gavial, déjà cité tom. II, pag. 662.

—VROLIK (W.), Observations anatomiques sur le Caïman, *Crocodilus Sclerops*, Bulletin des Sciences nat., tom. XIV, p. 121, n° 119, déjà cité tom. II, pag. 662.

1830. WAGLER (Johan.), adjoint conservateur du Musée anatomique et zoologique de Munich, a publié, dans la planche 7e de son Système naturel des Amphibies, les points les plus importans de l'ostéologie des trois genres de cette famille, qu'il désigne sous les noms de *Campsa*, *Crocodilus* et *Ramphostoma*.

§ V. DES TROIS SOUS-GENRES QUI COMPOSENT LA FAMILLE DES CROCODILIENS ET DES ESPÈCES EN PARTICULIER.

Nous avons déjà dit que M. G. Cuvier avait proposé de partager ce grand genre des Crocodiles en trois sections ou sous-genres, auxquels il assignait des noms particuliers et des caractères que nous allons successivement faire connaître, parce que nous adoptons complétement ses idées; cependant nous croyons nécessaire de les développer davantage pour signaler mieux les rapports et les différences.

1° Les CAÏMANS (*Alligator*).

CARACTÈRES : tête d'un tiers plus large que longue, à crâne du quart de la longueur totale; museau court; dents inégales entre elles, au nombre de dix-neuf à vingt-deux; la quatrième dent inférieure plus longue de chaque côté, et entrant dans des creux de la mâchoire supérieure où elles restent cachées quand la bouche est fermée; les premières dents de la mâchoire inférieure perçant la supérieure à un certain âge; jambes et pieds de derrière arrondis, ou n'ayant ni crêtes ni dentelures à leurs bords; intervalles des doigts remplis au plus à moitié par une membrane courte, ou pattes semi-palmées.

2° Les CROCODILES (*Crocodilus*).

CARACTÈRES : tête oblongue, dont la longueur est double de sa largeur, quelquefois plus; crâne n'atteignant pas le quart de cette longueur; dents inégales, trente inférieures, trente-huit supérieurement; les quatrièmes de la mâchoire inférieure, qui sont les plus longues et les plus grosses de toutes, passant dans des échancrures creusées sur les bords de la mâchoire supérieure, et restant apparentes en dehors. Les pattes de derrière ayant leur bord externe garni d'une crête dentelée, et les intervalles de leurs doigts, au moins des externes, étant entièrement palmés. Leur crâne portant derrière les yeux deux larges trous ovales que l'on sent à travers la peau, même dans les individus desséchés.

3° Les Gavials. (*Gavialis seu Longirostris.*)

Caractères : museau rétréci, cylindrique, extrêmement allongé, un peu renflé à l'extrémité ; crâne à peine du cinquième de la longueur totale de la tête ; dents presque semblables, en nombre et en forme, sur l'une et l'autre mâchoire ; les deux premières et les deux quatrièmes de la mâchoire inférieure passant dans des échancrures de la supérieure et non dans des trous. Crâne avec de grands trous derrière les yeux ; les pattes de derrière dentelées et palmées comme dans les Crocodiles.

La forme grêle de leur museau les rend, à taille égale, beaucoup moins redoutables que les espèces des deux autres sous-genres. Aussi se contentent-ils ordinairement de poissons pour leur nourriture.

Tels sont les trois groupes ou sous-genres établis parmi les Crocodiliens. Cet arrangement ou cette distribution des espèces en genres secondaires était nécessaire à indiquer d'avance, parce qu'à l'aide d'une simple dénomination on peut distinguer et préciser quels sont les individus qui présentent des modifications dépendantes, soit des formes extérieures, soit

TABLEAU SYNOPTIQUE DES ESPÈCES DE CROCODILIENS,

DISTRIBUÉES EN TROIS SOUS-GENRES.

- A museau
  - plus ou moins large, plat, recevant la quatrième dent inférieure dans une
    - fosse . . . . 1. CAÏMAN.
    - échancrure. 2. CROCODILE.
  - très étroit, presque arrondi, dilaté à l'extrémité . . . . 3. GAVIAL.

Ier SOUS-GENRE. CAÏMAN.

- A paupières supérieures
  - complétement osseuses. . . . . 1. A PAUPIÈRES OSSEUSES.
  - non osseuses en entier ; une arête
    - en travers du front
      - et une autre devant chaque œil : écussons de la nuque
        - remplacés par des écailles . . . 2. A LUNETTES.
        - six ou huit . . . . 3. CYNOCÉPHALE.
      - seulement. . . . . 4. PONCTUÉ.
    - longitudinale ; excessivement petite entre les orbites . . . . 5. A MUSEAU DE BROCHET.

IIe SOUS-GENRE. CROCODILE.

- A crâne
  - surmonté de deux arêtes triangulaires placées à la suite l'une de l'autre. . . . . 4. A CASQUE.
  - sans arêtes et à pattes palmées.
    - à demi ou incomplétement. . . . . 1. RHOMBIFÈRE.
    - en entier et à arête externe
      - nulle, arrondie et comme effacée. . . . . 2. DE GRAVES.
      - distinctes : dos à écailles
        - d'égale hauteur : cervicales
          - six : plaques nuchales
            - plus de deux : museau
              - en triangle isocèle. . . . 3. VULGAIRE.
              - subcylindrique. . . . . . 8. DE JOURNU.
            - pas ; ou deux seulement. . . . . 5. A DEUX ARÊTES.
          - plus de six disposées en longueur et par paires. . . . . 7. A NUQUE CUIRASSÉE.
        - non égales, les latérales plus élevées que les autres . . . . 6. A MUSEAU AIGU.

IIIe SOUS-GENRE. GAVIAL.

A mâchoires allongées, très étroites, presque cylindriques. . . . . 1. DU GANGE.

(En regard de la page 63.)

de la structure interne ou anatomique, soit enfin des habitudes ou des mœurs, qui doivent être un peu différentes suivant les diverses conformations des parties, qui ont servi à la répartition des espèces dans chacun des groupes, comme l'indique le tableau synoptique que nous présentons ici en regard.

Ier SOUS-GENRE. CAÏMAN. — *ALLIGATOR.* Cuvier.

Caractères. Quatrièmes dents inférieures enfoncées dans des trous de la mandibule lorsque la bouche est fermée.

Le caractère essentiel des Caïmans, le seul qui leur soit exclusivement propre, c'est celui d'avoir l'intérieur de la mandibule creusé de fosses dans lesquelles se logent les quatrièmes dents d'en bas, lorsque les mâchoires se rapprochent l'une de l'autre. En effet, c'est ce qui sert à les faire distinguer de suite d'avec les Crocodiles et les Gavials, chez lesquels, au lieu de fosses, il existe de chaque côté du museau une échancrure, souvent profonde, destinée au passage de cette même quatrième dent inférieure.

Les principaux caractères des Caïmans, après celui que nous venons d'indiquer, consistent dans la forme légèrement arrondie des pattes de derrière; dans l'absence de toute crête dentelée le long du bord postérieur de celles-ci; ainsi que dans la brièveté des membranes interdigitales, lesquelles ne réunissent jamais les doigts au delà de la moitié de leur longueur, et quelquefois même seulement à leur extrême base; au point qu'une espèce, celle à paupières osseuses, paraît au premier abord avoir les doigts complétement libres.

La tête des Caïmans, quoique moins oblongue que celle

des Crocodiles, offre à peu près la même figure, c'est-à-dire celle d'un triangle isocèle plus ou moins ouvert. Néanmoins il faut avouer que cela n'est exact qu'à l'égard de deux espèces; car le museau élargi des trois autres donne une certaine forme ovale à la partie antérieure de leur tête.

Dans ce sous-genre, comme dans le suivant, les bords des mâchoires sont sinueux et les dents inégales. Le nombre de celles-ci, qui s'élève jusqu'à quatre-vingts, y est plus grand que chez les Crocodiles, mais moindre que dans les Gavials.

Les dents inférieures de la quatrième paire ne sont pas les seules qui se logent dans des creux de la mandibule; celles de la première paire sont dans le même cas, et, avec l'âge, les unes et les autres finissent presque toujours par percer la mandibule et par se faire jour au-dessus du museau.

Les trous post-orbito-craniens des Caïmans sont fort petits; il est même une espèce qui n'en offre pas la moindre trace. Le trou nasal, celui autour des bords duquel est attachée la peau dans laquelle se trouvent percées les narines, a la forme d'un oméga (ω). La paupière supérieure renferme dans son épaisseur une lame osseuse, qui tantôt en occupe toute l'étendue, tantôt la moitié antérieure seulement. Le Caïman à paupières osseuses est un exemple du premier cas, le Caïman à museau de brochet en offre un second. Le plus souvent, les plaques osseuses qu'on voit sur le cou ne forment pas un bouclier aussi large que chez les Crocodiles, mais il est plus allongé; de sorte qu'entre ce bouclier et celui du dos, il n'existe presque pas d'intervalle.

Tantôt les écailles qui revêtent les flancs sont toutes ovales, plates et égales; tantôt il y en a de petites auxquelles il s'en mêle de plus grandes qui sont en outre carénées.

On remarque que la crête caudale des Caïmans est moins serrée et plus solide, particulièrement dans sa portion doublée, que celle des Crocodiles et des Gavials.

La longueur de la tête des espèces de ce sous-genre, à proportion de sa largeur, varie suivant l'âge de l'animal. Ainsi nous nous sommes assuré qu'elle est relativement plus longue chez les individus de moyen âge que dans les jeunes et les vieux sujets.

Ce groupe, que Cuvier a établi parmi les Crocodiliens, a été adopté, soit comme genre, soit comme sous-genre, par tous les Erpétologistes qui ont écrit sur ces animaux, depuis l'illustre auteur des Ossemens fossiles. Tous également, à son exemple, l'ont désigné par le nom de Caïman (Alligator), à la seule exception de Wagler qui, sans motif, lui a substitué celui de *Champsa*; mais ce dernier nom se trouve d'autant plus mal choisi, que Merrem l'avait déjà employé pour désigner les Crocodiles proprement dits.

Cuvier nous apprend que les auteurs ne sont pas d'accord sur l'origine du nom de CAÏMAN; que Bontius (1) au dix-septième siècle, dit qu'on nomme ainsi ces Crocodiles aux Indes; que d'après Margrave (2) il porterait le même nom au Congo, tandis qu'on l'appelle *Jacare* au Brésil. Rochefort, cependant, annonce qu'aux Antilles et au Mexique il est désigné sous ce nom de Caïman, qui paraît avoir été importé par les nègres amenés en esclavage d'Afrique en Amérique. Quant à la désignation d'*Alligator*, il paraît dérivé de *Legater* ou *Allegatar* ou du mot portugais corrompu *Logarto* qui serait dérivé du latin *Lacerta*, car Hawkins écrivait *Allagator* et Sloane *Allegator* ou même *Allegater*.

Spix, dans son travail sur les Reptiles nouveaux du Brésil, a proposé de partager les Caïmans en deux tribus, d'après le plus ou moins de largeur que présentent les mâchoires et de conserver alors le nom de *Caïman* aux espèces à museau large, en donnant celui de *Jacare-Tinga* à celles à museau étroit. On sent que de pareilles différences ont trop peu de valeur pour qu'on se croie autorisé à accepter

(1) Dans son ouvrage sur l'histoire naturelle médicale des Indes.
(2) CUVIER. Ossemens fossiles, tome V, 2e part., note page 30.

la subdivison proposée par Spix dans ce sous-genre. Mais un caractère qui mériterait davantage d'être pris en considération, est celui qu'on peut tirer de la conformation des pattes de derrière; attendu que de leur palmure ou de leur non palmure, il doit nécessairement résulter des différences dans la manière de vivre de ces Sauriens. Malgré cela, nous n'avons pas jugé à propos de les subdiviser, au moins quant à présent, parce que le nombre de leurs espèces est très borné.

Pour suivre la même marche que nous avons adoptée à l'égard des Chéloniens, nous rangerons les Caïmans d'après les habitudes plus ou moins aquatiques que nous leur supposons avoir. Ainsi, nous décrirons les cinq espèces que nous reconnaissons exister aujourd'hui en commençant par celles dont les membranes natatoires sont le plus courtes, pour finir par celles qui les ont le plus développées.

Aucune de ces espèces n'est nouvelle. Les deux premières ont été parfaitement décrites par Cuvier, qui d'abord avait confondu, dans son ouvrage sur les Ossemens fossiles, les trois autres sous le nom de *Caïman* à lunettes. Mais plus tard, dans son Règne animal, il indiqua en notes que le Caïman à lunettes présentait plusieurs variétés qui pourraient peut-être bien former des espèces distinctes, quoique très-difficiles à caractériser. Ces variétés sont justement nos trois dernières espèces de Caïmans. Spix les a bien reconnues, mais il n'en a si non saisi, au moins pas bien signalé les véritables caractères. Sous ce rapport, nous espérons avoir été plus heureux que lui, ayant été à même d'observer un grand nombre d'individus de tous âges appartenant à ces trois espèces.

1. CAIMAN A PAUPIÈRES OSSEUSES. *Alligator Palpebrosus.* Cuvier.

Cractères. Tête longue, sub-pyramido-quadrangulaire ; front plat, uni ; museau un peu relevé et arrondi à son extrémité, non raboteux, mais vermiculé ; paupière supérieure osseuse. Dix-neuf dents en haut, vingt-et-une en bas.

Synonymie. *Lacerta Crocodilus* Blumenb. Handb. d. Naturg. s. 245.

DESCRIPTION.

Formes. La tête du Caïman à paupières osseuses est moins déprimée que celle d'aucun autre de ses congénères, sa hauteur n'étant que d'un quart moindre que sa largeur. Elle est pour le moins aussi allongée et aussi étroite à son extrémité que celle du Crocodile vulgaire, ce qui donne à son contour horizontal la figure d'un triangle isocèle fort allongé. D'un autre côté, comme cette tête est quadrangulaire et relativement plus épaisse que chez les autres Crocodiliens, elle se rapproche un peu, par l'ensemble de sa forme, de celle de certains Sauriens, tels que les Varans, par exemple.

La tablette ou voûte supérieure du crâne n'est point percée derrière chaque œil d'un trou ovale, comme cela se voit chez tous les autres Crocodiliens. Sa surface, qui représente un rectangle dont le plus grand diamètre est situé en travers, est inégale quand la peau est enlevée, à cause des nombreux et petits enfoncemens qu'on y remarque. Sans renflemens ni arêtes, mais parcouru comme le dessus des mâchoires par de petits sillons, les uns droits, les autres vermiculiformes, le front s'incline légèrement en fuyant vers le museau, qui, d'abord fort aplati, se courbe ensuite faiblement en travers pour s'arrondir et se relever un tant soit peu à son extrémité. Les bords des mâchoires de ce Caïman sont fortement festonnés ; c'est-à-dire que dans toute leur étendue ils sont alternativement fléchis en dedans et arqués en dehors. Les dents sont au nombre de dix-neuf de chaque côté en haut, et de vingt-et-une également de chaque côté en bas, ce qui élève leur nombre total à quatre-vingts. Celles

5.

de la mâchoire inférieure, lorsque la bouche est fermée, sont complétement cachées, tandis que les supérieures se trouvent toutes en dehors. Les onze ou douze premières, aux deux mâchoires, sont plus pointues et moins comprimées que les suivantes ; elles sont aussi très légèrement courbées, tandis que les autres sont droites. En haut, ce sont celles de la seconde, de la troisième, de la septième et de la huitième paires, qui sont les plus longues. En bas, celles de la première et de la quatrième.

Les ouvertures externes des narines sont deux petites fentes ovalaires placées l'une à côté de l'autre, de manière à représenter un V très ouvert, dont la base est dirigée en arrière. La paupière supérieure, dont le bord externe est néanmoins cutané, contient dans son épaisseur une lame osseuse, composée de trois pièces de forme triangulaire, et qui ne sont pas tellement bien soudées entre elles qu'on ne puisse les mouvoir séparément. L'une de ces trois pièces, plus grande que les autres, devant lesquelles elle se trouve placée, forme d'un côté une partie du bord externe de la paupière, et de l'autre elle se trouve en rapport avec la moitié antérieure de la portion interne du cercle orbitaire. Elle est de plus surmontée d'une carène rectiligne, dirigée obliquement en dehors, laquelle s'arrête à l'angle antérieur de l'orbite chez certains individus, tandis qu'elle se continue sur le museau chez quelques autres. La crête qui surmonte la queue chez cette espèce est plus solide que chez aucune autre de sa famille ; la double portion en est même osseuse comme les plaques qui la supportent. Nous ne connaissons aucun Crocodilien chez lequel les palmures des pieds soient aussi courtes que chez le Caïman à paupières osseuses. Il n'existe pour ainsi dire même pas de membrane entre les deux premiers doigts internes. Celle qui unit le second au troisième est néanmoins sensible, et l'autre ne s'étend pas plus loin que la troisième articulation du second doigt externe. Si l'on n'avait même à examiner que des individus empaillés, l'effet de la dessiccation pourrait porter à croire que les pattes postérieures de cette espèce sont dépourvues de membranes natatoires. Les doigts sont de longueur médiocre, et les ongles assez longs, mais peu courbés.

Le Caïman à paupières osseuses offre deux variétés ou races assez distinctes l'une de l'autre, pour que nous croyions pouvoir les décrire séparément. Peut-être même les aurions-nous élevées au rang d'espèces, si nous nous étions trouvé dans le cas de faire nos observations sur un aussi grand nombre d'individus de tous âges, que cela nous est arrivé pour le Caïman à lunettes, et pour deux autres espèces, le Fissipède et le Ponctué, qui en sont si voisins, mais pourtant différens.

VARIÉTÉ A.

Caractères. Deux larges rangées de plaques sur la nuque; écussons du dos à carènes peu élevées, égales; ceux de la quatorzième rangée transversale et de la quinzième, au nombre de quatre.

Synonymie. *Le Caïman mâle*. Cuvier. Arch. für zool und zoot. Von Wiedmann, tom. 2, pag. 168.

Crocodilus palpebrosus. Cuv. Annal. Mus. Hist. nat. tom. 10, pag. 36, pl. 2, fig. 2, et Ossem. foss. tom. 5, part. 2, pag. 39, pl. 2, fig. 2.

Crocodilus palpebrosus. Tiedm. Opp. und. Lebosch. naturgerch: der Amph. pag. 64, tab. 6.

Jacaretinga moschifer. Spix. Spec. nov. Lacert. Bras. pag. 1, tab. 1.

Champsa palpebrosa. Wagler. Syst. Amph. pag. 140.

Alligator palpebrosus. Gray. Synops. Rept. part. 1, pag. 63.

DESCRIPTION.

Formes. Cette première variété a la tête proportionnellement un peu moins longue que la seconde. Ceci est surtout sensible chez les jeunes sujets. Cette tête, dans un individu long de 82 centimètres (le plus long que nous possédions), est une fois et deux tiers plus longue que large. Du bout du museau à l'angle extérieur de l'œil, elle a un quart de plus en étendue que du même angle antérieur à l'occiput. La longueur de l'extrémité du museau, prise au niveau des troisièmes dents, est égale à celle du front. Ce même museau, entre la septième paire de dents et la huitième, n'est pas tout-à-fait aussi large que l'occiput. Le bord interne de l'orbite n'est point relevé en arête.

On ne remarque pas non plus de carène partant de l'angle antérieur de l'œil pour s'avancer sur le museau. Au moins, si cela a lieu, ce n'est que chez les très jeunes sujets et d'une manière peu sensible. Le bord postérieur du crâne, au milieu et dans les trois cinquièmes de sa largeur, est légèrement arqué en dehors. Les deux autres cinquièmes, l'un à droite, l'autre à gauche, le sont au contraire en dedans. Le bord postérieur du crâne n'offre pas la moindre trace d'échancrure. Le dessus de la mâchoire supérieure, vers les cinquième et sixième dents, ne présente pas un méplat aussi prononcé que cela se voit dans la seconde variété. A cet endroit, la mâchoire est très légèrement arquée en travers. On remarque de chaque côté du museau, au-dessus de l'intervalle de la quatrième dent et de la cinquième, un renflement longitudinal qui se dirige en dedans d'une manière oblique.

La région supérieure du cou est garnie de sept rangées transversales d'écussons osseux fortement carénés. La première des deux rangées les plus rapprochées de la tête, ou les nuchales, se compose de quatre écussons plus grands et plus forts que ceux de la seconde, à laquelle on en compte six. Il est bon de remarquer que ces écussons nuchaux, quoique étant placés fort près les uns des autres, ne se touchent cependant pas. Pour les cervicaux, ce n'est pas tout-à-fait cela. Ceux d'une même rangée sont fortement soudés ensemble ; mais il existe un intervalle très léger, il est vrai, entre chaque rang transversal. Chez un de nos individus, il y a deux écussons seulement par rangée ; chez un second, il y en a quatre à la troisième ; chez deux autres, il y en a trois à la seconde et à celle qui la suit ; chez un quatrième et un cinquième, on en compte quatre à la troisième ainsi qu'à l'avant-dernière. Enfin, un sixième nous en montre deux à la première et à la dernière rangée, trois à la seconde et à la pénultième, et quatre à la troisième. Quant à leur forme, on peut dire de ces écussons que les nuchaux sont ovales à leur base, et les cervicaux carrés. Ceux-ci ont de plus leur carène relevée en triangle scalène. Sur les côtés du cou et sur les épaules, la peau est semée d'écailles ou plutôt de tubercules élevés, affectant une figure triangulaire. Il en existe aussi sur les flancs, mais leur forme est plus allongée, et ils sont disposés par séries longitudinales, au nombre de deux ou trois. Les plaques osseuses qui composent le bouclier de la partie supérieure du corps, à partir des épaules ou mieux du dernier rang d'écussons cervicaux jusqu'à la queue, forment dix-huit rangées transversales, ayant chacune les nombres suivans de plaques : la première quatre et quelquefois six ; les six suivantes six ; la huitième, la neuvième et la dixième huit ; la onzième six, et les sept dernières quatre. Mais ces nombres ne sont pas constamment les mêmes chez tous les individus. Ainsi, tantôt il y a quatre ou cinq rangées à huit plaques, quelquefois une seule ; ou bien il n'y en a que cinq ou six à quatre. Une carène, également basse pour toutes, les coupe longitudinalement par le milieu. La crête caudale est aussi fort peu élevée; l'espace compris entre sa portion double étant dépourvu d'arêtes, est tout-à-fait plat. On compte dix et rarement onze anneaux écailleux autour de la queue avant d'arriver à l'endroit où la crête devient simple. Dans le reste de son étendue, il y en a de dix-neuf à vingt-deux. La cuirasse de la partie inférieure du corps est formée d'écailles à quatre pans, dont la surface est plate et parfaitement lisse. Pourtant, tout-à-fait sous le menton, on en remarque plusieurs qui sont polygones et un peu bombées. Celles du dessous de la gorge sont carrées ; elles y forment une espèce de pavé. Les plaques qui viennent après celles-ci sont rectangulaires, et disposées par séries transversales, rectilignes sous l'abdomen, un peu arquées en arrière sous la poitrine et la seconde moitié du cou. Sur la région inférieure du corps, depuis la fente anale jusqu'aux aisselles, il existe vingt bandes écailleuses, dont les plus nombreuses se composent de vingt pièces. En remontant jusqu'au niveau de l'extrémité des branches du maxillaire inférieur, on en compte huit autres qui occupent toute la largeur du cou. Ce sont des écailles rhomboïdales qui revêtent les membres antérieurs ; celles du dessus sont grandes et carénées, celles du dessous petites et lisses. On peut dire la même chose des membres postérieurs, si ce n'est que le devant des cuisses porte des écailles carrées.

Coloration. Le plus grand de nos individus offre un brun marron sur le dos. Cette couleur est plus claire sous le ventre et sur les membres. Deux de nos jeunes sujets sont brun fauve, le troisième est jaunâtre ; mais tous trois ont le dessus du corps coupé transversalement par des bandes noirâtres. Tous trois aussi laissent voir une suite de taches brunes le long de la mâchoire inférieure. Les ongles sont bruns.

Dimensions. Bien que d'une taille médiocre, l'un de nos individus nous semble fort âgé. S'il en était ainsi, cette espèce n'atteindrait pas d'aussi grandes dimensions que ses congénères. On peut du reste en juger par les mesures suivantes, qui sont celles des principales parties de l'individu dont nous venons de parler, le même qui a servi à M. Cuvier pour son travail sur les Crocodiliens, celui enfin que, dans son premier mémoire inséré dans les Archives de Wiedman, il considérait comme le Caïman mâle, et que plus tard, dans les Annales du Muséum et dans les Ossemens fossiles, il a mieux fait connaître comme type de sa première variété du Caïman à paupières osseuses.

LONGUEUR TOTALE 129". *Tête*. Long. 18"; haut. 8"; larg. antér. 3" 5'''; postér. 11". *Cou*. Long. 13". *Corps*. Long. 40"; haut. 13"; larg. 17". *Memb. antér*. Long. 21". *Memb. postér*. Long. 30". *Queue*. Long. 58".

Nous possédons quatre autres jeunes sujets appartenant à cette variété, qui ont de vingt-neuf à quarante-huit centimètres de long.

VARIÉTÉ B.

CARACTÈRES. Une seule rangée de plaques nuchales, séparée des cervicales par une ligne d'écailles relevées en pointe. Les arêtes dorsales des deux séries longitudinales et médianes moins hautes que les latérales. Deux écussons seulement composent la quatorzième, la quinzième et quelquefois la seizième bande transversale du dos.

SYNONYMIE. *Crocodilus aquaticus Ceilonicus mas*, Séba, tom. I, pag. 166, tab. 105, fig. 3.

Crocodilus trigonatus, Schneid. Hist. amph. fasc. secund. p. 161.

Crocodilus . . . . Gronovius, Zoophil. p. 10, n° 38.

Ceylan Crocodile var. from Seba. Shaw, General. zool. tom. 3, part. 1, pl. 58.

Crocodilus palpebrosus. (Seconde variété). Cuv. Ann. mus. Hist. nat., tom. 10, pag. 38, pl. 2, fig. 1, et Ossem. foss., tom. 5, part. 2, pag. 4, tab. 2, fig. 1.

Crocodilus Trigonatus. Tiedm. Oppel und Libosch. naturgesch. amph. pag. 66, tab. 7.

Champsa trigonata. Wagl. System. amph., pag. 140.

Alligator palpebrosus. Var. B. Gray, Synops. Rept., part. 1, pag. 63.

DESCRIPTION.

FORMES. La tête des individus, appartenant à cette seconde variété, a de longueur quatre cinquièmes de plus que de largeur. Son étendue, du bout du museau à l'angle antérieur de l'œil, est d'un tiers plus grande que de ce dernier point au bord postérieur de l'occiput. D'après ces dimensions, il est aisé de voir que, dans cette seconde variété, la tête est proportionnellement plus longue que dans la première. La mâchoire supérieure a, en largeur, un peu plus du double au-dessous de l'angle antérieur de l'œil qu'au niveau de la troisième paire de dents d'en haut. Elle est fort aplatie dans le premier tiers de sa longueur, et offre deux arêtes qui, en s'écartant un tant soit peu l'une de l'autre, s'étendent depuis l'angle antérieur de l'œil jusqu'au-dessus des huitièmes ou neuvièmes dents supérieures. A l'exception d'une petite échancrure qu'on remarque sur le milieu de son bord postérieur, la tablette du crâne ressemble tout-à-fait à celle de la première variété. Ici, il n'y a véritablement pas, comme chez cette dernière, deux rangs de plaques nuchales, mais un seul composé de quatre pièces, lequel est séparé des écussons cervicaux par une série de cinq ou six petites écailles relevées en pointes. Nous ne comptons non plus que quatre bandes de plaques cervicales au lieu de cinq. La seconde de ces quatre bandes est formée de trois ou quatre pièces, et les autres le sont de deux. Ces écussons cervicaux, de même que les nuchaux, sont plus fortement relevés en triangles scalènes que chez la variété précédente. Ils sont aussi plus comprimés.

Sur le dos, il y a dix-huit séries transversales de plaques osseuses, dont le nombre des pièces est d'abord de quatre, ensuite de six, puis encore de quatre, enfin de deux. Ce moindre nombre de plaques du bouclier dorsal, en avant et en arrière, lui donne une forme plus elliptique que chez l'espèce précédente. Les arêtes des deux séries médio-longitudinales sont basses, tandis que les latérales sont au contraire élevées, particulièrement dans le jeune âge. Elles forment alors une pointe anguleuse. Bien que ces carènes latérales s'abaissent à mesure que l'animal grandit, elles demeurent toujours plus hautes que les médianes. Cette variété se distingue encore de la première par les carènes beaucoup plus prononcées que présentent les écailles du dessus des membres, ainsi que par le moindre nombre et la moindre largeur qu'offrent les bandes d'écailles quadrangulaires, garnissant le dessous du cou. On ne compte en effet, à partir de la poitrine, que six de ces bandes, se rétrécissant davantage à mesure qu'elles s'avancent vers la gorge.

COLORATION. Le système de coloration paraît être le même que dans la première variété.

DIMENSIONS. Nous donnons plus bas les dimensions d'un individu de notre collection, le plus grand que nous ayons encore observé. Il avait appartenu auparavant au cabinet d'histoire naturelle de la Sorbonne.

LONGUEUR TOTALE. 1'19". *Tête*. Long. 18"; haut. 6"3'"; larg. antér. 3", postér. 10". *Cou*. long. 13". *Corps*. Long. 36"; haut. 14"; larg. 16". *Memb. antér*. Long. 17". *Memb. postér*. Long. 26". *Queue*. Long. 52".

Nous avons ensuite un autre individu empaillé, long de 82", mais auquel il manque le bout de la queue, comme à un autre de 89" qui est conservé dans l'alcool. Un quatrième, qui est aussi dans la liqueur, n'a que 22".

PATRIE ET MŒURS. On ne doit plus conserver de doute aujourd'hui sur la patrie de la première variété du Caïman à paupières osseuses : elle est certainement originaire de l'Amérique méridionale. Outre l'exemplaire anciennement rapporté de Cayenne et donné au Muséum par Gautier, préparateur d'histoire naturelle, nous en possédons un autre venant du même pays, qu'on doit à la générosité de feu Banon. D'ailleurs, Spix a aussi trouvé cette variété au Brésil; car c'est elle bien évidemment qu'il a représentée dans sa première planche, sous le nom de *Jacaretinga Moschifère*. Nous sommes loin d'avoir la même certitude à l'égard de la variété B, attendu que nous ignorons l'origine des individus que nous avons été dans le cas d'observer; mais il est très probable qu'elle habite aussi la partie méridionale du Nouveau-Monde. L'un de ces individus nous vient du cabinet du stathouder, et nous avons tout lieu de croire que c'est celui qui a servi de modèle à la figure du *Crocodilus Ceilonicus*, *mas*. de Séba.

Parmi les trois autres, il en est un que nous devons plus particulièrement citer, parce que c'est celui que M. Cuvier trouva dans la collection du Muséum, portant une étiquette avec ces mots : *Krokodile noir du Niger*, écrite de la main d'Adanson. Mais il y avait évidemment ici une erreur qu'Adanson lui-même nous fait reconnaître, puisque dans la relation de son Voyage, en parlant du *Krokodile noir*, il dit qu'il a le museau plus allongé que le *Krokodile vert*. Or, cet individu du Caïman à paupières osseuses, seconde variété, étiqueté *Krokodile noir* a le museau plus court que le *Krokodile vert*, qui n'est autre que le Crocodile vulgaire, comme nous le prouverons à l'article de ce dernier.

Observations. La question de savoir si l'on doit admettre deux espèces de Caïmans à paupières osseuses, ne pourra être décidée que par ceux qui se trouveront dans le cas d'étudier cette espèce sur un plus grand nombre d'individus que nous ne l'avons pu faire; car, si alors les différences que nous avons signalées étaient encore les mêmes, nous pensons qu'on ne devrait pas hésiter à les considérer comme tout-à-fait spécifiques.

C'est à Cuvier qu'on doit d'avoir le premier indiqué d'une manière précise les caractères propres aux Caïmans à paupières osseuses, en même temps qu'il en a débrouillé la synonymie. Ainsi il a bien reconnu dans cette espèce celle que Blumenbach caractérise par ces mots : *Lacerta Crocodilus*, *scuto suprà orbitali osseo*, etc. Il a également cité avec raison la figure 3 de la planche 105 du tome 3, de l'ouvrage de Séba, comme étant celle d'un individu appartenant à la seconde variété de cette espèce. Dans son opinion, ce serait aussi un individu du Caïman à paupières osseuses, que Daudin aurait décrit sous le nom de Crocodile à large museau. Nous pensons plutôt que cet auteur avait sous les yeux l'espèce que nous nommons Cynocéphale ; car, connaissant le Caïman à museau de brochet ou du Mississipi, comme il le nomme, il n'est pas probable qu'il eût qualifié de large museau le Caïman à paupières osseuses, dont cette partie de la tête est de moitié moins large que celle de l'*Alligator Lucius*.

2. CAIMAN A MUSEAU DE BROCHET. *Alligator Lucius*. Cuvier.

Caractères. Tête très déprimée ; museau large, arrondi au bout, à côtés presque parallèles. Une arête longitudinale sur le front ; deux écussons nuchaux.

Synonymie. *Alligator de la Floride*. Catesby. Hist. Carol. pl. 63.

Alligator de la Floride. Bart. Voy. part. sud Amér. sept. tom. 1, pag. 213, 225, 228.

Crocodile de la Louisiane. Lacoudrenière, Observat. sur le Crocod. de la Louis. Journ. Phys. tom. 20, pag. 333.

Crocodilus Mississipensis. Daudin, Hist. Rept. tom. 2, pag. 412.

Alligator. Dunbar et Hunter, Message du président des États-Unis, concernant certaines découvertes faites en explorant le Missouri, la rivière Rouge et Washita. New-Yorck, 1806, pag. 97.

Crocodilus Cuvierii. Leach, Zool. miscell. tom. 2, pag. 102.

Crocodilus Lucius. Cuv. Ann. mus. Hist. natur. tom. 10, pag. 28, pl. 1, fig. 8, et pl. 2, fig. 4.

Crocodilus Lucius. Tiedm. Oppel und Libosch. Naturg. der Amphib. pag. 58, tab. 4.

Alligator Lucius. Merr. Amph. pag. 34, spec. 1.

Crocodilus Lucius. Cuvier, Ossem. foss. pag. 32, pl. 1, fig. 8 et 15, et pl. 2, fig. 4.

Alligator Lucius. Bory de Saint-Vincent, Dict. class. Hist. nat. tom. 5, pag. 100.

Alligator Lucius. Fitzing. Classif. Rept. pag. 46, spec. 3.

Crocodilus Lucius. Harlan. Amer. Herpet. pag. 69.

Alligator Lucius. Cuv. Règn. anim. tom. 2, pag. 23.

Alligator Mississipensis. Gray, Synops. Rept. part. 1, pag. 62, spéc. 1.

Alligator Lucius. Griff. Anim. Kingd. tom. 9, pag. 106.

DESCRIPTION.

Formes. On distingue aisément cette espèce d'avec ses congénères, à la forme de sa tête dont le contour horizontal ne représente pas un triangle isocèle, mais une figure subovale, très oblongue et tronquée en arrière. Cela vient de ce que les côtés, presque parallèles, ne se rapprochant que très insensiblement l'un de l'autre à mesure qu'ils avancent vers le museau. C'est à partir de la huitième ou de la neuvième dent supérieure qu'ils commencent à se cintrer pour opérer leur jonction. Cette forme, dans le contour de la tête, jointe à la dépression qu'offre sa partie antérieure, donne à celle-ci une certaine ressemblance avec le museau d'un brochet, d'où le nom spécifique sous lequel Cuvier a le premier désigné ce Caïman.

La tête a en longueur totale le double de sa largeur postérieure. Son diamètre transversal, au niveau de la huitième paire de dents d'en haut, est d'un quart moindre que celui pris à la commissure des mâchoires. Le dessus du museau serait parfaitement plat si l'extrémité n'en était pas un peu renflée, et les côtés faiblement abaissés sur leur extrême bord. Sa surface, sans être précisément raboteuse, est inégale, particulièrement à droite et à gauche en arrière des narines. Les bords internes des orbites forment chacun un bourrelet ou une carène arrondie, qui se divise, à son extrémité antérieure, en deux branches fort courtes.

Entre ces deux branches commence un sillon, plus ou moins profond suivant les individus, lequel se continue jusqu'à la moitié du museau environ. On remarque sur le front une arête tranchante qui le partage longitudinalement en deux. On n'en voit pas là de transversale comme chez les trois espèces suivantes. La paupière supérieure renferme dans son épaisseur une lame osseuse triangulaire, qui n'en occupe à peu près que la moitié antérieure.

Les ouvertures extérieures des narines sont dès le premier âge séparées l'une de l'autre par une branche osseuse, ce qui n'a lieu à aucune époque de la vie dans les autres Caïmans. Les bords des mâchoires sont légèrement festonnés.

Il y a en tout quatre-vingts dents, quarante en haut et quarante en bas. Celles des dix premières paires supérieures et de la sixième sont les plus petites. Les plus fortes sont les quatrièmes, les cinquièmes, les huitièmes, les neuvièmes et les dixièmes. Toutes les autres ont une grosseur moyenne. Les premières dents de la mâchoire inférieure, les troisièmes, les quatrièmes, les onzièmes, les douzièmes et les treizièmes sont fortes, les sept dernières le sont moins; et les secondes, les cinquièmes, les sixièmes, les septièmes, les huitièmes, les neuvièmes et les dixièmes sont petites.

Les trois doigts du milieu, aux pattes antérieures, sont réunis par une membrane dans la moitié de leur longueur; le pouce l'est au second doigt, à sa base seulement, et le cinquième doigt est libre.

Il y a une palmure entre tous les doigts des pieds de derrière, mais le bord libre en est fort échancré en demi-cercle.

Deux carènes osseuses seulement, laissant entre elles un certain intervalle, surmontent la nuque. Elles sont très élevées et la base en est ovale. Devant elles, se trouvent de petites écailles carénées, formant deux rangées transversales. On en compte aussi quelques-unes à leur droite et à leur gauche. Il existe trois paires d'écussons cervicaux placées à la suite l'une de l'autre. La dernière est de moitié plus petite que chacune des deux premières. On voit ensuite une écaille carénée sur chaque épaule, puis viennent les plaques dorsales, dont il y a dix-huit rangées transversales. La première se compose de deux plaques; la seconde et la troisième de quatre chacune; les deux suivantes de six; les six qui viennent après, de huit; la douxième et la quatorzième, encore de six; les quatre dernières, de quatre; ces plaques sont carrées, leurs carènes égales, médiocrement élevées et assez écartées les unes des autres.

La queue est entourée de trente-huit anneaux écailleux. La crête qui la surmonte cesse d'être double au vingtième, celle-ci est en général fort basse dans la première moitié de sa longueur. Les carènes médianes du dessus de la queue disparaissent après le cinquième ou le sixième anneau.

La peau des flancs est recouverte d'écailles ovales, plates, égales, formant de neuf à dix séries longitudinales.

Les tégumens squammeux des membres ne sont point carénés, ceux des bras ressemblent à des rhombes et ceux des cuisses à des carrés. On en voit d'ovales ou d'arrondis et bombés sur les fesses.

Coloration. Le Caïman à museau de brochet, au moins les individus que nous avons été à même d'observer, soit à l'état de vie, soit empaillés ou conservés dans l'alkool, nous ont paru d'un noir plus ou moins foncé, ayant des bandes jaunâtres en travers du dos; bandes qui, du reste, ont l'air de s'effacer avec l'âge; car, très apparentes chez les jeunes sujets, il faut savoir qu'elles existent pour pouvoir les retrouver chez les individus d'une certaine taille. Le dessous du corps offre une couleur de paille sale.

Dimensions. Si l'on en croit Bartram, le Caïman à museau de brochet attteint jusqu'à vingt-deux et vingt-trois pieds de long. La taille du plus grand individu que nous ayons encore vu ne s'élève pas au-dessus d'un mètre soixante-quatre centimètres. Voici d'ailleurs les mesures de ses principales parties. Longueur totale. 1' 64". *Téte.* Long. 27"; haut. 8'; larg. antér. 8"; postér. 11". *Cou.* Long. 10". *Corps.* Long. 44"; haut. 15"; larg. 17". *Membr.* antér. Long. 09". *Membr. postér.* long. 31". *Queue.* Long. 83".

La collection renferme encore une douzaine de très jeunes sujets et deux exemplaires ayant, l'un soixante et l'autre cent soixante-deux centimètres de longueur.

Patrie et mœurs. Cette espèce appartient en propre à l'Amérique septentrionale, qu'elle semble habiter dans toute son étendue. Il paraît qu'elle remonte le Mississipi jusqu'à la rivière Rouge. M. Dumbar et le docteur Hunter en ont rencontré un individu par les 32° et demi de latitude nord, quoiqu'on fût au mois de décembre et que la saison fût assez rigoureuse. Nous l'avons reçue de la Louisiane, par les soins de M. Teinturier. M. Bosc et M. l'Herminier l'ont rapportée de la Caroline. M. Milbert nous l'a envoyée de Savannah, et M. Barabino de la Nouvelle-Orléans. Elle vit dans les fleuves, les lacs et les marais. Bartram rapporte qu'elle se réunit en grandes troupes dans les endroits abondans en poissons. Il en a vu dans un ruisseau d'eau chaude et vitriolique. Suivant le même voyageur, la femelle dépose ses œufs par couches, qu'elle sépare les unes des autres par des lits de terre gâchée. Elle les surveille avec soin, et garde même ses petits pendant les premiers mois qui suivent leur naissance. Lacoudrenière assure que ce Caïman ne mange jamais dans l'eau. Il noie sa proie et la retire ensuite pour la dévorer. Sa voix a quelque ressemblance avec celle d'un taureau. Il évite l'eau saumâtre, dans la crainte d'y rencontrer des Requins et de grandes Tortues. Il dort toujours la gueule fermée. En Louisiane, dit encore M. Lacoudrenière, ces Caïmans, à l'approche de l'hiver, s'enfoncent dans la boue des marais, où ils s'engourdissent sans être gelés. Lorsqu'il fait très froid, on peut les couper par morceaux sans les tirer de leur léthargie.

Observations. Cette espèce, que Cuvier a le premier bien décrite d'après un individu que Michaux avait rapporté du Missisipi, se trouvait déjà représentée, mais incorrectement, dans l'ouvrage de Catesby, sur la Caroline.

On doit croire que c'est du Caïman à museau de brochet que parle Bartram, dans la relation de son voyage. Il n'est pas douteux non plus que c'est sur lui que Lacoudrenière a fait les observations qu'il a consignées dans le tome XX du Journal de Physique; car nous ne sachions pas qu'il existe d'autre Caïman que celui-ci dansl'Amérique du Nord. Daudin l'a décrit sous le nom de *Mississipiensis*, et plus tard le docteur Leach l'a donné comme nouveau, dans son *Zoological Miscellany*, en le dédiant à Cuvier.

. LE CAIMAN A LUNETTES. *Alligator Sclerops*. Cuvier.

Caractères. Tête allongée; museau aplati, médiocrement élargi; une arête osseuse en travers du front; une autre placée en long devant chaque œil. Dessus des paupières supérieures finement strié. Sur la nuque, quatre rangées de petites écailles ovales, élevées et très comprimées. Deux sillons tout le long du dos, carènes de celui-ci au nombre de six pour chacune des trois dernières séries transversales. Dessus du corps noir, avec des bandes jaunes en travers.

Synonymie. *Crocodilus junior Ceylonicus mas.* Séba, tom. 1, pag. 166, tab. 104, fig. 10.

Crocodilus Sclerops. Schneid. Hist. Amph. fasc. secund. pag. 162.

L'Yacaré. D'Azzara, Hist. Natur. Parag. tom. 2, pag. 380.

Crocodilus Yacare. Daudin, Hist. Rept. tom. 2, pag. 407.

Alligator Sclerops. Cuvier, Ann. Mus. Hist. Nat. tom. 10, pag. 31, tab. 1, fig. 7 et 16, et tab. 2, fig. 3.

Alligator Sclerops. Tiedm. Oppel und Libosch. naturg. amph. pag. 60, tab. 5.

Alligator Sclerops. Merrem amph. pag. 35, spec. 2.

Alligator Sclerops. Cuv. Oss. foss. tom. 5, part. 2, pag. 35, tab. 1, fig. 6 et 7, et tab. 2, fig. 3.

Alligator Sclerops. Bory de Saint-Vincent, Dict. class. tom. 5, pag. 102.

Alligator Sclerops. Prinz. Max. Beitr. naturg. Braz. tom. 1, pag. 69.

Jacare noir. Spix, Rept. Bres. p. 3, pl. 4.

Alligator Sclerops. Cuv. Règ. anim. tom. 2, pag. 23.

Alligator Sclerops. Guérin Icon. Règ. anim. pl. 2, fig. 2 et 20.

Champsa Sclerops. Wagl. Naturgesch. amph. pag. 140, tab. 8, fig. 1.

Alligator Sclerops. Gray, Synops. Rept. part. 1, pag. 62, spec. 2.

Alligator Sclerops. Griff. Anim. Kingd. tom. 9, pag. 105.

DESCRIPTION.

Formes. La tête du Caïman à lunettes n'est pas ovale dans son contour, comme celle du Caïman à museau de brochet : elle fait en quelque sorte le passage de cette forme à celle d'un triangle isoscèle plus ou moins allongé, plus ou moins ouvert, qu'elle présente, le Gavial excepté, chez tous les Crocodiliens que nous allons successivement faire connaître. On remarque aussi qu'elle est moins aplatie que celle de l'espèce précédente, et que l'inclinaison du front, en avant, est plus prononcée. Sa longueur, à proportion de sa largeur, ainsi que cela s'observe d'ailleurs, non-seulement dans tous les autres Caïmans, mais encore dans tous les Crocodiles, est beaucoup moindre dans le très jeune âge que dans l'âge adulte, et surtout que dans l'âge moyen. On peut, du reste, se faire l'idée de cette variation de longueur, de la tête du Caïman à lunettes, dans ses différens âges, d'après les proportions qu'elle nous a offertes chez les individus appartenant à nos collections. Trois sujets, l'un de trente, le second de cinquante-sept, le troisième de cinquante-huit centimètres de long, ont leur tête près d'une fois seulement plus longue que large. Dans deux autres individus, ayant en longueur, l'un cent quarante-quatre, l'autre cent cinquante-trois centimètres, elle est une fois et trois quarts de fois plus grande en long qu'en travers; au lieu que nous ne l'avons trouvée que d'une fois et de deux tiers de fois plus étendue dans le sens longitudinal que dans le sens transversal, sur un exemplaire, mesurant cent cinquante-deux centimètres de long. Enfin, cette partie du corps d'un individu, dont la taille est encore plus considérable, ou de trois cent soixante-six centimètres, n'offre qu'une fois et à peine deux tiers de fois plus de longueur que de largeur. Le museau, au niveau de la cinquième paire de dents, présente une largeur égale à celle de la tablette du crâne. Les côtés de la tête, qui se rapprochent davantage l'un de l'autre à mesure qu'ils s'éloignent de l'occiput, donnent à cette tête la figure d'un triangle isocèle, assez long et obtus à son sommet. Ils sont presque rectilignes depuis leur extrémité postérieure jusque vers la neuvième dent d'en haut; mais, arrivés là, ils se courbent tant soit peu légèrement en dehors, pour redevenir bientôt rectilignes, et se recourber encore très faiblement jusqu'à leur point de réunion.

La tablette du crâne est à peu près carrée, et les deux trous ovales, situés en long, dont elle est percée, sont de médiocre étendue. Ces trous, lorsque les individus sont empaillés, se laissent voir au travers de la peau, ainsi que les petits enfoncemens qui existent sur la surface des os du crâne. Les bords internes des orbites sont relevés de manière à former deux espèces de bourrelets. De l'angle antérieur d'un œil à l'autre, il règne une arête dont les extrémités se recourbent et se prolongent en avant, pour se diviser en deux ou trois branches tortueuses et aplaties, qui rendent tout raboteux les côtés de la surface du museau, vers la seconde moitié de sa longueur. L'arête frontale dont nous venons de parler offre un angle obtus en avant. Les bords arrondis des orbites, vers le milieu de l'axe qu'ils forment, sont parfois fort rapprochés l'un de l'autre. Il est même certains individus chez lesquels ils se touchent. Bien que fort aplati, le museau ou le dessus de la mâchoire supérieure n'est pas tout-à-fait plat comme dans l'espèce précédente. Les côtés en sont un peu penchés en dehors ; il n'y a réellement de plat et en même temps d'à peu près uni sur sa surface, que l'espace compris entre la carène frontale et le bord antérieur du trou nasal, et cela seulement dans une largeur égale à celle de ce même trou, qui pour la forme ressemble à un *oméga* fermé par en haut. Le bord de l'extrémité de la mandibule s'abaisse beaucoup plus brusquement que les latéraux. Il existe de chaque côté de la région médio-longitudinale et plane du museau un creux ovale, du fond duquel s'élèvent en arrière quelques petites tubérosités, et en avant une carène qui le coupe obliquement en travers.

La paupière supérieure renferme aussi dans son épaisseur, comme chez l'*Alligator Palpebrosus*, une lame osseuse, mais elle est de moitié moins grande. La surface de cette paupière offre un nombre considérable de petites stries disposées en rayons. Des stries semblables à celles-ci, mais moins marquées cependant, se laissent voir sur la surface du crâne. Les ouvertures des narines sont en croissans. Les dents de cette espèce sont au nombre de soixante-douze, dix-huit de chaque côté aux deux mâchoires. Quoique inégales, elles ne le sont pas autant que dans l'espèce suivante. A la mâchoire supérieure, à droite et à gauche, on en voit d'abord trois petites, puis deux grosses, qui sont séparées de deux autres grosses et de moyenne longueur. Les deux dernières sont à peu près égales, plus courtes que les deux qui les précèdent, et moins pointues que toutes les autres. A la mâchoire inférieure, les premières sont fortes ; les deux qui les suivent le sont moins ; mais les quatrièmes le sont plus que les premières ; après ces quatrièmes, il en vient six petites, puis une de force moyenne, enfin sept courtes, mais assez larges et très mousses. Les deux quatrièmes d'en bas percent d'outre en outre la mâchoire supérieure, chez les vieux sujets seulement ; chez les autres, elles sont reçues dans des creux. Les bords des mâchoires, dans lesquelles sont enfoncées les dents, sont très festonnés surtout chez les individus âgés. Les membres ont les mêmes proportions que ceux de tous les autres Crocodiliens; c'est-à-dire que la patte de derrière a la même longueur que celle du tronc; tandis que la patte de devant n'en a que les deux tiers. On ne voit point de crête derrière les pieds. Les doigts antérieurs sont réunis par une membrane à leur extrême base; les trois externes postérieurs le sont ensemble dans la moitié de leur longueur environ.

La membrane interdigitale du pouce et du second doigt est deux fois plus courte que celle des trois autres. Les ongles sont assez forts. Dans cette espèce, il n'y a pas, à proprement parler, d'écussons osseux sur la nuque; ils sont remplacés par quatre rangées transversales de huit à douze écailles chacune; écailles qui sont très comprimées et dont la base est ovale. Il est vrai de dire cependant que quatre ou six de la seconde rangée sont moins petites et plus solides que les autres. Derrière ces quatre bandes d'écailles nuchales se trouvent cinq rangs d'écussons osseux carrés, et à fortes carènes, lesquels composent le bouclier cervical. Le premier rang est formé de deux pièces, ainsi que le quatrième et le cinquième; le second et le troisième le sont de quatre chacun. Deux des pièces de ceux-ci, les latérales, sont plus fortes que les autres.

L'armure du dos se compose de dix-neuf bandes transversales de plaques osseuses, à carènes tranchantes, ayant toutes la même hauteur. Le nombre de ces plaques se trouve être de quatre pour la première bande; de six pour la seconde; de huit pour la troisième, la quatrième et la cinquième; de dix pour la sixième et les six qui la suivent; de huit pour la treizième, la quatorzième et la quinzième; enfin de six pour les quatre dernières. Il est pourtant des individus chez lesquels les rangées les plus nombreuses du dos ne sont que de huit plaques. Les écussons dorsaux du Caïman à lunettes sont oblongs, quadrangulaires, affectant pourtant parfois une figure ovale; ils sont plus étroits que ceux de l'espèce précédente et des deux suivantes, chez lesquelles ils ont une forme carrée. C'est ce qui fait aussi que les carènes laissent moins d'espace entre elles dans l'espèce qui fait le sujet de cette description.

Un caractère qui est propre au Caïman à lunettes est celui d'avoir les écailles dorsales des deux rangées médio-longitudinales plus hautes que les autres, avec les carènes de ces mêmes écailles placées, non sur leur milieu et verticalement, mais un peu sur le

6.

côté externe et penchées en dehors ; de sorte que la portion de l'écaille qui se trouve en dedans de la carène est placée presque horizontalement, tandis que celle qui se trouve en dehors l'est, au contraire, presque verticalement. Il règne un large et profond sillon à droite et à gauche de la ligne vertébrale.

Les flancs sont garnis de nombreuses écailles ovales, très faiblement carénées, égales entre elles, et de moitié plus petites que celles du ventre. Ces dernières sont rectangulaires. Celles du dessous du cou et de la gorge sont carrées. Il en existe de fort petites, lisses et de forme rhomboïdale, sous les membres qui, en dessus, en offrent d'autres ayant à peu près la même figure, mais qui sont plus grandes et fortement carénées. Excessivement basse dans sa portion double, la crête qui surmonte la queue est deux fois plus haute dans sa portion simple. On compte, suivant les individus, de quatorze à dix-neuf anneaux écailleux depuis la base de la queue jusqu'à l'endroit où sa crête cesse d'être divisée ; et dix-sept à vingt-trois dans le reste de son étendue.

Coloration. Le Caïman à lunettes a toute la partie supérieure du corps d'un noir profond, avec des taches jaunes qui, par leur réunion, forment des bandes transversales, particulièrement sur le dos et sur la queue. Nous avons même vu quelques individus ayant la tête complétement jaune, couleur qui paraît être aussi celle du dessous du corps. Les ongles sont bruns.

Dimensions. M. Cuvier dit avoir vu un individu appartenant à cette espèce, long de 4' 62". Il y en a un au Muséum, de 3' 66". C'est le plus grand que nous ayons encore été dans le cas d'observer. Voici les dimensions de ses principales parties :

Longueur totale 3' 66". *Tête*. Long. 45" ; haut. 20"; larg. 25". *Cou*. Long. 35". *Corps*. Long. 97"; haut. 31"; larg. 47". *Memb. antér*. Long. 24". *Memb. postér*. Long. 62". *Queue*. Long. 189".

Patrie et mœurs. Le Caïman à lunettes habite l'Amérique méridionale. La plupart des individus que nous possédons viennent de Cayenne. Les deux plus grands et un troisième de taille moyenne en ont été envoyés par M. Poiteau. Nous en avions déjà du même pays un beaucoup plus jeune, qui avait été rapporté par feu Richard. Les autres, qui proviennent du cabinet de Lisbonne, sont très probablement originaires du Brésil, où nous savons positivement, par Spix, que cette espèce se trouve. C'est elle aussi, selon toute apparence, que d'Azzara a rencontrée au Paraguay. Il en parle sous le nom de Yacare, dans son Histoire naturelle des Quadrupèdes de cette province. L'Yacare, rapporte cet auteur, ne se trouve pas au sud au-delà du 32e degré. Il est commun dans toutes les rivières, les lagunes et les étangs. Il passe toujours la nuit dans l'eau et le jour au soleil, dormant sur le sable ; mais il retourne à l'eau dès qu'il aperçoit un homme ou un chien. Ce Caïman se nourrit de poissons et de canards qu'il peut prendre et avaler entiers, car il ne dépèce pas sa proie. Il n'a pas la moitié de la vitesse de l'homme et l'attaque rarement, à moins qu'on n'approche de ses œufs, qu'il défend avec courage. Ses œufs sont blancs, âpres et de la couleur de ceux de l'oie. La femelle en pond soixante environ, qu'elle dépose dans le sable ; elle les couvre de feuilles et les laisse couver par le soleil. Spix dit qu'au Brésil ce Crocodilien est appelé *Jacquare*, *Jacquareaçu*. Il l'a vu dans la rivière des Amazones et dans le Solimoëns. D'après lui, la ponte de la femelle est de trente œufs qu'elle cache dans les bois, sous des feuilles, et qu'elle surveille du bord du lac ou du fleuve où elle vit.

Observations. Spix est celui qui, en publiant les figures de son Jacare noir et de ses Jacaretingas fissipède et ponctué, a le premier fourni les preuves que l'Amérique méridionale nourrit deux espèces de Caïmans de plus que n'en admettaient les naturalistes. Jusque-là ces trois espèces de Spix avaient effectivement été confondues sous le nom de *Crocodilus* ou d'*Alligator Sclerops*, à cause de ce caractère qui leur est commun, d'avoir le front coupé en travers par une arête osseuse. D'après cela, on conçoit aisément combien il est difficile de reconnaître quelle est l'espèce de Caïman en particulier dont Marcgraw a parlé d'une manière si incomplète sous le nom de *Jacare*. D'ailleurs le nom de Jacare, Jacore ou Jaquare, car il a été différemment orthographié par ceux qui l'ont employé, nous semble être celui que les Brésiliens donnent en général aux Crocodiliens de leur pays. La difficulté est la même pour les Caïmans et les Crocodiles dont il est question dans les relations de Fermin et de Stedman, que pour le Jacaré de Marcgraw. D'un autre côté, il n'est pas moins difficile de savoir à laquelle de ces trois espèces de Spix, qui pour nous sont : les *Alligator Sclerops, Cynocephalus* et *Punctulatus*, il faut rapporter les individus que certains auteurs ont décrits, en ne leur assignant pour ainsi dire pas d'autre caractère spécifique que la présence de cette arête frontale qui, comme on vient de le voir, n'en est plus un aujourd'hui. Cependant nous essaierons d'établir la synonymie de ces trois espèces à la fin de chacun des articles qui les concernent. Par conséquent, nous n'avons ici qu'à nous occuper de celle dont nous venons de donner la description, et à laquelle nous avons conservé la qualification de *Sclerops*, parce qu'elle nous paraît être celle qui l'a reçue la première. Nous ne croyons pas en effet que l'individu, décrit sous ce nom par Schneider, appartînt à une autre espèce. Nous ne conservons pas de doute non plus sur l'identité de la figure du *Crocodilus junior Ceylonicus* de Séba, avec le jeune âge de notre Crocodile à lunettes. D'après la description, bien qu'incomplète, que donne d'Azzara de son *Jacare*, on doit croire aussi que c'est un Saurien semblable à celui dont il est question en ce moment. Cuvier, il est vrai, dans son mémoire sur les Crocodiles, inséré dans les Annales du Muséum, et reproduit dans les Ossemens fossiles, n'avait pas, comme il l'a publié depuis dans son Règne animal, remarqué les différences qui existent entre les individus nommés par lui *Alligator Sclerops*; mais c'était bien le nôtre qu'il avait pris pour type de cette espèce. Ce qui, jusqu'à un certain point, en est la preuve, c'est qu'il en représente la nuque dans une de ses planches. Du reste, à l'époque où il fit son travail, notre *Alligator Sclerops* était celui dont il y avait le plus d'individus au Muséum. Cette espèce a été très bien représentée par Spix dans son Histoire naturelle des Reptiles nouveaux du Brésil; c'est celle, comme nous l'avons dit plus haut, qu'il nomme Jacare noir.

4. CAIMAN CYNOCÉPHALE. *Alligator Cynocephalus*. Nob.

Caractères. Tête courte; museau large, épais; une arête osseuse en travers du front; une autre en long devant chaque œil; dessus des paupières rugueux; deux rangées d'écussons sur la nuque; écailles du dos carrées, carénées; celles des trois dernières bandes transversales au nombre de quatre chacune. Sur les flancs, quelques séries d'écailles plus fortes que les autres et carénées. Dessus du corps verdâtre, tacheté de noir.

Synonymie. *Caïman fissippède*. Spix, Rept. Bras. pag. 4, tab. 3, spec. 2.

Champsa fissipes. Wagler, Icon. et Descript. tab 17.

Alligator sclerops. Princ. Max. Abbild. Naturg. Bras. et Beitr. Naturg. Bras. tom. 1, pag. 69.

Crocodilus sclerops. Schinz, Naturg. Rept. tab. 12 (cop. Princ. Maxim.).

DESCRIPTION.

Formes. Cette espèce se distingue au premier aspect de celle qui la précède et de celle qui la suit par sa tête proportionnellement plus courte, plus élargie, plus épaisse et plus raboteuse. Nous la possédons aussi dans tous les âges. La tête d'un très jeune sujet, long. de 41", n'est que de quatre cinquièmes de fois plus longue que large. Chez trois autres ayant 58", 71" et 86" centimètres de long, elle a une fois et deux tiers de fois plus de longueur que de largeur. Elle se montre une fois et un peu plus d'un tiers de fois plus étendue en long qu'en travers, dans un exemplaire, dont la longueur est de 1' 34". Enfin, elle n'est que d'un quart plus longue qu'elle n'est large chez un individu ayant en longueur 2' 21". Par ces différentes mesures, on voit qu'ici, comme dans les espèces précédentes, les sujets de moyenne taille sont ceux chez lesquels la tête a le plus de longueur relativement à sa largeur. Chez l'individu de 2' 21" de long, la distance qui existe entre l'extrémité du museau et le bord antérieur de l'orbite est une fois et demie plus grande que celle qu'on retrouve de ce dernier point jusqu'en arrière de l'occiput. Chez le sujet de 1' 34" le museau mesuré de la même manière est une fois et un tiers plus long que le reste de l'étendue longitudinale de la tête. Chez les individus de 86", de 71" et de 58" de long, il y a la même longueur entre la partie qui se trouve en avant de l'angle antérieur des paupières qu'entre celle qui est en arrière. Chez l'individu de 41", la tête en avant de l'angle antérieur de l'œil est d'un quart plus courte qu'en arrière. Enfin chez un sujet de 29" elle l'est d'un tiers. Dans tous nos individus, la mâchoire supérieure a moitié moins de largeur au niveau de la quatrième dent d'en bas qu'à celui de l'arête frontale. Il existe aussi en effet, sur le front de cette espèce, comme sur celui du Caïman à lunettes et du Caïman pointillé, une carène transversale, dont les extrémités, recourbées en avant, se prolongent sur le museau dans une direction oblique en dehors jusqu'au-dessus de la huitième ou de la neuvième dent supérieure. Le prolongement en avant de cette arête frontale est fort et épais. Les bords internes des orbites forment aussi un bourrelet, de même que chez l'espèce précédente. Mais l'espace interoculaire est moins étroit. La mâchoire supérieure n'est point aussi aplatie que dans le Caïman à lunettes, à moins que les sujets ne soient fort jeunes. Dans les individus âgés, elle est très légèrement arquée en travers. Du reste, on retrouve les mêmes irrégularités à la surface, c'est-à-dire les mêmes enfoncemens et les mêmes saillies, peut-être même plus marquées que chez l'espèce précédente. La paupière supérieure contient aussi dans son épaisseur une lame osseuse située près de son angle antérieur; mais cette lame, de forme triangulaire, est beaucoup plus petite. La surface de la peau des paupières supérieures n'est point finement striée, comme on le remarque chez le Caïman à lunettes. Cette peau offre des nodosités ou des gros plis transversaux, coupés longitudinalement par des sillons. Les bords des mâchoires des grands sujets sont aussi très profondément festonnés. On compte trente-huit dents supérieures, dix-neuf de chaque côté; et trente-six inférieures, dix-huit à droite et dix-huit à gauche. En haut, les dents des deux premières paires sont extrêmement petites; celles de la troisième sont de grosseur moyenne, et celles de la quatrième très fortes. La cinquième paire, la sixième et la septième sont aussi courtes que les deux premières; la huitième l'est un peu moins, et la neuvième a la même force que la quatrième; les neuf paires restantes, ou les dernières, sont excessivement courtes, et moins pointues que les autres. En bas, les premières et les quatrièmes dents sont les seules qui soient véritablement fortes. Toutes les autres, à l'exception de la douzième et de la treizième, sont très courtes. Chez aucun des individus que nous possédons, le maxillaire supérieur n'est percé d'outre en outre par la quatrième dent d'en bas, qui est simplement reçue dans un creux.

La palmure des pattes de derrière est bien évidente, quoiqu'elle soit peut-être un peu plus courte que celle de l'espèce précédente; Spix s'est donc trompé en avançant que cette espèce en manquait. Immédiatement derrière le crâne, se voient, en travers du cou, deux rangs d'écussons osseux, ovales et à carènes élevées. Le premier se compose de six pièces, le second de huit.

Entre les deux écussons du milieu, au premier rang, on en remarque le plus souvent deux autres, cinq ou six fois plus petits. Chez certains individus, les écussons, composant les deux rangées nuchales, sont disposés irrégulièrement. On peut dire à peu près la même chose des plaques cervicales, qui forment tantôt cinq, tantôt quatre bandes transversales. Quelquefois ces bandes ont l'air d'être soudées ensemble, tant elles sont près l'une de l'autre; d'autres fois elles sont au contraire très écartées. Il y a toujours une de ces bandes qui est composée de quatre pièces; ordinairement c'est la seconde, quelquefois c'est la première. Toutes ces pièces sont ovales et surmontées d'une forte arête. Les rangs transversaux d'écailles osseuses qui constituent le bouclier du dos sont au nombre de dix-huit ayant, le premier deux écailles, le second quatre, le troisième, jusqu'au quatorzième inclusivement, six, et les quatre derniers quatre chacun. Ces écailles dorsales sont carrées, à carènes égales et fort basses, surtout chez les grands individus. Les flancs sont revêtus de petites et de grandes écailles, disposées par séries longitudinales. Les petites sont plus généralement rondes et plates, les grandes ovales et carénées. Entre une série de grandes écailles, il y en a une de petites. Le plastron se compose de pièces carrées. On en remarque de même forme sur la région inférieure du cou. Les tégumens des membres ne diffèrent pas de ceux de l'espèce précédente. On compte de treize à seize anneaux écailleux autour de la queue, jusqu'à l'endroit où la crête qui la surmonte cesse d'être double. De ce point jusqu'à son extrémité, il y en a de dix-sept à vingt-trois. La crête caudale ne commence à apparaître que vers le neuvième ou le dixième anneau; elle augmente sensiblement de hauteur à mesure qu'elle s'éloigne du corps, au point que, vers le second tiers de la longueur de la queue, cette crête est deux fois plus haute qu'à sa naissance; mais ensuite elle diminue graduellement en s'approchant de la pointe caudale.

Coloration. Le fond de la couleur de tous les individus que nous possédons est olivâtre ou d'un jaune verdâtre. C'est la seule teinte qui règne sous le dessous du corps; mais le dessus est semé d'un grand nombre de taches brunes ou noires; elles sont même si rapprochées les unes des autres, chez notre plus grand individu, que son dos paraît être tout noir. Spix, dans la figure qu'il a publiée de cette espèce, la représente comme étant verte, tachetée de brun sur la partie supérieure du corps.

Dimensions. Les individus du Caïman cynocéphale, appartenant à notre musée, ont depuis 28" jusqu'à 2' 16" de longueur. Ils sont au nombre de sept. Les dimensions suivantes sont celles du plus grand, qui nous semble être très âgé. *Tête*. Long. 37"; haut. 12"; larg. 19"5'''. *Cou*. Long. 16". *Corps*.

Long. 63 ; haut. 16" ; larg. 2". *Membr. antér.* Long. 27". *Memb. post.* Long. 43". *Queue.* Long. 100".

Patrie et mœurs. Le Caïman cynocéphale habite le même pays que le Caïman à lunettes. Un jeune sujet, venant de Cayenne, a été donné au Muséum par M. Banon. M. Auguste Saint-Hilaire en a rapporté plusieurs individus du Brésil, où il en a été vus par Spix, sur les bords du fleuve Saint-François. Parmi les collections de M. Dorbigny, il s'en est trouvé trois exemplaires étiquetés comme ayant été pris à Buénos-Ayres.

Observations. Le Caïman fissipède de Spix est bien évidemment de la même espèce que notre Caïman cynocéphale; mais cet auteur n'en a pas saisi les véritables caractères. Celui qu'il lui assigne, comme le principal, le manque de palmure aux pieds de derrière, n'est purement qu'accidentel. Ce qui nous le prouve, c'est qu'aucun des sept individus que nous possédons, entièrement semblables d'ailleurs à la figure qu'il en a donnée, ne se trouve dans ce cas. L'erreur de Spix vient très probablement de ce que, lorsqu'il décrivit et dessina cette espèce, les sujets d'après lesquels il travailla étaient desséchés. Alors, il est vrai, les membranes interdigitales sont tellement retirées par l'effet de la dessiccation, qu'on pourrait croire qu'il n'en existe réellement pas. C'est ce dont nous avons pu nous convaincre sur nos individus, dont les uns sont empaillés et les autres conservés dans l'esprit de vin. Le portrait colorié que Wagler a donné de cette espèce, dans ses *Icones et Descriptiones*, présente le même défaut que celui de Spix, ce qui ne doit point étonner, puisque c'est aussi d'aprés les individus de ce voyageur qu'il a été fait. Nous ne croyons pas nous tromper en avançant que la figure de la tête que M. Cuvier a dessinée comme celle du Caïman femelle, sur la planche qui accompagne son premier mémoire relatif aux Crocodiles, publié dans les archives de Widmann, a eu pour modèle un jeune sujet de notre Caïman cynocéphale.

5. CAIMAN A POINTS NOIRS. *Alligator punctulatus*, Spix.

Caractères. Tête allongée ; museau très aplati, terminé en pointe arrondie en avant, offrant un léger étranglement en arrière des narines ; une arête osseuse en travers du front, mais point en avant des yeux ; dessus des paupières rugueux ; deux rangs d'écussons sur la nuque. Dos tout-à-fait plat, sans sillons ni carènes bien saillantes. Sur les flancs, quelques rangs d'écailles plus grandes que les autres. Dessus du corps jaunâtre, pointillé de noir.

Synonymie. *Jacaretinga punctulatus*. Spix, Rept. Bres. pag. 2, tab. 2.

DESCRIPTION.

Formes. L'un de nos individus, long de 64", a la tête une fois et un tiers plus longue que large. Cette partie du corps est encore d'un tiers plus allongée chez un second sujet de 1'36", et chez un troisième de 187 centimètres. Tous trois ont la mâchoire supérieure d'un tiers moins large au niveau des quatrièmes dents inférieures que vers l'arête frontale. La tête de cette espèce, pour la forme, ressemble plutôt à celle d'un Crocodile qu'à celle d'un Caïman, elle est fort aplatie et en triangle isocèle allongé. Les côtés en sont rectilignes à partir de leur extrémité postérieure jusque vers la neuvième dent d'en haut, où ils se courbent un peu en dehors pour s'infléchir ensuite en dedans et reprendre de nouveau une courbure plus marquée jusqu'à leur point de réunion ; en sorte que le sommet du triangle ou le bout du museau est arrondi. La partie antérieure de la tête, celle qui se trouve en avant des yeux, présente une dépression notable, dépression qui est sensiblement plus forte que chez les Caïmans cynocéphale et à lunettes.

Parmi les caractères propres à distinguer cette espèce des deux précédentes, celui de n'avoir point le museau fortement rugueux comme le leur, mais seulement marqué de petits enfoncemens vermiculiformes, de même que chez les Caïmans à paupières osseuses et à museau de brochet, n'est pas un de ceux qui frappent le moins. (Ce que nous entendons ici par museau, c'est la mâchoire supérieure, depuis son extrémité antérieure jusqu'aux yeux.) Elle offre une surface presque plane, tant les côtés en sont peu inclinés en dehors. Au-dessus de la neuvième dent supérieure, on remarque une protubérance, devant laquelle il naît une carène arrondie qui suit une ligne oblique en dehors pour arriver au trou servant de passage à la quatrième dent d'en bas, lorsque la bouche est fermée. Il existe autour de la membrane, dans laquelle sont percées les narines, une saillie arrondie ou une sorte de bourrelet qui est dû au renflement des os formant les bords du trou nasal. Cette saillie est, avec celle dont nous avons parlé précédemment, la seule réellement bien apparente qui se montre sur la surface de la mâchoire supérieure ; car les deux extrémités de l'arête osseuse qui traverse le front, comme dans les deux espèces précédentes, se recourbent bien en avant, mais s'atténuent presque aussitôt. Les bords internes des orbites sont relevés de même que ceux des Caïmans à lunettes et cynocéphale. Comme celle de ces deux espèces, la paupière supérieure renferme dans son épaisseur, près de l'angle qu'elle forme en avant avec la paupière inférieure, une petite lame osseuse, ayant une forme triangulaire. De même aussi que chez le Caïman cynocéphale, la surface de cette paupière n'offre pas la moindre trace de stries concentriques, mais des espèces de plis transversaux et irréguliers. Les deux mâchoires sont fortement festonnées. Elles sont armées de soixante-quatorze dents, dix-neuf de chaque côté pour la supérieure, dix-huit également de chaque côté pour l'inférieure. Celle-ci en a deux paires de très longues et de très pointues, c'est la première et la quatrième ; les onzième et douzième sont un peu moins fortes, et toutes les autres sont petites. Les plus longues dents d'en haut sont celles des troisième, quatrième, huitième et neuvième paires ; les plus petites, celles des deux premières, des cinquième, sixième et septième. Comme à l'ordinaire, les neuf dernières dents des deux mâchoires sont à pointes obtuses, et plus comprimées et plus larges à leur bord que les autres. Les membres, ni pour les proportions ni pour la forme, ne diffèrent de ceux des deux espèces précédentes. L'armure du cou est la même que celle du Caïman cynocéphale. Comme chez ce dernier aussi, aux petites écailles arrondies et plates des flancs, s'en mêlent de grandes ovales et carénées. Il y a dix-huit bandes transversales d'écussons osseux sur le dos : la première se compose de quatre, les trois suivantes de six, puis viennent huit bandes à huit, suivies de trois à six, et de trois à quatre. Les carènes des écussons dorsaux sont très basses. C'est à peine même si l'on en aperçoit sur les deux séries médio-longitudinales. Nous ne trouvons pas de différence entre la queue de cette espèce et celle du Caïman cynocéphale.

Coloration. Le système de coloration du Caïman ponctué diffère de celui du Caïman cynocéphale, en ce que son corps est semé d'un plus grand nombre de taches, et sur un fond roussâtre, au lieu de l'être sur un fond vert. Du moins, c'est ce que nous observons sur les individus que nous avons maintenant sous les yeux. Spix a représenté cette espèce comme ayant une teinte verte, piquetée de noir.

Dimensions. Nous avons sept exemplaires de ce Caïman, offrant depuis cinquante-deux jusqu'à cent quatre-vingt-neuf centimètres de longueur. Les mesures suivantes sont celles du plus grand :

Longueur totale. 1' 89". *Tête*. Long. 27"; larg. 11" 5'''; haut. 6" 5'''. *Cou*. Long. 20". *Corps*. Long. 60"; haut. 17"; larg. 25". *Memb. ant*. Long. 23". *Memb. postér*. Long. 30". *Queue*. Long. 82".

Patrie et mœurs. Parmi ces individus, il en est qui ont été envoyés de la Martinique au Muséum par M. Plée. Nous en devons un à M. Auguste Saint-Hilaire, qui l'a rapporté du Brésil, et un autre provenant du lac Valencia, qui a été donné par M. Tovar.

Observations. Nous ne connaissons aucune autre figure de cette espèce que celle que Spix a publiée dans ses Reptiles nouveaux du Brésil. Elle est en tout fort exacte.

IIe SOUS-GENRE. CROCODILE. *Crocodilus*. Cuvier.

Caractères. Quatrièmes dents inférieures passant dans les échancrures latérales de la mandibule lorsque la bouche est fermée.

Rien ne distingue mieux les Crocodiles des Caïmans que le rétrécissement du museau en arrière des narines, rétrécissement qui est produit par la profonde échancrure existant de chaque côté de la mandibule pour servir de passage à la quatrième dent inférieure. Les Gavials, il est vrai, offrent deux échancrures semblables, qui sont destinées au même usage. Mais, à l'extrémité du museau, ils en ont encore deux autres, dans lesquelles portent les premières dents d'en bas ; au lieu que celles-ci, chez les Crocodiles, traversent la mandibule d'outre en outre.

Le contour horizontal de la tête des Crocodiles représente, en général, la figure d'un triangle isocèle plus ou moins allongé, cela dépend de la largeur des mâchoires ; mais dans aucun cas le museau n'est ni plus large que celui des Caïmans, ni plus grêle que celui des Gavials. Les Crocodiles ont, comme les premiers, les mâchoires festonnées sur leurs bords et les dents inégales, mais en moindre nombre, puisqu'on ne leur en compte jamais que dix-neuf de chaque côté en haut, et seize également de chaque côté en bas. Les trous craniens sont plus grands que chez les Caïmans et moins larges que dans les Gavials. Leur diamètre se trouve toujours être plus petit que celui des orbites. Le trou nasal est ovale ou subcirculaire.

Il existe une très petite lame osseuse dans l'épaisseur de la paupière supérieure, à son angle antérieur. La plupart des Sauriens de ce groupe ont les doigts de derrière, au moins les trois externes, réunis jusqu'à leur extrémité par une large membrane natatoire. Il en est quelques-uns cependant chez lesquels elle est plus courte, et une espèce, le Crocodile rhombifère, en manque presque complétement dans l'intervalle des deux doigts internes.

A deux exceptions près, tous les Crocodiles ont le bord postérieur de la jambe garni d'une crête dentelée, formée d'écailles aplaties. Les deux espèces qui n'offrent point ce caractère sont le Crocodile de Graves et celui à losange. Un seul parmi tous, le Crocodile à nuque cuirassée, a ses écussons cervicaux semblables, quant à l'étendue qu'ils occupent sur le cou, à ceux des Caïmans ; c'est-à-dire qu'ils forment une longue bande, commençant en arrière de la nuque et se prolongeant presque jusqu'aux premières plaques dorsales. Chez les autres, l'armure cervicale occupe le milieu du cou environ ; de sorte qu'il reste devant et derrière elle un assez grand espace dégarni de pièces osseuses.

Les écailles qui revêtent les côtés du corps sont plates chez les uns, carénées dans les autres, et il s'en trouve qui en ont de ces deux sortes. Les carènes naissant des plaques de la queue pour former la crête qui surmonte celle-ci sont, en général, plus hautes, moins consistantes, moins raides que chez les Caïmans. Il faut cependant en excepter le Crocodile à losange, dont la crête caudale est fort basse et pour ainsi dire osseuse.

On fait la même remarque pour les Crocodiles que pour les Caïmans, à propos de la longueur que présente la tête relativement à sa largeur, aux trois principales époques de la vie. Ainsi, dans le premier âge, elle n'est qu'un peu plus longue que large; dans l'âge moyen, elle a en longueur environ le double de sa largeur; puis, lorsque l'animal peut être considéré comme adulte, son diamètre longitudinal n'est que de trois quarts ou même de moitié seulement plus étendu que son diamètre transversal.

De lisse ou de rugueuse qu'elle est dans le jeune âge et dans l'âge moyen, la tête des Crocodiles, en général, devient très raboteuse à mesure que ces animaux vieillissent. Si, par exemple, elle offrait des carènes simples et régulièrement disposées, celles-ci se trouvent ramifiées ou bien divisées en protubérances isolées, ce qui change complétement la physionomie que présentait l'espèce dans ses deux premiers âges. Ceci est surtout remarquable chez le Crocodile à deux crêtes.

Merrem est le seul Erpétologiste qui n'ait point conservé à cette subdivision de la famille des Crocodiliens, admise aujourd'hni par tous les auteurs, le nom de Crocodile (*Crocodilus*). Il préfère la désigner par le nom de *Champse*.

Il n'existe aucun genre de Reptiles dont les espèces soient aussi difficiles à distinguer les unes des autres que celui des Crocodiles. Ce n'est que lorsqu'on les a étudiées, comme nous nous sommes trouvés heureusement dans le cas de le faire depuis long-temps, à diverses reprises et sur un très grand nombre d'individus, offrant souvent, pour la plupart des espèces, toutes les différences d'âge, que l'on peut espérer d'arriver à en saisir les véritables caractères distinctifs. Cette tâche, nous devons l'avouer, était devenue moins difficile aujourd'hui, grâces aux vives lumières qu'ont jetées, sur l'histoire des grands Sauriens qui nous occupent, les travaux de Cuvier en particulier, et ceux de M. Geoffroy Saint-Hilaire. Un autre avantage immense, et que nous avons su apprécier, c'est celui d'avoir fait notre travail sur ces mêmes matériaux, mais en nombre presque doubles de ceux qui ont servi à ces illustres savans; en sorte qu'il nous a été plus facile de rectifier les erreurs qu'ils ont pu commettre, faute d'avoir eu l'occasion d'observer, comme nous, des séries complètes de ces animaux. Le nombre des individus du seul genre Crocodile, que nous avons eu la facilité de comparer les uns avec les autres, s'élève à plus de deux cents, une moitié environ appartient à notre musée, l'autre se compose d'abord des Sauriens de ce groupe que renferme le cabinet de la faculté des sciences; puis de ceux qui nous ont été obligeamment prêtés par les divers marchands naturalistes de Paris; enfin du Crocodile de Journu, qui nous était inconnu en nature et que M. le maire, directeur du musée de Bordeaux, auquel cet animal appartient, a bien voulu nous envoyer en communication. A ce nombre il faut encore ajouter tous les individus que nous avons vus et étudiés dans les principales collections de Londres. Loin de découvrir parmi cette grande masse de Crocodiliens quelque espèce nouvelle, elle nous a au contraire servi à reconnaître qu'il existait des doubles emplois parmi celles inscrites aujourd'hui sur les catalogues de la science. C'est ainsi que nous avons été conduits à considérer le Crocodile à deux boucliers, comme une simple variété du Crocodile à museau effilé, et à ranger avec le Crocodile vulgaire, comme n'en étant spécifiquement pas différents, les Crocodiles marginaire, sacré, laculaire et mamelonné de M. Geoffroy.

De cette manière, en admettant même comme espèces distinctes celles à casque et de Graves, qui ne nous sont connues que par des descriptions incomplètes, en tant qu'elles ne sont pas comparatives, le sous-genre des Crocodiles se trouve réduit à huit espèces. La première que nous décrirons sera le Crocodile rhombifère, dont les membranes interdigitales sont fort courtes, et qui de plus, ainsi que le Crocodile de Graves que nous plaçons après, manque de crêtes dentelées aux pattes postérieures, de même que les Caïmans. L'un et l'autre, sous ce rapport, tiennent donc de la nature de ces derniers, qu'ils semblent lier aux Crocodiles. D'un autre côté, ceux-ci conduisent peu à peu vers la forme des Gavials ; car à partir du Crocodile vulgaire, qui est notre troisième espèce, jusqu'au Crocodile de Journu, qui est la dernière, on voit insensiblement les mâchoires se rétrécir et s'allonger davantage.

Descriptions particulières des espèces.

1. CROCODILE RHOMBIFÈRE. *Crocodilus Rhombifer.* Cuvier.

Caractères. Front surmonté de deux carènes représentant un rhombe ouvert en arrière ; mâchoire supérieure fortement arquée en travers ; bords latéraux du crâne relevés; quatre petites nuchales ; écailles du côté du cou et des flancs tuberculeuses. Point de crêtes dentelées le long des jambes ; doigts courts, épais ; les trois externes postérieurs seuls réunis par une membrane peu développée.

Synonymie. *Aquez Palin.* Hernandez, Nov. Plant. Anim. Mexic. Histor. cap. 3, pag. 2.

Crocodilus rhombifer. Cuvier, Ann. Mus. Hist. nat. tom. 10, pag. 51.

Crocodilus rhombifer. Tiedm. Oppel und Libosch. Naturg. Amph. pag. 75, tab. 10.

Crocodilus rhombifer. Merrem. Amph. pag. 36, spec. 7.

Crocodilus rhombifer. Cuvier, Oss. foss. tom. 5, 2e part. p. 51, Pl. 3, fig. 1-4.

Crocodilus rhombifer. Gray, Synops. Rept. part. 1, p. 59, spec. 3.

Crocodilus rhombifer. Griff. anim. Kingd. tom. 9, pag. 105.

DESCRIPTION.

Formes. Ce qui rend cette espèce reconnaissable à la première vue, c'est d'abord la forme trapue de son corps, comparativement à celui de la plupart de ses congénères, puis la brièveté de ses doigts et de ses membranes natatoires postérieures, enfin la tuberculosité des écailles qui revêtent ses flancs, aussi bien que les côtés et le dessus de son cou.

Le pourtour de sa tête offre la figure d'un triangle isocèle fort allongé ; les mâchoires sont par conséquent assez effilées. La longueur de cette partie du corps, à proportion de sa largeur, varie comme dans tous les Crocodiles, suivant l'âge de l'animal, ainsi que nous le prouvent trois têtes que nous avons maintenant sous les yeux, qui sont longues : l'une de vingt-sept, l'autre de vingt-et-un, et la troisième de dix centimètres. La grande et la petite n'ont que deux tiers de fois plus de longueur que de largeur, tandis que le diamètre longitudinal de l'autre et de la moyenne est double du transversal. Deux de ces têtes appartiennent à deux individus entiers de nos collections ; la troisième, et en même temps la plus grande, fait partie d'un squelette.

Le Crocodile rhombifère al es bords latéraux de la tablette de son crâne relevés de manière à former une espèce de bourrelet de chaque côté. Son chanfrein est assez fortement bombé, ce qui fait qu'à cet endroit la mâchoire supérieure est très arquée en travers, plus que dans aucune autre espèce. Deux arêtes osseuses, partant chacune de l'angle antérieur d'un œil pour rapprocher, à peu de distance de là, leurs extrémités l'une de l'autre, figurent la moitié antérieure d'un losange, dont les bords internes des orbites, relevés en carènes, forment la moitié postérieure. Toutefois, on doit dire que cette figure rhomboïdale n'est pas parfaitement régulière, attendu que les bords orbitaires ne se touchant pas, elle est ouverte en arrière. Les trous dont le crâne est percé sont presque circulaires ; leur diamètre est d'un tiers moindre que celui des orbites. La surface plane de la tête présente des enfoncemens vermiculiformes plus ou moins profonds. Au-dessus de la neuvième dent, on remarque un renflement transversal de chaque côté de la ligne médio-longitudinale de la mandibule. Ce renflement transversal est séparé d'un autre qui est placé un peu obliquement en arrière du trou nasal par une fosse dont le fond est raboteux.

Les côtés de la mâchoire supérieure sont fortement renflés à partir des sixièmes dents jusqu'aux onzièmes. Les échancrures qui servent de passages aux quatrièmes dents inférieures sont très profondes. Les bords des mâchoires offrent des festons bien prononcés; en haut, ils sont garnis de dix-sept dents de chaque côté, et en bas, de quinze, également à droite et à gauche. Parmi les dents supérieures, ce sont les premières qui sont les plus petites, et les secondes et les septièmes qui sont les plus grandes. A la mâchoire inférieure, à l'exception des quatrièmes et des dixièmes qui sont assez fortes, elles se trouvent être toutes à peu près de la même longueur.

Le coin antérieur de la paupière supérieure contient un rudiment de lame osseuse.

Le cou est gros et arrondi; le corps épais et large. Les membres sont plus forts et les doigts plus courts que ceux des autres Crocodiles. On ne voit pas la moindre trace de palmure aux pattes de devant. Celles de derrière ont leurs doigts externes réunis par une membrane, encore est-elle fort courte entre le second et le troisième.

La queue est carrée à sa base; ce n'est que vers le second tiers de sa longueur qu'elle commence à se comprimer latéralement.

La nuque porte en travers une rangée de quatre petits écussons. Sur le cou, il existe six plaques ovales et fortement carénées : quatre d'entre elles sont placées sur une ligne transversale légèrement arquée; les deux autres sont situées côte à côte derrière celle-ci. Le bouclier du dos n'a pas une grande largeur; il se compose d'écailles carrées, proportionnellement plus petites que celles qui revêtent les mêmes parties chez les autres Crocodiles. On remarque que les carènes qui surmontent longitudinalement ces écailles sont toutes aussi peu élevées les unes que les autres. Elles forment dix-huit séries transversales, étant au nombre de deux pour la première, de six pour les onze suivantes, et de quatre pour les six dernières.

Jusqu'à son neuvième cercle écailleux, le dessus de la queue offre quatre rangs longitudinaux d'arêtes tout aussi basses que celles du dos. Il n'en conserve que deux, les latéraux, jusqu'au dix-septième cercle, ensuite il n'en a plus qu'un seul jusqu'au trente-et-unième et dernier. C'est à peine si cette arête caudale,

7.

d'abord quadruple, puis double, enfin simple, subit une légère élévation à mesure qu'elle s'éloigne du corps, ainsi que cela se voit chez la plupart des Crocodiliens.

La peau des flancs se trouve garnie d'écailles petites, nombreuses, renflées ou tuberculeuses, ce qu'on observe rarement dans les autres espèces. Les épaules, le dessus et les côtés du cou sont protégés à peu près de la même manière. A droite et à gauche de la cuirasse dorsale il règne deux lignes parallèles d'écailles ovales et carénées qui, pour la grandeur, ne diffèrent pas de celles qui composent cette cuirasse.

Les membres sont en entier garnis d'écailles rhomboïdales, plates et lisses en dessous, carénées sur les bras et sur les jambes, et tuberculeuses sur les fesses. Dans cette espèce, trois ou quatre fortes écailles comprimées tiennent lieu de la crête dentelée, que toutes les autres espèces, à l'exception du Crocodile de Graves, portent tout le long du bord postérieur de leurs pattes de derrière.

Les plaques écailleuses du dessous du cou et des régions anales sont carrées, celles qui garnissent l'abdomen ont une figure rectangulaire.

L'un de nos individus, conservé dans l'eau-de-vie, n'a pas un seul écusson ni une seule écaille qui ne soient percés d'un pore sur le milieu de leur bord postérieur. Notre autre sujet, qui est empaillé et plus grand, ne nous a rien offert de semblable.

Coloration. Le premier est d'un brun noirâtre sur la partie supérieure du corps, avec des raies en zigzags d'un jaune foncé. Les flancs et les membres sont semés de nombreuses taches de la même couleur. Une teinte marron, lavée de noirâtre, règne sur le crâne. C'est aussi du jaune qui colore le dessous du corps et les côtés des mâchoires, lesquels portent chacun une rangée de grandes taches noires sur la moitié postérieure de leur étendue longitudinale. L'orifice des petits pores, dont les écailles sont percées, est de cette dernière couleur.

Notre second individu offre en dessous une teinte marron, parcourue de zigzags d'un jaune vif. C'est le même fond de couleur qui se montre sur les pattes et sur les côtés du corps, mais avec des taches jaunes en plus grand nombre, au moins plus distinctes que chez l'autre sujet.

Dimensions. Nous ignorons si cette espèce atteint d'aussi grandes dimensions que la plupart de ses congénères. Celles que nous donnons ici sont prises sur notre grand exemplaire, l'autre n'a que soixante-six centimètres de long.

Longueur totale. 1'29". *Tête*. Long. 21"; haut. 6"; larg. 10". *Cou*. Long. 12". *Corps*. Long. 40"; haut. 15"; larg. 17". *Memb. ant*. Long. 21". *Memb. post*. Long. 28". *Queue*. Long. 59".

Patrie et mœurs. C'est grâce à la générosité de M. Ramon de la Sagra, qui envoya, il y a trois ans, de Cuba au Muséum un jeune Crocodile rhombifère vivant, que nous connaissons enfin aujourd'hui la patrie de cette espèce, la seconde qu'on ait encore découverte dans le Nouveau-Monde. Il est très probable qu'elle n'est pas confinée dans cette île, mais qu'elle habite aussi les autres Antilles et peut-être le Mexique.

Observations. Ce qui nous engage à émettre cette opinion, c'est que nous avons cru reconnaître dans une figure, bien que fort mauvaise, donnée par Hernandez dans son Histoire des plantes et des animaux de la Nouvelle-Espagne, le portrait du Crocodile rhombifère. Il y a même, dans la description qui accompagne cette figure, quelques traits qui nous paraissent particuliers à cette espèce. Nous laissons au zèle des voyageurs le soin de vérifier si notre observation est exacte.

2. LE CROCODILE DE GRAVES. *Crocodilus Gravesii*. Bory-Saint-Vincent.

Caractères. Museau court, déprimé; plaques dorsales surmontées de tubercules ou de pointes recourbées. Pieds de derrière palmés, mais sans crêtes dentelées le long de leur bord postérieur.

Synonymie. *Crocodilus Planirostris*. Graves. Ann. génér. Scienc. phys. tom. 2, pag. 348.

Crocodilus Gravesii. Bory de Saint-Vincent, Dict. class. hist. nat. tom. 5, pag. 109.

Crocodilus Planirostris, Gray, Synops. Rept. part. 1, pag. 59.

DESCRIPTION.

FORMES. L'épaisseur du corps et des membres de cette espèce lui donne une forme trapue qu'on ne retrouve dans aucun autre Saurien. Sa tête fait le neuvième de sa longueur totale. Elle a la figure d'un triangle isocèle allongé, et ne présente aucune convexité ni saillie de bosses frontales, de sorte que le chanfrein est parfaitement plan. Le crâne est percé de deux fosses ovales, médiocres; tous les os en sont comme rongés et percés de petits trous; il est muni à son bord postérieur de cinq petits tubercules en forme de dents. L'extrémité du museau est arrondie, et sa surface couverte de gros tubercules obtus, disposés sans ordre régulier. La mâchoire supérieure est garnie de dix-huit dents pointues de chaque côté, dont la quatrième et la dixième sont les plus fortes. La mâchoire inférieure a quinze dents de l'un comme de l'autre côté. Outre l'échancrure de la mandibule, qui sert de passage à la quatrième dent inférieure, il en existe une autre prolongée, dans laquelle sont reçues les neuvième, dixième et onzième. Cette mâchoire inférieure est remarquable par son épaisseur qui, au premier coup d'œil, la fait paraître plus large que la supérieure. Le cou est encore plus large et plus gros que la tête. Derrière l'occiput, on voit quatre plaques nuchales tuberculeuses placées sur une ligne transverse; et sur le milieu du cou six écussons cervicaux formant deux lignes parfaitement droites, quatre antérieures et deux postérieures, assez petits, élevés en tubercules pointus, à côtés inégaux, et entremêlés dans leur distance de petits tubercules, tels qu'on les retrouve sur le reste du cou. Le dos est recouvert de dix-huit rangées de petites plaques carrées, dont les unes se terminent en tête de clou, d'autres en pointes un peu recourbées, et quelques autres en lames tranchantes. La première rangée a seulement deux plaques; les onze suivantes en ont chacune six; puis viennent cinq rangées de quatre plaques, et enfin une dernière de dix. Dans les intervalles de ces rangées, on observe quelques autres tubercules très petits. Le plastron dorsal, composé de toutes ces plaques, forme un parallélogramme assez régulier. Les flancs sont garnis, ainsi que les côtés du cou, de petites écailles arrondies, portant chacune un tubercule émoussé, et entremêlé d'autres très petites écailles bosselées. La queue, qui à elle seule forme la moitié de la longueur totale de l'animal, a vingt-neuf cercles d'écailles. Celles du dessus et des côtés sont parfaitement semblables en petit à celles du dos, c'est-à-dire carrées et tuberculeuses. Les crêtes peu sensibles qui résultent du prolongement de leurs tubercules sont épaisses, obtuses, immobiles et comme osseuses. Elles commencent à la sixième rangée et se réunissent à la dix-septième, la crête terminale n'est pas plus saillante que les autres. Les membres, qui sont très gros, ont leurs plaques supérieures et latérales prolongées en tubercules obtus, en sorte que la superficie de l'animal paraît hérissée de protubérances. Les pieds postérieurs ont leurs quatre doigts entièrement palmés, mais n'offrent aucune apparence de crête dentelée. Le contour en est arrondi comme celui des pattes de devant. Le dessous du corps est entièrement revêtu de plaques carrées, disposées par bandes transversales, lisses et unies, mais dans laquelle on observe une certaine disposition à devenir tuberculeuses. Sous le cou et la mâchoire inférieure, ces petites plaques sont plus épaisses et munies d'un pore; des pores pareils se retrouvent dans les rangées qui avoisinent les cuisses et sous les pattes.

Coloration. La couleur des parties supérieures du corps est d'un brun-foncé noirâtre, celle des parties inférieures est d'un jaune sombre.

Dimensions. L'individu d'après lequel cette description est faite paraît avoir été fort vieux, à en juger par l'épaisseur des os et la force des tubercules, qui ne sont pas le produit d'une disposition particuliere de l'épiderme, mais qui résultent de la substance même des plaques. S'il en était ainsi, le Crocodile de Graves ne deviendrait pas aussi grand que la plupart des autres espèces de son sous-genre, puisque le sujet dont il est question ici n'offre que les proportions suivantes :

Longueur totale. 1' 25" 5"'. *Tête.* Long. 15" 5"'. *Cou.* Long. 12" 5"'. *Memb. ant.* Long. 20" 5"'. *Memb. post.* 28". *Queue.* Long. 58".

Patrie et mœurs. On ne sait pas précisément quelle est la patrie du Crocodile de Graves. Cependant M. Bory de Saint-Vincent présume qu'il est originaire d'Afrique; parce que, comme il le dit dans le Dictionnaire classique, à l'article où il est question de cette espèce, la peau de l'exemplaire dont nous venons de donner les dimensions a été acquise avec d'autres objets d'histoire naturelle, par son aïeul Journu, d'un chirurgien de navire qui avait souvent été à la traite des nègres sur les côtes du Congo.

Observations. Le même exemplaire, par suite du don que M. Journu a fait de sa collection à l'Académie des Sciences de Bordeaux, se trouve faire partie aujourd'hui du Musée de cette ville. C'est encore le seul que l'on connaisse. Nous l'avions demandé en communication; mais il était en trop mauvais état et nous avons dû reproduire la description que Graves en a publiée. Ce Crocodile nous semble bien être une espèce particulière; mais qui pourtant paraît avoir de grands rapports avec le Crocodile rhombifère.

3. LE CROCODILE VULGAIRE. *Crocodilus vulgaris.* Cuvier.

CARACTÈRES. Mâchoires non allongées en bec étroit. Pieds de derrière largement palmés. Une crête festonnée le long de leur bord postérieur. Six plaques cervicales; écussons dorsaux quadrangulaires, et surmontés de six séries longitudinales de carènes peu élevées.

SYNONYMIE. *Crocodilus amphibius niloticus.* Loch. Mus. Besl. pag. 49, tab. 13, fig. 2.

Le Crocodile du Nil. Daud. Hist. Rept. tom. 2, pag. 367.

Crocodilus vulgaris. Cuvier, Ann. Mus. d'hist. nat. tom. 10, pag. 40, pl. I, fig. 5 et 12, et pl. 2, fig. 7.

Crocodilus vulgaris. Tiedm. Opp. Libosch. Naturg. Amph. pag. 68, tab. 8.

Crocodilus vulgaris. Cuvier. Oss. foss. tom. 5, part. 2, pag 42, tab. 1, fig. 5 et 12, et tab. 2, fig. 7

Le Crocodile vulgaire. Cuvier, Règ. Anim. tom. 2, pag. 20.

The common Crocodile. Griff. anim. Kingd. tom. 9, p. 102.

VARIÉTÉ A.

CARACTÈRES. Museau peu rétréci, plutôt plan qu'arqué en travers, de petits enfoncemens et de petits sillons parfois vermiculiformes sur sa surface. Table du crâne tout-à-fait plate. Dos vert, grivelé de noir; deux ou trois bandes obliques de cette dernière couleur sur chaque flanc.

SYNONYMIE. *Crocodilus vulgaris.* Geoff. Ann. Mus. tom. 10, pag. 67.

Descript. Egyp. (Hist. nat.), tom. 1, pag. 8, atl. pl. 2, fig. 1-2.

Crocodilus vulgaris. Merr. Amph. pag. 37, spec. 9.

Crocodilus chamses. Bory de Saint-Vinc. Dict. class. tom. 5, pag. 105.

Crocodilus vulgaris. Geoff. Crocod. d'Égypte, pag. 159.

Crocodilus lacunosus. Geoff. Crocod. d'Égypte, pag. 167.

Crocodilus vulgaris. Gray, Synops. Rept part. 1, pag. 57, spec. 1.

DESCRIPTION.

FORMES. Cette variété est, avec la suivante, celle à laquelle appartiennent les individus dont les mâchoires sont les moins étroites. Elles n'ont cependant pas la même largeur chez tous, mais on peut dire qu'en général, prise au niveau de la neuvième dent supérieure, cette largeur n'a que le septième de la longueur de la tête, mesurée du bout du nez à l'occiput. La tablette du crâne est plane. Sa forme est celle d'un quadrilatère un peu plus large que long, et dont le bord antérieur est un peu plus étroit que le postérieur. Celui-ci n'est pas rectiligne, attendu qu'il présente deux courbures de même longueur, dont la concavité se trouve en dehors. Les trous post-orbito-craniens sont grands et de figure ovale. Leur bord interne est un peu relevé en arête. L'espace interoculaire est creusé en gouttière.

Il y a des individus de cette variété dont la mandibule offre une surface presque plane, c'est-à-dire que l'extrême bord de son contour est la seule partie qui en soit abaissée vers la mâchoire inférieure. Alors il arrive quelquefois que la région médio-longitudinale, dans une certaine lougueur est très légèrement concave. Ces mêmes individus se distinguent encore en ce que les arêtes que forment leurs bords orbitaires internes se continuent en avant des yeux pour former, comme dans l'espèce précédente, une figure en losange, ouverte à ses angles antérieur et postérieur. Puis la surface mandibulaire est presque unie, ou bien elle offre de petits enfoncemens assez semblables à ceux qu'on voit sur la carapace des Gymnopodes ou Trionyx. L'individu à l'état de momie, d'après lequel M. Geoffroy a établi son *Crocodilus complanatus*, mais que nous regardons comme étant véritablement de l'espèce du vulgaire, est particulièrement dans ce cas.

Il est d'autres Crocodiles vulgaires de notre variété A, dont la mâchoire supérieure est légèrement arquée en travers dans sa moitié postérieure, qui offre sur sa région médiane et longitudinale un renflement plus ou moins marqué. Chez ceux-ci, les arêtes pré-orbitaires sont à peine sensibles, et les inégalités, régnant sur la surface de leur museau, sont produites par de nombreux enfoncemens, simplement longitudinaux ou vermiculiformes. Nous citerons en exemple, l'individu rapporté d'Égypte par M. Geoffroy, celui que ce savant et M. Cuvier ont, l'un et l'autre, pris pour type de leur Crocodile vulgaire.

Tous les individus appartenant à la première variété que nous avons vus offrent sur la mandibule, au-dessus de la neuvième dent, une forte protubérance; puis de chaque côté du museau, en arrière du trou nasal, un renflement longitudinal dirigé obliquement en dedans. Les bords des mâchoires sont fortement festonnés, les dents qui les arment sont au nombre de trente-six à la mandibule, dix-huit de chaque côté; et de trente à la mâchoire inférieure, quinze à droite et quinze à gauche. Les plus longues de ces dents sont les troisièmes et les neuvièmes d'en haut; les premières, les quatrièmes et les onzièmes d'en bas.

La longueur des pattes de derrière est égale à l'étendue que présente le corps entre l'épaule et la cuisse. Les pieds antérieurs sont moins longs d'un tiers. Leurs doigts sont complétement libres. Ceux de derrière sont réunis par une membrane fort longue entre les deux internes, très courte entre les deux externes.

Derrière l'occiput, on voit deux paires d'écussons placées en travers de la nuque, l'une à droite, l'autre à gauche de sa ligne médio-longitudinale. Ces écussons, dont la forme est ovale, sont relevés d'une carène assez forte.

Il est des individus qui n'ont que deux de ces écussons; d'autres en ont trois. Mais ces nombres ne sont qu'accidentels. Le véritable, au moins celui offert par le plus grand nombre des exemplaires que nous avons vus, est de quatre. Après les écussons de la nuque en viennent deux autres, beaucoup plus petits, qui sont placés, un de chaque côté du cou, assez près du bouclier cervical.

Les plaques qui composent celui-ci sont au nombre de six, formant deux rangs transversaux; l'un de quatre, et un peu arqué, l'autre de deux. De ces six plaques, qui sont carrées ou trapézoïdes, les deux médianes du premier rang sont les plus grandes, et les deux latérales les plus petites. Leur carène est forte et médiocrement élevée.

On compte de seize à dix-huit rangées transversales d'écussons osseux sur le dessus du corps, depuis les épaules jusqu'à la naissance de la queue. Quand il y en a dix-sept ou dix-huit, la première ne se compose presque toujours que de deux écussons. Mais en général on en compte quatre à la première rangée, six aux dix ou onze suivantes, et quatre seulement aux dernières. Il s'ensuit que le dos offre six séries longitudinales de carènes, mais dont deux, les externes, sont beaucoup plus courtes que les autres, puisqu'elles ne règnent que sur le second tiers environ de la longueur du dos. Les plaques qui supportent les carènes de ces deux séries externes ont une forme ovalaire. Celles des deux médianes sont à quatre pans et plus larges que longues; celles des deux autres sont carrées. Les carènes des deux séries médianes sont plus basses que les autres.

A droite et à gauche de ces six séries de plaques carénées du dos, il y en a quatre ou cinq autres plus petites et ovales, qui ne sont pas toujours disposées assez régulièrement pour former une bande parallèle à celle en dehors de laquelle elle se trouve placée.

La queue est entourée de vingt-six à trente-huit cercles d'écailles. La crête qui la surmonte, tantôt est double jusqu'au quinzième, tantôt jusqu'au dix-septième; elle est mince, flexible et profondément dentelée. Les carènes suscaudales de la région moyenne disparaissent après le neuvième anneau écailleux.

Les écailles des côtés du corps, du dessus et des parties latérales du cou, sont plates, les unes ovales, les autres circulaires.

Quelquefois on en aperçoit parmi elles de tuberculées et de carénées. Ce sont des scutelles rhomboïdales et simples qui revêtent les membres. Le bord postérieur de ceux de derrière en est garni d'une douzaine, formant une crête festonnée.

Le dessous du corps est protégé par des scutelles quadrangulaires, ayant le plus souvent chacune un pore vers le milieu de leur bord postérieur.

Coloration. Tout le dessus du corps offre un vert olive, piqueté de noir sur la tête et le cou, jaspé de la même couleur sur le dos et la queue. Deux ou trois larges bandes obliques et noires se montrent sur chaque flanc. Les régions inférieures de l'animal sont d'un jaune verdâtre. Les ongles offrent une teinte brune.

Dimensions. Nous avons vu dix-huit individus de cette variété, ayant depuis cinquante centimètres jusqu'à trois mètres de long. Tous appartiennent à notre collection, à l'exception de deux qui nous ont été obligeamment communiqués, l'un par M. Perrot, l'autre par M. Florent Prevost. Ceux de ces individus dont l'origine est bien constatée, viennent d'Egypte ou du Sénégal. Nous en avons huit de ce dernier pays, et c'est parmi eux que se trouvent le plus petit et le plus grand de la série. Ils ont été rapportés par MM. Perrotet et Leprieur.

Dans le nombre de ceux d'Egypte, nous en comptons deux jeunes, dont on est redevable à MM. Joannis et Jorès, officiers embarqués à bord du Louqsor. Puis celui que M. Geoffroy a disséqué au Caire, et rapporté lui-même au Muséum. Enfin deux momies, l'une longue d'un mètre, que M. Geoffroy a considérée à tort comme étant de l'espèce de son *Crocodilus marginatus*, ou de notre variété C; l'autre de deux mètres cinquante centimètres de longueur, d'après laquelle ce même naturaliste a établi son *Crocodilus complanatus*. Le plus petit de ces deux Crocodiles embaumés, est un présent que notre Musée a reçu de M. Caillau. Le plus grand y a été déposé par M. Chabrand, auquel il était resté avec quelques autres objets d'antiquité égyptienne, provenant d'une collection qui a été exposée dans la salle du bazar Saint-Honoré, dont il est propriétaire.

VARIÉTÉ B.

Caractères. Museau sub-élargi, épais, excessivement peu courbé dans son sens transversal; surface de la tête couverte de rugosités anguleuses. Bords latéraux de la tablette du crâne non relevés. Parties supérieures d'un jaune olivâtre, jaspé de brun noirâtre.

Synonymie. *Crocodilus palustris*. Less. Voy. Ind. orient. Bell. (Zool. Rept.) pag. 305.

Crocodilus vulgaris. Var. E. Gray, Synops. Rept. pag. 58.

DESCRIPTION.

Formes. Aucune autre différence que celles que nous allons indiquer, ne distingue les individus de cette variété de ceux de la précédente.

Leurs flancs, les côtés et le dessus de leur cou, au lieu d'être garnis d'écailles plates, en offrent de bombées et à carènes. On en voit même une rangée transversale entre le bouclier de la nuque et celui du cou. Le front est longitudinalement coupé par une petite arête tranchante. Celle qui chez l'autre variété existe devant chaque œil, est ici encore plus saillante, mais elle n'est pas continue; coupée qu'elle est à divers endroits, elle semble être composée de tubercules anguleux placés les uns à la suite des autres, comme il s'en montre d'ailleurs sur toute la surface du museau, si ce n'est pourtant à son extrémité. Cette inégalité du dessus de la mâchoire supérieure n'est donc pas produite par des enfoncemens ou des sillons vermiculiformes, comme chez la variété A, mais par des saillies très irrégulières, au milieu desquelles domine néanmoins la protubérance qui se trouve au-dessus de la neuvième dent. On remarque en outre une fosse oblongue au-dedans de cette protubérance, ou mieux, entre elle et la ligne médio-longitudinale de la mandibule.

Coloration. Quant au système de coloration, il est le même, excepté que le vert qui en forme le fond tire davantage sur le jaune, et qu'il est semé ou jaspé de taches d'un brun noirâtre, moins petites et plus serrées.

Dimensions. Nous avons aussi une très belle suite d'échantillons de cette variété. Nous en possédons douze, ayant depuis trente centimètres jusqu'à plus de trois mètres de long.

Patrie. Tous nous été envoyés par M. Duvaucel, ou rapportés par M. Dussumier, comme ayant été pris, les uns dans le Gange, les autres sur la côte de Malabar. Ce ne sont donc que des renseignemens inexacts qui ont pu faire dire à M. Lesson que cette variété du Crocodile vulgaire, qu'il a fait connaître sous le nom de *Crocodilus palustris*, dans la partie erpétologique du Voyage aux Indes orientales de M. Bellanger, ne va jamais dans le Gange, qu'elle ne quitte point les marécages et les grans étangs.

VARIÉTÉ C.

Caractères. Mâchoires allongées, étroites; mandibule légèrement arquée en travers, et offrant sur sa surface des protubérances oblongues ou arrondies ; bords latéraux de la tablette du crâne relevés; six écussons nuchaux; carènes dorsales d'égale hauteur, formant des séries longitudinales placées à la même distance l'une de l'autre. Dessus du corps d'un vert foncé, avec de petites lignes brunes disposées en rayons sur les écussons.

Synonymie. *Crocodilus marginatus.* Geoff. Croc. d'Égypt. p. 165.

Crocodilus vulgaris. Var. B, Gray, Synops. Rept. part. 1, p. 58.

DESCRIPTION.

Formes. Cette variété est beaucoup mieux caractérisée que les trois autres, et par cela même plus facile à distinguer.

Les mâchoires sont plus effilées que celles de la variété B ; mais elles le sont moins que chez les individus de la variété D.

Ce qui peut particulièrement la faire reconnaître, c'est 1° la légère concavité que présente sa surface crânienne, dont les bords forment de chaque côté une sorte de bourrelet bosselé. 2° La présence sur la nuque de six écussons dont le diamètre est moindre que celui des quatre que l'on y voit ordinairement.

Les inégalités que présente le dessus de la mandibule ne sont point occasionées par des creux comme chez la variété A, ou par des saillies anguleuses, comme chez la variété B, mais par des renflemens oblongs ou arrondis.

Outre que les carènes dorsales sont plus comprimées que dans la plupart des autres Crocodiles vulgaires, elles ont toutes une égale hauteur, et les séries longitudinales qu'elles forment conservent entre elles le même écartement.

Coloration. Cette variété se distingue encore des trois autres par son système de coloration. Une teinte d'un vert-bouteille foncé règne sur toutes les parties supérieures de son corps. On voit de petites lignes brunes, ondulées, parcourant longitudinalement la tête, et un nombre considérable de petits traits brunâtres, disposés en rayons sur toutes les plaques du bouclier dorsal.

Dimensions. La collection erpétologique renferme six individus du Crocodile vulgaire, offrant les caractères que nous venons de faire connaître. Le plus petit a un mètre de long, et le plus grand trois mètres et vingt centimètres.

Patrie. Nous ignorons l'origine de deux d'entre eux ; mais les quatre autres viennent d'Egypte : trois ont été donnés au Muséum par M. Thédenat-Duvant, et le quatrième par M. Caillaud. Ce dernier est à l'état de momie. Nous devons à l'obligeance de M. Verraux, marchand naturaliste de Paris, d'avoir pu observer la peau d'un septième exemplaire : elle lui a été envoyée du cap de Bonne-Espérance par son fils, M. Jules Verraux, que nous trouverons souvent l'occasion de citer plus tard, à propos d'espèces rares ou nouvelles que nous tenons de lui. Cette peau est remarquable en ce qu'à la première vue on pourrait croire que l'animal auquel elle a appartenu n'avait que trois doigts à chacune des pattes de derrière ; mais, en l'examinant avec plus de soin, on s'aperçoit de suite qu'il a bien réellement existé un quatrième doigt postérieur, et que son absence n'est qu'accidentelle.

Ce qui le prouve, c'est qu'à l'une de ses pattes postérieures nous avons retrouvé la cicatrice, et à l'autre le moignon du quatrième doigt manquant. Il n'y a rien en cela qui doive étonner, car on sait que les Crocodiles se battent entre eux avec acharnement. Nous avons vu, et il en existe dans la collection, des individus mutilés, ayant même un membre ou deux de moins, par suite de semblables combats.

Il était nécessaire que nous donnassions cette explication, parce que la peau dont il a été parlé plus haut n'ayant été examinée que très légèrement par M. Cuvier, ce célèbre naturaliste en fit faire un dessin pour la collection des vélins du Muséum, qui la représente telle qu'elle est, avec trois doigts seulement à chacun des pieds de derrière.

VARIÉTÉ D.

Caractères. Corps allongé, grêle. Mâchoires très effilées; la supérieure légèrement cintrée transversalement. Chanfrein élevé; surface de la mandibule comme bosselée. Région crânienne parfaitement plate. Carènes des deux séries médio-longitudinales un peu plus basses que les autres, et aussi plus rapprochées l'une de l'autre. Parties supérieures semées de taches anguleuses noires.

DESCRIPTION.

Formes. Les individus appartenant à cette variété ont le corps et surtout la tête sensiblement plus allongés, plus grêles que ceux des trois autres. Cet allongement, cette étroitesse de la tête, qui se termine tout-à-fait en pointe obtuse en avant, est certainement fort apparente chez les sujets jeunes et âgés, comparés avec ceux des trois autres variétés; mais cependant moins que chez ceux d'un âge moyen.

Ce caractère, nous l'avouons, est le plus saillant et le seul à l'aide duquel on puisse à la première vue reconnaître cette dernière variété du Crocodile Vulgaire. Pourtant elle se distingue encore de la première et de la seconde en ce que la surface de son museau n'offre ni enfoncemens ni saillies anguleuses. Sous ce rapport, elle ressemble assez à la variété C; mais son chanfrein est un peu plus bombé, et la table de son crâne parfaitement plate. Elle n'a pas non plus, comme cette dernière, les écailles dorsales de même hauteur et disposées en rangs longitudinaux, observant entre eux une égale distance, ce qui, à cet égard, la rapproche des variétés A et B.

Coloration. On trouve aussi quelques légères différences dans son système de coloration. Elle n'est pas précisément ni grivelée ni jaspée; mais elle est semée de taches noirâtres anguleuses, qui étant plus espacées laissent mieux voir le fond de la couleur. Ce fond, chez trois de nos individus, est d'un jaune-vert clair, tandis que chez les quatre autres il se montre d'un brun roussâtre.

Dimensions. Ces sept exemplaires sont, avec un huitième à l'état de momie qui fait partie de la collection d'antiquités égyptiennes conservée au Louvre, les seuls que nous ayons observés appartenant à cette dernière variété. L'individu embaumé est celui qui a la plus grande longueur, c'est-à-dire environ un mètre et demi ; les sept autres ont depuis cinquante centimètres jusqu'à un mètre trente-quatre centimètres.

Patrie. Parmi eux, nous comptons l'individu rapporté du Niger, et nommé Crocodile Vert par Adanson ; un second, pêché dans le Nil, qu'on doit à la générosité de M. Thédenat-Duvant, et un troisième, fort jeune, que M. Banon a donné au Muséum comme venant du Sénégal. Les quatre autres nous ont été envoyés de Madagascar ; l'un par feu Havet, le second par M. Goudot, le troisième par M. Sganzin, et le quatrième par MM. Lesson et Garnot.

Observations. Nous n'aurions pas hésité un seul instant à considérer comme autant d'espèces distinctes ces quatre variétés du Crocodile Vulgaire, si chacune d'elles nous avait exclusivement offert d'une manière bien tranchée les caractères que nous en avons donnés plus haut.

Mais, il faut l'avouer, parmi les individus d'une variété, il s'en trouve toujours au moins un qui tend à rentrer dans les formes de ceux d'une autre. Cette remarque est applicable même à la variété B, dont la patrie est pourtant différente de celle des autres. Effectivement, les individus qui nous ont servi à l'établir sont tous originaires des Indes orientales ou des îles Seychelles.

C'est à cette variété B en particulier qu'il faut rapporter l'espèce que M. Lesson a décrite brièvement sous le nom de *Crocodilus palustris* dans le Voyage de M. Bélanger.

Le Crocodile Vulgaire de M. Geoffroy correspond à notre première variété, avec laquelle nous plaçons aussi son *Crocodilus lacunosus* qui n'offre véritablement pas d'autre caractère distinctif que celui d'avoir deux plaques de moins derrière l'occiput.

Notre variété C se compose du Crocodile Marginaire du même auteur. Bien qu'elle soit, à quelques égards, la plus distincte et la mieux caractérisée, elle ne l'est pas encore d'une manière absolue, puisqu'au lieu de six écussons, elle n'en offre quelquefois que quatre comme le commun des trois autres variétés.

Enfin nous nous sommes assurés, en l'observant attentivement, que le Crocodile à l'état de momie dont M. Geoffroy a fait son *Crocodilus complanatus* n'est qu'un individu plus âgé que ceux d'après lesquels il a établi son *Crocodilus suchus*, notre variété D.

4. LE CROCODILE A CASQUE. *Crocodilus Galeatus.* Cuvier.

CARACTÈRES. Crâne surmonté de deux fortes arêtes triangulaires.

SYNONYMIE. *Crocodile*.......... Hist. Acad. sc. tom. 3, part. 2, pag. 255, pl. 64.

Le Crocodile du Nil. Fauj. Saint-Fonds, Hist. mont. Saint-Pierre, pl. 43.

Crocodilus Siamensis. Schneid. Hist. Amph. fasc. secund. pag. 157.

Le Crocodile du Nil. Latr. Hist. Nat. Rept. tom. 1, pl. sans n°.

Crocodilus Galeatus. Cuv. Ann. Mus. Hist. Nat. tom. 10, pag. 51, pl. 1, fig. 9.

Crocodilus Galeatus. Tiedm. Oppel und Libosch. Naturg. der Amph. pag. 76, tab. 11.

Crocodilus Galeatus. Merr. Amph. pag. 36, spec. 6.

Crocodilus Galeatus. Cuv. Ossem. Foss. tom. 5, part. 2, pag. 52, pl. 1, fig. 1.

Crocodilus Galeatus. Bory Saint-Vincent. Dict. Class. Hist. Nat. tom. 5, p. 108.

? *Crocodilus Siamensis*. Gray, Synops. Rept. part. 1, pag. 60.

DESCRIPTION.

Formes. La tête de cette espèce, considérée dans son contour horizontal, paraît offrir plus de ressemblance avec celle du Crocodile à deux arêtes qu'avec aucune autre. La surface en est très raboteuse, et l'extrémité antérieure fort aplatie. Mais ce qu'elle présente de plus remarquable, et ce qui constitue le véritable caractère spécifique du Crocodile à casque, ce sont les deux saillies que forment les os du crâne sur la ligne moyenne et longitudinale de celui-ci. Ces saillies ou carènes sont placées à la suite l'une de l'autre, et, étant beaucoup plus comprimées en arrière qu'en avant, elles offrent jusqu'à un certain point une figure triangulaire.

Le dos et le cou ne semblent pas être différemment cuirassés que chez le Crocodile Vulgaire.

Les pieds de derrière ont leur bord postérieur garni d'une crête dentelée, et leurs doigts réunis par une membrane. Pourtant ces caractères ne sont pas exprimés dans la principale figure que les missionnaires ont donnée de cette espèce; mais ils les indiquent dans une autre, et leur description dit positivement qu'ils existent. Leur première figure offre très probablement une autre inexactitude, c'est de représenter la queue avec une double crête dentelée jusqu'à son extrémité.

Coloration. Un brun obscur règne sur les régions supérieures; les inférieures sont colorées en jaune pâle; et des taches de ces deux couleurs, disposées à peu près de la même manière que les carrés d'un échiquier, se montrent sur les côtés du corps.

Dimensions. L'un des trois individus du Crocodile à casque qui ont été vus par les missionnaires, avait plus de dix pieds de long. On doit donc croire que cette espèce atteint les mêmes dimensions que les Crocodiles Vulgaires et à deux arêtes.

Patrie. Ce Crocodile n'a jusqu'ici été observé qu'à Siam.

Observations. Il n'est encore connu des naturalistes que par la description et les figures qui en ont été adressées de Siam par les missionnaires français à l'Académie des Sciences, dans l'histoire de laquelle elles ont été publiées. C'est une de ces figures, en particulier, qui se trouve reproduite pour celle du Crocodile du Nil, dans l'Histoire de la montagne de Saint-Pierre, par M. Faujas de Saint-Fond, celui-ci ne s'étant pas aperçu que son dessinateur, au lieu de faire un Crocodile du Nil d'après nature, avait trouvé plus commode de copier dans l'Histoire de l'Académie l'une des planches représentant le Crocodile à casque. Encore ne le fut-elle pas exactement; car cette prétendue figure du Crocodile du Nil de M. Faujas de Saint-Fond a un ongle de trop à chaque patte. D'après cette mauvaise copie, il en a été fait une autre pour la partie erpétologique du Buffon de Déterville, que M. Latreille donne aussi, de même que l'auteur de l'Histoire de la montagne de Saint-Pierre, comme le portrait d'un Crocodile du Nil.

5. LE CROCODILE A DEUX ARÊTES. *Crocodilus biporcatus.* Cuvier.

Caractères. Mâchoire supérieure surmontée de deux arêtes raboteuses, partant de l'angle antérieur de chaque œil. Point de plaques nuchales, ou bien deux fort petites.

Synonymie. *Crocodili Ceylonici ex ovo prodiens.* Séba, tom. 1, pag. 160, tab. 103, fig. 1.

Crocodilus porosus. Schneider, Hist. Amph. fasc. secund. p. 159.

Crocodilus biporcatus. Cuvier, Ann. Mus. Hist. nat. tom. 10, pag. 48, tab. 1, fig. 4 et 13, et tab. 2, fig. 8.

Crocodilus biporcatus. Tiedm. Opp. und Lisbosch. naturg. Amph. pag. 72, tab. 9.

Crocodilus biporcatus. Merrem. Amph. pag. 36, spec. 8.

Crocodilus biporcatus. Cuvier, Oss. Foss. tom. 5, part. 2, p. 49, tab. 1, fig. 4 et 13, et tab. 2, fig. 8.

8.

Crocodilus biporcatus. Bory de Saint-Vincent, Dict. Class. Hist. nat. tom. 5, pag. 107.

Crocodilus biporcatus. Fitzinger. Neue Classif. Rept. p. 46.

Crocodilus biporcatus. Lesson, Voy. Ind. orient. Bélang. (Zool. Rept.), pag. 303.

Crocodilus biporcatus. Cuvier, Règn. anim. tom. 2, pag. 21.

Crocodilus biporcatus. Guérin, Icon. Règ. anim. tom. 2, fig. 1.

Crocodilus biporcatus. Wagler, Nat. Syst. Amph. pag. 140, tab. 8, fig. 2.

Crocodilus biporcatus. Gray, Synops. Rept. part. 1, pag. 58.

Crocodilus biporcatus. Griff. Anim. King. part. 25, pag. 108.

DESCRIPTION.

Formes. Lorsqu'il est adulte, le Crocodile à deux arêtes n'a guère la tête plus effilée que celle de notre première variété du Crocodile Vulgaire; mais dans son moyen âge il a le museau presque aussi étroit que celui du Crocodile de Saint-Domingue. Cela sera rendu plus sensible par ce qui va suivre.

Ainsi, chez un individu long de 4' 33", l'étendue longitudinale de la tête est trois quarts de fois plus considérable que son diamètre transversal en arrière, au lieu que chez un sujet de 2' 71", cette partie du corps est une fois et un cinquième plus grande en long qu'en travers. Le museau du premier a en longueur la moitié de celle du derrière de la tête; celui du second n'a que les deux cinquièmes de cette dernière dimension; mais chez tous deux les deux tiers de la longueur totale de la tête se trouvent être compris entre le bout du museau et l'angle antérieur de l'œil. Il n'en est pas de même pour les jeunes sujets, dont la tête a autant d'étendue en avant qu'en arrière de l'angle antérieur d'une orbite correspondante.

Les côtés du triangle isocèle que forme le pourtour de la tête du Crocodile à deux arêtes sont loin d'être rectilignes. Ils se cintrent en dehors, à partir du dessous de l'œil jusqu'à la onzième dent, où ils s'infléchissent en dedans, pour se recourber aussitôt après jusqu'à l'échancrure dans laquelle passe la quatrième dent inférieure. Ces convexités des bords latéraux de la tête sont d'autant plus prononcées, que les sujets sont plus âgés.

La tablette du crâne commence par offrir une surface carrée, puis, à mesure que l'animal grandit, elle prend un peu plus d'accroissement en long qu'en large, et se rétrécit légèrement en avant. L'échancrure de la mandibule étant très profonde, il en résulte qu'en cet endroit le museau est fort étranglé. Les trous post-orbito-crâniens sont à peu près ovales : leur grand diamètre, qui est situé d'avant en arrière, est moitié moindre environ que celui des orbites. A moins que les sujets ne soient vieux, la surface du crâne est parfaitement unie. L'espace interorbitaire forme un peu la gouttière. Les bords internes des orbites font deux saillies assez prononcées dans notre exemplaire adulte. La mâchoire supérieure est si peu arquée en travers, que le dessus en est presque plan; mais il offre de grandes inégalités, particulièrement chez les individus de grande taille.

En effet, les os en sont comme cariés ou rongés. Il présente en outre deux fortes arêtes, qui prennent naissance à l'angle antérieur de chaque œil, et vont aboutir, en s'atténuant peu à peu, au niveau de l'échancrure servant de passage à la quatrième dent d'en bas. Quand l'animal est vieux, les arêtes finissent par se perdre au milieu des autres saillies irrégulières qui couvrent la surface du museau. Les branches du maxillaire inférieur sont soudées dans le cinquième de leur longueur. La mandibule est garnie de dix-huit dents de chaque côté, et la mâchoire inférieure de quinze, ce qui fait en tout soixante-six dents. Pourtant on en compte quelquefois soixante-huit, parce qu'il y en a deux de plus en haut. Les plus longues et les plus fortes dents supérieures sont les secondes, les troisièmes, les huitièmes et les neuvièmes. En bas, ce sont les premières et les quatrièmes.

La longueur des pattes de derrière est égale à celle du tronc. Les pieds de devant sont d'un tiers plus courts. Les doigts sont plutôt grêles que trapus; une membrane réunit à leur base les trois médians antérieurs; les trois externes postérieurs sont complétement palmés; l'interne ne l'est qu'à sa naissance. Les ongles ont une certaine force, et présentent une légère courbure.

Le plus grand nombre des individus appartenant à cette espèce manque de plaques nuchales; néanmoins on en rencontre quelques-uns qui en offrent deux; mais elles sont toujours fort petites, basses, ovales, et placées en travers de la nuque à une grande distance l'une de l'autre.

Les écussons, composant le bouclier cervical, sont au nombre de six, quatre placés en carré, et les deux autres un de chaque côté de ce carré. Ils sont ovales et à crêtes fort élevées. La base des deux premiers est plus large que celle des autres.

Sur le dos, il y a seize ou dix-sept rangs transversaux de plaques carénées. On en compte quatre au premier, au second et quelquefois au troisième. Ce nombre paraît toujours être celui des six derniers; mais il s'augmente de deux et même de quatre pour les intermédiaires. Ces plaques dorsales, dont les carènes sont peu et également élevées, sont en même temps moins écartées les unes des autres, et plus comprimées, plus minces que celles du Crocodile vulgaire. Elles offrent encore avec elles une autre différence, c'est d'affecter une forme ovale, et d'être par conséquent plus longues que larges, au lieu d'être carrées. Peut-être sont-elles aussi proportionnellement un peu plus petites.

La queue est entourée de trente-huit à quarante anneaux écailleux. C'est vers le vingtième ou le vingt-et-unième que les deux crêtes dentelées qui surmontent latéralement cette partie du corps n'en forment plus qu'une seule. Les écailles, situées entre ces deux crêtes, cessent ordinairement de porter des carènes après la septième, cependant quelquefois ce n'est qu'après la onzième.

Le bouclier dorsal du *Crocodilus biporcatus* est plus étroit que celui du *Crocodilus vulgaris*. Les flancs sont revêtus d'écailles ovales et lisses, qui s'élargissent davantage à mesure qu'elles se rapprochent du ventre. Les épaules et les côtés du cou en présentent de semblables. Sur le dessus de ce dernier, il en existe de même forme, mais qui parfois sont relevées d'une légère carène.

Ce sont des écailles rhomboïdales qui revêtent le dessus et le dessous des membres.

Les pieds de derrière se trouvent élargis par une crête dentelée, qui en garnit le bord postérieur, depuis le jarret jusque vers le milieu du petit doigt. On en remarque une semblable à chaque bras.

Des scutelles carrées et lisses, disposées par bandes transversales, se voient sur la partie inférieure du corps. Les trois ou quatre, qui se trouvent en avant de la poitrine, sont légèrement arquées. Pendant le jeune âge, il n'existe aucune écaille du corps qui ne soit percée d'un pore sur son bord postérieur. Ces pores se ferment à mesure que l'animal vieillit; mais néanmoins il en reste toujours d'ouverts sous la gorge et sous le ventre.

Coloration. Le fond de la couleur du Crocodile à deux arêtes est d'un vert tirant plus ou moins sur le jaune. En dessus il est semé de taches noires, ovales, assez espacées sur les membres, se confondant entre elles sur le dos ; mais de manière cependant à ne jamais cacher les carènes de cette partie du corps.

DIMENSIONS. Nous possédons cette espèce dans tous ses âges. Outre plusieurs squelettes, dont un a dix-sept pieds de longueur, nos collections renferment seize individus empaillés ou conservés dans l'eau-de-vie. Les dimensions suivantes sont celles du plus grand.

LONGUEUR TOTALE. 4' 33". *Tête*. Long. 61" ; haut. 20" 5'" ; larg. ant. 16", post. 34". *Cou*. Long. 49". *Corps*. Long. 1' 30"; haut. 37" 5'"; larg. 48". *Memb. ant.* Long. 61". *Memb. post.* Long. 74". *Queue*. Long. 1' 95".

JEUNE AGE. Nos jeunes sujets, conservés dans l'alcool, sont d'une teinte roussâtre en dessous, parsemée irrégulièrement de taches quadrangulaires noires.

PATRIE ET MŒURS. Cette espèce est la plus répandue dans les Indes orientales. M. Leschenault nous l'a envoyée de Pondichéry ; elle a été rapportée de Batavia par M. Reynaud, des Seychelles et de Timor par Péron. Mais la plupart de nos individus ont été pris dans le Gange. On en doit à MM. Diard et Duvaucel, au capitaine Houssard, à M. Dussumier et à M. Wallich. Le plus grand de tous nos individus empaillés existe depuis long-temps au Muséum, sans que l'on sache aujourd'hui quelle est son origine. On en a aussi des squelettes venus de l'île de Java. Parmi nos exemplaires se trouve celui, à moitié sorti de l'œuf, qui a servi de modèle à la figure d'une des planches de Séba. Il provient du cabinet du stathouder.

Observations. Cette espèce est une de celles dont les caractères sont les moins difficiles à saisir, en ce qu'ils se retrouvent, à très peu de chose près, exactement les mêmes dans tous les individus.

6. LE CROCODILE A MUSEAU EFFILÉ. *Crocodilus acutus*. Geoffroy.

CARACTÈRES. Museau effilé ; chanfrein bombé ; carènes dorsales des rangs externes disposées assez irrégulièrement, et plus élevées que celles des deux rangs du milieu.

SYNONYMIE. *Crocodile d'Amérique*. Plumier. Manuscr.

Crocodile d'Amérique. Gautier, Obs. sur l'hist. nat., la phys. et les arts, XVe part. pag. 131 et suiv.

Crocodilus Americanus amphibius. Séba, tom. 1er, pag. 67, tab. 106, fig. 1.

Crocodilus Curassavicus. Séba, t. 1, p. 162-165, tab. 104, fig. 1 à 9 et 12.

Le Fouette-Queue. Lacépède, Hist. Quad. ovip. tom. 1er, p. 240.

Le Fouette-Queue. Bonnaterre, Encyc. méth. Rept. tab. 3, fig. 1.

Crocodilus Americanus Plumieri. Schneider, Hist. Amph. fasc. 2, pag. 167 et suiv.

Le Crocodile de Saint-Domingue. Geoffroy, Ann. Mus. Hist. nat. tom. 2, pag. 53, pl. 37, fig. 1.

Crocodilus acutus. Cuvier, Ann. Mus. Hist. nat. tom. 10, pag. 55, pl. 1re, fig. 3 et 14, et pl. 2, fig. 2.

Crocodilus acutus. Geoffroy, Ann. Mus. Hist. nat. t. 10, p. 67.

Le Crocodile de Saint-Domingue. Descourtils, Voy. d'un Nat. tom. 3, pag. 11-108, pl. 2-5.

Crocodilus acutus. Tiedman, Oppel und Libosch. naturg. Amphib. pag. 78, tab. 13.

Crocodilus acutus. Merrem. Amph. pag. 37, spec. 11.

Crocodilus acutus. Cuvier, Oss. Foss. tom. 5, part. 2, pag. 55, tab. 1, fig. 3 et 14, et pl. 2, fig. 5.

Crocodilus acutus. Bory de Saint-Vincent, Dict. class. hist. nat. tom. 5, p. 110.

Crocodilus acutus. Cuvier, Règ. Anim. tom. 2, pag. 23.

Crocodilus acutus. Gray, Synops. Rept. pag. 60, spec. 8.

Crocodilus acutus. Griff. anim. Kingd. part. 25, pag. 104.

DESCRIPTION.

Formes. Les mâchoires de cette espèce sont plus étroites que chez aucune des précédentes ; mais elles le sont moins que chez les suivantes. La tête de nos grands individus est une fois et un sixième plus longue qu'elle n'est large en arrière. L'étendue de cette partie du corps, à prendre du bord postérieur d'une orbite jusqu'à son extrémité, est quatre fois plus grande que celle que présente la tablette du crâne. La portion soudée des branches du maxillaire fait le sixième de leur longueur totale. C'est un triangle isocèle très fermé, que représente le contour horizontal de la tête du Crocodile à museau aigu. Les côtés de ce triangle, arrondi à son sommet, forment un angle rentrant en arrière des cinquièmes dents, puis un angle sortant vers les dixièmes, après quoi ils s'infléchissent légèrement en dedans pour se cintrer ensuite en dehors. Enfin ils forment de légères ondulations dans le reste de leur longueur. La mandibule est fortement échancrée à droite et à gauche, pour laisser passer les quatrièmes dents inférieures, lorsque l'animal ferme la bouche.

Le quart antérieur de la mâchoire supérieure offre une surface plane, les trois autres quarts sont légèrement arqués en travers. Ce qui caractérise particulièrement cette espèce, c'est la convexité de son chanfrein. Celui-ci présente en effet une protubérance oblongue qui occupe le tiers médian de la largeur de la tête, et cela depuis les yeux jusque vers les onzième et douzième dents supérieures. Chez les jeunes sujets, cette protubérance est à peine sensible, ou bien même ne paraît pas; elle n'est réellement apparente que lorsque l'animal arrive à la moitié de la taille qu'il devra avoir.

La table du crâne est plane, et laisse voir ou sentir au travers de la peau qui la recouvre les trous dont elle est percée. Ces trous sont ovales pendant le jeune âge, et presque circulaires chez les individus d'une certaine dimension; mais leur diamètre se trouve toujours être moindre que celui de la fosse orbitaire. La figure de la surface crânienne est celle d'un quadrilatère plus large que long. Chez les individus âgés, l'espace interoculaire a la moitié de la largeur de l'occiput; chez ceux qui sont jeunes, il n'en a que le tiers. Cet intervalle qui existe entre les yeux est longitudinalement surmonté d'une arête d'autant plus vive que l'animal est plus grand.

Le dessus de la tête en général, sans être lisse, n'est pas parfaitement uni. Derrière le trou nasal, on voit à droite et à gauche un renflement longitudinal placé obliquement de dehors en dedans. On remarque également une protubérance au-dessus de la dixième ou de la onzième paire de dents d'en haut. La mâchoire supérieure est armée de trente-six dents et l'inférieure de trente. Parmi celles d'en haut, les plus fortes et les plus longues sont les quatrièmes et les dixièmes; en bas ce sont les quatrièmes. Les dix premières paires aux deux mâchoires sont pointues et un peu arquées; les autres sont droites, simplement coniques et obtuses.

Une membrane réunit à leur base les quatre premiers doigts antérieurs; le cinquième est tout-à-fait libre. Les pieds de derrière offrent de grandes et larges palmures. La longueur des ongles est médiocre.

La nuque du Crocodile à museau effilé est, le plus ordinairement, armée de quatre écussons carénés, placés à une certaine distance les uns des autres, sur une ligne transverse un peu cintrée ; mais il arrive à certains individus de n'avoir cette partie du cou muni que de deux écussons. Le plus souvent aussi le bouclier cervical est composé de six écussons, disposés absolument de la même manière que chez le Crocodile Vulgaire ; mais quelquefois il s'en trouve deux de moins, et ce sont presque toujours les derniers. Ces plaques carénées qui surmontent la nuque sont ovales à leur base ; et celles que supporte le cou, triangulaires ou trapézoïdes. Les unes et les autres sont creusées d'un grand nombre de trous, qu'on ne voit, il est vrai, que lorsque la peau est enlevée.

On trouve dans le nombre, la forme et la disposition des pièces qui composent la cuirasse dorsale du Crocodile à museau effilé, un caractère qui lui est particulier entre tous ses congénères.

Ces pièces ou ces plaques osseuses ne forment que quatre rangs longitudinaux ; et celles des deux externes, outre qu'elles ne sont pas régulièrement placées à la suite les unes des autres, ont une figure carrée, et des carènes beaucoup plus élevées que celles des pièces des deux rangées du milieu, dont la base est ovale. On remarque, à droite et à gauche de ce bouclier supérieur du corps, une dizaine de plaques semblables à celles qui le composent, et disposées en série encore plus irrégulière que les externes de ce même bouclier.

La queue est entourée de trente-cinq anneaux écailleux. La crête, profondément dentelée qui la surmonte, n'est divisée que jusqu'au dix-septième. Cette crête, augmentant sensiblement de hauteur à mesure qu'elle s'éloigne du corps, se trouve être deux fois plus élevée à son extrémité qu'à sa naissance. Les écailles qui garnissent le dessus de la queue n'offrent plus de carènes médianes en arrière des huitièmes ou neuvièmes.

Des écailles en losanges, plutôt bosselées que carénées, revêtent la partie supérieure des membres ; il y en a de même forme sous leur région inférieure, mais elles sont plates et lisses. Les plaques squammeuses du dessous du corps sont rectangulaires, et percées chacune d'un pore, même chez les grands sujets.

Coloration. Deux teintes, l'une brune l'autre jaunâtre, sont répandues sur le dessus du corps. Tantôt c'est la première qui sert de fond à la seconde, qui s'y montre sous forme de raies en zigzags ; tantôt c'est la teinte jaunâtre qui paraît être semée de taches brunes, se confondant parfois entre elles. Les parties inférieures de l'animal sont jaunes. La tête offre à peu près la même couleur, mais elle est grivelée de noir.

DIMENSIONS. Suivant M. Descourtils, cette espèce, qui n'a que vingt-quatre ou vingt-cinq centimètres en sortant de l'œuf, parvient à plus de cinq mètres de longueur.

Nous n'en avons pas encore vu d'individu plus grand que celui dont nous donnons ici les dimensions des principales parties du corps.

LONGUEUR TOTALE, 2' 90". *Tête*. Long. 58"; haut. 12"; larg. antér. 6", postér. 18". *Cou*. Long. 31". *Corps*. Long. 73". *Memb. antér*. Long. 40. *Memb. postér*. Long. 49. *Queue*. Long. 1' 28".

PATRIE ET MŒURS. Le Crocodile à museau effilé ne se trouve pas seulement à Saint-Domingue, il habite aussi la Martinique et la partie septentrionale de l'Amérique du Sud ; car M. Plée nous en a envoyé un jeune de cette dernière île, et tout récemment M. Adolphe Barrot, qui était consul à Carthagène, en a rapporté un autre jeune sujet, dont il a fait présent au Muséum. Il paraît cependant que le Crocodile à museau effilé est moins répandu dans ce pays et à la Martinique qu'à Saint-Domingue. C'est de cette île en particulier que M. Alexandre Ricord en a fait parvenir à notre établissement une suite de onze ou douze beaux échantillons de différents âges. Nous en possédions déjà cinq, dont deux proviennent du cabinet du stathouder ; le troisième a été rapporté par le général Rochambeau, lors de l'expédition contre Saint-Domingue ; le quatrième laisse beaucoup de doute sur son origine, et le cinquième est un des débris de l'ancienne collection de l'Académie des Sciences : c'est un individu mutilé que M. Cuvier, à cause de l'anomalie qu'il présente dans le nombre de ses plaques de la nuque et du cou, a considéré à tort comme appartenant à une autre espèce, qu'il a nommée *Biscutatus*.

On sait par M. Descourtils que la femelle du Crocodile à museau effilé fait sa ponte en mars, avril et mai, et que les petits éclosent au bout d'un mois. Le même voyageur rapporte qu'elle creuse avec les pattes et le museau un trou circulaire dans le sable, sur un tertre peu élevé, où elle dépose vingt-huit œufs humectés d'une liqueur visqueuse, rangés en couches séparées par un peu de terre. Elle conduit ses petits, les défend et les nourrit pendant trois mois en leur dégorgeant la pâture. Il dit aussi que les femelles sont plus nombreuses que les mâles, et que ceux-ci se battent avec acharnement lorsque vient l'époque de l'accouplement, qui a lieu dans l'eau.

Observations. L'inscription sur les registres de la science du *Crocodilus acutus*, comme espèce reconnue distincte, date de 1803, époque à laquelle M. Geoffroy, dans le tome 10 des Annales du Muséum d'histoire naturelle, en publia la description comparativement avec celle du Crocodile Vulgaire, le seul qu'on connût alors. Mais le Crocodile à museau effilé avait déjà été étudié. Un savant naturaliste, le père Plumier, avait fait sur elle des observations curieuses qui sont demeurées manuscrites, à l'exception de ce qu'en ont publié, chacun séparément, Schneider et Gautier (1). Les manuscrits de Plumier renferment en outre un excellent dessin de ce Crocodile, qui se trouve aussi représenté plusieurs fois dans l'ouvrage de Séba. En effet, il n'est pas douteux que tous les jeunes Crocodiles de la planche 104 de son premier volume, depuis le n° 1 jusqu'au n° 9, ainsi que le n° 12, appartiennent à l'espèce dont il est question ici. Il existe d'ailleurs dans notre collection deux individus venus du cabinet du stathouder, que nous avons reconnus être des modèles de ces figures.

Nous pensons également avec M. Cuvier, que la gravure n° 1 de la planche 106 du tome 1er de ce même ouvrage de Séba est un portrait du Crocodile à museau effilé, peu exact, il est vrai, mais néanmoins reconnaissable pour ceux qui se sont particulièrement appliqués à distinguer les espèces de Crocodiliens. L'auteur de ce dessin a non-seulement mal représenté les plaques du dessus du corps qui paraissent imbriquées ; mais il a aussi augmenté de beaucoup le nombre des dents, et fait aux pieds de derrière un doigt de plus que n'en a aucun Saurien de la famille des Aspidiotes. C'est ce qui a induit M. Lacepède en erreur. Ce naturaliste, jugeant que l'animal représenté par cette figure ne devait pas être un Crocodile, mais un Saurien semblable au *Lacerta Caudiverbera* de Linné, qui appartient au contraire à la famille des Geckotiens, l'inscrivit sous le nom de Fouette-Queue, à la suite de ses Crocodiles.

---

(1) *Voyez* page 58 du présent volume, et pag. 664 et 671 du 2e voume.

Le soin que nous avons mis à étudier le Crocodile à museau effilé, sous le rapport des différences individuelles qu'il présente dans quelques-uns des détails de son organisation extérieure, nous a pleinement convaincus que M. Cuvier a fait un double emploi de cette espèce, en établissant celle du Crocodile à deux boucliers. Car, en quoi trouve-t-il que ce dernier diffère du *Crocodilus acutus*? En ce que les mâchoires sont un peu moins effilées, en ce qu'il a deux plaques de moins sur la nuque et quatre sur le cou. Mais, parmi les individus incontestablement de la même espèce qui nous ont été envoyés de Saint-Domingue par M. Ricord, il y en a plusieurs qui, quant au nombre des écussons de cette partie du corps, forment le passage du *Crocodilus biscutatus* au *Crocodilus acutus*, ayant quatre plaques carénées derrière l'occiput et six sur le milieu du cou. Ainsi, il en existe un auquel il ne manque que deux carènes nuchales, un autre qui est privé de la dernière rangée des cervicales, et un troisième qui n'a plus que deux écussons nuchaux et quatre cervicaux. Nous pourrions même, à la rigueur, contester que l'un des deux individus sur lesquels M. Cuvier a établi son espèce, le seul malheureusement que nous ayons retrouvé dans la collection, ait sur le cou un moindre nombre de plaques que ce dernier, attendu que chacune des deux qu'on y voit offre une légère suture qui laisse croire qu'elles sont intimement soudées l'une avec l'autre. Alors la seule différence spécifique qui resterait entre ces deux Crocodiles ne consisterait plus qu'en un peu moins d'étroitesse dans les mâchoires du Crocodile à deux boucliers que dans celles du Crocodile à museau effilé; mais on sait, quand il n'existe point d'autres caractères, combien peu on doit attacher d'importance à celui-ci, tant il est variable chez les individus des espèces de Crocodiliens en général.

Quant au système de coloration de son Crocodile à deux boucliers, M. Cuvier observe avec raison qu'il est d'un brun plus foncé que celui du Crocodile Vulgaire; mais nous pouvons assurer que, parmi nos individus empaillés du Crocodile à museau aigu, il en est plusieurs chez lesquels il l'est pour le moins autant.

De tout ceci il résulte bien évidemment qu'on ne doit plus soupçonner le Crocodile à deux boucliers d'appartenir à l'espèce dont Adanson a fait mention sous le nom de Crocodile noir. Celui-ci doit être nécessairement recherché parmi les espèces africaines. Nous dirons, à l'article du Crocodile à nuque cuirassée, les motifs qui nous font présumer que c'est plutôt lui qu'on doit considérer comme tel.

7. LE CROCODILE A NUQUE CUIRASSÉE. *Crocodilus cataphractus*. Cuvier.

Caractères. Mâchoires allongées, aplaties. Quatre ou cinq paires d'écussons cervicaux, formant une bande longitudinale contiguë à la cuirasse du dos.

Synonymie. *Crocodilus cataphractus*. Cuvier, Ossem. Foss. tom. 5, part. 2, pag. 58, pl. 5, fig. 1-2.

Crocodilus cataphractus. Gray, Synops. Rept. part. 1, pag. 59.

DESCRIPTION.

Formes. Cette espèce a le museau encore plus allongé que la précédente. La largeur de sa tête pourrait être contenue deux fois et demie dans sa longueur. Sur sa surface on ne voit ni protubérances ni arêtes. La tablette du crâne est carrée; l'espace interoculaire forme la gouttière. L'extrémité du museau est arrondie, étroite et un peu bombée. En arrière des narines, les mâchoires sont fortement aplaties dans toute leur longueur. Les côtés en sont sensiblement arqués en dehors, entre les cinquièmes et les onzièmes dents de la mandibule. Les échancrures qui servent de passage aux quatrièmes d'en bas sont assez profondes. Au-dessus de chacune d'elles on remarque un petit renflement longitudinal et obliquement placé. Les branches du maxillaire se tiennent ensemble dans le premier quart de leur longueur totale.

Nous trouvons dix dents de chaque côté à la mâchoire supérieure d'un jeune sujet de notre collection, le seul que nous possédions de cette espèce. M. Cuvier n'en a compté que dix-sept à un individu conservé dans le Musée du collége des chirurgiens de Londres. Mais l'un et l'autre en ont trente en tout à la mâchoire inférieure. En haut, les premières sont les plus petites; les secondes, les troisièmes et les neuvièmes les plus longues. En bas, on ne compte de fortes que les premières, les quatrièmes et les dixièmes.

Les cinq doigts des pattes de devant sont complétement libres. Le pouce, aux pieds de derrière, l'est également; mais les trois autres doigts sont réunis par une membrane qui néanmoins est un peu plus courte entre les deux du milieu qu'entre le premier et le second externes.

Le bord postérieur du bras et celui de la jambe portent chacun une crête dentelée, composée de onze ou douze écailles pour le premier, et de sept ou huit pour le second.

Il paraîtrait que le nombre des écailles de la nuque ne serait pas exactement le même chez tous les individus. Le nôtre nous en offre d'abord deux petites, ovales et fort écartées; puis derrière, deux autres de même forme, plus grosses et moins espacées. Le dessin que M. Cuvier, dans les Ossemens Fossiles, donne de l'exemplaire du Musée des chirurgiens, nous montre qu'il a en avant deux plaques nuchales de moyenne grosseur, placées de chaque côté du cou; et derrière celle-ci quatre autres isolées, plus petites, formant une rangée transverse curviligne.

L'armure cervicale de cette espèce ressemble à celle des Caïmans, en ce qu'elle forme comme la leur une bande longitudinale qui est contiguë avec les écussons dorsaux. Elle se compose de quatre ou cinq paires de plaques, dont les premières ont en largeur le double des autres. Toutes sont surmontées d'une carène, et rectangulaires dans leur forme.

Suivant M. Cuvier, l'individu de cette espèce conservé, dans le Musée des chirurgiens de Londres, aurait toutes les bandes de son bouclier dorsal composées chacune de six plaques, à l'exception des deux premières, qui ne le seraient que de quatre. Notre exemplaire a dix-huit rangs d'écussons sur le dos, les deux premiers et les douze derniers à quatre, et les six autres à six. Les deux du milieu de chaque rang sont carrés, plus grands, et à carènes plus basses que les latéraux, dont l'étendue est moindre en travers qu'en long. Sur les flancs, sont jetées irrégulièrement une douzaine d'écailles carénées et ovales, qui sont entremêlées d'un grand nombre de petits tubercules semblables à ceux que l'on voit sur le dessus et les côtés du cou. Trente-cinq anneaux écailleux entourent la queue, qui à sa naissance est surmontée de quatre carènes, deux latérales et deux médianes. Celles-ci finissent au dix-septième cercle, mais celles-là, en augmentant toujours de hauteur, gagnent le dix-huitième, où elles ne forment plus jusqu'au bout qu'un rang simple, mais élevé. La portion double et la portion simple de cette crête sont profondément dentelées.

Des écailles en losange recouvrent le dessus et le dessous des membres : les supérieures sont carénées, et les inférieures lisses et d'un plus petit diamètre. Le devant de la cuisse offre une rangée de grandes scutelles carrées. Il en existe de semblables sous l'abdomen. Celles qui protégent la région inférieure du cou ressemblent à des rectangles.

Quelques-unes des écailles du ventre sont percées d'un pore.

Coloration. Notre individu, qui bien évidemment est jeune, a le dessus de la tête olivâtre, tacheté de brun sur le crâne. Son dos et sa queue présentent un brun verdâtre avec de très larges taches noires en travers. D'autres taches de la même couleur, mais plus petites, se montrent sous le ventre, qui offre ainsi que la gorge un blanc jaunâtre.

Dimensions. *Longueur totale*, 44". *Tête*. Long. 8'. *Cou*. Long. 3". *Corps*. Long. 10". *Memb. antér*. Long. 7". *Memb. postér*. Long. 9". *Queue*. Long. 23".

Patrie. Notre jeune Crocodile à nuque cuirassée a été donné au Muséum d'histoire naturelle par M. Sandré de Bordeaux, comme ayant été pris dans le grand Galbar, rivière qui coule près de Sierra de Leone.

Nous ignorons quelle est la patrie de l'individu que M. Cuvier a observé au collége des chirurgiens de Londres. Mais dans la même ville nous en avons vu un troisième un peu plus grand que le nôtre, et qu'on nous a dit avoir été envoyé de Fernando-Po, sur la côte d'Afrique. Celui-là fait partie de la riche collection appartenant à la société zoologique de Londres.

Il n'y aurait rien d'étonnant à ce que cette espèce se trouvât aussi dans le Sénégal, et que ce ne fût à elle alors qu'il fallût rapporter le Crocodile noir d'Adanson; car elle offre bien évidemment un des principaux caractères qu'il assigne à ce dernier, celui d'avoir les mâchoires plus longues et plus étroites que celles du Crocodile Vert, notre variété D du Crocodile Vulgaire, ou le *Crocodilus suchus* de M. Geoffroy.

1. LE CROCODILE DE JOURNU. *Crocodilus Journei.* Bory de Saint-Vincent.

Caractères. Mâchoires allongées, subcylindriques; quatre écussons sur la nuque; bouclier cervical composé de six plaques.

Synonymie. *Crocodilus intermedius.* Graves, Ann. génér. Sc. phys. tom. 2, pag. 348.

Crocodilus Journei. Bory de Saint-Vincent, Dict. class. d'Hist. nat. tom. 5, pag. 111.

Crocodilus intermedius. Gray, Synops. Rept. part. 1, pag. 59, spec. 7.

DESCRIPTION.

Formes. Nous voici arrivés à celle des espèces de Crocodiles qui se rapproche le plus des Gavials par l'étroitesse de ses mâchoires. Sa tête est une fois et un tiers plus étendue dans le sens longitudinal que dans la ligne transversale la plus grande. Prise au niveau du bord antérieur des orbites, la largeur des mâchoires est égale au quart de la longueur totale de la tête; à la hauteur de la dixième dent, elle n'en fait pas tout-à-fait le sixième; et à l'extrémité du museau, elle en est le huitième.

L'espace interoculaire a deux fois moins de largeur que la tablette du crâne. La surface de celle-ci a la figure d'un rectangle de près de moitié plus large que long. Les branches du maxillaire inférieur se tiennent réunies dans le premier quart de leur longueur. Outre qu'elles sont plus étroites que celles des autres Crocodiles, les mâchoires du Crocodile de Journu sont aussi moins profondément festonnées sur leurs bords et moins étranglées en arrière des narines. Si l'on examine leur contour horizontal, on voit qu'à leur extrémité antérieure elles forment un demi-cercle, et que latéralement elles commencent par suivre une direction rectiligne jusqu'à la cinquième dent supérieure, où elles s'infléchissent fortement en dedans pour former l'échancrure de la quatrième dent d'en bas. Ensuite elles redeviennent rectilignes, pour offrir bientôt après un angle excessivement ouvert, dont le sommet dirigé en dehors correspond à la dixième dent supérieure. Le reste de leur étendue forme de légères ondulations. Le dessus de la mandibule n'offre ni creux ni arêtes. La moitié antérieure en est presque plane, et la postérieure assez arquée en travers. On aperçoit sur l'entre-deux des yeux une très faible arête longitudinale.

Les dents du Crocodile de Journu sont bien moins fortes que celles du Crocodile à museau effilé. Leur nombre, pour chaque côté, est de dix-huit en haut et de quinze en bas. Pourtant l'individu qui sert à notre description en a une de plus au côté gauche de la mâchoire inférieure; c'est une petite dent supplémentaire qui a poussé derrière la huitième. Les plus longues de toutes ces dents sont les supérieures de la première paire, de la cinquième et de la dixième, et les inférieures de la première et de la quatrième.

Les doigts, sous le rapport de leur longueur et de la palmure qui réunit les postérieurs, ne diffèrent pas de ceux du Crocodile à museau effilé. Les ongles sont forts; les antérieurs sont très légèrement courbés, et l'un d'eux, le troisième, est plus court que les autres. Les postérieurs sont presque droits, et le plus court d'entre eux se trouve aussi être le troisième.

Sur la nuque, il existe quatre petits écussons ovales, isolés et à carènes peu prononcées. Notre exemplaire en offre du côté gauche un cinquième en dehors du premier.

Le bouclier cervical du Crocodile de Journu ressemble à celui de la plupart de ses congénères : six écussons le composent. Ils sont placés quatre en carré, et deux l'un à droite, l'autre à gauche de ce carré. Les deux latéraux sont petits et de forme ovale; les quatre autres grands et trapézoïdaux. Tous six portent une faible carène dans le sens de leur longueur. Leur surface est creusée de sillons disposés en rayons.

Seize rangées transversales de six écussons chacune, excepté les trois dernières qui n'en offrent que quatre, forment la cuirasse de la partie supérieure du corps. Il règne par conséquent dans la plus grande étendue du dos six séries longitudinales de carènes, qui toutes sont peu et également élevées. Les plaques que surmontent celles de ces carènes qui constituent les deux séries médio-longitudinales, sont plus grandes que celles des séries latérales. Elles ont la figure de quadrilatères un peu plus larges que longs. Les écussons dorsaux des quatre autres rangées longitudinales sont ovales. Ceux des trois dernières bandes transversales ressemblent, pour la forme et la grandeur, à ceux qui composent les rangs longitudinaux dont ils sont la continuation.

Les cercles écailleux entourant la queue sont au nombre de trente-six. Les dix-huit premiers supportent une crête à double rang, laquelle devient simple sur les dix-huit autres.

Les parties latérales du corps sont revêtues d'écailles ovales, parmi lesquelles on en distingue cinq ou six assez grandes, formant une bande longitudinale sur le haut de chaque flanc.

Le bord postérieur des bras et des jambes est garni d'une crête dentelée.

Les plaques du plastron sont quadrangulaires, les unes carrées, les autres oblongues.

Coloration. L'exemplaire empaillé que nous avons sous les yeux offre en dessus une teinte fauve olivâtre. En dessous, il est d'un jaune sale. Les écussons de la partie supérieure du corps laissent voir de petits traits bruns formant des chevrons qui s'emboîtent les uns dans les autres et dont le sommet est dirigé en arrière.

Dimensions. *Longueur totale.* 2'83". *Tête.* Long. 45"; larg. antér. 3"; postér. 20". *Cou.* Long. 29" *Corps.* Long. 73"; haut. 25; larg. 34". *Memb. antér.* Long. 37". *Memb. postér.* Long. 46" *Queue.* Long. 1' 37".

Patrie. On ne sait pas encore de quel pays cette espèce de Crocodile est originaire.

Observations. Il faut qu'elle soit fort rare; car jamais elle ne s'est trouvée dans aucun des nombreux envois qui ont été faits au Muséum. Nous ne sachions même pas qu'il en existe dans les cabinets d'Europe un autre individu que celui qui appartient au Musée de Bordeaux. Grâces à la complaisance de M. Brun, maire de cette ville, qui a bien voulu permettre que ce précieux exemplaire nous fût envoyé, nous avons pu en donner une description exacte, et nous assurer par nous-mêmes qu'il est d'une espèce parfaitement distincte de toutes celles qui précèdent.

On doit à Graves la première description qui ait été publiée de cette espèce fort remarquable, en ce qu'elle est, pour ainsi dire, l'anneau de la chaîne qui unit les Crocodiles aux Gavials. Tel est probablement le motif pour lequel le nom d'intermédiaire lui avait été donné d'abord par le naturaliste qui l'a fait connaître le premier.

9.

IIe SOUS-GENRE. GAVIAL. — *GAVIALIS*. Geoffroy.

Caractères. Mâchoires très étroites, fort allongées, formant une sorte de bec subcylindrique. Quatre échancrures à la mandibule, dans lesquelles sont reçues les premières et les quatrièmes dents d'en bas.

Jamais à aucun âge on ne voit la mandibule des Gavials percée de trous servant au passage soit de la première, soit de la quatrième paire de dents inférieures. Mais elle offre constamment quatre grandes échancrures qui remplissent absolument le même but. Les Gavials sont d'ailleurs fort remarquables à cause de l'étroitesse et de la longueur considérables que présente la partie antérieure de leur tête, ou les mâchoires. Celles-ci ressemblent à une sorte de bec droit, subcylindrique, évasé à son origine et un peu élargi circulairement à sa pointe. Ces mâchoires ont leurs bords rectilignes et non ondulés comme dans les deux sous-genres précédens. Le nombre de dents dont elles sont armées est aussi plus grand que chez aucun Caïman ou Crocodile. On leur en compte ordinairement de cent dix-huit à cent vingt, toutes égales, à l'exception de celles qui composent les cinq ou six premières paires, en haut comme en bas. Les trous post-orbito-crâniens sont ovales et plus grands que chez les Crocodiles, attendu que leur diamètre est approchant le même que celui des orbites. C'est une figure triangulaire qu'offre l'orifice externe des fosses nasales, ou mieux de ce long canal que M. Geoffroy a appelé crânio-respiratoire.

La membrane qui ferme cet orifice prend, chez les individus du sexe mâle, un développement considérable. Elle forme une grosse masse ovale et cartilagineuse. Cette proéminence est une espèce de sac divisé en deux à l'intérieur par une cloison, et dont l'ouverture se trouve être en arrière et un peu en dessous.

De même que chez les Crocodiles, la paupière contient dans son épaisseur un rudiment de lame osseuse. Les pieds de derrière des Gavials sont conformés de la même manière que ceux de la plupart des espèces du sous-genre précédent. C'est-à-dire qu'il existe de longues et larges palmures entre les doigts, et que le bord postérieur de la jambe est garni d'une crête dentelée. Les plaques cervicales des Gavials forment une longue bande sur le cou, comme cela se voit dans les Caïmans et chez une seule espèce de Crocodile. Les écailles de leurs flancs sont plates et ovales. Les carènes qui surmontent les pièces osseuses formant la cuirasse dorsale sont basses; mais la crête de la queue est fort élevée dans la presque totalité de sa longueur.

Ici, c'est tout le contraire de ce que l'on observe chez les Caïmans et les Crocodiles, qui dans leur jeune âge nous montrent leur tête plus courte proportionnellement que lorsqu'ils sont parvenus à leur entier accroissement. Cette partie du corps des Gavials semble perdre au contraire de sa longueur à mesure que ces animaux grandissent.

La plupart des auteurs, entre autres Fitzinger et Merrem, ayant préféré désigner en latin ce sous-genre par le nom de *Gavialis* proposé par M. Geoffroy, comme la traduction du mot Gavial introduit d'abord dans notre
par M. de Lacépède, plutôt que d'adopter pour un genre l'adjectif de *Longirostris*, sous lequel il avait été établi par M. Cuvier, nous suivrons leur exemple. Wagler, comme il ne l'a fait que trop souvent, a encore introduit un nouveau nom pour ce sous-genre. Il lui donne celui de *Rhamphostoma*, voulant indiquer le prolongement de la bouche en une sorte de bec.

1. LE GAVIAL DU GANGE. *Gavialis Gangeticus.*
(*Voyez* pl. 26, fig. 4.)

CARACTÈRES. Bec très allongé, subcylindrique ; deux écussons nuchaux.

SYNONYMIE. *The narrow beak'd Crocodile of the Ganges.* Edw. Philos. Transact. tom. 49, part. 2, pag. 639, tab. 19.

Crocodilus maxillis teretibus subcylindraceis. Gronov. Zooph. pag. 11, n° 40.

Crocodilus..... Merck, Hess. Beytr. tom. 2, part. 1, Fascicul. V. pag. 73.

Lacerta Gangetica. Gmel. Syst. Nat. tom. 1, part. 3, pag. 1057.

Le Gavial. Lacép. Hist. Quad. ovip. tom 1, pag. 235, pl. 15.

Le Gavial. Bonn. Encyc. méth. pl. 1, fig. 4 et A, B. (Copie d'Edw.)

Crocodile du Gange ou *Gavial.* Fauj. Saint-Fonds, Hist. mont. Saint-Pierre, pag. 235, pl. 46-47, et *Petit Crocodile d'Asie. Ibidem*, pag. 237, pl. 8.

Crocodilus longirostris. Schneid. Hist. Amph. fasc. secund. pag. 160.

Le Gavial. Latr. Hist. Rept. tom. 1, pag. 208, fig. sans n°.

Gangetic Crocodile. Shaw. Gener. Zool. tom. 3, p. 197, pl. 60.

Crocodilus arctirostris. Daud. Hist. Rept. tom. 2, pag. 393, et *Crocodilus longirostris.* Daud. *Ibidem*, p. 389.

Crocodilus longirostris. Cuv. Ann. Mus. Hist. nat. tom. 10, pag. 60, pl. 1, fig. 2 et 10, et pl. 2, fig. 11, et *Crocodilus tenuirostris.* Cuv. *Ibidem*, pag. 61, pl. 1, fig. 1 et 11, et pl. 2, fig. 12.

Crocodilus Gangeticus. Tied. Opp. und Libosch. Naturg. amph. pag. 81, tab. 14, et *Crocodilus tenuirostris. Ibidem*, p. 83, tab. 15.

Gavialis longirostris. Merr. Amph. pag. 37, et *Gavialis tenuirostris*, pag. 38.

Crocodilus longirostris. Cuv. Oss. foss. tom. 5, part. 2, pag. 60, pl. 1, fig. 2 et 10, et pl. 2, fig. 11, et *Crocodilus tenuirostris. Ibid.* pag. 62, pl. 1, fig. 1 et 11, et pl. 2, fig. 12.

Le Grand Gavial. Bory de Saint-Vincent, Dict. class. d'Hist. nat. tom. 5, pag. 113, et *le Petit Gavial*, pag. 114.

Crocodilus Gangeticus. Geoff. Mém. Mus. d'Hist. nat. tom. 12, pag. 118, et *Crocodilus tenuirostris.*

Le Gavial du Gange. Cuv. Reg. anim. tom. 2, pag. 19.

Gavialis tenuirostris. Guér. Icon. Reg. anim. tab. 2, fig. 3.

Rhamphostoma tenuirostre. Wagl. Natürl. Syst. amph. pag. 141, tab. 8, fig. 3.

Gavialis Gangeticus. Gray, Sinops. Rept. part. 1, pag. 56.

The Gavial of the Ganges. Griff. Anim. Kingd. part. 25, pag. 101.

DESCRIPTION.

Formes. On peut, jusqu'à un certain point, se faire l'idée de la forme de la tête du Gavial, si on se la représente composée de deux parties : l'une antérieure et longue, ayant une forme à peu près cylindrique, plus ou moins aplatie; l'autre postérieure et courte, donnant la figure d'un hexaèdre déprimé, plus élargi en arrière qu'en avant.

Les mâchoires constituent la partie antérieure, ou ce que l'on est convenu d'appeler le bec. Ce bec, long, droit, et d'une extrême étroitesse, n'est pas, à proprement parler, cylindrique. Il a quatre pans, et ses angles sont arrondis. Il s'évase à sa base, et se termine en avant, de manière à rappeler, à l'aplatissement près, la conformation du bec de l'oiseau, auquel celle-ci a précisément valu le nom de spatule. A quelque endroit de son étendue qu'on le mesure, son diamètre vertical est toujours moindre que son diamètre transversal.

La tête, proprement dite, c'est-à-dire la partie située en arrière du bec, est, ainsi que nous l'avons dit, déprimée et plus élargie derrière que devant. Les côtés en sont droits et perpendiculaires. Le dessus présente une surface quadrilatérale, dont la portion post-orbitaire est plane et laisse, sinon voir, au moins percevoir au travers de la peau les trous de figure subtriangulaire ou ovoïde, dont le crâne est percé; l'autre portion est assez inclinée en avant, et en grande partie occupée par les yeux, dont l'entre-deux forme un peu la gouttière.

Chez le Gavial du Gange ce n'est pas, comme chez les Crocodiles, par une pente douce et presque insensible que la mandibule s'éloigne du front, mais en s'abaissant brusquement pour suivre presque aussitôt après une direction droite et presque horizontalement de niveau avec le bord inférieur de l'orbite.

A l'extrémité de cette mandibule, on remarque quatre échancrures destinées au passage des premières et des quatrièmes dents inférieures, lorsque l'animal ferme la bouche. Deux de ces échancrures sont très profondes, et situées tout-à-fait en avant; les deux autres ne le sont que médiocrement, et placées, l'une à droite l'autre à gauche, en arrière de la région spatuliforme du bec, où celui-ci offre en outre un léger étranglement.

La division en deux branches du maxillaire inférieur ne commence que vers la vingt-deuxième ou la vingt-troisième dent; en sorte que la portion simple de cet os est une fois plus étendue en longueur que la portion double.

C'est surtout chez le Gavial que la tête des jeunes sujets est relativement plus longue que celle des individus adultes, comme on peut le voir par les observations suivantes.

Nous l'avons trouvée faisant le sixième de la longueur totale du corps, dans un individu long de cinq mètres et quarante centimètres, et quatre fois et demie seulement chez un jeune n'en ayant que cinquante. Cette différence étant due à ce que la tête prend, à mesure que l'animal grandit, à proportion plus de largeur que de longueur, en détermine nécessairement d'autres dans certaines des parties qui composent cette tête.

Ainsi, chez l'individu long de deux mètres et cinquante centimètres, la portion plane du crâne, laquelle peut être dite rectangulaire, se trouve avoir près d'une fois plus de largeur que de longueur. Les trous ovales qu'on y remarque offrent leur plus grand diamètre en travers. L'espace interoculaire est d'un tiers plus grand que le diamètre de ces dernières, et les mâchoires, mesurées de leur pointe au bord antérieur de la fosse orbitaire, sont de moitié plus longues que le reste de la tête.

Dans le jeune exemplaire, ayant cinquante centimètres de longueur, la région post-orbito-crânienne n'est que d'un cinquième plus large que longue; la grandeur de l'orbite est d'un tiers plus considérable que l'espace compris entre les yeux. Enfin, à partir de ceux-ci, la longueur du bec est environ de trois quarts plus grande que celle du crâne, prise du devant des yeux à l'occiput.

Le nombre des dents qui garnissent les deux mâchoires est de cent dix; vingt-neuf de chaque côté en haut, et vingt-six à droite et à gauche en bas. Pourtant on rencontre certains individus auxquels il en manque une ou deux, soit à la mâchoire inférieure, soit à la mandibule; et tantôt d'un côté seulement, tantôt des deux à la fois.

Les dix premières dents supérieures, parmi lesquelles les deux antérieures sont les moins écartées, se trouvent enfoncées dans l'os intermaxillaire. La plupart des dents de la mandibule sont plus longues que leurs correspondantes de la mâchoire inférieure. Jusqu'à la dix-neuvième paire ou la vingtième, elles sont un peu rejetées en dehors; de sorte que lorsque la bouche est fermée, les dents d'en haut passent sur les côtés du maxillaire inférieur, et celles d'en bas sur ceux de la mâchoire supérieure. Les six dernières paires sont droites ou à peu près, ce qui fait que les pointes des unes correspondent exactement aux intervalles des autres.

De toutes ces dents, celles qui ont le plus de longueur sont les premières, les troisièmes et les quatrièmes d'en haut; et les premières, les secondes et les quatrièmes d'en bas. En général, elles sont un peu courbées et légèrement comprimées d'avant en arrière; elles offrent de plus un petit tranchant à droite et à gauche. Il n'y a guère que les huit ou neuf dernières de chaque côté qui soient presque coniques. De légères arêtes verticales se montrent sur la surface des dents des vieux individus.

C'est sous la gorge, vers le milieu environ de la longueur des branches de l'os maxillaire, que se trouvent situées, l'une à droite, l'autre à gauche, les glandes d'où s'exhale l'odeur musquée que répandent plus ou moins tous les Crocodiliens.

L'orifice externe des narines est situé sur le dessus du bec, à peu de distance de son bord terminal. C'est une ouverture semi-lunaire, au fond de laquelle on aperçoit une lame cartilagineuse qui la coupe longitudinalement en deux. Les bords de cette ouverture forment comme deux espèces de lèvres qui, à ce qu'il semble, peuvent en se rapprochant l'une de l'autre, la fermer hermetiquement. Ces deux lèvres, dont l'antérieure est curviligne et la postérieure rectiligne, sont chez les femelles et les jeunes sujets très minces et complétement molles. Mais chez les vieux mâles, l'antérieure prend non-seulement une consistance cartilagineuse, mais un développement tel, que, rejetée qu'elle est en arrière, elle atteint jusqu'au niveau des septièmes dents, et que ce museau se trouve triplé en épaisseur. Cette poche, ou mieux ce sac cartilagineux, à deux loges, considéré en masse, présente une forme ovalaire. Il est échancré en arrière, de manière à former deux lobes arrondis fort épais. En dessus il offre sur la ligne médiane, et en avant, une proéminence cordiforme de chaque côté de laquelle on remarque un pli assez profond en forme d'S. Ce sac a son ouverture, qui lui est commune avec les narines, située en dessous.

Telle est la physionomie de cette masse cartilagineuse que M. Geoffroy nomme bourse nasale, et dont l'usage, suivant l'opinion de cet illustre savant, serait de faire l'office d'un réservoir à air pour les cas où l'animal plonge au fond des eaux (1).

La patte de devant est à peu près de moitié plus longue que la partie du corps comprise entre les membres antérieur et postérieur du même côté. Celle de derrière atteindrait les deux tiers de ce même intervalle. Aux pieds antérieurs, comme aux pieds de derrière, c'est le troisième doigt qui est le plus long. Les trois du milieu des pattes de devant sont réunis à leur base par une très courte membrane. Les deux autres doigts des mêmes pattes sont libres, de même que le premier des pieds postérieurs; mais le second, le troisième et le quatrième de ceux-ci sont réunis par une membrane épaisse dont le bord libre, entre chacun d'eux, est échancré en demi-cercle.

Les ongles sont faiblement arqués.

La nuque supporte deux forts écussons surmontés d'une carène plus comprimée derrière que devant. Leur forme est ovale, et leur hauteur presque égale à leur largeur. Cette proportion est aussi celle de l'espace qu'ils laissent entre eux. Il arrive quelquefois qu'il existe un petit écusson de chaque côté de ces deux-là. C'est le cas, en particulier, de l'un de nos plus grands individus, celui qu'a décrit Lacépède, et que Faujas de Saint-Fonds a fait représenter dans son Histoire de la montagne de Saint-Pierre de Maëstreicht.

Au nombre de quatre paires, les écussons collaires ou cervicaux forment une bande longitudinale qui s'étend depuis le second tiers de la longueur du cou, jusqu'au bouclier dorsal. Les deux premiers sont triangulaires, les six autres quadrilatéraux. Tous les huit portent chacun une carène longitudinale sur leur ligne médiane. On voit une grosse écaille carénée à droite et à gauche de la dernière paire.

Le dessus du corps est coupé en travers par dix-huit bandes de plaques osseuses à carènes égales, qui par conséquent forment quatre séries longitudinales tout le long du dos. Les plaques des deux séries latérales sont carrées, et un peu moins grandes que celles des médianes, qui offrent bien aussi quatre pans, mais

(1) *Voyez* Geoffroy Saint-Hilaire, Mémoires du Muséum, tom. 12, p. 97, pl. 3.

dont le diamètre longitudinal est moindre que le transversal. Une rangée longitudinale d'autres écussons carénés borde cette cuirasse dorsale, à droite et à gauche, dans une partie de sa longueur.

Les flancs, les côtés du cou, et une partie du dessus de celui-ci, sont revêtus d'écailles ovales, plates et unies, ayant une grandeur moyenne.

La queue est entourée de trente-quatre à quarante cercles écailleux, car le nombre de ces cercles varie suivant les individus. La crête dentelée qui la surmonte ne commence à devenir bien sensible que vers le sixième ou le septième cercle. Sa portion double se termine au dix-huitième ou au dix-neuvième. C'est vers la moitié de la queue que cette crête a le plus de hauteur, elle est d'ailleurs mince et flexible. Les écailles qui garnissent le dessous du corps sont quadrilatérales, oblongues, et parfaitement lisses. On en compte à peu près soixante rangées transversales, depuis le menton jusqu'à l'orifice anal. Ainsi que celles des flancs, elles sont toutes percées d'un petit pore sur le milieu de leur bord postérieur.

En dessus, les membres sont garnis d'écailles rhomboïdales. Les antérieurs, sur leur tranchant externe; les postérieurs, depuis le jarret jusqu'au petit doigt, en offrent une rangée formant une crête dentelée en scie. Les membranes natatoires ont leur surface couverte de petites écailles granuleuses.

Coloration. Le fond de la couleur des parties supérieures du Gavial est d'un vert-d'eau foncé, sur lequel se trouvent répandues de nombreuses taches oblongues, irrégulières et brunes, qui rendent ces parties comme jaspées. Chez les jeunes sujets, le dos et les membres offrent des bandes noires en travers. La région inférieure du corps est colorée en jaune très pâle ou même blanchâtre. Les mâchoires sont piquetées de brun; les ongles offrent une couleur de corne claire.

Dimensions. Le Gavial du Gange est un des plus grands Sauriens que l'on connaisse à l'état vivant. Nous donnons plus bas les dimensions d'un individu de 5' 40". C'est un mâle qui a été envoyé du Bengale au Muséum, par M. Alfred Duvaucel. Nous possédons encore une femelle d'une taille un peu moindre, et sept autres individus empaillés ou conservés dans l'eau-de-vie ayant depuis 50" jusqu'à trois mètres de long.

Longueur totale 5' 40". *Tête*. Long. 92"; haut. 20"; larg. 25" 5"'.

Longueur du museau, depuis son extrémité jusqu'au bord de l'œil, 62". *Cou.* Long. 45". *Corps.* Long. 1' 53". *Memb. antér.* Long. 75". *Memb. postér.* Long. 56. *Queue.* Long. 2' 50".

PATRIE ET MŒURS. Il est probable que le Gange n'est pas le seul fleuve de l'Inde dans lequel vive le Gavial, quoiqu'on le désigne sous ce nom : cependant nous n'avons pas encore reçu d'individus qui aient été pêché ailleurs. La belle suite de ceux que nous possédons est due en grande partie aux soins de deux des plus zélés voyageurs naturalistes du Muséum, MM. Diard et Duvaucel, et à la générosité de M. Wallich, directeur duj ardin de la compagnie des Indes à Calcutta, qui a envoyé à M. Cuvier plusieurs têtes de ce grand Saurien, un squelette, et quelques jeunes individus conservés dans l'alcool. Cette suite se trouve complétée par un grand exemplaire femelle, et un jeune sujet d'un peu plus de quatre-vingts centimètres de long, qui ont été, il y a long-temps, envoyés de l'Inde à notre établissement.

Observations. Ces deux individus sont ceux, en particulier, dont il est question dans l'Histoire des Quadrupèdes ovipares de Lacépède, à l'article Gavial, et ceux aussi d'après lesquels ont été faites les figures que Faujas de Saint-Fonds a publiées sous les noms de Crocodile du Gange ou Gavial, et de petit Crocodile d'Asie, dans son Histoire de la montagne de Saint-Pierre

Avant cela, le peintre anglais Edwards, avait déjà publié dans les *Philosophical transactions of London*, la description et la figure d'un jeune Gavial, à l'abdomen duquel pendait encore le sac ombilical : sac que cet auteur indiqua comme étant le caractère spécifique du Saurien qu'il faisait connaître. Gronovius, Merck et Beschtein en ont aussi chacun séparément décrit un autre individu : celui de Gronovius, à ce qu'il paraît, était semblable à la figure d'Edwards dont il loue l'exactitude, tandis que Merck dit que le sien n'y ressemblait nullement. Cela vient très-probablement de ce que l'individu observé par ce dernier auteur était plus avancé en âge. On sait, en effet, par ce que nous avons dit plus haut, que les jeunes Gavials diffèrent sensiblement des adultes sous le rapport des proportions, et même de la forme de certaines parties de leur tête.

Ce sont ces différences, en particulier, qui avaient d'abord fait croire à M. Cuvier, qu'il existait une grande et une petite espèce de Gavial ; mais plus tard ayant été à même d'observer une suite plus nombreuse d'exemplaires, il reconnut que l'une n'était que le jeune âge de l'autre.

§ VI. DES CROCODILIENS FOSSILES ET DES DÉBRIS OSSEUX QUI ONT APPARTENU A DES GENRES VOISINS DONT LES ESPÈCES NE SE TROUVENT PLUS VIVANTES AUJOURD'HUI.

M. Cuvier a fait un travail spécial sur ce sujet, et il a excité ainsi le zèle et les recherches de savans naturalistes et des géologistes. Nous ne pouvons mieux faire que de lui emprunter les principales observations que nous allons réunir. Ces débris, ou les grandes portions du squelette que l'anatomie comparée a démontré provenir de véritables Crocodiliens, ont été trouvés dans des terrains de formation secondaire, souvent avec plusieurs autres portions d'animaux ou de végétaux; mais toujours fort anciens et différens de ceux qui existent aujourd'hui.

Quoique dès 1750 les Mémoires de l'Académie de Berlin aient indiqué la découverte d'un squelette de Crocodile dans les schistes cuivreux de Thuringe (1), Cuvier regarde ces morceaux, qui ont été également décrits et figurés par Linck (2), comme ayant appartenu à d'autres très grands Sauriens, mais plus voisins des Monitors ou Varans, et Stukely (3), qui a décrit l'empreinte d'un prétendu Crocodile trouvé dans une pierre argileuse du comté de Nottingham, s'est aussi trompé, suivant M. Conybeare (4). Il paraît que c'est

(1) Spener (Christ. Maxim.) *Disquisitio de Crocodilo in lapide scissili expresso*. Miscellan. Berol., t. 1, p. 99-120, pl. 24 et 25, 1710.

(2) Linck (Johan. Henr.) *Epistola ad Joann. Wodwardt*. Lipsiæ. *Acta eruditorum*, p. 188, pl. 2, 1718

(3) Transact. philosoph., 1718, 30e vol., p. 963.

(4) Transactions of the Geological Society of London, 1821-1823.

WALCH (5) et ensuite COLLINI (6) qui ont reconnu, dans une pierre calcaire d'Altorf en Bavière, l'existence de Gavials fossiles.

Depuis la publication, en 1810, de la 1re édition des Ossemens Fossiles, par Cuvier, un grand nombre de mémoires, qui avaient pour sujet les Crocodiles, ont été imprimés successivement, et indiqués dans la 2e partie du 5e volume, imprimé en 1824. Les principaux sont les suivans, que nous présentons ici en notes (7). Il distingue, comme espèces voisines des Gavials, les trois suivantes :

1° Celui des schistes calcaires de Monheim, en Franconie, décrit d'abord par Soemmering, c'est le *Crocodilus priscus*. Il est ainsi caractérisé : bec allongé, cylindrique ; à dents inférieures alternativement plus longues ; à cuisses du double de la longueur des jambes. Cet individu avait deux pieds onze pouces sept lignes de longueur, ou 0,965 millimètres ; sa tête 0,171, et sa queue 0,483. Cuvier regarde comme ayant appartenu à une espèce très voisine les débris d'un

---

(5) Naturforscher, 1776, 9e cah. p. 279, qui le premier a reconnu et figuré, pl. 4, fig. 8, le museau d'un Gavial.

(6) 1784. Mémoires de l'Académie palatine, t. 5, pl. 3.

(7) SOEMMERING. Mém. de l'Académie de Munich, qui a donné la description et la figure d'un Gavial fossile, copiée et réduite par Cuvier, t. 5, 2e partie, pl. 5, fig. 1re.

1817. LAMOUROUX de Caen, Annales des Sciences physiques, t. 3, p. 160. Copié par Cuvier, pl. 8, dans tous ses détails.

— DESMAREST (Anthelme). Nouveau Dictionnaire des sciences naturelles, t. 8. Nouv. édit.

1822. MANTELL. (Gédéon). The Fossils of the South Downs or Illustration of the Geology of Sussex, in-4°. Londres.

1824. HARLAN (Richard). Journal of natur. Hist. of Philadelphy. july.

1827. SHOFFIELD (W.). New Montly Magazine, pag. 315.

1831. Geoffroy Saint-Hilaire. Mémoires de l'Institut, Académie des sciences.

autre Crocodile, trouvés dans les carrières de Boll en Wurtemberg, et conservés dans le cabinet de Dresde. Ils sont représentés sous le n° 19 de la planche citée en note.

2° La seconde espèce de Gavial fossile, provenant des carrières des environs de Caen, a été d'abord décrite par Lamouroux. Cuvier en a donné des figures. M. Geoffroy l'a considérée comme formant le type d'un genre distinct, auquel il a donné le nom de TÉLÉOSAURE; il l'avait caractérisé d'abord par ses trous orbitaires latéraux, et ensuite, en 1831, dans les mémoires de l'Institut, il a insisté sur la forme particulière des écailles, qui étaient en effet placées en recouvrement sur le dos, de manière à simuler celles des poissons ou des phatagins. Ces écailles du dos n'avaient pas de crête longitudinale, mais deux grands tiers de leur superficie offraient de petits enfoncemens arrondis. On a présumé en outre que les pattes étaient en nageoires, et à doigts confondus et sans ongles; ce qui n'a pu être vérifié jusqu'ici. Cuvier rapporte à cette même espèce les ossemens trouvés dans le calcaire compacte du Jura, dont il a fait figurer plusieurs os sur la planche VI de ses Crocodiles fossiles.

3° Une troisième espèce de Gavial est celle trouvée dans les falaises de Honfleur et du Havre; on peut même croire qu'il s'y trouve deux espèces distinctes, dont l'une avait le museau plus court. Cuvier rapporte, à cette même espèce, la tête de Gavial découverte à Altorf en Franconie, dont nous avons parlé plus haut. M. Geoffroy a fait de cette espèce fossile le genre *Stenosaurus* (Mém. du Muséum, tom. XII, pag. 146), parce que son museau est rétréci et non dilaté à son extrémité nasale.

Quant aux véritables Crocodiles et Caïmans, Cuvier en cite beaucoup de débris trouvés dans la craie ou dans les couches variables situées au-dessus ou au-dessous de la craie ; dans les plâtrières et les marnières des environs de Paris, dans les lignites et les argiles plastiques, dans les couches de gravier à Castelnaudary, dans les sables ferrugineux du comté de Sussex, etc.

Parmi les débris des Reptiles fossiles, on en a découvert qui sont certainement très voisins des Crocodiliens, et qu'on a dû rapporter à la même famille ; leurs os et leurs écailles sont à peu près analogues ; mais ils en diffèrent par la forme de leurs pattes, changées en palettes ou en nageoires et parce que leurs doigts, à nombreuses articulations aplaties, sont confondus et recouverts complétement par une peau à compartimens écailleux, ce qui les a fait nommer *Éretmosaures* (lézards nageurs) par Ritgen.

Fitzinger, en 1826, les avait réunis, comme une famille distincte, dans sa seconde tribu, celle des Cuirassés (*Loricata*), sous le nom d'*Ichthyosauroïdes*, qu'il avait partagée en cinq genres. Il supposait que les genres *Iguanodon* et *Saurocéphale* avaient les pattes imparfaites ou en palettes semblables à celles des Ichthyosaures et des Plésiosaures; mais Cuvier n'a pas rapproché ces animaux, qu'il regarde au contraire comme des espèces perdues de grands Sauriens voisins des Monitors ou Varans, et ce sera à la suite de ce groupe que nous les ferons connaître. D'abord, suivant la forme des dents, qui sont crénelées ou en scie dans les *Iguanodons*, tandis qu'elles sont simples et coniques chez les autres. Tantôt elles sont insérées dans un sillon chez les *Ichthyosaures*, tantôt dans de véritables alvéoles chez les *Plésiosaures*, qui ont le cou très long, et ensuite chez les

Saurocéphales, qui ont cette région fort courte comparativement. Wagler a distribué d'une manière très singulière ces différens genres. Il en a laissé quelques-uns avec ses Amphibies ou Reptiles, tandis qu'il a placé les autres dans la seconde classe des animaux vertébrés avec les Monotrèmes, sous le nom de *Gryphi*, en nommant *Gryphus* l'Ichthyosaure, et *Halidracon* le genre Plésiosaure.

Cuvier a consacré un chapitre particulier aux genres Ichthyosaure et Plésiosaure (1). Voici comment il commence leur histoire : « Nous voici arrivés à ceux » des Reptiles, et peut-être de tous les animaux fos- » siles, qui ressemblent le moins à ce que l'on connaît » et qui sont le plus faits pour surprendre le natura- » liste par des combinaisons de structures, qui, sans » aucun doute, paraîtraient incroyables à quiconque » ne serait pas à portée de les observer par lui-même, » ou à qui il pourrait rester la moindre suspicion sur » leur authenticité. Dans le premier genre, un museau » de dauphin, des dents de Crocodile, une tête et » un sternum de Lézard, des pattes de Cétacés, mais » au nombre de quatre; enfin des vertèbres de pois- » sons. Dans le second, avec ces mêmes pattes de Cé- » tacés, une tête de Lézard et un long cou semblable » au corps d'un serpent. Voici ce que l'Ichthyosaure » et le Plésiosaure sont venus nous offrir, après avoir » été ensevelis pendant tant de milliers d'années sous

(1) De Ιχθὺς, Poisson, et de Σαυρος, Lézard, parce que, d'après plusieurs analogies observées, on crut reconnaître quelques rapports avec les Crocodiles, et d'autres avec les poissons, par la forme des vertèbres et la position des narines. Ce qu'indique encore le mot πλήσιος qui signifie voisin, *propinquus*.

» d'énormes amas de pierres et de marbres ; car c'est
» aux anciennes couches secondaires qu'ils appar-
» tiennent, etc. »

Du genre Ichthyosaure en particulier.

Ce nom, employé d'abord par Kœnig, conservateur au Musée Britannique pour la partie minéralogique, a été appliqué aux os trouvés dans le comté de Dorset, et décrits en 1814 dans les Transactions philosophiques, sous le nom de Protéosaure, par sir Everard Home, ouvrage dans lequel il a consigné successivement ses recherches et ses découvertes à ce sujet, jusqu'en 1820. De sorte que c'est à ce savant, comme le reconnaît Cuvier, qu'est dû l'honneur d'avoir presque entièrement révélé aux naturalistes le genre extraordinaire dont nous nous occupons. Cependant MM. Conybeare et de la Bèche (1) ajoutèrent à ces recherches plusieurs faits importans, ainsi que le directeur du cabinet royal de Stuttgard, M. G.-J. Jaeger (2) et le docteur Harlan de Philadelphie, qui fit connaître d'autres débris dans le tome troisième du Journal des Sciences naturelles, publié dans cette ville en 1825.

Cuvier a représenté tous les détails des pièces osseuses principales dans trois de ses planches (28-29 et 30). Il a voulu aussi en montrer le squelette entièrement restitué (planche 32) d'après la figure de

(1) 1821, Transactions of the Geologic Society of London, vol. 1, pag. 2, pl. 48, et 1823, t. 5, 1re série.

(2) 1824, de Ichthyosauri sive Proteo-Sauri Fossilis speciminibus in agro Bollensi in Wurtembergia repertis, in-fol., 48 pages avec 6 planches lithographiées.

M. Conybeare, que plusieurs auteurs ont copiée depuis. Après avoir raconté toutes les observations faites jusqu'à lui, il indique qu'elles ont eu lieu principalement en Angleterre ; que la plupart des pièces osseuses étaient renfermées dans un grès rouge qui gît sous la craie d'un terrain jurassique, dans les comtés d'Oxford, de Dorset ; dans un lias ou marbre gris bleuâtre, marneux et pyriteux ; qu'on en a trouvé quelques débris à Honfleur, à Caen, et dans le département de la Nièvre, à Boll dans le Wurtemberg, à Altorf en Allemagne, etc., il ajoute : « Que c'était » un Reptile à queue médiocre, à long museau pointu, » armé de dents aiguës, coniques, striées, au nombre » de trente environ, creusées à la base, reçues dans » un sillon commun ; que ses yeux, d'une grosseur » énorme, situés latéralement et munis de pièces os- » seuses en anneaux dans l'épaisseur de la sclérotique, » pouvaient lui faciliter la vision pendant la nuit, et » donnaient à sa tête un aspect extraordinaire ; — qu'il » n'avait probablement aucune oreille extérieure ; que » la peau passait sur le tympan, sans même s'y amin- » cir, comme dans le Caméléon, la Salamandre ou le » Pipa ; — qu'il respirait l'air en nature par des na- » rines ou fentes oblongues, situées à la base du » museau et en avant de l'œil, et communiquant par » un canal avec la gorge ; que c'était de l'air en na- » ture et non pas l'eau, comme les poissons ; qu'ainsi » il était obligé de revenir souvent à la surface de » l'eau ; que son tronc était soutenu par quatre-vingts » à quatre-vingt-dix vertèbres, larges et minces dans » leur portion moyenne, à surfaces concaves ; — que » ses pattes antérieures et postérieures, courtes, plates, » étaient changées en palettes ou en nageoires, com-

10.

» posées dans la portion la plus large d'un grand » nombre d'osselets carrés, disposés par rangées lon- » gitudinales, formant six séries correspondantes à des » doigts; qu'il y avait là plus de quatre-vingts pièces » disposées à peu près comme celles des nageoires des » Cétacés. » Portant plus loin ses conjectures, Cuvier avance que ces animaux ne pouvaient pas ramper sur le rivage et que s'ils avaient le malheur d'échouer, ils y demeuraient immobiles, comme les Baleines et les Dauphins ; — qu'ils vivaient dans la mer où se trouvaient en même temps les Mollusques qui nous ont laissé les cornes d'Ammon, etc.

D'après la forme des dents et d'autres caractères tirés de la figure et du volume des os, MM. Conybeare et de la Berge (1) ont cru reconnaître quatre espèces différentes, auxquelles on en a même ajouté une cinquième. On a nommé la première *Ichthyosaurus communis*, la deuxième *I. platyodon*, la troisième *I. tenuirostris*, la quatrième *I. intermedius*, et la cinquième *I. coniformis*.

La première espèce paraît avoir été la plus gigantesque : ses dents ont la couronne conique, médiocrement aiguë, légèrement arquée et profondément striée. Comme la tête de l'un des individus avait au moins deux pieds et demi de longueur, Cuvier présume que cet animal avait à peu près neuf pieds.

La deuxième, ou *platyodon*, avait des dents à couronne comprimée, avec une arête tranchante de chaque côté. Décrit et figuré en 1823, dans les Transact. phi-

(1) HARLAN, Journal of natur. Scien. of Philadelphy, t. 3, p. 331. Analysé dans le Bulletin des sciences naturelles, t. 4, n° 118, p. 131.

losoph. Cuvier dit que mademoiselle Anning en a découvert, dans le lias de Lyme-Regis et de Boll, un squelette qui avait vingt pieds de longueur.

La troisième, *tenuirostris*, ou à bec étroit, avait le museau plus long, plus mince, et les dents plus grêles. Sur un petit squelette de trois pieds et demi que Cuvier a décrit, la tête et la queue avaient chacune un pied. La nageoire antérieure était longue de sept pouces sur trois de large.

La quatrième, ou l'*intermedius*, dont le nom a été tiré de la taille, présumée être moyenne entre la première et la deuxième, avait les dents plus aiguës et moins profondément striées que celles du *communis* et moins grêles que dans le *tenuirostris*.

Enfin M. Harlan, ayant trouvé dans une autre portion de squelette d'Ichthyosaure des dents tout-à-fait coniques, en a fait une espèce particulière, à laquelle il a donné le nom de *coniformis*. C'était une portion de mâchoire inférieure dont le bord supérieur, creusé en gouttière, renfermait ces dents. Cette pièce, faisant partie du Musée de Philadelphie, provenait des environs de Bristol.

Du genre Plésiosaure en particulier. HALIDRACON DE WAGLER.

Cette dénomination (1) indique les rapports ou le voisinage avec les Lézards; elle a été, comme nous

(1) De πλησίον, auprès, *in vicino*, *accola*, et de Σαυρος, Lézard, t. 5, 1821, 2e partie des Mémoires de la société géologique de Londres, pl. 48, dessin de M. Websten. Réduite aux deux tiers dans le Philosophical Magasine, avril 1826, 67 vol, p. 272, pl 3. Copiée également sous le n° 1 de la planche 32 de la 2e partie du tome 5 de l'ouvrage de Cuvier sur les animaux fossiles.

l'avons dit, donnée d'abord par M. Conybeare. Ce qui frappa de suite dans la structure de ce Reptile, ce fut la longueur très démesurée de la région du cou. Cette particularité, comme le fait remarquer Cuvier, nous représente cet habitant de l'ancien monde comme l'être le plus hétéroclite et celui qui paraît le mieux mériter le nom de monstre; car avec une tête de Lézard, un cou semblable au corps d'un Serpent, il avait des pattes de Cétacés.

Ses restes fossiles ont été découverts d'abord en Angleterre. En 1824, on en rencontra un squelette presque complet à Lyme-Regis. Cuvier en a reconnu depuis divers fragmens ou pièces osseuses bien caractérisés dans les mêmes terrains de Honfleur et de Caen, qui renferment des débris de Crocodiles, animaux dont ceux-ci se rapprochent par le mode d'articulation des vertèbres, tandis que les pattes en palettes sont analogues à celles des Ichthyosaures.

D'après les pièces que nous avons vues et les dessins de l'ensemble, cet animal, dont le caractère principal tiré des pattes en palettes à doigts réunis entre eux comme ceux des Cétacés, était d'avoir les dents reçues dans des alvéoles distinctes, et de présenter en outre les particularités suivantes, au moins dans l'une des espèces. La tête, comparativement à celle des Crocodiles fossiles et des Ichthyosaures, était petite, puisqu'elle n'avait guère que la cinquième partie de la longueur du cou, ou la treizième portion de l'étendue générale. On comptait au cou trente-cinq vertèbres, ce qui devait donner à cette partie quelque ressemblance avec le corps des Serpens, ou avec la région cervicale de quelques oiseaux palmipèdes, et échassiers, tels que les cygnes, les flammants, les grues, etc. Le nombre des vertèbres du dos est resté incertain. On s'est cependant convaincu qu'il y en avait plus de vingt, dont quelques-unes seulement portaient des côtes, les unes libres, et cinq au moins formant, par leur réunion avec des traverses osseuses, une sorte de thorax complet, sans pièce sternale intermédiaire, comme dans les Caméléons et quelques autres genres de Lézards. On n'a compté que deux vertèbres au bassin et vingt-trois à la queue, ce qui ferait en tout quatre-vingt-dix os de l'échine. Les quatre pattes ou nageoires étaient supportées par des os en ceinture. Celles de devant montrent en avant deux os coracoïdiens, étalés en éventail, et réunis entre eux sur la ligne moyenne pour former une sorte de sternum ; les omoplates, plus allongées relativement à leur largeur, étaient étroites et unies à une pièce transversale, impaire, échancrée en avant et solidement articulée aux coracoïdiens. Le bassin est mieux connu ; il a quelques rapports avec celui des Tortues Chersites, en ce que les ischions et les pubis sont unis entre eux par symphyse, en laissant un trou entre eux, comme chez les mammifères ; l'os ilion était étroit, peu volumineux et uni aux deux vertèbres sacrées. Quant à la composition des membres et à leurs formes, elles ont les plus grands rapports avec ces mêmes parties chez les Ichthyosaures.

Ce sont surtout les dents qui sont remarquables par leur implantation par gomphose ou dans de véritables alvéoles, et non dans un sillon ; elles sont grêles, courbées, pointues, cannelées, inégales ; celles de la partie antérieure étant plus grosses et plus longues que les autres. D'après l'inspection de l'une de ces mâchoires, Cuvier a pensé qu'elle pouvait provenir d'un individu qui avait neuf mètres au plus.

On est porté à croire qu'il existait aussi plusieurs espèces de Plésiosaures, d'après la forme des vertèbres et de quelques autres parties de leurs squelettes.

1° Le *Dolichodeirus* ou *à long cou,* dont les vertèbres ont le corps aussi plat que les disques qui servent de dames à jouer, et dont les surfaces sont à peu près planes et non concaves, comme dans les Ichthyosaures (1).

2° L'espèce qu'on a nommée *Recentior*, dont les vertèbres qui ont été trouvées dans le comté de Dorset, à Kimmeridge, près de Weymouth, sont beaucoup plus courtes d'avant en arrière (2).

3° Le *Carinatus*, dont Cuvier n'a vu qu'une vertèbre cervicale trouvée dans une sorte d'oolithe près de Boulogne, ayant une arête longitudinale mousse (3).

4° et 5° Enfin deux autres espèces nommées, l'une *Pentagonus*, parce que le corps des vertèbres caudales n'est pas cylindrique, mais à cinq pans réguliers; elle provient de l'Auxois, des environs de Sémur; et une autre du Calvados, chez laquelle cette même vertèbre avait le corps triangulaire, d'où elle a tiré le nom de *Trigonus*.

---

(1) Conybeare, Transact. Geologic. tom. 5, p. 119, pl. 18, 19, 21, 22, fig. 1-4.
Jaeger, Fossil. Rept. Wurtemb. p. 39, pl. 4, fig. 3.
(2) Cuvier, Ossem. foss. tom. 5, part. 2, p. 475.
(3) *Ibid.* p. 486.

CHAPITRE IV.

FAMILLE DES CAMÉLÉONIENS OU CHÉLOPODES.

§ I. CONSIDÉRATIONS GÉNÉRALES SUR CETTE FAMILLE.

Nous n'avons aucune raison bien plausible à donner pour nous justifier de l'ordre que nous avons adopté, en plaçant au second rang cette famille des Sauriens, qui ne comprend que les seules espèces du genre Caméléon. Ce groupe est tellement distinct et circonscrit par les singularités de ses formes et de son organisation, qu'aucun naturaliste ne serait aujourd'hui tenté de l'introduire dans une autre section, comme on l'avait fait dans les systèmes artificiels. Ces animaux sont d'une structure si bizarre et si différente de celle des autres Reptiles, qu'il faudrait presque les séparer de tous les Sauriens. C'est à peine si l'on observe quelque légère analogie entre une espèce de Caméléon et tout autre Lézard, soit dans la disposition granuleuse et variable des tégumens, soit dans l'arrangement des pièces du squelette. En effet, aucun n'a le moindre rapport, ni dans la forme et les mouvemens de la langue, ni dans la structure et le mode d'articulation des membres, ni enfin dans la conformation et les usages de la queue. Puisqu'il fallait nécessairement les considérer, les étudier séparément, nous avons cru bien faire en les plaçant au second rang de l'ordre des Sauriens, dans lequel ils se distinguent presque autant que les Crocodiliens, car nous avons vu que ceux-ci doivent être placés immédiatement après l'ordre des Chéloniens. Cet arrangement fera que, par la suite, nous n'aurons plus à interrompre une sorte de liaison plus naturelle qui paraît exister entre les autres familles, dont les individus, par une sorte de transition, semblent se confondre insensiblement dans les formes et l'organisation de quelques espèces intermédiaires.

Nous rappellerons d'abord les caractères essentiels qui ont servi à tous les auteurs pour faire ranger la famille des Caméléoniens parmi les Lézards : ils n'ont pas de carapace comme les Chéloniens, ou les côtes et les vertèbres du dos soudées entre elles ; ils ont constamment quatre pattes, qui n'existent pas chez les Ophidiens ; enfin leurs doigts sont munis d'ongles acérés, que les Batraciens n'offrent jamais. Ce sont donc des Sauriens.

Voici maintenant les particularités les plus notables qui les font différer des sept autres familles du même ordre : ce sont leurs caractères essentiels.

1° *La langue cylindrique, vermiforme, très allongeable, terminée par un tubercule mousse, charnu et visqueux.*

2° *Les doigts réunis entre eux jusqu'aux ongles, en deux paquets inégaux à chaque patte, trois d'un côté et deux de l'autre.*

3° *Le corps comprimé, à peau chagrinée, la queue conique et prenante.*

Les Caméléoniens constituent une famille tout-à-fait distincte; car, ainsi que nous l'avons déjà vu (tom. II, pag. 596 et 597), ils diffèrent en effet :

De la famille des Crocodiliens, dont la langue est adhérente de toutes parts et ne peut sortir de la bouche, dont la peau est couverte d'écailles et d'écussons, et dont les doigts des pattes postérieures sont unis par une membrane.

Des Geckotiens, dont le corps est déprimé; la langue plate et courte; les doigts distincts, séparés, aplatis, élargis, dilatés en tout ou en partie.

Dans toutes les autres familles la peau est couverte d'écailles et non de tubercules chagrinés; mais en outre les Caméléoniens diffèrent :

Des Varaniens, qui ont la langue fourchue, ou profondément fendue en longueur à son extrémité libre; les doigts entièrement distincts et séparés; enfin le ventre et le dos arrondis, et non en crête tranchante.

Des Iguaniens, qui ont aussi tous les doigts libres, allongés; la queue très longue et non prenante.

Des Lacertiens, par les mêmes caractères que ceux énoncés ci-dessus; de plus par la disposition des plaques polygones qui recouvrent le crâne et toute la tête, ainsi que par la forme carrée des écailles du ventre.

Des Chalcidiens, qui ont la totalité du tronc revêtue d'écailles disposées par anneaux verticillés, et qui offrent souvent un pli latéral dans la longueur du ventre.

Enfin des Scincoïdiens, dont tout le corps est couvert d'écailles, placées en recouvrement les unes sur les autres, comme celles des poissons, et dont la queue est à peine distincte du reste du tronc vers son origine.

Laurenti est le premier auteur (1768) qui ait séparé les Caméléons des Lézards pour en former un genre distinct; mais c'est Cuvier qui a véritablement indiqué, dans la première édition du Règne animal

(1817), que les Caméléons devaient former une famille à part, qu'il était même impossible d'intercaler dans la série des Reptiles du même ordre. *Merrem* (1820), tout en faisant une cinquième et dernière tribu des Caméléons sous le nom de *Prendentia*, les rangea, d'une manière bien singulière, parmi les Pholidotes écailleux, très loin des Lézards et après les Serpens. La plupart des auteurs ont aujourd'hui adopté cette séparation, Fitzinger et Gray les nomment les Caméléonides. Haworth, *Scansoria;* Ritgen les *Podosaures anabènes.* Wagler en a fait une sous-tribu des *Thécoglosses*, sous le nom d'*Acrodontes*, à cause de la manière dont leurs dents sont placées sur le bord des mâchoires.

Tous les auteurs anciens, Aristote en particulier, ont écrit le nom grec de Χαμαιλέων, dont l'étymologie ne pouvait être que petit lion. Les Latins l'ont en effet ainsi reproduit *Chamæleon ;* mais plusieurs étymologistes n'étant pas satisfaits sans doute des explications données en particulier par Gesner, Panaroli, qui avaient bien voulu lui trouver quelque analogie avec le Lion et le Lézard, soit à cause des crêtes qui augmentent le volume de sa tête, comme une crinière; soit par la manière dont ce Reptile pouvait, disaient-ils, se battre les flancs avec la queue, ont adopté l'explication étymologique bien hasardée, selon nous, par Isidore de Séville, qui a vu dans ce nom l'assemblage des deux substantifs Καμηλος et λέων, Chameau-Lion, en raison de la courbure du dos, de la longueur des pattes et de la forme conique de la queue. La façon dont nous écrivons en français le mot Caméléon, semblerait plus d'accord avec cette dérivation, que nous n'osons cependant pas adopter, puisque les Grecs l'ont écrit d'une toute autre manière, comme nous venons de l'indiquer.

Quoi qu'il en soit de cette étymologie, les naturalistes ont tous décrit, sous ce même nom de Caméléon, les espèces de Lézards qu'ils ont successivement découvertes et reconnues pour appartenir à cette famille, ou plutôt à ce genre, si différent de tous les autres par les caractères naturels, que nous allons rapprocher ici, et retracer rapidement pour en faire ressortir ensuite toutes les particularités.

Les Caméléoniens n'ont pas d'écailles; leur peau est rugueuse, tuberculeuse, finement chagrinée par des grains saillans, inégaux, mais symétriquement distribués par petits tas; leur corps est comprimé de droite à gauche, de manière à produire une crête saillante du côté du dos et quelquefois du ventre; leurs quatre pattes sont grêles, élevées, et, proportionnément à celles de tout autre Reptile, beaucoup plus longues; elles ont cinq doigts, mais divisés en deux faisceaux, réunis jusqu'aux ongles par la peau, deux d'un côté et trois de l'autre, disposés cependant en sens inverse pour les antérieures et les postérieures. Leur tête, très grosse, semble reposer sur les épaules, tant le cou est court et développé, confondu avec le tronc; le plus souvent elle est garnie de crêtes; les orbites sont très grandes; mais les yeux sont couverts d'une seule paupière, qui ne laisse qu'un petit trou dilatable au devant de la pupille, chacun de ces yeux se meut isolément et indépendamment de celui du côté opposé. Il n'y a point de méat auditif externe ou d'oreille apparente; le crâne se prolonge le plus ordinairement sur le cou; la bouche est grande, fendue au-delà des yeux; les dents sont tranchantes, à trois lobes, formant une seule ligne ou série sur les sommets aigus et minces de l'une et l'autre mâchoire. La langue est tout-à-fait singulière; dans l'état de repos, lorsqu'elle est contenue dans la bouche, elle forme un tubercule charnu, épais et visqueux; mais l'animal, pour saisir les insectes qui font sa principale nourriture, peut la lancer rapidement à une distance au moins égale à celle de la longueur de son tronc. On voit alors que les neuf dixièmes de son étendue sont formés par un tube charnu, creux et contractile, à l'aide duquel cette langue peut rentrer promptement au dedans avec la proie qui a été collée à son extrémité libre, creusée en entonnoir. La queue conique est préhensile, susceptible de s'entortiller autour des corps, et de servir ainsi à la station, à la progression et surtout à l'action de grimper.

Toutes ces particularités sont liées à beaucoup d'autres circonstances observées dans l'organisation et dans les mœurs des Caméléoniens, sur lesquelles nous nous proposons de donner les détails qu'exige leur histoire; mais nous allons indiquer auparavant les légères ressemblances que l'étude de ces caractères naturels semblent établir avec quelques genres rangés dans plusieurs autres familles de Sauriens.

L'absence des écailles, comme nous l'avons vu (1), pourrait établir une sorte d'analogie avec les *Geckotiens*, mais par contraste ceux-ci ont, pour la plupart, la tête et le corps comprimés, les doigts élargis, très distincts; les yeux grands, à paupières fort courtes, la langue peu extensible et plate.

(1) *Voyez* tome 2 du présent ouvrage, tableau synoptique, p. 597.

Il existe à la vérité sur la peau des *Varaniens* des tubercules enchâssés, granulés, chagrinés; mais leur surface est cornée ou plus écailleuse, et quoique leur langue soit aussi fort protractile, son extrémité libre est fendue ou fourchue; de plus ces Sauriens ont un intervalle notable entre la tête et les épaules, et surtout leurs doigts sont tout-à-fait différens, puisqu'ils sont libres, très allongés et fort inégaux pour la longueur.

Le corps comprimé se retrouve, il est vrai, chez plusieurs *Iguaniens*, ainsi que le dos courbé et relevé en crête tranchante, c'est au moins ce qu'on observe dans quelques Trapèles, Lophyres, Galéotes; mais toutes ces espèces ont des écailles sur la peau, les doigts libres et la langue courte, couverte de papilles fongueuses. Il faut cependant reconnaître que la tête est garnie de crêtes sur les sourcils, et vers la nuque dans les Ophryesses, les Lyriocéphales, les Lophyres, les Basilics dont quelques-uns ont même aussi une sorte de casque et le tympan caché; que les côtes entourent l'abdomen; que les poumons sont très développés, à lobes subdivisés dans les Polychres et les Anolis. Enfin on a dit que la queue était préhensile dans une espèce peut-être mal observée par d'Azzara, et que Merrem a placée dans son genre *Pneustes*.

Il reste constant que la forme des pattes des Caméléoniens, et leurs divisions en doigts, offrent un caractère unique dans l'ordre entier des Sauriens; il en est de même de la structure des yeux, de la langue, peut-être de la disposition de la queue, de la forme et de l'implantation de leurs dents.

§ II. ORGANISATION DES CAMÉLÉONIENS.

Après avoir ainsi exposé les caractères naturels des Caméléoniens, par lesquels on les distingue de tous les autres Sauriens, nous allons étudier méthodiquement les modifications importantes que ces Reptiles semblent avoir subies dans leur organisation plus intime, toutefois après avoir rappelé leurs formes générales pour indiquer ensuite les particularités que fera connaître l'examen successif de leurs principales fonctions.

Déjà nous avons dit que leur conformation générale est très bizarre, puisqu'elle tient en même temps de celle du Crapaud et du Lézard. Leur tête large, anguleuse, surmontée de crêtes sourcilières et occipitales plus ou moins saillantes, semble implantée sur un cou très court et comme portée sur les épaules; elle n'offre pas de conduit auditif externe, ni même de tympan apparent, et souvent elle présente en arrière un pli latéral qui simulerait l'opercule des Poissons. Le tronc est généralement comprimé sur les côtés, de manière à présenter beaucoup d'étroitesse, comparativement à sa hauteur. Les régions de la poitrine et du ventre semblent se confondre; car il y a des côtes dans toute l'étendue du tronc, et comme la peau en est coriace, presque nue, très extensible, et peu adhérente aux muscles, comme cela s'observe également dans les Batraciens anoures, elle peut se gonfler, se boursoufler, en admettant de l'air entre cuir et chair, et faire ainsi changer subitement l'apparence de la maigreur des flancs, qui tantôt sont flasques, plissés, et dont la peau est assez lâche pour laisser apercevoir la saillie des apophyses épineuses et transverses des vertèbres dorsales, ainsi que la direction des arcs costaux, et qui tantôt au contraire sont tendus, arrondis et comme ballonés. L'épine du dos est saillante, en carène, cintrée dans le sens de sa longueur, et souvent dentelée. Une pareille saillie ou crête s'étend en dessous, depuis la commissure des branches de la mâchoire sous le cou, où elle forme une sorte de fanon avec le goître, jusque vers la naissance des pattes postérieures, et cette ligne médiane, souvent autrement colorée, est aussi quelquefois dentelée. La queue se détache tout à coup du tronc; sans être très grosse à la base, elle devient conique, en restant arrondie et en diminuant insensiblement. Cependant elle acquiert souvent plus de longueur que le tronc lui-même. Les principaux mouvemens qu'elle exécute, dans un but bien évident d'utilité, s'opèrent en dessous et non en dessus comme l'ont cependant représenté beaucoup de dessinateurs. Les articulations y sont en grand nombre, souvent doubles de celles des vertèbres du reste de l'échine.

Ce sont surtout les pattes qui présentent la disposition la plus insolite; elles sont longues, grêles et maigres, arrondies également dans les régions du bras et de l'avant-bras. Elles s'articulent vers la partie moyenne inférieure du tronc, et elles ne s'en écartent pas à angle droit, comme dans la plupart des Reptiles. Les Caméléoniens paraissent ainsi dégingandés; c'est ce qui donne à leur contenance dans la station et à leur démarche une apparence mal assurée, comme s'il s'était opéré quelque dislocation dans leurs os. La manière dont les pattes proprement dites sont conformées est ce qu'il y a de plus extraordinaire. Ces pattes n'ont de rapports réels qu'avec celles des Perroquets et de quelques autres oiseaux grimpeurs, puisque leurs doigts informes, réunis en deux paquets terminés par les ongles, font l'office de véritables pinces, d'où nous avons emprunté leur nom de Sauriens Chélopodes.

1° *Organes du mouvement.*

Sous le rapport de la faculté locomotive, cette famille se distingue par un grand nombre de particularités, dont les principales modifications dépendent de la conformation des pattes et de la queue. Les Caméléoniens sont en effet les seuls Reptiles qui aient, tout-à-fait sous le tronc, des pattes longues, cylindriques et grêles, dont les cinq doigts soient réunis jusqu'aux ongles en deux faisceaux inégaux et opposables. Mais cette disposition est en sens inverse, car deux des doigts sont placés en dehors aux pattes antérieures, et trois au contraire dans la même position aux pattes de derrière. La queue prenante, comme dans plusieurs espèces de divers genres de mammifères, peut uniquement se replier en dessous, et sert ainsi à retenir le tronc de l'animal sur les corps autour desquels elle s'enroule. Il résulte de cette double conformation, comme au reste de toute celle de la charpente osseuse, que les Caméléoniens peuvent soulever beaucoup le tronc sur leurs pattes, leur ventre ne s'appuyant pas sur les plans qui les supportent, ce qui leur donne la facilité de grimper lentement sur les arbres, dont ils saisissent les branches à l'aide des deux espèces de pinces ou de tenailles que leurs doigts constituent, en se soutenant en outre à l'aide de la queue, qu'ils ont préalablement accrochée pour prévenir leurs chutes, et qu'au contraire ils ont grande peine à opérer leur progression sur un terrain uni. Aussi peut-on dire qu'ils ne rampent pas, et même qu'ils ne peuvent ni courir ni nager. Leur allure alors est un déplacement lent, régulier, avec une sorte de gravité affectée qui semble mêlée de crainte et de circonspection; leurs pattes tâtonnant avec précaution les places où elles s'arrêteront pour être posées solidement (1).

La disposition générale du squelette, ainsi que la forme et le mode d'articulation de certains os, est fort remarquable dans les Caméléoniens. Cependant nous ne devons noter ici que les particularités les plus importantes. Leur tête, quoique surmontée de crêtes et de lignes saillantes qui altèrent en apparence la forme du crâne, laisse cependant reconnaître l'analogie de ces os avec ceux qui leur correspondent. C'est ainsi qu'on retrouve dans la sorte de pyramide ou de casque qui termine en haut leur occiput, un prolongement moyen du pariétal et des deux lames osseuses qui proviennent des os des tempes. L'os frontal antérieur paraît unique; mais les deux frontaux latéraux, se prolongeant en crête, viennent former la partie supérieure du cadre de l'orbite, qui, quoique très considérable, est terminé inférieurement et en devant par le lacrymal et le jugal lesquels rejoignent l'os des tempes. Le museau, souvent prolongé, quelquefois fourchu, est constitué par les maxillaires supérieurs,

(1) Voici comment, dans son langage pittoresque, Vallisnieri décrit la manière de marcher du Caméléon. « *Alzano prima pianpiano* » *il destro piede anteriore: e, prima di portarlo avanti, lo tengono* » *irresoluti, e pensosi per qualche tempo sospeso in aria; dipoi avanzano lentissimamente il sinistro posteriore dindi e sinistro anteriore,* » *e finalmente il posteriore destro, e tutto fanno con si sgraziata, e* » *ridicole svenevolezza, che allora pajano i più stolidi, e più gossi* » *animali del mondo.* »

II.

au devant desquels existent quelquefois des incisifs ou des intermaxillaires. Les dents sont, comme nous l'avons dit, insérées ou plutôt implantées sur le bord libre et tranchant de ces os. Il n'y en a point au palais. La mâchoire inférieure est presque droite, et l'espace considérable qui la sépare du temporal en arrière est rempli par un os analogue au carré des oiseaux, mais allongé et descendant presque directement en bas, un peu en avant; de sorte que la mâchoire inférieure est plus courte que le crâne et articulée tout-à-fait en arrière ou par son extrémité libre (1).

Quant à l'échine, on ne compte que deux ou trois vertèbres pour la région du cou. Dans le tronc il n'y a véritablement que des vertèbres du dos; car les dix-sept ou dix-huit portent des côtes ou leurs rudimens. Cependant les auteurs comptent deux ou trois vertèbres aux lombes; mais elles ne diffèrent des dorsales que par l'absence des cavités articulaires costales; ils en ont observé deux au sacrum; ce sont celles qui reçoivent la partie cartilagineuse des ilions.

Enfin, suivant les espèces, on a trouvé de soixante à soixante-dix vertèbres caudales, peut-être même davantage. Aristote avait déjà fait la remarque que le Caméléon tenait des Poissons par la disposition de l'épine du dos (2).

Les côtes sont nombreuses, de dix-huit à vingt; elles sont unies entre elles vers la ligne moyenne inférieure et sous la peau, par une substance cartilagi-

(1) Consultez à ce sujet l'ouvrage cité de Perrault, p. 34, pl. 6, et Cuvier. Ossemens fossiles, tome 5, 2e partie, pl. 16, fig. 30-33.

(2) ἡ ῥάχις επανεστηκεν ὁμοίως τῇ τῶν Ἰχθύων. Hist. des anim. liv. 2, chap. 11.

neuse qui simule une sorte de sternum linéaire. Dans la région hypogastrique, ces côtes se coudent pour former un angle rentrant du côté de la tête (1).

Voici ce qu'il y a de plus notable dans les membres antérieurs. La tête de l'os du bras est reçue dans une cavité produite en commun par un os coracoïdien, court et large, qui se joint en partie au sternum et à celui du côté opposé, en laissant par conséquent une très petite distance ou peu d'écartement entre l'attache des parties supérieures des bras pour les pattes postérieures. Le bassin (2) est formé par des ilions très étroits, allongés. Les deux os ischion et pubis sont courts et rapprochés. C'est par la triple jonction de ces os coxaux que la cavité cotyloïde est formée pour recevoir les têtes du fémur, qui se retrouvent également très rapprochées de la ligne moyenne. Les os des bras, ceux de l'avant-bras, des cuisses et des jambes, n'offrent rien de très remarquable, sinon que les pattes qui les terminent sont dans un état forcé de pronation ou de torsion. Au carpe les cinq os sont très développés (3); le pouce et l'indicateur, ainsi que le médius, forment le faisceau interne terminé par trois ongles; et l'annulaire avec le petit doigt, le faisceau externe; tandis que c'est l'inverse au tarse, le pouce et l'index étant en dedans et les trois autres doigts en dehors (4).

---

(1) C'est ce qu'on peut voir dans la figure de la 6e planche du présent ouvrage, qui représente le squelette du Caméléon, et mieux dans la planche de Perrault, citée ci-dessus.

(2) *Voyez* Cuvier. Ossemens fossiles, tome 5, 2e partie, pl. 17, fig. 41.

(3) *Ibid.* fig. 51 et 52.

(4) Aristote. Hist. des animaux, liv. 2, chap. 11. Traduction de Camus, p. 77.

Les muscles ou les puissances actives du mouvement sont très peu développés dans la région du tronc. Ils le sont si peu entre les côtes, qu'ils ressemblent à des membranes ; il est même probable que l'acte de la respiration ne s'opère pas par leur intermède, mais par un autre mécanisme. Ceux de la tête et surtout de la queue offrent des faisceaux bien plus distincts. Ce sont principalement les muscles destinés à mouvoir les pattes qui ont acquis plus de développemens. On retrouve en effet, avec des dimensions très variées, ceux qui meuvent les bras sur l'épaule, l'avant-bras et les faisceaux des doigts qui constituent la patte antérieure. Il en est à peu près de même de ceux du membre postérieur ; au reste ce sont des détails qui seraient déplacés ici. Ils ont été expliqués dans les ouvrages d'anatomie comparée, en particulier dans ceux de Meckel et de Cuvier.

2° *Des organes destinés aux sensations.*

Les diverses parties du cerveau et de la moelle épinière n'ont, à ce qu'il paraît, offert aucune différence notable aux anatomistes qui ont dirigé leurs recherches sur cet organe dans les Caméléons (1). On a pu croire que la mobilité, particulièrement indépendante et isolée de chacun des globes oculaires, aurait pu entraîner une modification dans l'entrecroisement des nerfs optiques ; mais déjà Perrault et Vallisnieri avaient constaté leur décussation ; ils l'avaient indiquée dans les figures qu'ils ont données de cette ana-

(1) Serres. Anatomie comparée du cerveau, tome 2, pl. 5, fig. 111, 112, 113.

tomie, et ce fait a été vérifié depuis; de sorte que cette circonstance physiologique, véritablement très singulière, attend une autre explication. On a remarqué seulement que ces mêmes couches optiques sont bien évidemment situées en arrière et non au-dessous, ni même en dedans des hémisphères. Vrolik même, dans l'ouvrage que nous citerons à la fin de cet article, a observé que les nerfs optiques se traversent, comme le muscle perforant passe dans le tendon du sublime; mais, dans une lettre que Soemmering écrivait en 1806, 2 août, à notre confrère et ami M. le baron Larrey, et qu'il a bien voulu nous communiquer, cette même observation est déjà consignée, et nous l'avons aussi retrouvée dans d'autres recherches anatomiques.

La *peau*. Les tégumens des Caméléoniens offrent, comme nous l'avons déjà dit, une disposition de structure toute particulière, et comme il s'opère dans le tissu de leur peau un phénomène de coloration fort singulier, nous croyons devoir insister davantage sur les détails de cette organisation. La peau ne semble pas adhérer aux muscles, excepté dans la région du crâne, du dos, de l'extrémité libre de la queue, et dans les portions des membres qui forment les pattes. Partout ailleurs elle semble laisser des vides ou des espaces libres, dans lesquels l'air des poumons peut pénétrer pour soulever cette peau, comme on sait depuis long-temps que cela a lieu dans les Batraciens Anoures, chez lesquels tout le corps est renfermé dans une sorte de sac extensible, qui peut être gonflé comme une outre. Cet isolement partiel est facultatif dans l'animal : cependant, comme il dépend de l'absence du tissu cellulaire, il devient très facile de dépouiller un Caméléon, et de voir évidemment alors comment le derme, quoique très mince, se prête facilement aux extensions, aux élongations qui peuvent s'opérer dans tous les sens. Un tissu muqueux, diversement coloré par un *pigmentum* qui paraît doué d'une propriété chromatique particulière, dont nous parlerons bientôt, se trouve distribué autour et au-dessous des granulations cornées qui sont comme enchâssées dans le derme, de manière à ne permettre de déplacement intime qu'aux portions de peau dont le tissu libre encadre et circonscrit les tubercules les plus saillans. Enfin un véritable épiderme transparent, formant une couche continue, se moule très exactement sur les aspérités et les enfoncemens de la superficie, comme nous avons pu le voir et en constater la présence, en enlevant de très grands lambeaux sur des individus dont le corps avait été soumis après la mort à une sorte de macération, ou de commencement d'altération cadavérique.

La surface de la peau ressemble donc à un cuir inégalement, quoique symétriquement chagriné, et les grains tuberculeux de cette superficie sont différens pour la forme, suivant les diverses régions auxquelles ils correspondent : par exemple, vers le dos ils sont plus gros et disposés régulièrement comme des pièces de rapport, arrondis, enchâssés par des mailles en réseau, dont le tissu est élastique, et varie par conséquent pour l'étendue. Sur les flancs, ces sortes de petites mosaïques sont plus anguleuses, disposées par lignes flexueuses. Sur le ventre et sur le dos, de plus grandes plaques contribuent à former les lignes saillantes ou les crêtes qui règnent sur toute la ligne moyenne et même sous la gorge, où elles forment les dentelures du goître. Les granulations qui revêtent le pourtour des membres sont en général plus petites et comme un sable fin. Cependant toutes ces protubérances cornées, petites ou grandes, examinées à la loupe, offrent une superficie chagrinée, car chacune présente une surface garnie de petites aspérités arrondies, mais rugueuses.

C'est ici l'occasion, comme nous l'avons annoncé, de parler de la faculté, pour ainsi dire merveilleuse, dont jouissent les Caméléons, de pouvoir changer de couleur et d'être, comme disaient les Latins, *versipelles*, *versicolores*. Cette propriété tient certainement à diverses circonstances. Elle est évidemment le résultat de l'influence de la lumière solaire ou artificielle plus ou moins intense; elle dépend aussi, jusqu'à un certain point, de la température et de l'état hygrométrique de l'air dans lequel l'animal est plongé, peut-être de ses passions; mais celles-ci agissant souvent sur leur respiration, il reste quelque incertitude sur l'agent primitif ou la cause réelle de ce phénomène. Quoiqu'on ait remarqué une sorte de coïncidence des teintes colorées entre le sol et la peau de ces petits animaux, il n'est pas prouvé que ces nuances acquises aient dépendu de la volonté de l'animal, dont la peau ne reflète pas, ainsi qu'on l'a avancé, toutes les couleurs des objets qui l'environnent. Plusieurs autres Reptiles jouissent à un moindre degré de la même propriété. Les Polychres, les Anolis, les Dragons, et parmi les Batraciens, on l'a observé dans les Rainettes et chez plusieurs espèces de Grenouilles; en général, dans les espèces dont la peau n'est pas adhérente aux muscles, et chez celles sous les tégumens desquelles l'air peut s'introduire. On l'a observé aussi chez plusieurs Mollusques, et en particulier dans les

Seiches; mais aucun autre animal n'a présenté ce phénomène développé à un plus haut degré que les Caméléoniens.

Voici les faits rapportés par les auteurs qui ont étudié les Caméléons vulgaires dans l'état de vie, et dans quelques-unes des circonstances que nous avons été dans le cas de pouvoir faire reproduire, sur cinq ou six individus que nous avons examinés vivans pendant quelques semaines.

Naturellement d'une teinte générale jaune pâle, et comme cela arrive pendant la nuit, dans l'obscurité, ou lors d'un engourdissement profond, l'animal à son réveil, ou lorsqu'il est légèrement excité, prend sur le même fond des taches ou des lignes tantôt pâles, grises, et d'un noir plus ou moins intense ou brunâtre; tantôt d'un jaune rougeâtre, rouillé ou ochracé, distribuées par bandes, soit longitudinales, soit transverses, quelquefois parsemées régulièrement en gouttelettes également éloignées, tantôt rapprochées, arrondies, tantôt anguleuses. Le fonds même de la peau, qui semble quelquefois d'une couleur uniforme, prend lentement et imperceptiblement des nuances diverses de jaune pâle, d'un gris plus ou moins foncé, bleuâtre, ardoisé ou plombé; dans d'autres cas ce sont des mélanges variés en intensité de jaune, mêlé de bleu et de noir, de manière à présenter diverses nuances d'un vert sale. Cependant le noir et le jaune, comme taches ou lignes en bandes ou en zones sur des fonds divers, sont les marques les plus habituelles. D'ailleurs, toutes ces variations n'arrivent pas subitement, elles se manifestent peu à peu. Ce n'est pas l'état coloré ordinaire; celui-ci approche en général de la teinte des écorces des arbres ou de celle des branches, sur lesquelles l'animal reste perché, quand il n'a pas pris la nuance des feuilles, au milieu desquelles il semble chercher à masquer sa présence. D'après les récits des voyageurs et des historiens grecs les plus anciens, il ne paraît pas que les Caméléons prennent jamais la couleur tout-à-fait blanche, ni d'un rouge pur. Une autre observation, que nous avons vérifiée, c'est que les taches régulières des flancs en particulier ne se produisent pas constamment sur les mêmes points de la peau, quoique les dessins se répètent assez souvent chez le même individu; mais ils ne correspondent pas tout-à-fait à des endroits semblables, comme on s'en est assuré par des indications ou des repères laissés dans ce but sur la peau de l'animal. Cependant les stries ou les rayons divergens, le plus ordinairement au nombre de sept, qu'on remarque sur la paupière circulaire, se reproduisent aux mêmes places, quoiqu'elles varient de teintes en violâtres-brunes, jaunes-brunes et même verdâtres. Les bandes longitudinales, et quelquefois des séries également en longueur de taches en gouttelettes, se répètent constamment à la même hauteur. Il en est de même des anneaux larges et transverses qu'on observe sur la queue et autour des membres, la crête ou la ligne saillante médiane inférieure change peu de couleur. Nous avons pu nous assurer aussi que l'animal conservait après sa mort les dernières distributions de teintes colorées que sa peau présentait au moment où il venait de périr.

Beaucoup d'auteurs ont cherché à expliquer la cause physiologique de cette faculté; aucun ne nous a véritablement satisfaits. Nous allons les rappeler successivement, en nous servant du relevé qu'en a fait M. Spittal (1).

Aristote et un grand nombre d'auteurs ont avancé que le changement de couleur n'avait lieu que lorsque le Caméléon se gonflait.

Pline a bien écrit que l'animal ne prenait pas les teintes rouge et blanche, mais il a répété qu'il empruntait ses couleurs de celles des corps environnans.

Wormius (2) est un des premiers qui ait attribué les variations de couleur aux passions ou aux émotions de l'animal.

Solin donne pour cause la réflexion des rayons lumineux. Kircher, l'état volontaire ou les émotions. Descartes, la disposition de la surface de la peau qui reflète diversement les rayons lumineux. Goddard (3) adopte la même explication, mais il croit que ces couleurs proviennent des corps placés à peu de distance. Goldsmith partage la même opinion. Hasselquits (4) et Linnæus, dans les Aménités académiques (5), attribuent les couleurs au pigmentum, comme dans l'ictère. La plupart des auteurs qui ont écrit dans ces derniers temps, Cuvier, Vrolick, Houston, Spittal, Vander Hoëven, Milne Edwards (6), ont cherché à expliquer ces phénomènes, tantôt par les modifications de la respiration, tantôt par cette cause réunie

---

(1) Spittal (Robert), Édimbourg. New Philosoph. journal. 1829, p. 292.

(2) Ouvrage cité tome 1, p. 344.

(3) Déjà cité tome 2, p. 665.

(4) Déjà cité tome 1, p. 320. *Iter Palestinum.*

(5) Tome 1, *Museum principis*, n° 16, *colores varios assumit secundùm animi passiones, calorem aut frigus.*

(6) *Voyez* l'indication que nous avons donnée des ouvrages de chacun de ces auteurs à la fin de ces généralités.

avec l'état de la circulation pulmonaire, tantôt enfin par le transport variable des différentes couches que l'on a cru reconnaître dans le pigmentum.

La *langue* des Caméléoniens ne peut être regardée comme un instrument destiné à donner essentiellement à ces animaux la sensation des saveurs. Son véritable et principal usage est évidemment de servir à la préhension des alimens. Cette langue est douée d'une protractilité excessive et tout-à-fait surprenante par la rapidité avec laquelle elle s'exécute, sa rétractilité est presque aussi merveilleuse; l'animal la projette, pour ainsi dire, au dehors en la lançant sur les insectes, qu'il saisit à une distance de sa tête plus considérable que la longueur de son corps, et il la fait rentrer en dedans de la bouche, en la retirant et la plissant sur elle-même, de manière qu'elle semble disparaître. Cette opération s'exerce sans aucun bruit, en un clin d'œil, toutes les fois que l'animal saisit sa proie, ou lorsqu'il veut happer quelques gouttes d'eau pour étancher sa soif.

Perrault, Vallisnieri, et beaucoup d'autres auteurs, parmi lesquels nous citerons MM. Houston et Duvernoy (1), qui ont écrit sur ce sujet dans ces derniers temps, ont assez bien fait connaître l'organisation de cette langue. Cependant nous croyons qu'il reste encore à désirer pour faire bien concevoir le

(1) Depuis que ces détails ont été écrits, l'Académie de sciences a pris connaissance, dans sa séance du 22 février 1836, d'un mémoire de ce dernier auteur sur ce même sujet. Il en a été rendu compte dans le nº 8 de la séance et dans le nº 9, nous avons communiqué un extrait du présent chapitre. (Comptes rendus hebdomadaires, page 228.)

mécanisme complet de son allongement et de sa rétraction.

Mais, avant de faire connaître cette structure, il est bon de présenter quelques idées générales sur cette particularité de l'organisation des Caméléoniens.

Il faut savoir d'abord que ces Sauriens possèdent au plus haut degré la faculté de faire instantanément sortir de la bouche un tubercule charnu et visqueux, disposé en cône renversé ou en entonnoir, porté sur une sorte de boyau que l'animal peut lancer subitement, sans bruit, sans mouvement apparent dans le reste du corps, pour l'appliquer sur les insectes qui s'y collent et s'y engluent et que, par un procédé inverse, il fait rentrer subitement dans la gorge tout cet appareil pour avaler la proie saisie, à peu près de la même manière que le font les Grenouilles dans le même but, mais par un tout autre mécanisme, leur langue étant attachée en sens inverse.

Il est facile de concevoir et d'expliquer une partie de ces mouvemens par la structure de cette langue dans les Caméléoniens, parce que les os et les muscles en ont été parfaitement décrits, et qu'il est aisé de les isoler par la dissection. Cependant, à l'aide de cette anatomie, on reconnaît que les mouvemens qu'ils doivent opérer sont loin de suffire à la production de cet allongement excessif et tel que l'animal, sans user ici d'aucune exagération, peut lancer hors de la bouche, par une sorte d'expuition, un tuyau charnu, qui est à peu près de la longueur totale de son tronc, et qu'il peut la faire rentrer dans la gorge ou la retirer à l'intérieur, avec la même vitesse, sans qu'on aperçoive aucun mouvement apparent dans le reste de son corps.

Il existe ainsi des langues vermiformes et protractiles dans les fourmiliers, parmi les mammifères et chez les oiseaux dans les Pics : le mécanisme en a été expliqué et facilement conçu, quand on a étudié la structure du corps et des prolongemens particuliers en forme de cornes de leur os hyoïde ou lingual, surtout par la disposition, l'étendue et le nombre considérable des faisceaux charnus qui s'y insèrent et les recouvrent. Mais ici, outre cet appareil correspondant, dont nous allons tout à l'heure essayer de donner une idée, il existe dans la partie moyenne de la langue une sorte de tuyau charnu, creux ou vide à l'intérieur, tapissé d'une membrane muqueuse, dans lequel le stylet osseux, qui correspond à l'os lingual, ne peut pénétrer qu'en partie, tant il est court, et dans l'épaisseur duquel aucun des muscles des mâchoires ne peut réellement s'insérer, de sorte que près de la moitié de la longueur totale de cette langue, lorsqu'elle est étendue autant que possible, doit être dirigée en avant par un mécanisme tout particulier, et sur lequel nous ne pouvons jusqu'ici former que quelques conjectures.

Nous avons eu peu d'occasions d'étudier cette langue dans l'état frais : malheureusement même nous n'avons pas vu l'animal la mettre naturellement en action. Nous ne l'avons disséquée que d'après des pièces retirées sur elles-mêmes par l'effet de l'alcool, et la description qu'en a donnée Perrault, et par suite Vallisnieri, nous a réellement satisfaits ; cependant la difficulté que nous venons d'indiquer est restée sans explication, elle demande de nouvelles recherches de la part des observateurs anatomistes, qui pourront expliquer cette *érectilité* du tissu de la partie moyenne ou de ce tube charnu, placé entre le tubercule et la base correspondante à l'os lingual.

Après avoir analysé la description de Perrault (1) et celles des différens auteurs qui se sont occupés de recherches à ce sujet, nous ferons connaître nos observations particulières. Dans le Caméléon ordinaire, cette langue, lorsqu'elle est contenue dans la bouche, semble former une masse de chair blanche, solide, longue de dix lignes, large de trois, ronde, et un peu aplatie vers son extrémité. Elle est creuse ou excavée par le bout, étant attachée à l'os hyoïde par le moyen d'une sorte de trompe en forme de boyau. Belon dit avec raison qu'elle ressemble à un ver de terre. Cette portion moyenne est creuse, ce qui fait que, lorsque la langue a été lancée au dehors, le boyau qui a été étendu retourne à son premier état et la fait rentrer dans la gueule. Ce tuyau charnu est enfilé par un stylet, qui est la continuité de la partie moyenne de l'hyoïde; il est lisse, poli et long d'un pouce. Perrault le compare à l'os lingual des oiseaux. Bellini, dans une lettre qu'il a adressée à Vallisnieri, et que celui-ci a insérée dans son Histoire du Caméléon, décrit avec enthousiasme la structure de cette langue. Il dit que c'est certainement le fait le plus étonnant que l'homme puisse imaginer, que cet instrument merveilleux lancé au dehors et réintroduit à l'intérieur avec la promptitude de l'éclair (2). Panaroli, pour expli-

(1) Description anatomique de trois Caméléons, pag. 57, Mém. de l'acad. royale des sciences, tome 3, 1re partie, 1733, de 1666 à 1699.

(2) Pare un fulmine la sua lunghissima lingua, lanciata velocemente alla preda ed il modo si fa tal lanciamento e si retiro dendro le fauci e cavita della bocca.

quer la rétraction de la langue, suppose que le stylet ou la pointe libre de l'os lingual, qui est reçue et engaînée dans le canal creux, vient s'insérer à la base interne du tubercule charnu. Mais il est bien reconnu, même par Vallisnieri, que cette insertion n'a pas lieu, et que la pointe de l'hyoïde est tout-à-fait libre. Houston (1), Duvernoy (2), Carus (3), ont décrit cette langue et les muscles qui la meuvent. Perrault, dans ses Essais de physique, tome III, en parlant des poumons des Caméléons, croit que l'air qu'ils renferment peut servir à l'expulsion de la langue, que ces animaux semblent cracher ou expectorer. Vallisnieri a fait des recherches inutiles pour trouver cette voie de communication entre l'air du poumon ou celui que l'on trouve dans une sorte de vessie, qui se voit entre l'os hyoïde et la glotte, et il n'a pu l'observer. Cependant il nous reste, à cet égard, des doutes assez fondés que nous n'avons pu malheureusement éclaircir.

Voici le résultat des recherches que nous avons faites sur la structure de cette langue : il faut se rappeler que la forme de cet organe varie beaucoup selon qu'il est contenu dans la bouche, ou suivant qu'il est lancé au dehors. Dans le premier cas, on ne distingue dans l'intervalle des branches de la mâchoire inférieure et au devant de la glotte qu'une sorte de masse charnue et visqueuse; quand on la tire un peu en avant, on y distingue, 1° une partie antérieure formant un gros

---

(1) HOUSTON, Édimbourg, New Philosop. Journ. 1820, n° 13, analysé dans le Bulletin des sciences naturelles, tome 19, pag. 113, n° 59.

(2) DUVERNOY. Mémoires de la société d'histoire naturelle de Strasbourg, 1830, fig. D. E. H.

(3) CARUS. Anatomie comparée, T. 2, p. 60.

tubercule; 2° une portion moyenne qui, dans l'état frais, s'allonge considérablement, et ressemble à un intestin vidé; c'est en effet une sorte de tuyau à parois membraneuses; 3° enfin il y a une base charnue qui enveloppe la partie moyenne de l'os hyoïde ou l'os lingual et ses cornes ou appendices, qui sont au nombre de deux de chaque côté.

Nous allons examiner successivement ces trois portions de la langue.

Le tubercule ou l'extrémité libre s'évase en entonnoir, de sorte que la partie moyenne ou centrale est plus enfoncée, et les bords semblent être échancrés sur les côtés. La partie supérieure de ce bord en entonnoir se porte en arrière, elle diminue de largeur, de manière à représenter une langue dont la base serait en avant, et la pointe vers le gosier. Le bord inférieur est lisse en dessous, et recouvert de la membrane muqueuse de la bouche; mais en dessous, depuis la portion la plus avancée en pointe, elle s'enfonce dans une sorte de pavillon, et on distingue à sa surface des papilles, disposées par lignes saillantes, sinueuses, entre lesquelles on voit des sillons qui se prolongent ainsi jusqu'au fond de l'entonnoir. Toute cette portion tuberculeuse semble former le corps de la langue. Mais cette langue bizarre jouit de la faculté de s'élargir à son extrémité, et de s'écarter de manière à former un évasement à deux lèvres, qui ont la faculté de se rapprocher et de saisir les insectes en même temps qu'elles les engluent, ou les couvrent d'une bave visqueuse qui les colle et gêne leurs mouvemens, en même temps qu'elle rend leur surface plus apte à être avalée, ou à glisser par l'œsophage pour arriver à l'estomac.

La seconde partie est le tube charnu, qui sert de gaîne au prolongement singulier de l'hyoïde, lequel représente une sorte de stylet pointu. A l'extérieur ce tuyau est lisse : dans l'état de repos, il est plissé transversalement en un si grand nombre de fois, qu'il forme à peine en totalité une longueur égale à celle du tubercule ; mais il peut se gonfler et s'étendre de manière à occuper six fois le même espace qu'il remplissait d'abord. Son tissu est en même temps vasculaire et musculeux ; mais à l'intérieur ce canal paraît revêtu d'une sorte de membrane qui permet son glissement sur l'hyoïde.

La troisième portion de la langue correspond à l'appareil hyoïdien. Nous en parlerons avec plus de détails en traitant des organes de la nutrition, page 184. Les muscles de toutes ces parties ont été parfaitement décrits dans quelques-uns des ouvrages que nous venons d'indiquer. Ils l'avaient été également par Cuvier, lorsqu'il a traité de la langue dans le troisième volume de son Anatomie comparée.

Nous trouvons dans cette langue, qui est un instrument de préhension des alimens, plutôt qu'un organe du goût, une grande analogie d'usage avec celle de la plupart des Batraciens Anoures, le pipa excepté. C'est un instrument visqueux qui est lancé hors de la bouche, et qui ramène la proie pour la livrer aux organes de la déglutition.

Nous verrons par la suite, en traitant des poumons et de la vessie aérienne située sous le cou, qui communique avec l'air de la glotte, que cet organe n'est peut-être pas étranger à la projection de la langue que l'animal lance, comme avec une sarbacane à parois flexibles et allongeables, et qu'il ramène à lui avec

12.

autant de vitesse, comme s'il opérait le vide avec la plus grande rapidité. Ce mécanisme n'aurait pas lieu de nous étonner, car nous savons que la plupart des animaux vertébrés, pour absorber les boissons, sont obligés de faire le vide à l'aide des poumons, ou de toute autre manière.

Les *oreilles* des Caméléoniens ne sont jamais visibles au dehors du crâne. On n'y distingue même pas la place réelle qui correspond à l'endroit où devrait être placé le tympan. Cependant l'organe de l'ouïe existe à l'intérieur. On y trouve une cavité aérienne qui communique avec l'air atmosphérique par un orifice qui se voit dans l'arrière-gorge. Il y a un osselet unique à tige mince, allongée, évasée en dehors en manière de pavillon, dont les bords deviennent cartilagineux et se perdent dans l'épaisseur des aponévroses, qui dépendent des muscles des parties latérales du crâne. En général, ces Sauriens ont l'ouïe peu développée. Il est vrai que, d'après leur manière de vivre, la lenteur de leur progression, et, à ce qu'il paraîtrait, à cause de la privation qu'ils éprouvent de pouvoir produire des bruits, ces animaux n'avaient pas un très grand besoin d'apprécier les sons, ni même d'être avertis des légers mouvemens produits par les animaux destinés à devenir leur proie, et que leurs yeux suffisent pour leur faire connaître s'ils sont à la distance où ils pourront être accessibles.

Les *yeux* des Caméléons offrent des singularités aussi remarquables que celles de leur langue, tant par leur conformation que par la structure et leurs mouvemens; car aucun autre animal connu n'a présenté jusqu'ici une pareille disposition, et par suite des facultés semblables. Ces yeux sont gros et saillans;

aussi la cavité orbitaire destinée à les loger avec leurs muscles est-elle très développée. Le globe qu'ils constituent est en grande partie situé hors de cette cavité : à la vérité, son plus grand diamètre est de dehors en dedans. La totalité de cet œil est couverte par une paupière unique, qui est la continuité de la peau du crâne ; mais, comme nous l'avons déjà dit en parlant des tégumens, on y voit presque constamment sept rayons ou lignes convergentes vers l'ouverture centrale correspondante à la pupille. Sous cette peau, adhère un muscle orbiculaire, un véritable sphincter, qui se fixe d'autre part sur la circonférence de la sclérotique, de sorte que la paupière est liée aux mouvemens généraux et particuliers du globe de l'œil, qui est muni de six muscles, dont quatre droits et deux obliques ou rotateurs. Cette sorte de calotte mobile est percée d'un trou dans son centre. C'est une véritable pupille extérieure que l'animal dilate ou resserre à volonté, en lui donnant même une étendue variable dans tel sens qu'il paraît le désirer ; car on la voit quelquefois devenir transversale ou verticale. Le globe oculaire est composé ou construit à peu près comme dans les autres yeux des Reptiles. On a seulement remarqué qu'il y a une paupière nyctitante et une forte glande lacrymale. On a dit aussi que le crystallin était plus sphérique que chez d'autres Reptiles aériens, et beaucoup plus petit, en proportion des autres humeurs et de l'aire intérieure du globe. Vrolick a remarqué que non-seulement les nerfs optiques s'entrecroisaient, comme Perrault l'avait déjà observé ; mais qu'au point où s'opère la décussation, l'un des nerfs semblait perforer l'autre, et nous avons vu que Soemmering avait fait la même observation.

C'était un fait important à constater pour la physiologie, en raison de la faculté que possèdent les Caméléons de diriger à volonté, et ensemble ou séparément, les yeux vers des objets divers et des lieux différens ; ainsi l'œil d'un côté peut être porté en haut, et l'ouverture pupillaire de l'œil du côté opposé dirigée en bas ; de même l'un en avant, l'autre en arrière.

Les *narines* et leurs cavités n'offrent rien de particulier, sinon qu'elles ont peu d'étendue. Leur orifice extérieur est latéral, de sorte que ces ouvertures sont assez distantes, le museau devenant de suite très large. Leurs cavités traversent les os incisifs dans la région qui les joint aux sus-maxillaires ; elles se rapprochent du côté du palais, où elles s'ouvrent par une fente allongée qui va en s'élargissant du côté de l'arrière-bouche. C'est dans cette fente que se loge en partie le tubercule de la langue, lorsque la bouche est fermée ou les mâchoires rapprochées. Jusqu'ici on ne leur a pas reconnu de sinus accessoires ou de cavités supplémentaires, de sorte qu'il est présumable que le sens de l'odorat est très peu développé chez les Caméléoniens ; cette énergie d'action ne paraissait pas absolument nécessaire d'après leur genre de vie.

3° *Des organes de la nutrition.*

Sous ce titre nous ferons connaître successivement la structure et les fonctions digestives, circulatoires, respiratoires et sécrétoires des Caméléoniens.

C'est un fait très remarquable dans l'organisation de ces Sauriens, que le mode qu'ils emploient pour la préhension des alimens. On sait qu'un grand nombre de mammifères sont obligés, pour introduire des liquides dans leur bouche, de tremper rapidement la langue et de la retirer en la contractant rapidement, après l'avoir courbée en canal sur sa longueur, ou transversalement, afin d'en former une sorte de pelle. C'est ainsi que les chats et les chiens ne peuvent boire qu'en lapant. Les Caméléons font servir leur langue pour saisir ou attirer dans leur bouche les corps solides organisés et vivans dont ils font leur nourriture, et, dans quelques circonstances plus rares, pour absorber quelques gouttes de liquides. Cette opération, par laquelle la langue est projetée rapidement et en ligne droite à une assez grande distance du corps, et par laquelle l'animal peut la lancer en un clin d'œil et la retirer avec la même vitesse dans l'intérieur de la bouche, a été précédemment exposée en faisant connaître la structure de cet organe.

La bouche des Caméléoniens se ferme si exactement, qu'alors à peine peut-on distinguer la ligne qui indique la séparation des mâchoires. Cependant cet orifice est large et fendu profondément. La mâchoire inférieure est, en effet, à peu près de la longueur de toute la base du crâne, sur laquelle elle s'articule au moyen d'une pièce allongée, correspondante à l'os carré qui descend presque verticalement. Cette mâchoire inférieure est droite; mais l'éminence coronoïde destinée à recevoir le muscle temporal est située vers le tiers de sa longueur en arrière, ce qui diminue d'autant l'étendue réelle de la fente de la bouche, dont la commissure offre dans quelques espèces une sorte de ligne oblique descendante, qui donne à cette partie une forme toute particulière, comme Perrault l'a observé un des premiers. Les dents sont, ainsi que nous l'avons dit, insérées tout-à-fait sur le bord tranchant des os maxillaires. Elles sont elles-mêmes coupantes, terminées le plus ordinairement par trois pointes rangées sur une même ligne longitudinale. Les antérieures sont les plus petites, et elles vont successivement en augmentant de largeur en arrière.

Nous avons déjà dit que la cavité de la bouche, quand elle est fermée, est remplie par la langue, qui se loge même dans l'intervalle que laissent entre eux les os maxillaires supérieurs, ainsi que les palatins, pour constituer l'orifice interne des narines; de sorte qu'il est très probable que, suivant la volonté de l'animal, la langue fait l'office d'une soupape pour retenir l'air dans les voies pulmonaires. D'ailleurs toutes les parties intérieures de la bouche sont recouvertes d'une membrane muqueuse, et il s'y opère une sécrétion visqueuse abondante.

L'appareil hyoïdien est très particulier. Nous avons déjà eu occasion de dire que la portion antérieure, ou l'os lingual, représente un long stylet se terminant en pointe grêle et flexible, qui est reçu et se meut librement dans la concavité de la portion moyenne ou tubulée de la langue, dans laquelle s'opère le plus grand allongement. Cet hyoïde a quatre cornes ou appendices, dont deux sont plus grands, plus droits, et dirigés en avant. Les postérieurs remontent, au contraire, vers l'œsophage qu'ils embrassent. Tous les muscles ont pris beaucoup de développement pour produire les mouvemens de cet appareil; cependant il est encore fort difficile d'expliquer l'élongation subite instantanée du tube moyen, et sa rétraction plus rapide peut-être, si l'on ne suppose, comme quelques auteurs l'ont soupçonné (1), l'existence d'une communication de l'intérieur du tube à fibres annulaires et très vasculaires qui reçoit le stylet, avec l'air contenu dans la glotte ou dans le sac en forme de goître qui s'étend sous la gorge, et qui s'insère derrière les cornes postérieures de l'os hyoïde.

Le pharynx et l'œsophage se confondent entre eux et avec l'estomac, qui semble en être la continuité; il est arrondi comme un tube allongé, un peu recourbé sur lui-même. D'ailleurs le canal intestinal n'offre rien de particulier : son mésentère est simple, il loge beaucoup de vaisseaux, et au-devant des gros troncs semble être un réservoir d'une matière colorée en noir, une sorte de pigmentum, qui peut-être est destiné à colorer la peau de l'animal, en se portant vers les parties sous lesquelles, en effet, se manifestent tout à coup des taches d'un brun plus ou moins foncé.

Le foie est gros, formé de deux lobes principaux, concaves en dessous, où l'on distingue une vésicule du fiel. Il y a une petite rate, des reins et à peu près toutes les parties qui se retrouvent chez les autres Reptiles; mais avec cette particularité que la cavité abdominale est comme cloisonnée ou partagée en poches ou cellules, dans lesquelles pénètrent des prolongemens des poumons, qui offrent dans cette famille une disposition toute particulière, ainsi que nous allons l'indiquer.

Les organes de la respiration présentent des particularités de structure qu'il est important de faire

---

(1) PERRAULT. *Mécanique des animaux*, tome 3, p. 267. De même que l'air expulsé des poumons sert à l'action de cracher, il est employé à l'expulsion de la langue des Caméléons.

connaître, parce que c'est à cette disposition que l'on peut rapporter plusieurs circonstances de la vie des Caméléoniens, telles que la faculté qu'ils ont de rester gonflés ou bouffis durant des heures entières sans qu'on puisse distinguer chez eux pendant ce temps le moindre mouvement de la respiration, ni dans les os ni dans les muscles du tronc; le changement rapide de forme et de volume de leur tronc, de leurs membres, et de la base et de la queue; peut-être la prestesse avec laquelle ils lancent au dehors et retirent la langue dans la cavité de la bouche; enfin le pouvoir qu'ils ont de modifier à volonté les couleurs de leur peau en tout ou en partie.

La glotte et la trachée ressemblent à celles des oiseaux, avec cette particularité observée par Perrault, que la fente de leur larynx est située en travers au lieu d'être disposée en longueur, comme dans les animaux qui produisent de la voix. Vallisnieri est aussi le premier qui ait parlé de l'existence du sac ou de la vésicule en forme de goître à parois solides, et recouverte d'une forte aponévrose (1) argentée. Ce follicule, semblable à la vessie aérienne des Poissons, communique avec la glotte, il est placé à la base de l'os hyoïde vers la racine de la portion tubulée de la langue.

Les poumons sont doubles et symétriques. Lorsqu'ils sont vides d'air on les voit affaissés, comme deux petites masses charnues, au-dessous du cœur, et sur les parties latérales et postérieures d'une sorte de mésentère étendu, comme un médiastin, de la colonne

---

(1) ISTORIA DEL CAMELEONTE. — « *Una vescica, o follicolo di densa membrana riceve l'aria e si gonfia et s'invicidisce, come fanno i polmoni, etc. Sta collocata libera ne' suoi dintorni in una cavernetta assai ampla, scavata sotto la base dell'osse ioide, etc.* »

vertébrale à l'appendice ou plutôt à la ligne moyenne interne, qui tient lieu de sternum; mais aussitôt que l'air y pénètre, ces organes se gonflent tellement, qu'ils recouvrent toute la masse intestinale, et qu'ils ne peuvent plus être contenus dans la cavité abdominale. On voit alors que leur forme est tout-à-fait particulière, et ce sont, sans contredit, ceux de tous les animaux vertébrés qui ont les poumons les plus dilatables et les plus prolongés. En général, les cellules qu'ils constituent sont très grandes; mais de plus leur masse est lobée en sept ou huit appendices de chaque côté, lesquels semblent se terminer en pointes. Ces portions amincies se prolongent elles-mêmes, les unes pour pénétrer dans des cellules nombreuses qui partagent la cavité abdominale en compartimens réguliers, à droite et à gauche, ce sont des réservoirs à air. Les autres appendices de ces poumons pénètrent également sous la peau entre les muscles, auxquels le derme n'est adhérent que par quelques lames membraneuses, surtout dans les régions médianes, de l'épine du dos et du ventre, autour des mâchoires, des tarses ou des carpes, et de l'extrémité libre de la queue. Partout ailleurs la peau ressemble à un sac qui enveloppe le corps sans s'y attacher, comme cela arrive également aux Crapauds et à la plupart des Batraciens Anoures.

Les organes de la circulation n'ont rien offert de particulier. Le cœur, renfermé dans son péricarde, est petit, et les vaisseaux qui s'y rendent ou qui en proviennent sont ceux qu'on retrouve chez les autres Sauriens.

Nous n'avons également aucune observation importante à présenter sur les organes sécrétoires. La mucosité visqueuse, qui lubrifie le tubercule de la langue, semble exsuder des follicules situés dans son épaisseur. Vallisnieri (1) a également observé deux autres glandes à la base de la langue sous la vessie du goître; il croit qu'elles sont également destinées à fournir une humeur analogue. Le même auteur a décrit et donné la figure de deux corps jaunes, remplis d'une sorte d'humeur grasse, d'autant plus abondante, que l'animal dans lequel on l'observe approche de l'hiver ou de la saison dans laquelle il ne prend pas de nourriture; car au printemps elle a disparu. On suppose que cette matière est mise ainsi en réserve, comme chez tous les animaux qui hivernent. L'auteur compare ces réservoirs aux corps analogues qui sont placés au-dessus des reins dans les grenouilles.

Nous avons parlé du foie, de la rate : il y a également un pancréas, et des reins et des uretères qui aboutissent au cloaque; ceux-ci sont faciles à distinguer par la couleur blanche du liquide pâteux qu'ils dirigent. C'est cette matière en effet qui accompagne le résidu des alimens ou les déjections alvines, comme dans les oiseaux. Nous avons eu aussi l'occasion d'observer que cette substance, en se séchant, se couvre de petits cristaux réguliers, et que, dans cet état, elle se réduit facilement en poudre impalpable, qui exhale une odeur urineuse très pénétrante, et qui adhère et persiste long-temps sur les surfaces qui l'ont reçue.

---

(1) Loco citato, p. 70. *Due grosse glandule conglomerate fatte in forma d'oliva*, tavol. 3, fig. 66.

4° *Des organes de la reproduction.*

C'est encore à Vallisnieri que nous emprunterons des détails sur les parties mâles et femelles des Caméléoniens. Dans les deux sexes, les organes génitaux aboutissent au cloaque, sac commun qui donne issue aux diverses sécrétions ou excrétions alvines, rénales et spermatiques. Son orifice extérieur, lorsqu'il est dilaté, présente en avant une sorte d'enfoncement en longueur ; mais ce pli disparaît quand le cloaque est fermé, parce qu'il est recouvert par la lèvre postérieure qui est large, et il présente alors une fente ou ligne enfoncée, transversale.

Chez les mâles, les appendices érectiles, qui tiennent lieu de pénis, et qui sont canaliculés de manière à transmettre la semence, sont doubles, symétriques et placés dans des cavités pratiquées sur les parties latérales inférieures de la base de la queue, qui par cela même est plus grosse, et peut servir à faire distinguer les mâles d'avec les femelles. Il y a des conduits déférens qui amènent la semence sécrétée par les testicules situés au-dessus des reins, derrière le péritoine.

Les femelles ont les orifices des trompes ouvertes dans le cloaque. Ces trompes sont longues, repliées sur elles-mêmes, et peuvent recevoir quinze à vingt œufs de chaque côté. Mais même avant la fécondation on reconnaît à l'intérieur les femelles, parce qu'on leur trouve des grappes d'œufs plus ou moins développés, suivant l'ordre dans lequel ils doivent être détachés et introduits dans les trompes.

Il paraît que les mâles ne recherchent les femelles

qu'à l'époque de la fécondation, et que les individus se séparent, quand cet acte a eu lieu, de sorte que les mâles ne s'occupent en aucune manière de leur progéniture.

Vallisnieri et Cestoni ont suivi les manœuvres des femelles ainsi que le développement des œufs; nous allons présenter ici la traduction d'une partie des observations de ce premier auteur, dont nous placerons le texte en note (1).

« Comment la femelle dépose ses œufs et les recouvre. »

L'auteur ayant aperçu une femelle de Caméléon extrêmement grosse, il la déposa séparément dans une petite serre faite en manière de volière, bien exposée à la lumière dans son jardin. Il y avait là quelques plantes en végétation, on y avait introduit des insectes

---

(1) ISTORIA DEL CAMELEONTE. *Come depongano le uova e le coprano. « Me ne giunse una, fra l'altre, da Livorno li* 28 *di settembre, di corpo sterminatamente gonfio, che posi subito in un piccolo Serraglieto, fatto in forma d'ucceliera nel mio giardino di Reggio, in luogo esposto a mezzo giorno. » Colle sue vere verdure, acqua continuamente cadente, arena, e pagglíuzze, è vasi aperti con vive tarme, ed altri vari insetti, a bella posta prigionieri, ed esca dell'ospite nostro Affricano. Osservava un giorno, che mai non istava ferma, e con tutta la sua melensaggine, e naturale pigrezza, s'andava lungamente aggirando per terra, ne trovava quiete, quando si pianto in un angolo, dove non era nè arena, nè polvere, e cola incominciò a razzolare colle zampe d'avanti, per cavarvi una buca. Essendo il terreno duro, vi lavoro due giorni indefessamente, allargando la buca in una fossetta assai capace, cioè larga quattro buone dita traverse, e fonda sei, nel fondo della quale adagiatasi, vi partori le sue uova, che furono, come dipoi m'avvidi, trenta di numero. Queste tutte con somma diligenza copri colla gia cavata terra, servendosi a questo lavoro delle sole zampe di dietro, comè fanno i Gatti, quando nascondono et cuoprono le loro sozzure, non contenta della cavata terra vi ramassò e ammonticello delle foglie secche, della paglia, e degli stecchetti avendovi inalzato sopra una collinetta di copertura.*

vivans, destinés à la nourriture du Reptile, un petit jet d'eau fournissait l'humidité convenable, et le fond de la volière, qui reposait sur la terre, était couvert d'un lit de sable et de quelques brins de pailles courtes.

Ayant observé un jour que cette femelle paraissait inquiète et qu'elle se traînait en tournoyant sur le sable sans s'arrêter, il la suivit des yeux, et il s'aperçut qu'elle s'était arrêtée dans un coin de la cage où il n'y avait ni sable ni poussière. Arrivée là, elle commença à gratter avec les jambes antérieures pour creuser un trou, et comme le terrain était dur, elle travailla deux jours sans relâche, de manière à donner à la fosse quatre pouces de diamètre sur six de profondeur, afin de s'y placer commodément pour y déposer ses œufs, qui furent pondus au nombre de trente, comme l'auteur a pu s'en assurer ensuite. Après quoi cette femelle les recouvrit soigneusement, d'abord avec les déblais de la terre, en se servant uniquement de la patte antérieure droite, comme font les chats quand ils veulent cacher et recouvrir leurs ordures. Non satisfaite de les avoir ainsi recouverts de terre, elle y amoncela des feuilles sèches, de la paille et de menus branchages secs pour former une sorte de toit sur cette hutte. »

Vallisnieri remarqua, qu'après la ponte, cette femelle paraissait exténuée par ce grand travail. Il est vrai que, pendant qu'elle s'y était livrée, elle n'avait ni bu, ni mangé; cependant son corps était devenu si flasque et si maigre, qu'on ne pouvait guère attribuer cet état décharné au peu de jours pendant lesquels elle n'avait pris aucune nourriture.

Les œufs des Caméléons sont arrondis; leur écale est

blanche, d'un gris terne, sans taches. Cette coque est calcaire, mais très poreuse. On croit que cette circonstance les met en rapport avec l'air extérieur, et qu'ils sont perméables pendant le développement des germes, dont Vallisnieri et Carus (1) nous ont fait connaître les details.

§ III. HABITUDES ET MOEURS : DISTRIBUTION GÉOGRAPHIQUE DES ESPÈCES DE CAMÉLÉONIENS.

D'après les considérations générales que nous avons présentées dans les deux articles qui précèdent, il nous reste peu de détails à donner sur les habitudes qui sont propres aux Caméléoniens. Cependant nous croyons devoir les rappeler en abrégé.

Leur conformation extérieure et leur organisation, étudiées d'avance, indiquent la plupart des singularités qui les caractérisent. Ces Sauriens ont le corps comprimé de droite à gauche, supporté par quatre pattes grêles, élevées, rapprochées du centre et non séparées du tronc sous un angle droit, et leurs cinq doigts sont réunis en deux faisceaux inégaux formant la pince, ce qui offre un caractère unique dans l'ordre des Sauriens, et même dans toute la classe des Reptiles. Leur queue conique est préhensile et enroulante, mais seulement en dessous ; leur peau est granuleuse ou sans écailles détachées, leur dos et leur ventre forment une carène ou ligne saillante. Leur tête grosse, pyramidale, anguleuse, est supportée par un cou très court et semble s'unir aux épaules, les

(1) *Tabulæ illustrantes*, cah. 3, pl. 8.

yeux très gros sont recouverts par une paupière unique, dont l'ouverture circulaire, très contractile et dilatable, semble remplir l'office d'une pupille externe, et ils offrent cette faculté des plus singulières, de se mouvoir rapidement, ensemble ou séparément, de manière à se diriger chacun dans un sens différent, l'un en haut, l'autre en bas ; celui-ci en avant, cet autre en arrière ; en dessus, en dessous et dans toutes les autres directions, sans que la tête éprouve le moindre déplacement. Les oreilles sont toujours cachées sous la peau et non distinctes ; les narines latérales ; la bouche excessivement fendue au-delà des yeux ; la langue vermiforme, terminée par un tubercule, est tellement protractile, que, projetée hors de la bouche, elle semble dépasser en longueur celle de la totalité du tronc.

Nous avons parlé en détail du changement de couleur qui s'opère dans l'épaisseur de la peau de ces animaux, et des opinions émises par les auteurs pour expliquer cette merveilleuse faculté, ainsi que celle de se gonfler pour rester arrondis et boursouflés.

La structure des pattes et de la queue des Caméléoniens exigeait leur genre de vie. Ils sont essentiellement grimpeurs, et obligés de s'accrocher aux branches des arbres, comme certains oiseaux, tels que les Perroquets. Leur queue leur sert, pour ainsi dire, d'un cinquième membre. On conçoit qu'ils ne peuvent ni courir ni nager ; que lorsqu'ils sont descendus sur le sol ou posés sur une surface plane, ils éprouvent la plus grande difficulté dans leur marche. Voici la manière toute bizarre dont un Caméléon posé sur ses quatre pattes commence à se mouvoir pour changer de place : s'il veut élever le membre antérieur du côté droit, par exemple, il s'opère un élargissement dans les deux paquets de doigts qui fixaient la pince ; ils s'élèvent et s'écartent en travers ; en même temps l'avant-bras se coude, se soulève et se porte lentement en avant. Cette patte reste suspendue comme si l'animal éprouvait une sorte d'incertitude sur le point où il la dirigera ; en effet, il la porte en tâtonnant à droite, à gauche, derrière et devant, pour rencontrer un nouveau point d'appui. Quand il semble l'avoir reconnu ou trouvé, il paraît chercher à en explorer la solidité, et seulement alors les deux paquets de doigts le saisissent, l'enveloppent et s'y fixent. Bientôt la patte postérieure gauche exécute une semblable manœuvre, puis la pince antérieure du côté droit, et enfin la patte de derrière gauche. C'est alors seulement que la queue, souvent roulée en spirale sur quelqu'autre partie voisine pour assurer la solidité du tronc, vient à se détortiller pour se porter à la suite, et remplir de nouveau la fonction de sûreté contre le péril de la chute, car l'animal l'emploie quelquefois pour se suspendre et chercher avec les pattes un autre point fixe.

Nous savons que les Caméléons se nourrissent essentiellement de petits animaux vivans, surtout de larves, de chenilles et d'insectes parfaits ; qu'ils épient pendant des heures entières leurs mouvemens, et que le moindre signe de vie paraît à peu près leur être nécessaire pour les déterminer à projeter la langue avec une rapidité prodigieuse sur la proie, qui se trouve comme humée ou attirée dans la bouche, et avalée avec la vitesse de l'éclair, quoique tous les autres mouvemens de l'animal soient comme compassés, et qu'ils s'opèrent lentement, avec une sorte de négligence ou de paresse affectée.

Quant aux circonstances qui précèdent ou qui suivent la reproduction de ces espèces de Reptiles, nous avons peu de détails, et nous ne répéterons pas ce que nous avons rapporté d'après Vallisnieri, des soins particuliers que la femelle prend de ses œufs. En général, cette partie des mœurs des Caméléons demande de nouvelles observations.

Distribution géographique.

Nous allons indiquer comment les espèces de cette famille semblent avoir été réparties et semblent appelées à habiter aujourd'hui sur notre globe, car on n'en a pas encore trouvé de débris dans les ossemens fossiles.

L'Afrique paraît être la patrie principale des Reptiles de cette famille, car les quatorze espèces de Caméléons que nous reconnaissons aujourd'hui habitent toutes le continent de cette partie du monde, ou les îles qui en dépendent. Cependant trois espèces ne lui sont pas exclusivement affectées, attendu qu'on les trouve aussi, l'une, ou le *Caméléon bilobé*, en Géorgie, la seconde, ou le *Caméléon vulgaire*, dans le midi de l'Europe; et la troisième, qui est celle *à nez fourchu*, dans ce dernier pays et en Australasie.

Il est remarquable que l'île de Madagascar produise sept des espèces qui sont particulières à l'Afrique; c'est-à-dire les *Caméléons Panthère*, de *Brookes*, de *Parson*, *à capuchon*, *à bandes*, *nasu* et *verruqueux*. Il en est deux cependant que l'on rencontre également, le premier dans les îles de Maurice et de Bourbon; le dernier dans celle-ci seulement, au moins d'près le récit des voyageurs.

13.

Les quatre autres Caméléons réellement Africains sont répartis ainsi qu'il suit : un dans les pays voisins du cap de Bonne-Espérance, c'est le *Caméléon nain ;* deux, le *tricornis* et le *senegalensis*, en Guinée et dans la Sénégambie, et le quatrième, le *Caméléon tigre*, dans les îles Seychelles.

Quant aux quatre espèces dont la patrie n'est pas circonscrite à l'Afrique, les contrées qu'elles habitent sont, pour le *Caméléon vulgaire*, les plus septentrionales; la côte de Guinée pour le *bilobé*, et l'île de Bourbon pour ceux que l'on a nommés *verruqueux* et *panthère*.

L'Asie ne produit que trois espèces qui ne sont pas même exclusives à cette partie du monde ; c'est en Géorgie le *Caméléon bilobé* et dans l'Inde le *vulgaire* ainsi que celui *à nez fourchu*.

En Australasie on ne rencontre que ce dernier, et en Europe que le premier ou le vulgaire.

Les Caméléons paraissent donc pouvoir être aujourd'hui considérés comme étant complétement étrangers au Nouveau-Monde ou aux deux Amériques, et il résulte de cet examen qu'en considérant la série des espèces de ce genre, dont la totalité est pour nous de quatorze,

Onze sont exclusivement propres à l'Afrique;

Une commune à l'Europe, à l'Asie et à l'Afrique;

Une qui se trouve également en Australasie, à l'Afrique et à l'Asie;

Et enfin une dernière, qu'on a trouvée en Asie et en Afrique.

§ IV. DES AUTEURS QUI ONT ÉCRIT SUR LES CAMÉLÉONIENS.

Comme cette famille ne comprend réellement qu'un seul genre, et que la plupart des observateurs ont dirigé leurs recherches sur l'espèce que nous y avons inscrite la première, et que nous avons laissée au premier rang, nous n'avons pas cru nécessaire d'établir une classification des auteurs, soit comme naturalistes, anatomistes, physiologistes, soit comme simples observateurs. Quelques-uns, tels que les voyageurs, se sont bornés à faire connaître les habitudes de ce Saurien, et surtout à décrire ses formes bizarres ; d'autres plus instruits ont étudié sa structure intérieure et ses fonctions ; enfin quelques physiciens se sont contentés de donner des explications théoriques sur sa manière de vivre, qui a été long-temps une question discutée par les savans, et surtout sur le phénomène de son changement de couleurs. Un autre arrangement méthodique ne pouvait en effet s'appliquer ici ; car quelques auteurs, comme Perrault et Vallisnieri, auraient réuni tous ces titres. Nous avons donc pensé qu'une simple indication chronologique, sous forme de liste, suffirait au lecteur, parce que nous avons déjà cité les noms des auteurs et les titres des ouvrages dans lesquels ils ont eu occasion de parler du Caméléon. Nous ne mentionnerons pas les œuvres d'Aristote, de Pline, de Gesner, ni d'aucun des auteurs naturalistes systématiques qui ont traité du genre entier, dont ils ont fait l'histoire et décrit les espèces, parce que nous les avons précédemment fait connaître dans quelques cas particuliers; seulement nous les indiquerons en renvoyant à l'article qui leur a été consacré.

Liste chronologique des Caméléonographes.

1628. FABER (John), déjà cité dans le présent ouvrage, tom. I, pag. 314, parle dans cette dissertation, pag. 723, du changement de couleurs du Caméléon.

1645. PANAROLI (Dominique), médecin de Rome, a donné une dissertation in-4°, publiée dans cette ville : elle a pour titre, en italien, *Il Cameleonte essaminato*. Cet auteur est souvent cité par Perrault, et surtout par Vallisnieri, parce qu'il avait dès lors donné des détails vrais sur l'organisation de ce Reptile.

1646. KIRCHER (Athanase), déjà cité, tom. II, pag. 668, a disserté sur le changement de couleurs du Caméléon, en mentionnant cet animal dans le Muséum des Jésuites, qu'il a fait connaître, pag. 276, pl. 293, f. 44.

1648. HERNANDEZ, voyez tom. I, pag. 321, ne fait que citer le Caméléon, qu'il compare à d'autres Sauriens; mais à cette occasion, ses commentateurs ont donné plus de détails, qu'ils ont extraits des autres ouvrages où il était question de ce Saurien.

1651. PEIRESC (Nicolas-Claude de). On voit dans sa vie, écrite par Gassendi, qu'il avait bien observé le Caméléon, car il en fait connaître les habitudes, et il donne une explication de son changement de couleurs.

1653. WORMIUS (Olaus), déjà cité, tom. I, pag. 344, a décrit le Caméléon dans son Musée à Copenhague, pag. 315.

1656. OLEARIUS (Adam), dans la relation de son voyage en Tartarie et en Perse, a observé et décrit le Caméléon, pag. 9, pl. 8, fig. 3.

1667. MARMOL-CARVAJAL, Espagnol qui a donné une description générale de l'Afrique, où il avait été prisonnier. Son ouvrage a été traduit en français; mais l'original, imprimé à Grenade, est de 1576. Il avait fort bien observé les formes et les particularités des mœurs et des habitudes du Caméléon Vulgaire.

1668. ANON. Cité par Dryander, dans la bibliothèque de Banks, pour un mémoire imprimé dans le nouveau Magasin de Hambourg, sous le titre de Beschreibung eine Chameleon. 119 Stück, pag. 396 à 417.

1669. FRENTZEL (S.-F.), déjà indiqué, tom. II, pag. 664, pour sa Dissertation latine sur le Caméléon, imprimée à Iéna.

1672. PERRAULT (Claude). C'est un des principaux observateurs et anatomistes, dont nous avons déjà indiqué les travaux, tom. II, p. 670, a décrit le Caméléon dans le tom. III des Mém. de l'Acad. des sciences, pag. 35, pl. 5.

1676. BLASIUS (Gérard) a donné une bonne compilation, extraite des ouvrages antérieurs sur l'anatomie du Caméléon en particulier, de celui de Perrault : il l'a intitulé *Anatome Cameleontis Parisiensium*. C'est de lui que Laurenti a emprunté le nom par lequel il désignait l'espèce Vulgaire, *C. Parisiensium*, pag. 56, chap. 12, pl. n° 14.

1677. GODDART (Jonathan), déjà cité dans le présent ouvrage, tom. II, pag. 665. Some observations of a Cameleon.

1678. SPON (Jacob), dans le premier des trois volumes de son voyage en Grèce et au Levant, a parlé du Caméléon, dont il a donné la description, en cherchant à expliquer la cause de son changement de couleurs. Il paraît que ses recherches ont été faites en commun avec Wheeler, dont nous parlerons plus bas.

1681. CAMERARIUS. (*Voyez* l'article suivant.)

— HOPFER (Bénédict), président, et probablement l'auteur de la dissertation soutenue par Camerarius, ayant pour titre, en latin : *De victu aereo, seu mirabili potiùs Cameleontis inediâ.*

— GREW (Nehemias) a parlé du Caméléon à la page 70 du Musée de la Société royale de Londres.

1682. WHEELER (George) a eu occasion de parler du Caméléon, qu'il avait bien observé dans son voyage en Grèce, tom. III, pag. 260.

1690. MAJOR (Daniel) a publié à Kiel une dissertation latine, sous ce titre : *De oculo humano, Cameleontis et aliorum animalium*. Son travail est purement anatomique.

1693. RAY (John), dans le *Synopsis methodica quadrupedum*, pag. 276, a très bien décrit le Caméléon, et indiqué plusieurs particularités de son histoire.

1696. VALLISNIERI (Antoine) a donné en italien l'histoire la plus complète du Caméléon, sous ce titre : *Istoria del Cameleonte Affricano.* Nous en avons beaucoup profité. On en a publié une traduction française et une anglaise. Il y en a un extrait dans les Transactions philosophiques, n° 137.

1698. VOIGT (Gothofredus) a inséré, dans ses *Curiositates physicæ*, une dissertation *de Cameleontis victu.*

DE BRUYN (Corneille), déjà cité dans ce présent ouvrage, tom. II, pag. 663, pour son voyage ; il y traite du Caméléon.

1699. MALLEBRANCHE, oratorien, dans ses Réflexions sur la lumière et les couleurs, a traité du changement qui s'opère sur la peau du Caméléon. On trouve un extrait de son mémoire dans l'Histoire de l'Académie des sciences, pag. 41.

— CESTONI, pharmacien de Livourne, a très bien observé le Caméléon : Vallisnieri transcrit beaucoup de passages de ses lettres sur ce Reptile, qu'il avait bien observé.

— MICHETTI (Eugène), médecin de Rome, a fait des recherches sur la structure du Caméléon. Son travail a été publié à Rome par J. Komarck, sous le titre de *Nella notomia del Cameleonte in Roma.*

— RÉDI (François) avait disséqué le Caméléon : il en parle dans plusieurs de ses mémoires, en particulier dans celui qui est intitulé : *Degli animali viventi*, à l'occasion de sa nourriture, et aussi en traitant de la vésicule biliaire.

1705. BOSMANN (G.), déjà cité, tom. I, pag. 309.

1707. KAALUND (J.). *Voyez* aussi tom. II, pag. 668, il a donné sur le Caméléon une dissertation latine, in-4°.

— LOCHNER, déjà cité, tom. I, pag. 326, comme ayant publié le Musée de Besler, où il a figuré le Caméléon pl. 12, fig. 2.

1720. VALENTINI (Michel-Bernard). On trouve dans son grand ouvrage in-folio, pag. 193 jusqu'à 206, *Amphitheatrum zootomicum*, une très bonne description anatomique du Caméléon.

1724. DUHAMEL (Jean-Baptiste), dans son Histoire de l'Académie des sciences, a donné des analyses, et rapproché beaucoup de faits relatifs à l'histoire du Caméléon.

1732. SCHEUCHZER (J.-J.), déjà cité, tom. I, pag. 337, a fait connaître, dans sa Physique sacrée, le Caméléon, dont il a donné une bonne figure tom. III, pl. 262, fig. 8.

1734. SÉBA (Albert), déjà cité, tom. I, pag. 338, a donné des descriptions et des figures du Caméléon, tom. I, pl. 82 et 83.

1735. PROSPER ALPIN, cité tom. I, pag. 303, pour son Histoire d'Egypte, y a parlé du Caméléon.

1737. BANIÈRES, d'après Boërhave, paraît avoir attribué à la transpiration le changement de couleurs du Caméléon, dans son traité *De luce et coloribus.*

1743. SHAW (Thomas) a déjà été cité, tom. I, pag. 339, pour son voyage, publié en anglais, où il traite du Caméléon de Barbarie, tom. I, pag. 323.

1748. MEYER (Jean-Daniel), que nous avons indiqué tom. II,

pag. 669, a reproduit la figure du Caméléon d'après celle donnée par Cheselden dans son Ostéographie.

1753. HUSSEM a inséré dans les Actes de la Société de Harlem, en hollandais, une dissertation sur les changemens de couleurs du Caméléon.

1757. HASSELQUITZ (Frédéric), dont nous avons indiqué l'ouvrage tom. I, pag. 320, y a donné, pag. 297, la description du Caméléon.

1763. GRONOVIUS (Laurent-Théodore), a décrit, pag. 12, le Caméléon dans son Muséum : ouvrage cité tom. I, pag. 319.

1766. BRAAM HOUCKGEEST, dans les Actes de la Société de Harlem, y a inséré un mémoire sur le Caméléon.

1769. PARSON (James) a fait connaître une espèce particulière qui a conservé son nom. Transactions philosophiques, vol. 58. On en trouve un extrait dans le Journal de physique.

1773. KNORR (G.-W.), cité tom. I de cet ouvrage, pag. 325, a donné, dans le second volume de ses *Deliciæ naturæ*, p. 130, une description et une bonne figure, pl. 55, d'un Caméléon mâle.

1801. BRONGNIART (Alexandre), dans son Essai d'une classification des Reptiles, imprimé dans le Bulletin des Sciences de la Société philomatique, n° 36, et dans les Mémoires des Savans étrangers de l'Institut, une bonne figure du Caméléon à nez fourchu, provenant du voyage de Riche.

1818. OKEN, d'Iéna, déjà cité dans cet ouvrage, tom. II, p. 670, a donné dans le 11e cahier de l'Isis, de l'année ci-dessus indiquée, la description et la figure des os de la tête d'un Caméléon, pl. 20, fig. 3.

1819. LEACH (William Elfords), dans l'appendice, n° 4, p. 493, de la description des genres nouveaux découverts par Bowdish, a présenté l'histoire naturelle d'une espèce de Caméléon, qu'il a appelée *Dilepis*.

1820. KUHL (Henri), déjà cité, tom. I, pag. 323, a donné une monographie des Caméléons dans le Beitrage Zool., p. 102.

— HOUSTON a écrit sur les changemens de couleurs des Caméléons. Edimburg, New philosoph. journal, n° 13. Cette dissertation a été analysée dans le Bulletin des Sciences naturelles, t. XIX, n° 59, pag. 113.

1824. CUVIER (G.), outre ses autres œuvres, déjà tant de fois citées, a donné en particulier, dans la 2e partie du 5e volume de son immortel ouvrage sur les ossemens fossiles, la description et la figure des différens os du Caméléon ordinaire, et la tête de l'espèce dite de Parson.

— BORY DE SAINT-VINCENT, à l'article CAMÉLÉON, du Dictionnaire classique d'Histoire naturelle, en a décrit 9 individus.

1827. GRAY (John Edwards), déjà cité, tom. II, pag. 664, a publié, dans le Philosophical Magazine, tom. II, pag. 209, une monographie du genre Caméléon, et il en décrit huit espèces.

1829. SPITTAL (Robert) a cherché à expliquer les modifications de couleur de la peau des Caméléons dans l'Edimburg New philosoph. journal, pag. 292.

1830. VANDER-HOEVEN, déjà cité tom. II, pag. 672, a fait connaître comment les couleurs varient dans le Caméléon.

— DUVERNOY (G.-L.), professeur à Strasbourg, a publié, dans les Mémoires de la Société d'Histoire naturelle de cette ville, une description anatomique, et des vues physiologiques sur la manière dont s'opèrent la protraction et la rétraction de la langue; et il a développé davantage ses idées à ce sujet, dans deux notes adressées à l'Institut en 1836, et publiées dans les numéros 10 et 14 du Compte rendu hebdomadaire, p. 187 et 349.

1831. WIEGMANN (Arend Frédéric-Auguste), déjà cité, tom. I, pag. 344, et tom. II, pag. 673, a donné dans l'Isis un mémoire sur un prétendu Caméléon du Mexique, qui est un Polychre.

1832. GROHMANN a donné une description du Caméléon sous ce titre : *Nuova descrizione del Cameleonte siculo.*

1834. MILNE EDWARDS, déjà indiqué, tom. II, pag. 664, a donné une dissertation sur les changemens de couleur du Caméléon : ce mémoire est imprimé dans le tom. I, pag. 42, des Annales d'Histoire naturelle.

1835. LESSON (Réné Primevère), déjà cité, tom. I, pag. 321, et tom. II, pag. 668, a décrit, dans ses Illustrations zoologiques, les deux Caméléons, qu'il désigne sous les noms spécifiques de Madécasse et de Noir, que nous avons fait connaître ici, sous les numéros 11 et 13.

FAMILLE DES LÉZARDS CAMÉLÉONIENS OU SAUR'ENS CHELOPODES.

GENRE CAMÉLÉON.

Saillie du dos	dentelée	ainsi que le ventre : casque	relevé : peau	à petits grains égaux		1. C. VULGAIRE.
				parsemée de tubercules		2. C. VERRUQUEUX
			plat : museau	simple : peau de l'occiput	à deux lobes	8. C. BILOBÉ.
					sans lobes	7. C. DU SÉNÉGAL.
				surmonté d'un rebord saillant		11. C. PANTHÈRE.
		et non le dessous du ventre : museau	prolongé en un	court lambeau de peau comprimé et dentelé		4. C. NASU.
				long appendice fourchu		12. C. A NEZ FOURCHU.
			simple : gorge à	petites pointes molles.		3. C. TIGRE.
				lambeaux plats, dentelés.		5. C. NAIN.
	non dentelée : museau.		prolongé en	corne ronde; une autre sur chaque orbite		10. C. A TROIS CORNES.
				fourche tuberculeuse redressée		13. C. DE PARSON.
			simple : sourcils	arqués : casque	à deux lobes.	9. C. A CAPUCHON.
					sans lobes.	6. C. A BANDES.
				prolongés en pointes anguleuses		14. C. DE BROOKES.

(En regard de la page 203.)

§ V. CARACTÈRES DU GENRE CAMÉLÉON ET DESCRIPTION DES ESPÈCES.

GENRE UNIQUE. CAMÉLÉON. — *CHAMÆLEO*, de tous les auteurs.

Caractères. Corps comprimé, à dos saillant, à queue prenante, arrondie, conique. Pattes grêles, élevées, toutes à cinq doigts réunis entre eux jusqu'aux ongles en deux paquets inégaux, l'un de deux, l'autre de trois. Peau granulée, sans écailles entuilées. Tête anguleuse, à occiput saillant, portée sur un cou gros et court. Langue cylindrique, vermiforme, très allongeable, terminée par un tubercule charnu, mousse, visqueux, et déprimé à son centre. Yeux gros, saillans, mais recouverts par la peau d'une paupière unique, ne laissant au centre qu'un petit trou arrondi, dilatable, correspondant à la pupille. Point de tympan visible au dehors.

D'après les détails que nous avons donnés dans les articles précédens sur les formes et la structure des Caméléoniens, qui ne constituent qu'un seul genre très naturel, nous avons dû nous borner à rappeler et à faire connaître, à l'aide d'un tableau synoptique, les quatorze espèces réunies maintenant en un seul groupe. Il nous a été impossible d'établir dans ce genre une sous-division naturelle, tant les individus se ressemblent entre eux, excepté par quelques particularités de conformation extérieure, de sorte que la distribution que nous allons en présenter est un arrangement tout-à-fait arbitraire, artificiel et systématique, uniquement destiné à rendre plus commode, plus prompte et plus facile la détermination des espèces.

Voyez le tableau synoptique placé en regard.

1. LE CAMÉLÉON ORDINAIRE. *Chamæleo Vulgaris*, Cuvier.

Caractères. Occiput pointu et relevé en arrière, surmonté d'une forte carène curviligne. Corps couvert de petits grains serrés, subarrondis. Une crête dentelée sur la moitié du dos; une autre plus ou moins prononcée depuis le menton jusqu'à l'anus.

Il est aisé de s'apercevoir que l'espèce du Caméléon ordinaire se compose de deux races ou variétés, se distinguant bien l'une de l'autre et par le pays où elles vivent et par quelques différences dans les détails de leur organisation extérieure. Nous allons les faire connaître séparément.

VARIÉTÉ A.

Caractères. Dentelures de la partie inférieure du corps fort courtes et serrées.

Synonymie. *Chamæleon cinereus*. Aldrov. Quad. ovip. pag. 670.

Chamæleon. Worm. Mus. pag. 315.

Chamæleon. Olear. Mus. pag. 9, tab. 8, fig. 3.

Le Caméléon. Perr. Mém. Acad. Sc. tom. 3, part. 1re, pag. 35, planche 5.

The Chameleon. Ray. Synops. Quad. pag. 276.

Le Caméléon. Bosm. Voy. Guin. pag. 252.

Chamæleon. Mus. Kircher, pag. 275, tab. 293, fig. 44.

Chamæleon. Lochner, Mus. Besleri, tab. 12, fig. 2.

Chamæleon. Scheuchz. Phys. sac. tom. 3, tab. 262, fig. D.

Chamæleo ceilonicus subcrocei coloris. Séba, tom. 1er, p. 133, tab. 82, fig. 3.

Chamæleon. Prosp. Alp. Hist. Egypt. tom. 9, fig. 2. (Mala.)

Le Caméléon. Shaw, Voy. Tun. et Alg. tom. 1er, pag. 323.

Lacerta Chamæleon. Linn. Amœnit. Acad. tom. 1er, pag. 290 et 501.

Lacerta Chamæleon. Linn. Mus. Ad. Fred. tom. 1er, p. 45.

Lacerta Chamæleon. Mus. Gronov. tom. 2, pag. 76, n° 50.

Chamæleon cinereus verus. Jonst. Hist. Nat. Quadrup. tom. 1er, tab. 79.

Lacerta Chamæleon. Hasselq. It. Palest. pag. 297.

Chamæleon. Zooph. Gronov. pag. 12.

Lacerta Chamæleon. Linn. Syst. Natur. pag. 364.

Chamæleo Parisiensium. Laur. pag. 45.

Chamæleo Zeylonicus. Laur. pag. 46.

Lacerta Chamæleon. Gmelin. Linn. Syst. natur. pag. 1069.

Le Chamæleon. Knor. Deli. natur. tom. 2, pag. 130, pl. 55, fig. 2. (Bonne figure.)

Egyptian Chamæleon. Walc. exot. Anim.

Le Caméléon. Lacép. Hist. Quad. ovip. tom. 1er, p. 337, pl. 22.

Lacerta Chamæleon. Mus. Lesk. pag. 29.

Le Caméléon. Bonat. Encyc. meth. pl. 7, fig. 2.

Chamæleon mutabilis. Meyer, Synops. Rept.

Le Caméléon d'Afrique. Latreille, Hist. Rept. tom. 2, pag. 19, fig. sans n°.

African Chamæleon. Shaw, Gener. zool. tom. 3, pag. 262.

Chamæleon vulgaris. Daud. Hist. Rept. tom. 4, pag. 181.

Caméléon à casque plat, à dos lisse et à ventre dentelé en scie. (2e variété du Caméléon du Sénégal.) Daud. Hist. Rept. tom. 4, pag. 210 ?

Caméléon trapu. Is. Geoff. Rept. d'Égypt. pag. 134, pl. 4, fig. 3.

Le Caméléon commun. Bosc. Nouv. Dict. d'Hist. nat. tom. 5, pag. 64.

Le Caméléon trapu. Bosc. Nouv. Dict. d'Hist. nat. tom. 5, p. 64.

Chamæleo Africanus. Kuhl. Beïtr. Zool. pag. 104.

Chamæleon carinatus. Merr. Amph. pag. 162.

Chamæleon subcroceus. Merr. Amph. pag. 162.

Chamæleo vulgaris. Bory de Saint-Vincent, Dict. d'Hist. nat. tom. 3, pag. 95.

Chamæleo vulgaris. Gray, Philos. Magas. tom. 2, pag. 209.

Le Caméléon ordinaire. Cuvier, Règn. anim. tom. 2, pag. 59.

Chamæleo Africanus. Guérin, Icon. Règn. anim. tab. 15, fig. 1.

Chamæleon. Vander-Hœven, Icon. ad Illust. Color. mut.

The common Cameleon. Griff. anim. Kingd. part. 25, pag. 153.

Chamæleo vulgaris. Gray, in Griff. anim. Kingd.

Cameleo siculus. Grohm. Nuov. Descriz. del Camel. sicul.

DESCRIPTION.

Formes. Le dessus de la tête, considéré dans son contour horizontal, représente une ellipse allongée et pointue à ses deux bouts, dont l'antérieur est abaissé, tandis que le postérieur est fort relevé. La première moitié de cette partie supérieure de la tête forme une large gouttière inclinée en avant; la seconde, au contraire, s'élève en une crête arquée d'avant en arrière, de chaque côté de laquelle on voit quelquefois en avant une petite carène transversale.

Cette crête, ou mieux cette région postérieure de la tête, que l'on nomme le casque, est un peu plus courte et plus basse dans les femelles que chez les mâles. Mais, dans les deux sexes, les arcades surciliaires forment chacune une crête, qui d'un côté se prolonge jusqu'au bout du nez, et de l'autre jusqu'à la pointe de l'occiput, en décrivant une courbe dont la convexité est dirigée en bas.

A droite et à gauche de l'occiput, il existe un repli de la peau dont le bord libre, légèrement curviligne, s'étend de haut en bas depuis l'extrémité du casque jusqu'au niveau du condyle du maxillaire inférieur. Ce repli forme en cet endroit une sorte d'oreille qui s'applique sur le côté du cou, et dont le développement est plus grand chez les femelles que dans les mâles. Chez ceux-ci, la longueur de cet appendice cutané est deux fois moindre que sa hauteur; chez celles-là, elle ne l'est qu'une fois.

Le diamètre longitudinal de la tête, pris en droite ligne du bout du museau à son bord postérieur, est égal à la moitié de la longueur d'une patte de derrière. Le casque des mâles se prolonge d'un tiers de plus en arrière, et celui des femelles d'un quart seulement. On compte dix-huit dents de chaque côté de la mandibule, et trente-huit en tout à la mâchoire inférieure. Ces dents, qui sont triangulaires, diminuent insensiblement de grosseur à mesure qu'elles s'avancent vers l'extrémité des mâchoires.

En dessus et latéralement, la tête est revêtue d'écailles polygones très légèrement convexes, et d'un plus grand diamètre que les tégumens squammeux des autres parties du corps. Celles qui se trouvent sur les crêtes se terminent chacune en une petite pointe obtuse, ce qui rend ces dernières comme dentelées. Les scutelles ou petites plaques qui garnissent les bords libres des lèvres, sont oblongues et à cinq pans. D'autres écailles, ayant une forme conique, existent sur la moitié du dos, où elles constituent une espèce de crête très basse et par conséquent fort peu apparente. Il y en a d'à peu près semblables sur la ligne inférieure du corps, à partir du menton jusqu'à l'ouverture anale. Il arrive quelquefois à ces écailles de former deux rangs sous l'abdomen. Des écailles tuberculeuses se montrent sous la gorge. Le dessous des doigts en offre de carrées ou de rectangulaires qui y sont disposées en rangées transversales. Il y en a de même figure formant des verticilles autour de la seconde moitié de la queue; la première ayant, comme les membres, des écailles granuliformes. Le reste du corps est tout entier revêtu de petits grains ovales ou arrondis, mais d'égale grosseur, et serrés les uns contre les autres lorsque l'animal ne se gonfle pas; car, dans le cas contraire, ils semblent être disposés par petits groupes de cinq à six chacun.

Coloration. Plus haut, à la page 169, il a été parlé avec détails des changemens de couleur qu'éprouve le Caméléon Vulgaire en particulier. Il nous suffira donc de répéter ici qu'il peut prendre une teinte blanche, qu'il peut devenir presque noir; que tantôt ces deux couleurs sont disposées de telle sorte qu'il paraît tigré ou bien zébré. Tantôt le fond de sa couleur est brun : et le long du corps se montre une suite de taches oblongues d'un jaune sale. D'autrefois l'animal est jaune, avec des taches orangées, quadrangulaires de chaque côté du dos, et des anneaux de la même couleur autour des pattes et de la queue. Enfin on a vu son corps semé, sur un fond gris, de taches orangées, entremêlées de taches jaunes moins élargies, et en ayant de plus, sur les flancs, deux séries de rectangulaires et blanchâtres. Dans cet état, les membres et la queue étaient jaunes, celle-ci offrant des demi-anneaux bruns, alternant avec d'autres demi-anneaux orangés, ceux-là étant nuancés ou rayés de cette dernière couleur.

Conservés dans l'alcool, tels qu'on les possède dans les collections, les individus du Caméléon ordinaire, appartenant à cette variété, sont d'un brun gris ou noirâtre. La crête dentelée de la partie inférieure de leur corps est colorée en jaune pâle, de même que le dedans des doigts. Souvent leurs flancs offrent quelques grandes taches noires.

Dimensions. Nous avons cru nous apercevoir que les femelles sont un peu plus fortes que les mâles. Nous donnons ici les dimensions de la plus grande que nous ayons observée.

Longueur totale. 34". *Tête*. Long. 5"; haut. 3" 2'"; larg. 2" 5'". *Cou*. Long. 7'". *Corps*. Long. 13". *Memb. ant*. Long. 7". *Memb. post*. Long. 7" 3'". *Queue*. Long. 17".

Patrie. Notre variété A du Caméléon ordinaire ne paraît habiter que dans la partie septentrionale de l'Afrique. Nous ne l'avons jamais vu venir du Cap, ni du Sénégal. C'est en Égypte, à Tunis, à Tripoli, à Alger, en un mot, sur toute l'étendue des côtes africaines baignées par la Méditerranée qu'on l'a toujours rencontrée. Elle vit aussi dans le midi de l'Espagne; et s'il faut en croire M. Grohman, naturaliste allemand, qui a séjourné quelque temps en Sicile, cette île la nourrirait également. Nous avouons ne l'y avoir pas trouvée, malgré les recherches que nous fîmes dans ce pays pendant dix-huit mois, ni même avoir entendu dire qu'elle y existait par aucune des personnes auxquelles nous nous en sommes informé.

VARIÉTÉ B.

Caractères. Dentelures de la partie inférieure du corps assez longues et écartées.

Synonymie. *Chamæleo Mexicanus seu Cuapapalcatl*. Séba, tom. 1, pag. 132, tab. 82, fig. 1.

Chamæleo orientalis ex Amboinâ. Séba, tom. 1, p. 337, tab. 82, fig. 2.

Chamæleo ex Africâ, colore nigricante et pectine albo, etc. Séba, tom. 1, p. 134, tab. 83, fig. 4.

Chamæleo Mexicanus. Laur. p. 45.

Chamæleo Africanus. Laur. pag. 46.

Chamæleo calcaratus. Merr. Amph. pag. 162.

Chamæleo zebra. Bory de Saint-Vincent, Dict. Class. Hist nat. tom. 3, pag. 97, Pl. sans n°.

DESCRIPTION.

Formes. Les individus de cette variété diffèrent de ceux de la première ou de la variété A, en ce que leur casque est plus haut et plus long; en ce que les appendices cutanés, existant de chaque côté de l'occiput, sont moins développés; enfin, en ce que les crêtes qui règnent sur le dessus et le dessous du corps se composent de dentelures plus longues, plus coniques et plus écartées. Celles de ces dentelures en particulier, qui se voient sous la gorge, sont très-fortes et très-pointues.

COLORATION. Quant aux changemens de couleurs que l'animal peut, à sa volonté, faire subir à la peau qui l'enveloppe, nous ignorons s'ils sont les mêmes que chez la variété A. Mais nous remarquons que les individus conservés dans nos collections offrent en général une teinte plus foncée; que le jaune qui colore leur crête dentelée inférieure, ainsi que le dedans de leurs doigts, est plus vif; et que toujours les angles de la bouche ou la commissure des lèvres sont de cette dernière couleur.

DIMENSIONS. A en juger par les individus des deux variétés que nous avons été dans le cas d'observer, la première deviendrait un peu plus grande que la seconde, ainsi qu'on peut le voir en comparant les mesures suivantes avec celles que nous avons données plus haut.

LONGUEUR TOTALE. 40". *Tête*. Long. 5" 8'"; haut. 4" 3'"; larg. 3". *Cou*. Long. 13'". *Memb. antér*. 7" 4'". *Memb. post*. 7" 6'". *Queue*. Long. 21".

PATRIE. Cette variété B, qu'on pourrait également qualifier d'Indienne, attendu qu'elle paraît être particulière aux Indes orientales, nous a été envoyée de Pondichéry par M. Leschenault, M. Dussumier et M. Reynaud. Nous en possédons aussi un exemplaire qui faisait partie des collections recueillies dans l'Inde par Victor Jacquemont.

Observations. Cette espèce est la plus anciennement connue, celle dont il est question dans les auteurs qui ont traité les premiers des choses naturelles. La plupart des muséographes du seizième et du dix-septième siècles en ont donné des figures souvent fort incorrectes, il est vrai; mais parmi lesquelles il en est cependant quelques-unes d'assez supportables. La meilleure est sans contredit celle de Knorr.

Le Caméléon Vulgaire se trouve représenté plusieurs fois par Séba. D'abord dans la Planche 82, n° 3, du premier volume, d'après un individu qu'il dit venir de Ceylan, mais qui sans doute était une femelle de notre première variété. Ensuite, dans la même planche, n°s 1 et 2, et dans la suivante, n° 4, d'après des exemplaires originaires des Indes, ou appartenant à notre seconde variété, quoique Séba donne pour patrie, à l'un l'Afrique, et à un autre le Mexique. Mais on sait qu'à cet égard Séba n'a jamais mérité la moindre confiance, ayant été souvent trompé par les personnes qui lui procuraient les objets de sa collection.

2. LE CAMÉLÉON VERRUQUEUX. *Chamæleo Verrucosus*. Cuvier.

(*Voyez* Pl. 27, fig. 1.)

Caractères. Occiput pointu et relevé en arrière, surmonté d'une haute carène curviligne. Une forte crête dentelée sur le dos; une autre beaucoup plus faible sur la première moitié de la queue, sous la gorge et sous l'abdomen. Peau du corps revêtue de petits grains arrondis, entremêlés de plus gros. Une rangée longitudinale d'écailles circulaires le long de chaque flanc.

Synonymie. *Chamæleo verrucosus*. Cuvier. Règ. anim. tom. 2, pag. 60.

Chamæleo verrucosus. Griff. Anim. Kingd. tom. 9, pag. 154.

Chamæleo verrucosus. Gray, in Griffith's Anim. Kingd. tom. 9, pag. 53.

DESCRIPTION.

Formes. La tête de cette espèce a la même forme que celle du Caméléon Vulgaire. Cependant la partie postérieure ou le casque en est peut-être un peu plus élevée.

Sur les côtés de l'occiput, on ne voit point de ces sortes d'oreilles qui existent chez l'espèce précédente, et que nous retrouverons beaucoup plus développées dans le *Chamæleo bilobus*.

Les dents sont au nombre de trente-deux à la mâchoire supérieure, et de trente seulement à l'inférieure. A l'une comme à l'autre, les huit ou neuf premières sont très petites et serrées, tandis que les autres sont d'un tiers plus fortes et légèrement espacées.

Sur le dos du Caméléon verruqueux, il règne une crête dentelée, composée de fortes écailles dont la forme serait celle de petits cônes si elles n'étaient légèrement aplaties latéralement. Cette crête se continue sur la première moitié de la queue, mais en diminuant successivement de hauteur. Des écailles parfaitement coniques et à sommet très aigu sont suspendues sous la ligne médio-longitudinale de la gorge, où elles constituent une crête dentelée, analogue à celle du dos, qui ne commence pas, comme dans l'espèce précédente, à l'extrémité du maxillaire inférieur, mais un peu en arrière du menton, et qui ne se prolonge point non plus sans interruption jusqu'au cloaque. En effet, après avoir disparu sous le cou, elle ne se remontre plus que sur la poitrine et l'abdomen. Là, elle est même fort courte, mais néanmoins apparente chez les jeunes sujets, au lieu qu'on l'aperçoit à peine chez ceux qu'à leur taille on doit supposer être adultes.

Les joues et les côtés du casque sont revêtus de grandes plaques squammeuses circulaires, entre lesquelles il en existe d'autres fort petites. Elles y sont disposées aussi irrégulièrement que celles de figure polygone qui garnissent la moitié antérieure du dessus de la tête. Toutes les crêtes que présentent celles-ci sont tuberculeuses.

Aux très petits grains qui couvrent la peau des membres et du corps, s'en mêle un assez grand nombre de plus gros et de très convexes, lorsque l'animal est jeune, mais qui deviennent tout-à-fait plats avec l'âge.

De chaque côté du dos, à partir de l'épaule jusqu'au-dessus de la cuisse, on remarque une série de seize ou dix-sept larges écailles circulaires qui, de même que les grains squammeux dont nous venons de parler, offrent une surface bombée chez les jeunes sujets; tandis qu'elles sont parfaitement planes chez ceux que nous considérons comme adultes. Ce sont également des écailles granuliformes, mais s'aplatissant néanmoins avec l'âge, qui revêtent la queue, où elles se trouvent assez irrégulièrement disposées, sur les parties latérales et placées en rangs transversaux sous la région inférieure. On peut même ajouter que ces dernières affectent une forme quadrangulaire, comme celles qu'on remarque sous les doigts.

Coloration. Il y a dans notre collection un jeune Caméléon de cette espèce, dont la couleur est d'un gris olivâtre. Elle en renferme deux autres beaucoup plus grands, offrant une teinte marron sur toutes les parties du corps qui n'ont point perdu leur épiderme. Les endroits où celui-ci manque présentent une teinte grise ardoisée très claire.

Dimensions. Le Caméléon verruqueux est, avec le *Chamæleo Parsonii*, celui qui atteint la plus grande taille, comme on peut le voir par les mesures suivantes. *Longueur totale*, 55". *Tête.* Long. 8" 5'"; larg. 4" 2'". *Cou.* Long. 1" 5'". *Corps.* Long. 16". *Memb. antér.* Long. 10" 2'". *Memb. post.* Long. 10" 5'". *Queue.* Long. 29".

14.

Patrie. Cette espèce est une de celles que produit l'île de Madagascar, où les deux plus grands des trois individus que renferme notre collection ont été recueillis par MM. Quoy et Gaimard. Le troisième, celui d'après lequel M. Cuvier a établi l'espèce et le seul qu'il ait vu, avait été adressé de Bourbon à notre établissement, par M. le baron Milius.

Observations. Nous ne connaissons aucune autre description originale du Caméleon Verruqueux que celle excessivement courte, mais bien caractéristique, que M. Cuvier a publiée dans le second volume de son règne animal. C'est une espèce si distincte de toutes les autres, même du Caméléon ordinaire auquel elle ressemble le plus, qu'il est impossible de la confondre avec aucune de ses congénères. La figure qui la représente dans notre planche 27, suppleera à ce que notre description aurait d'imparfait.

3. LE CAMÉLÉON TIGRE. *Chamæleo Tigris.* Cuvier.

Caractères. Casque pointu et couché en arrière, ayant sa carène médio-longitudinale bifurquée en avant et dentelée, ainsi que les arêtes surciliaires et temporales. Un petit appendice cutané à l'extrémité du menton. Des dentelures écartées sous la gorge et sur la première moitié du dos. Grains de la peau du corps petits, plats, égaux et quadrangulaires.

Synonymie. *Chamæleo tigris.* Cuv. Mus. Par.

Chamæleo tigris et *Seychellensis.* Kulh. Beitr. Zool. pag. 105.

Chamæleo tigris et *Seychellensis.* Gray, Philos. Magaz. tom. 2, pag. 213 et 214.

Chamæleo tigris. Cuv. Règ. Anim. tom. 2, pag. 60.

Chamæleo tigris. Griff. Anim. Kingd. part. 25, pag. 153.

Chamæleo tigris. Gray, in Griffith's Anim. Kingd.

Chamæleo tigris. Gray, Spicileg. Zool. part. 1, pag. 3, tab. 3, fig. 2 et 2 *a*.

DESCRIPTION.

Formes. Le Caméléon Tigre a des formes plus grêles qu'aucun autre de ses congénères.

Son casque est pointu comme celui des deux espèces précédentes, mais il est couché en arrière, et l'arête qui le surmonte longitudinalement, outre qu'elle n'est point arquée, se divise antérieurement en deux branches qui vont aboutir, l'une à droite, l'autre à gauche, au tiers postérieur de l'arcade surciliaire. Celle-ci forme une crête tuberculeuse qui, en avant, se prolonge presque jusqu'au bout du nez. En arrière de l'œil, sur la région temporale, on remarque une autre arête épineuse qui coupe celle-ci en long et en droite ligne, pour remonter ensuite le long du bord postérieur du casque dont l'arête médiane est aussi hérissée de dentelures, dans sa portion simple comme dans sa portion bifurquée.

Il est des individus qui offrent également quelques petits tubercules sur le front et sur le bord orbitaire postérieur. Chez ce Caméléon, la peau des côtés de l'occiput ne forme point des replis simulant des espèces d'oreilles. Nous avons compté quinze ou seize dents de chaque côté, à l'une et à l'autre mâchoire. La surface antérieure de la tête, à partir du dessus des yeux, fait moins la gouttière que dans les Caméléons Vulgaire et Verruqueux. Chez deux des individus que nous possédons, la partie du crâne comprise entre les deux branches de la carène du casque est très concave. Elle l'est beaucoup moins chez un troisième; et chez deux autres elle est tout-à-fait plane. La concavité du crâne, dans cet endroit, ne vient sans doute qu'avec l'âge; car c'est justement chez les deux plus grands exemplaires qu'elle est le plus prononcée.

Les membres postérieurs sont un peu plus courts que les antérieurs. De petites écailles polygones, égales et tuberculeuses, garnissent le bout du museau et les lèvres. Celles qui revêtent les autres parties de la surface de la tête ont la même forme et la même grandeur; mais elles sont complétement plates.

Cette espèce est encore une de celles sur le dos desquelles on remarque une petite crête dentelée. Mais cette crête, le Caméléon tigre ne la conserve pas pendant toute sa vie. Dans les jeunes sujets, les petites écailles pointues, très écartées, et au nombre de vingt environ qui la composent, occupent à peu près toute l'étendue du dos; mais à mesure que l'animal grandit, elles disparaissent peu à peu, en commençant par les dernières; en sorte qu'il finit par n'en plus conserver que quelques-unes de fort obtuses au-dessus des épaules. D'autres petites écailles, entièrement semblables à celles de la crête du dos, forment sous la gorge une série longitudinale qui est précédée d'un petit lambeau de peau comprimé, couvert de grains squammeux très fins et dont les bords sont dentelés. Ce petit appendice est positivement situé sous la symphise du maxillaire inférieur. Les grains squammeux des autres parties du corps sont égaux et très serrés. Il ne s'y mêle aucune espèce de tubercules. Ceux de la gorge et du ventre sont un peu arrondis et légèrement convexes. Ceux du dessous de la queue sont quadrangulaires et un peu bombés. Il y en a de rhomboïdaux sur les membres, de triangulaires et de carrés sur les côtés du corps et de cette dernière figure, seulement, sur la région inférieure de la queue. Mais tous ceux-ci sont parfaitement aplatis. Le dessous des doigts en offre qui sont polygones et disposés en pavé, mais non par rangées transversales comme chez les deux espèces précédentes.

Coloration. Il existe dans notre collection trois individus du Caméléon tigre dont les parties du corps sont presque toutes semées de petites taches noires, sur un fond brun plus ou moins fauve. Chez l'un d'eux, cette dernière couleur forme même un cercle autour de quelques-unes de ses nombreuses taches noires. Tous trois ont le dessous du cou, la gorge et les lèvres jaunâtres. Ce système de coloration, comme on le pense bien, n'est pas celui que présente constamment l'espèce; c'est le résultat d'un de ces changemens de couleurs que tous les Caméléons ont la faculté de faire éprouver à la peau qui les enveloppe. Ce qui le prouve, ce sont deux autres exemplaires appartenant également à notre Musée, lesquels offrent, l'un une couleur violacée uniforme; l'autre une teinte jaune mêlée de grisâtre sur les régions inférieures.

Dimensions. Nos trois petits échantillons ont de treize à quinze centimètres de long. Les deux plus grands en ont, l'un vingt-et-un et l'autre vingt-trois. C'est d'après ce dernier que nous donnons ici les mesures des principales parties du corps.

Longueur totale. 23". *Tête*. Long. 3" 5'"; haut. 2" 2'"; larg. 1" 5'". *Cou*. Long. 9". *Memb. ant.* Long. 5". *Memb. post.* Long. 4" 6'". *Queue*. Long. 12'".

Patrie. Quatre des cinq individus d'après lesquels vient d'être faite la description qui précède, proviennent des îles Seychelles. Deux en ont été rapportés par Peron et Lesueur, et les deux autres séparément par MM. Dussumier et Eydoux. Quant au cinquième, son origine ne nous est pas connue.

Observations. C'est à Kuhl qu'on doit la première description qui ait été publiée de cette espèce qu'il avait observée dans notre

Musée, et dont il fit un double emploi sous le nom de *Chamæleo Seychellensis*. L'individu type de son *Chamæleo tigris* portait déjà ce nom écrit de la main même de Cuvier sur le bocal qui le renfermait. C'est un des trois qui existaient seuls alors dans la collection, celui dont nous ne connaissons pas l'origine, et qui, semblable à ceux que nous avons reçus depuis, a le corps parsemé de taches noires.

Celui que Kuhl a nommé *Chamæleo Seychellensis* a été établi sur les deux individus de Péron et Lesueur, dont la taille est un peu plus grande et la couleur uniforme, différences qui ne sont purement qu'individuelles, et non spécifiques ainsi que l'a pensé Kuhl, soutenu peut-être dans cette opinion par celle de Péron, d'après les catalogues duquel ces deux exemplaires se trouvaient étiquetés : *Chamæleo Seychellensis*.

Il faut que M. Cuvier n'ait pas lu attentivement la description de ce prétendu Caméléon des Seychelles de Kuhl, description qu'il est facile de reconnaître pour être faite d'après les deux individus rapportés par Péron et Lesueur ; ou bien que lui-même les ait crus différens de l'individu nommé par lui Caméléon tigre, pour qu'il ait pu dire, dans une note de la seconde édition de son Règne animal, que le Caméléon que Kuhl appelait *Seychellensis* était probablement une femelle du *Chamæleo pumilus*.

Mais notre seconde supposition ne peut être admise que très difficilement, car les deux Caméléons des Seychelles, de Péron et Lesueur, que M. Cuvier avait certainement bien examinés, n'ont pu être regardés par lui comme appartenant au Caméléon nain, dont ils diffèrent à tant d'égards ; et, d'un autre côté, s'il les considérait comme distincts du Caméléon tigre, pourquoi ne les aurait-il pas cités comme tels dans cette seconde édition du Règne animal, où il a brièvement décrit toutes les espèces que renfermait notre Musée lorsqu'il la publia ?

Quoi qu'il en soit, ce *Chamæleo Seychellensis* de Kuhl, adopté par M. Gray dans le mémoire qu'il a publié sur le genre *Chamæleo*, dans le *Philosophical Magazine*, est une espèce à rayer des catalogues erpétologiques. Il n'existe encore d'autre figure du Caméléon tigre que celle représentée par ce dernier auteur dans ses *Spicilegia zoologica*.

4. LE CAMÉLÉON NASU. *Camæleon nasutus*. Nobis.

CARACTÈRES. Casque triangulaire, couché en arrière; museau terminé par un petit lambeau de peau comprimée. Quelques pointes molles isolées sur le dos des mâles.

DESCRIPTION.

Ce Caméléon est une espèce de très petite taille fort voisine, mais néanmoins distincte du Caméléon tigre. Elle est remarquable en ce qu'elle porte à l'extrémité du nez un appendice semblable à celui qui pend sous le menton de l'espèce précédente. Cet appendice est un lambeau de peau comprimé, qui saille un peu au-dessus de la bouche; le bord antérieur en est arrondi, faiblement festonné, et les côtés garnis d'écailles finement granuleuses.

Le casque a absolument la même forme que celui du Caméléon tigre, c'est-à-dire qu'il est triangulaire; mais au lieu d'offrir, sur la surface comme chez ce dernier, une arête médiane bifurquée en avant, il en présente deux formant un angle aigu, dont le sommet correspond à la pointe de l'occiput. Du reste, ces deux arêtes sont très peu marquées, et celles qui surmontent les voûtes orbitaires ne le ne sont guère plus. Celles-ci se prolongent en avant jusqu'à la naissance du petit appendice nasal dont nous venons de parler; et, en arrière, elles sont contiguës aux bords latéraux du casque.

Les dents sont tricuspides, comprimées, et au nombre de seize à chaque mâchoire.

Ce petit Caméléon est grêle dans ses formes. Il a le dos un peu arrondi, et celui-ci donne naissance à quelques petites pointes molles qu'on ne remarque pourtant que chez les individus mâles. L'un et l'autre sexes sont dépourvus de dentelures sous la ligne medio-longitudinale du dessous du corps. De petites plaques polygones aplaties revêtent le dessus et les côtés de la tête. Ce sont des grains squammeux très-fins, qui se montrent sur les parties latérales du museau. Les ouvertures des narines sont circulaires et dirigées obliquement en arrière.

La peau de la gorge et de la poitrine est granuleuse. Sur le corps on voit des petites écailles arrondies et plates, se mêlant à d'autres dont la figure est oblongue ou triangulaire. Les membres en offrent de rhomboïdales, et le ventre et la queue de carrées. Sur cette dernière elles forment des verticilles.

Coloration. Il règne un brun foncé très finement piqueté de noir sur les parties supérieures du corps. Le ventre est grisâtre. Une teinte orangée apparaît sous forme de bande longitudinale de chaque côté du corps, et sous celle d'anneaux interrompus autour de la queue.

Dimensions. Cette espèce de Caméléon est sans contredit la plus petite de celles que l'on connaît aujourd'hui. Les quatre individus tous de même taille, que nous possédons sont évidemment adultes; car parmi eux il se trouve une femelle dont le ventre est rempli d'œufs qui étaient prêts à être pondus.

Voici les dimensions des diverses parties de leur corps :

Longueur totale, 8". *Téte.* Long. 1" 5'"; haut. 8'"; larg. 1". *Cou.* Long. 3". *Corps.* Long. 2". *Memb. antér.* Long. 9'". *Memb. postér.* Long. 8'". *Queue.* Long. 4" 5'".

Patrie. Cette intéressante espèce de Caméléon vient de nous être adressée de Madagascar par M. Bernier.

Observations. C'est une dé ouverte dont la science erpétologique est redevable à ce naturaliste.

5. LE CAMÉLÉON NAIN. *Chamœleo pumilus.* Latreille.

Caractères. Casque triangulaire, allongé, étroit, à carène fort basse. Tète tuberculeuse. Une crête dentelée sur le dos et sur la queue. Des lambeaux de peau comprimés sous la gorge. Des petits grains inégaux très serrés sur le corps, avec une ou deux séries longitudinales de grandes écailles circulaires sur chaque flanc.

Synonymie. *Chamœleo Amboinensis.* Séba, tom. 1, pag. 134, tab. 182, fig. 4 et 5?

Chamœleo pumilus. Latr. Hist. Rept. tom. 2, p. 20, d'après Séba, dont il cite la planche 83, fig. 5.

Chamœleo pumilus. Daud. Hist. Rept. tom. 4, pag. 212, tab. 53.

Le Chaméléon nain. Bosc. Nouv. Dict. d'Hist. nat. tom. 5, p. 64, Pl. B, 6, fig. 8.

Chamœleo pumilus. Kuhl. Beitr. Zool. pag. 104.

Chamœleo Margaritaceus. Merrem. Amph. pag. 162.

Chamæleo pumilus. Bory de Saint-Vincent, Dict. Class. d'Hist. nat. tom. 3, p. 98.

Chamæleo pumilus. Gray, Philos. Magaz. tom. 2, pag. 211.

Le Caméléon nain. Cuv. Règn. anim. tom. 2, pag. 60.

Chamæleo pumilus. Wagler, Nat. Syst. Amph. pag. 163.

The Dwarf. Cameleon. Griff. Anim. Kingd. tom. 9, pag. 154.

Chamæleon pumilus. Gray, In Griffith's Anim. Kingd. tom. 9, pag. 53.

DESCRIPTION.

FORMES. Le Caméléon nain est ramassé dans ses formes. La tête est aplatie latéralement. Le contour horizontal de la partie supérieure représente un losange, dont l'angle antérieur est obtus et l'angle postérieur très aigu. En avant, le dessus de la tête est légèrement concave, et est un peu incliné vers le bout du museau. En arrière, il offre sur la ligne médio-longitudinale une faible carène tuberculeuse de même que les bords latéraux du casque et les crêtes surciliaires qui se prolongent jusqu'au bout du nez.

Sur les côtés de la tête, à droite et à gauche du casque, on voit une autre crête tuberculeuse formant un angle droit qui touche par sa base, d'un côté au milieu du bord orbitaire postérieur et de l'autre au dernier tiers de la marge du casque. Le cercle de l'orbite et la carène qui le surmonte sont garnis de tubercules. Toutes les écailles recouvrant le dessus du crâne sont plus ou moins convexes. Celles qui revêtent les joues sont polygones et aplaties.

Les mâchoires sont armées chacune de trente dents triangulaires, comprimées, ayant une petite pointe de chaque côté. Des lambeaux de peau minces, à bord inférieur arrondi et denticulé, pendent sous la gorge, où ils constituent une espèce de frange qui s'étend sur la région moyenne, depuis le menton jusqu'à la poitrine. Mais cela, chez les mâles seulement; car chez les individus de l'autre sexe, cette frange sous-gutturale se termine à la naissance du cou. Le nombre de ces lambeaux de peau varie de douze à vingt. Ils sont moins développés chez les femelles que chez les mâles, et leur forme, qui est oblongue dans les premières, est presque circulaire chez les derniers. Dans les deux sexes ils diminuent de grandeur à mesure qu'ils s'éloignent du menton. Le diamètre des plus grands n'est pas tout-à-fait égal à celui de l'orbite. Une ligne de fortes écailles coniques s'étend sur la partie supérieure du corps, en diminuant successivement de grosseur, depuis les épaules jusqu'au dernier quart environ de la longueur de la queue. Ces écailles sont légèrement penchées en arrière, et laissent entre elles un intervalle équivalant à peu près à la moitié du diamètre de leur base.

Le ventre n'offre point de dentelures. Il est revêtu, comme le reste du corps, de petits grains serrés et sub-arrondis. Les côtés de celui-ci sont clair-semés d'écailles circulaires à surface convexe, qui quelquefois sont placées assez régulièrement pour former une ou deux rangées longitudinales. Les membres et les parties latérales de la queue présentent de gros et de petits tubercules entremêlés. Les écailles du dessous des doigts, qui sont granuleuses, y sont disposées en rangs transversaux.

Coloration. Parmi les nombreux individus appartenant à cette espèce, qui font partie de nos collections, il s'en trouve qui sont d'un gris blanchâtre, d'autres offrent une teinte violacée avec des bandes ou des tâches jaunes sur les côtés du corps. Ceux-ci sont olivâtres, ceux-là sont irrégulièrement peints de noir, de brun et de fauve.

Dimensions. La taille de ce Caméléon reste bien au-dessous de celle des précédens, à l'exception du C. nasique. Nous n'avons pas encore observé d'individu plus grand que celui dont nous donnons ici les dimensions des principales parties du corps.

Longueur totale, 17". *Tête.* Long. 2" 5'"; haut. 1" 5'"; larg. 1". *Cou.* 5" *Corps.* Long. 6". *Memb. antér.* Long. 3" 7'". *Memb. post.* Long. 3" 5'". *Queue.* Long. 7" 5'".

Patrie. Les récoltes zoologiques faites au cap de Bonne-Espérance, par feu Delalande, ont fourni à notre musée plus de trente échantillons de Caméléon nain. M. Reynaud et MM. Quoy et Gaimard en ont aussi envoyé quelques-uns du même pays. Mais ce n'est pas le seul qui produise cette espèce; car nous en avons un jeune sujet que Péron et Lesueur ont rapporté des îles Seychelles.

Observations. Latreille et Daudin, qui ont les premiers décrit le Caméléon nain, ont eu tort, suivant nous, de citer comme étant le portrait de cette espèce, la figure n° 5, de la planche 183, du tome premier de Séba. Cette figure nous semble plutôt être une mauvaise représentation du Caméléon du Sénégal. C'est ce qui nous a empêchés de placer dans notre synonymie du Caméléon nain le *Chamæleo Bonæ Spei* de Laurenti, pag. 46, n° 64, et le

Lacerta pumila de Gmelin, pag. 1069, n° 61, qui n'ont été établis que d'après la gravure de Séba que nous venons de citer.

Mais il est présumable que c'est le jeune âge de l'espèce du présent article, espèce que ce muséographe a eu l'intention de représenter dans la planche 182, n°s 4 et 5 du même volume.

6. LE CAMÉLÉON A BANDES LATÉRALES. *Chamæleo lateralis*. Gray.

Caractères. Casque couché en arrière, fort bas, à carène légèrement arquée. Dos et ventre sans crêtes. Des dentelures très courtes sous la gorge. Grains de la peau petits, égaux, très convexes, semés d'autres grains semblables, mais un peu plus forts.

Synonymie. *Chamæleo lateralis*. Gray. In Griffith's Anim. Kingd. tom. 9, pag. 53.

DESCRIPTION.

Formes. Cette espèce a le corps trapu. Son casque est un peu plus court, moins pointu et surtout moins relevé que celui des espèces précédentes; la carène en est fort basse et légèrement arquée. Le pourtour de sa tête, vu en dessus, forme en avant un long angle aigu, et en arrière un autre angle court et obtus. Les crêtes surciliaires se prolongent jusqu'au bout du museau. Celui-ci est concave et légèrement incliné. Les bords latéraux du casque, qui semblent continuer les carènes des orbites, en arrière, sont arqués dans le sens opposé de celles-ci. Les arêtes de la tête n'offrent point de dentelures. Les écailles qui les garnissent sont carrées, ainsi que celles du bord postérieur de l'orbite. Sur le museau, on en voit de polygones, convexes ou aplaties suivant les individus : celles qui revêtent le crâne sont granuleuses ou bien très faiblement carénées.

Le ventre, la queue, ni le dos ne présentent de crêtes dentelées. Il règne seulement sur toute l'étendue du dernier un double rang de petites écailles coniques fort courtes. On en remarque environ une vingtaine de semblables constituant une série longitudinale sous la gorge. Ce sont des grains squammeux extrêmement fins, parfaitement arrondis et très serrés, qui se montrent sur la surface de toutes les autres parties de l'animal; à ceux des flancs il se mêle quelques petits tubercules.

La queue ne fait pas tout-à-fait la moitié de la longueur totale du corps.

Les dents sont triangulaires, simples et très pointues. Il en existe vingt-huit ou trente en bas, et trente-deux en haut.

Coloration. Les trois individus de cette espèce que renferme la collection, ont le dessous du corps marqué d'une large et belle bande jaune régnant depuis le menton jusqu'à l'anus. Ils en offrent une autre, mais moins prononcée, de chaque côté du corps. Celles-ci sont parallèles au dos et situées vers les deux tiers de sa hauteur. Le dessous des doigts est de la couleur de ces bandes.

Deux de ces trois individus sont d'ailleurs complétement noirs; l'autre présente une teinte plombée sur la partie supérieure du corps, laquelle paraît être lavée de jaunâtre sur les régions inférieures.

Dimensions. *Longueur totale.* 19". *Tête.* Long. 3"; haut. 2"; larg. 1" 3'". *Cou.* Long. 5'" *Corps.* Long. 6" 3'". *Memb. antér.* long. 4". *Memb. postér.* Long. 3" 5'". *Queue.* Long. 8" 5'". Ces mesures sont celles du plus grand de nos trois échantillons. Les deux autres ont de quatorze à seize centimètres de long.

Patrie. Les derniers, ou les plus petits, ont été envoyés de l'île Bourbon par M. le baron Milius. Nous devons celui de dix-neuf centimètres de long à M. Goudot, qui l'a adressé de Madagascar.

Observations. Il n'existe encore aucun portrait de cette espèce. Elle n'est connue des naturalistes que par la très courte description qu'en a publiée M. Gray, à la suite de la partie erpétologique de la traduction anglaise du Règne animal de Cuvier, faite par MM. Pidgeons et Griffith.

7. LE CAMÉLÉON DU SÉNÉGAL. *Chamæleo Senegalensis.* Cuvier.
(*Voyez* pl. 27, fig. 2.)

Caractères. Casque plat, presque arrondi en arrière. Arêtes surciliaires non réunies à leurs extrémités et ne se prolongeant pas tout-à-fait jusqu'au bout du museau. Dessus et dessous du corps garnis de dentelures. Grains de la peau nombreux, petits et égaux.

Synonymie. *Lacerta Chamæleon, pileo plano.* Linn. Syst. Nat. pag. 365.

Chamæleo Promontorii Bonæ Spei. Séba. tom. 1, tab. 83, fig. 5.

Chamæleo. Jonston. tom. 1, tab. 79.

Chamæleo Bonæ Spei. Laurenti. pag. 46, nº 64, d'après Séba.

Chamæleo. Miller. Cymel. phys. pag. 22, tab. 11.

Lacerta Chamæleon. Gmel. Syst. Nat. pag. 1069.

Lacerta pumila. Gmel. Syst. Nat. pag. 1069, nº 61.

Common Cameleon. Shaw. Gener. Zool. tom. 3, pag. 253, tab. 76.

Little Cameleon. Shaw. Gener. Zool. tom. 3, pag. 263.

Chamæleo Senegalensis. Daud. Hist. Rept. tom. 4, pag. 203.

Caméléon à casque plat et à ventre dentelé en scie du Sénégal (1re variété). Daud. Hist. Rept. tom. 4, pag. 209.

Chamæleo Senegalensis. Bory de Saint-Vinc. Dict. class. d'Hist. nat. tom. 3, pag. 97.

Chamæleo Senegalensis. Gray. Philosoph. Magaz. tom. 2, pag. 212.

Le Caméléon du Sénégal. Cuvier. Reg. anim. tom. 2, pag. 60.

The Cameleon of Senegal. Griff. Anim. Kindg. tom. 9, pag. 154.

Chamæleo Senegalensis. Gray. In Griffith's Anim. Kingd. tom. 9. pag. 53.

DESCRIPTION.

Formes. La tête du Caméléon du Sénégal est du double plus longue qu'elle n'est haute en arrière. Le contour de sa surface supérieure, s'il ne se terminait angulairement du côté du nez, représenterait une figure ovale allongée. Le casque est horizontalement situé, et la carène qui s'élève de la ligne médio-longitudinale très peu prononcée. Ses bords font une légère saillie, qui se trouve continuée par les arêtes surciliaires. Celles-ci se prolongent sur le museau, sans cependant arriver jusqu'à son extrémité où elles ne se réunissent pas ensemble, comme cela se voit chez le Caméléon panthère. La moitié antérieure du dessus de la tête est un peu concave et penchée en avant. La mandibule, de même que la mâchoire inférieure, est armée de vingt dents de chaque côté. Les membres sont d'égale longueur. La queue entre pour la moitié dans la longueur totale du corps. La surface du crâne est revêtue, ainsi que les joues, d'écailles polygones, plates et à peu près égales entre elles. Ce sont les plus grandes de toutes celles de la tête. Il en existe quelques-unes, qui sont tuberculeuses, entre le bord orbitaire et la narine. Sur les lèvres, il y en a un premier rang de pentagones et un second d'hexagonales. Les membres en sont garnis d'assez petites, ayant une forme rhomboïdale; pourtant, sous les doigts, où elles sont placées en rangs transversaux, elles prennent une figure ovalaire.

Celles qui entourent et protégent la queue sont carrées, légèrement bombées et disposées en anneaux. On voit d'autres écailles ayant la même figure que celles-ci, mais parfaitement plates, sur la partie la plus élevée du corps, où elles forment de chaque côté trois ou quatre séries longitudinales. Les autres régions de l'animal ne présentent plus que des grains squammeux, quelquefois simplement convexes, d'autres fois ayant leur sommet un peu pointu. Ces grains, qui sont égaux et très serrés les uns contre les autres, n'ont pas toujours une forme arrondie ; souvent elle est ovalaire, et parfois elle approche de la quadrilatérale. La ligne moyenne du dos et celle de la partie inférieure du corps donnent naissance à une suite d'écailles coniques, qui constituent ce que nous appelons les crêtes dentelées supérieure et inférieure, et qui sont ici toutes deux fort basses. La première occupe non-seulement toute la région dorsale, mais se prolonge sur la presque totalité du dessus de la queue, en diminuant, bien entendu, de hauteur à mesure qu'elle s'éloigne de la tête. La seconde, ou l'inférieure, s'étend depuis le bout du menton jusqu'au cloaque, sans s'atténuer beaucoup vers son extrémité postérieure.

Les écailles de cette crête ventrale, quoiqu'un peu comprimées, le sont moins que celles de la dorsale, qui de plus sont légèrement penchées en arrière. Quelques individus ont aussi sous la queue, à son origine, une autre crête dentelée, mais elle est très peu prononcée.

Coloration. La plupart des individus de cette espèce que nous avons été dans le cas d'observer dans les collections, sont d'un gris jaunâtre. La nôtre en renferme deux colorés de la même manière, un autre sur toutes les parties duquel est répandu une belle teinte violette, et un quatrième présentant une couleur jaune légèrement salie. Nous en avons encore deux très jeunes, dont la couleur fauve ou jaunâtre est mélangée de noir sur les côtés du corps. C'est un de ces deux individus en particulier que Daudin a décrit à la page 209 du 4e volume de son Histoire des Reptiles, et qu'il désigne par cette phrase: *Caméléon à capuchon pyramidal et à ventre dentelé en scie du Sénégal.*

Dimensions. La taille du Caméléon du Sénégal est à peu près la même que celle de l'espèce ordinaire. Les dimensions suivantes sont celles du plus grand exemplaire de notre collection.

Longueur totale. 28". *Tête*. Long. 4"; haut. 2"; larg. 1" 8"'. *Cou*. Long. 8"'. *Corps*. Long. 10". *Memb. antér.* 6" 5"'. *Memb. postér.* 6" 5"'. *Queue*. Long. 13".

Patrie. Tous les individus de cette espèce, dont nous avons pu constater l'origine, venaient du Sénégal. Deux de ceux que nous possédons nous ont été envoyés de ce pays par M. Delcambre.

Observations. Nous n'avons jusqu'ici trouvé dans les auteurs muséographes et autres, aucune bonne figure de cette espèce de Caméléon. La moins mauvaise est celle du *Common Cameleon* de Shaw, copiée, à ce qu'il paraît, du *Cymelia physica* de Miller (ouvrage que nous avons le regret de ne pas connaître). Encore offre-t-elle une grande inexactitude, celle de ne pas représenter les dentelures de la partie inférieure du corps. Nous croyons bien que c'est à cette espèce que doit être rapportée la figure du *Chamæleo Bonæ Spei* de Seba, sans cependant oser l'affirmer.

Ces mots *variat pileo et carinato*, écrits par Linné dans la 12e édition du *Systema naturæ*, à propos de son *Lacerta Chamæleon* indiquent suffisamment que sous ce nom il confondait le Caméléon vulgaire et le Caméléon du Sénégal, les seules espèces qu'on connût alors. Son éditeur Gmelin est le premier qui les distingua. Alors il conserva le nom de *Lacerta Chamæleon* à l'espèce à casque plat en y rapportant à tort celle figurée par Parson dans les Transactions Philosophiques de Londres, ou notre *Chamæleo Parsonii*, et appela *Lacerta Africana* le Caméléon Vulgaire. C'est le Caméléon du Sénégal, ou mieux la figure que nous présumons le représenter dans le tome 1, pl. 83, fig. 5, de l'ouvrage de Séba, qui a servi de type à la phrase caractéristique du *Chamæleo Bonæ Spei* de Laurenti, espèce que Gmelin a inscrite sous le nom de *Lacerta pumila*, et que Shaw a adoptée.

Le Caméléon que Daudin appelle Caméléon à ventre dentelé en scie du Sénégal (*Chamæleo Senegalensis*), est positivement le même que celui du présent article; car la description qu'il en donne a été faite sur un individu de notre collection. C'est un très jeune sujet, entre lequel et le *Chamæleo Mexicanus* de Séba, il existe une si grande différence que nous ne concevons pas comment il s'est fait que Daudin les ait cités comme étant de la même espèce.

Le *Chamæleo Mexicanus* de Daudin est un Caméléon Vulgaire de notre variété B, ou Indienne, qu'il est aisé de reconnaître à la longueur de son casque. La première variété du Caméléon à casque plat et à ventre dentelé en scie, que Daudin a décrite d'après Latreille, appartient évidemment au Caméléon du Sénégal; mais la seconde, celle qu'il distingue par cette phrase : *Caméléon à casque plat, à dos lisse et à ventre dentelé en scie de Ceylan*, doit en être séparée, attendu qu'elle ne repose que sur la figure n° 3 de la planche 82 du tome 1 de Séba, figure que nous croyons bien être celle d'une femelle de notre Caméléon Vulgaire, variété A.

8. LE CAMÉLÉON BILOBÉ. *Chamæleo dilepis*. Leach.

Caractères. Casque plat; arêtes surciliaires non réunies antérieurement, et ne se prolongeant pas tout-à-fait jusqu'au bout du museau. Un appendice cutané de chaque côté de l'occiput; une crête dentelée sur le dessus et le dessous du corps. Peau garnie de grains nombreux, serrés, à pointes obtuses.

Synonymie. *Chamæleo dilepis*. Leach. In Boodish's Ashantee append. n° 4, pag. 493.

Chamæleo bilobus. Kuhl. Beitr. zool. pag. 104.

Chamæleo dilepis. Gray. Spicileg. zool. part. 1, pag. 2, tab. 3, fig. 4 et 5.

Chamæleo planiceps. Merr. Amph. pag. 162, n° 3.

Chamæleo dilepis. Gray, Philos. Magaz. tom. 2, pag. 211.

Chamæleo dilepis. Gray, Synops. In Griffith's Anim. Kingd. tom. 9, pag. 53.

DESCRIPTION.

Formes. Cette espèce ne diffère de la précédente que parce que les grains de sa peau sont un peu plus gros et à sommet aigu, et que de chaque côté de son casque il existe un appendice cutané, plus ou moins développé, suivant les individus. Chez quelques-uns, en effet, il est fort court, tandis que chez d'autres il couvre tout le haut du cou sur lequel il s'applique. Ces sortes d'oreilles sont plus hautes que longues, et arrondies en arrière. La peau épaisse dont elles sont formées est complétement nue en dessous; en dessus elle est garnie d'écailles semblables à celles des joues.

Coloration. Le système de coloration qui nous a été offert par trois individus femelles, les seuls que nous ayons encore été dans le cas d'étudier, est celui-ci : Un jaune vif colore la crête inférieure du corps, et une teinte fauve se montre sur les régions internes des cuisses : les autres parties de l'animal sont d'un brun bleuâtre ou olivâtre. Un de ces trois exemplaires a cependant la tête, les membres et la queue de couleur jaunâtre.

Dimensions. Nous donnons ici la dimension de ce dernier individu comme étant celui qui a la plus grande taille. *Longueur totale*. 33". *Tête*. Long. 4" 5"' ; haut. 3"; larg. 2" 3"'. *Cou*. Long. 1". *Corps*. Long. 11" 5"'. *Memb. antér*. Long. 7" 1"'. *Memb. postér*. Long. 7". *Queue*. Long. 16".

Patrie. Ce même exemplaire nous vient de Tiflis, d'où il a été envoyé par M. Fontanier, voyageur naturaliste de notre établissement. L'un des deux autres est étiqueté comme provenant du Sénégal; mais nous ignorons l'origine du troisième. Cette espèce habite aussi la côte de Guinée; car elle a été trouvée par M. Boodish, pendant le voyage qu'il fit à Ashantee.

Observations. C'est même dans la relation de ce voyage que le docteur Leach l'a décrite et appelée *Chamæleo dilepis*, bien qu'elle fût déjà indiquée dans l'ouvrage de Merrem, sous le nom de *Planiceps*. Cet auteur cite aussi le Dictionnaire d'histoire naturelle de Valmont de Bomare, tome II, page 293. Le Caméléon bilobé est si voisin du Caméléon du Sénégal, que nous aurions été tentés de considérer l'un comme la femelle et l'autre comme le mâle, si nous ne nous étions assurés que, parmi les individus que nous possédons de ce dernier, il en existe bien réellement des deux sexes.

9. LE CAMÉLÉON A CAPUCHON. *Chamæleo cucullatus*. Gray.

CARACTÈRES. Casque comprimé, aplati, donnant naissance de chaque côté à deux appendices cutanés. Museau allongé. Grains de la peau ovales, inégaux.

SYNONYMIE. *Chamæleo cucullatus*. Gray. Synops. In Griffith's Anim. Kingd. tom. 9. pag. 54.

DESCRIPTION.

FORMES. Cette espèce se distingue de la précédente par un lambeau de peau de plus de chaque côté de l'occiput; par l'inégalité de ses écailles et par l'absence de toute crête dentelée sur le dessus comme sur le dessous du corps.

PATRIE. Elle est originaire de Madagascar.

Observations. Ces détails sont les seuls que nous puissions donner sur ce Caméléon, qui ne nous est connu que par la courte description qu'en a publiée M. Gray dans son *Synopsis*, imprimé à la fin du neuvième volume de la traduction anglaise du Règne animal de Cuvier.

10. LE CAMÉLÉON A TROIS CORNES. *Chamæleo tricornis*. Gray.

CARACTÈRES. Casque plat. Tête courte, armée de trois longues cornes, situées une devant chaque œil, la troisième au bout du museau.

SYNONYMIE. *Chamæleo Owenii*. Gray. In Griffith's Anim. Kingd.

DESCRIPTION.

FORMES. La tête a la même forme que celle des deux espèces précédentes, mais les arêtes surciliaires ne fournissent pas de prolongemens sur le museau; en sorte que celui-ci, au lieu d'être caréné sur les bords, est légèrement arrondi.

Mais ce qui distingue le mieux ce Caméléon, ce sont les trois véritables cornes dirigées en avant dont sa tête est armée. L'une est située tout-à-fait à l'extrémité du museau. Elle est arrondie et faiblement comprimée; sa longueur est presque égale à celle de la tête. Les deux autres sont implantées sur le bord orbitaire antérieur. Un peu moins longues que la première, elles sont, comme elle, très légèrement recourbées, terminées en pointe obtuse, et offrent de faibles rétrécissemens circulaires sur plusieurs points de leur étendue. On remarque aussi que cette espèce porte un lobe de peau de chaque côté de la partie postérieure de la tête. Mais son dos, sa queue et son ventre sont complétement dépourvus de dentelures. Les bords du casque présentent de faibles crénelures.

Des écailles plates et polygones revêtent le dessus et les côtés du crâne.

Le corps est garni de petits grains nombreux, carrés et fort peu bombés.

Coloration. Le seul individu de cette espèce que nous ayons observé est d'un brun grisâtre. Il fait partie de la riche collection appartenant à la Société zoologique de Londres.

Dimensions. Il a environ quinze centimètres de longueur.

Patrie. Cet exemplaire provient de Fernando-Po, sur la côte d'Afrique, d'où il a été rapporté par M. Owen.

11. LE CAMÉLÉON PANTHÈRE. *Chamæleo pardalis*. Cuvier.

Caractères. Casque plat, à carène médio-longitudinale bien prononcée. Un rebord saillant au-dessus de la bouche, formé par la réunion des prolongemens des arêtes surciliaires. Dos et ventre dentelés en scie. De gros grains épars parmi les autres sur le corps.

Synonymie. *Chamæleo pardalis*. Cuvier. Rég. anim. tom. 2, pag. 60.

Chamæleo pardalis. Griff. Anim. Kingd. tom. 9, pag. 154.

Chamæleo niger. Lesson. Illust. zool. tab. 34.

DESCRIPTION.

Formes. En dessus, la tête du Caméléon Panthère offre un plan horizontal, la partie antérieure n'en étant plus inclinée comme chez les espèces précédentes. Son contour ne présente pas absolument la même forme dans tous les individus. Cette tête est toujours ellipsoïde et plus large en arrière qu'en avant; mais tantôt le museau est obtus, et le casque arrondi en arrière, tantôt les extrémités de cette tête sont anguleuses, l'antérieure néanmoins étant toujours plus aiguë que la postérieure. La surface entière de la tête se trouve entourée ou circonscrite par un rebord saillant et crénelé, non interrompu ; attendu que les crêtes surciliaires, en se prolongeant un peu au delà du museau où elles se réunissent, forment une pointe parfois aiguë, quelquefois obtuse. Il arrive même que les extrémités de ces arêtes se dilatent assez en dehors pour former une espèce de second museau qui serait posé au-dessus du premier, et plus large que lui.

Le milieu du casque est longitudinalement coupé par une carène saillante très légèrement arquée, mais aussi fortement crénelée que les bords du crâne. A partir du dessus des yeux jusqu'au bout du nez, la surface de la tête est plus ou moins concave.

Il y a vingt dents de chaque côté à la mandibule, et un semblable nombre à la mâchoire inférieure : les neuf ou dix premières sont de moitié plus petites que les autres ; mais toutes sont comprimées et triangulaires. Les membres sont d'un tiers moins longs que le tronc. La queue fait la moitié de la longueur totale du corps. Des plaques polygones, affectant parfois une figure circulaire, particulièrement sur le casque, couvrent le dessus et les côtés postérieurs de la tête.

L'intervalle existant entre l'œil et le bout du museau est garni de petites écailles bombées ou carénées, irrégulières dans la forme de leur contour. Il y en a un cercle de granuleuses autour des narines. Les plaques orbitaires sont oblongues et pentagonales.

Il règne, depuis la nuque jusqu'au dernier tiers de la queue environ, une crête dentelée qui s'atténue davantage à mesure qu'elle s'avance vers l'extrémité du corps. Les écailles qui la composent sont coniques, pointues et un peu penchées en arrière. Une autre crête, semblable à celle-ci, se montre sur la région abdominale ; elle commence au menton et se termine à l'anus, quelquefois néanmoins après s'être interrompue un moment sous le cou. Les écailles en sont de même longueur, et moins serrées que celles du dos.

Chez les jeunes sujets, les grains de la peau du corps et des membres sont un peu pointus. Ils s'aplatissent avec l'âge, prennent même une figure quadrangulaire, et toujours il en existe de plus gros, convexes et circulaires, épars parmi les autres.

On en remarque aussi de semblables à ces derniers sur la queue, dont les tégumens squammeux sont carrés et disposés en anneaux autour d'elle.

COLORATION. Il s'en faut que tous les individus de cette espèce méritent le nom de Panthère que M. Cuvier lui a donné, d'après un de ceux de notre collection, dont le système de coloration rappelle en effet celui d'une des plus belles espèces du genre Felis. Sur douze exemplaires nous n'en possédons qu'un seul qui soit dans ce cas, c'est-à-dire qui ait le corps semé de taches noires, cerclées de blanc sur un fond bleuâtre. Les autres pour la plupart sont noirs, et il y en a deux d'une teinte fauve ; mais tous ont les lèvres colorées en jaune, et portent le long de chaque flanc une bande de cette couleur plus ou moins apparente et quelquefois interrompue ou divisée en taches.

DIMENSIONS. Cette espèce parvient à une assez grande taille. La collection en renferme une série de douze individus, ayant depuis vingt jusqu'à quarante-sept centimètres de longueur. Voici les diverses dimensions du plus grand : *Longueur totale*. 47". *Tête*. Long. 6" 5"'; haut. 4" 5"' ; larg. 3" 5"'. *Cou*. Long. 1" 5"'. *Corps*. Long. 14". *Memb. antér*. Long. 8" 5"'. *Memb. postér*. Long. 8" 4"'. *Queue*. Long. 24".

PATRIE. Les îles de France, de Bourbon et de Madagascar produisent toutes trois le Caméléon Panthère. Nous l'avons reçu de la première par les soins de M. de Nivoy, de la seconde par ceux de M. Desjardins d'une part, et de MM. Garnot et Lesson de l'autre ; et tout récemment nous en avons trouvé un très bel exemplaire dans un envoi de Reptiles fort curieux, qui vient d'être fait de Madagascar au Muséum, par M. Bernier. Cet établissement en possède un autre, provenant de la même île, qui lui a été donné par M. Prêtre.

Observations. C'est l'individu même d'après lequel cet habile artiste a exécuté le dessin que M. Lesson a publié dans ses Illustrations de zoologie, sous le nom de Caméléon noir. Jusque-là il n'avait pas encore été question de cette espèce, ailleurs que dans la seconde édition du Règne animal, où elle se trouve très succinctement indiquée plutôt que décrite. Il n'est donc pas étonnant que M. Lesson ne l'ait pas reconnu, car voici ce que Cuvier ajoute aux caractères que nous avons nous-mêmes un peu développés : Son corps est semé irrégulièrement de taches rondes, noires, bordées de blanc.

12. LE CAMÉLÉON DE PARSON. *Chamæleo Parsonii.* Cuvier.

Caractères. Surface de la tête tout-à-fait plane et inclinée en avant; museau échancré ou divisé en deux lobes, courts, tuberculeux, comprimés et redressés presque verticalement. Parties supérieure et inférieure du corps dépourvues de dentelures. Grains de la peau petits, quadrangulaires.

Synonymie. *Chamæleo rariss.*, etc. Parson, Philos. Transact. tom. 58, pag. 195, tab. 8, fig. 1-2; et Observations sur la Physique de l'abbé Rosier, tome 1, partie 2, page 231.

Lacerta Chamæleo. Gmel. Syst. Nat. pag. 1069, n° 20.

Chamæleo Parsonii. Cuvier, Oss. Foss. tom. 5, pag. 269, Pl. 16, fig. 30-31. Pour la tête osseuse.

Chamæleo Parsonii. Gray, Philos. Magaz. tom. 2, pag. 213.

Chamæleo Parsonii. Cuvier, Règ. Anim. tom. 2, pag. 60.

Chamæleo Parsonii. Griff. Anim. Kingd. tom. 9, pag. 155.

Chamæleo Parsonii. Gray, Synops. In Griffith's Anim. Kingd. tom. 9, pag. 54.

Chamæleo Madecassus. Lesson, Illustr. Zool. tab. 35.

DESCRIPTION.

Formes. La tête du Caméléon de Parson est à peine moins large en avant qu'en arrière. Les parties latérales en sont tout-à-fait perpendiculaires, et le dessus et le dessous parfaitement plans. Vue de profil, elle représente un triangle ayant deux de ses côtés égaux, et le troisième d'un tiers plus grand que chacun des deux autres. Le grand côté correspond à la face supérieure, et les deux petits aux faces postérieure et inférieure.

On aura l'idée de la figure du contour horizontal du dessus de la tête, si l'on se représente celle d'un ovale oblong, tronqué en avant et contigu à l'un des petits côtés d'un rectangle.

La surface du crâne est plane. Les crêtes surciliaires ne sont nullement arquées; elles forment, à droite et à gauche, une portion des bords du dessus de la tête, jusqu'à l'extrémité antérieure de laquelle elles se prolongent, pour se transformer de chaque côté et au-dessus du museau, en un lobe comprimé, presque vertical et hérissé de tubercules anguleux.

On aperçoit un rudiment de carène sur la ligne médio-longitudinale du casque. Le bord postérieur de celui-ci, qui est large et aplati, s'avance en toit sur le cou, qu'il couvre sans y être adhérent, comme chez les autres espèces de Caméléons.

Le Caméléon de Parson a des membres plus robustes, plus forts que tous ses congénères. Son système tégumentaire est fort simple sur le corps : on n'y voit effectivement que des petites écailles carrées, se dilatant un peu davantage à mesure qu'elles se rapprochent du dos.

Des grandes plaques hexagonales, mêlées à d'autres plus petites, couvrent la surface du crâne en avant et en arrière. Sur la région inter-oculaire ce sont des écailles de même figure, mais plus petites, parmi lesquelles il s'en trouve de convexes. Il existe une rangée de gros tubercules simples sur les bords du casque. Il y en a de beaucoup plus forts et anguleux sur le sommet des crêtes qui terminent le museau, et deux ou trois séries de petites, qui sont coniques ou pointues, sur le bord orbitaire supérieur.

Les lèvres sont protégées chacune par une rangée de plaques pentagones; l'extrémité de la supérieure en offre une du double plus large que les autres, laquelle est surmontée de quatre écailles granuleuses, placées sur une ligne transversale. Ce sont des plaques de même figure que celles du casque, mais d'un moindre diamètre qui revêtent les joues. Le tranchant du dos, ni le dessus de la queue, ni le dessous du ventre, n'offrent de traces de den telures.

Des grains excessivement fins garnissent les côtés du cou, la poitrine et le dedans des cuisses. Il y en a sous la gorge et la région inférieure du cou, qui ressemblent à de très petites perles.

Coloration. Les Caméléons de Parson, que nous avons observés, sont tous d'un gris fauve ou jaunâtre. Quelques-uns nous ont offert un ruban jaune sur les côtés du corps.

Dimensions. Cette espèce est la plus grande de toutes celles du genre auquel elle appartient. Nous en possédons un exemplaire qui n'a pas moins de cinquante-cinq centimètres de long. En voici d'ailleurs les principales mesures.

Longueur totale. 55". *Tête*. Long. 8"; haut. 5" 5'"; larg. 3" 5'". *Cou*. Long. 1" 4'". *Corps*. Long. 16". *Memb. antér*. Long. 9". *Memb. postér*. Long. 8" 7'". *Queue*. Long. 30".

Patrie. Les deux premiers échantillons de cette espèce qu'ait possédés notre établissement, ont été rapportés de Madagascar par MM. Quoy et Gaimard. Depuis, M. Sganzin en a envoyé deux autres du même pays, et nous devons à la générosité de M. Dussumier d'en posséder un cinquième recueilli par lui à l'île de France.

Observations. Le nom de Parson, donné par Cuvier à ce Caméléon, est celui de la personne qui l'a fait connaître. La figure qu'elle en a publiée dans les Transactions philosophiques de Londres, sans être parfaite, est néanmoins très caractéristique. Aussi nous étonnons-nous que plusieurs auteurs, parmi lesquels nous citerons Daudin et Merrem, l'aient prise pour celle du Caméléon à nez fourchu. Gmelin, de son côté, l'a considérée à tort comme une variété de son *Lacerta Chamæleo.* Ce Caméléon de Parson a été nommé Caméléon madécasse par M. Lesson, qui en a publié une assez bonne figure dans ses Illustrations de zoologie.

13. LE CAMÉLÉON A NEZ FOURCHU. *Chamæleo bifidus.* Brongniart. (*Voyez* Pl. 27, fig. 3.)

Caractères. Casque plat, semi-circulaire. Museau prolongé en deux grandes branches droites et comprimées. Une crête dentelée sur la première moitié du dos.

Synonymie. *Chamæleo bifurcus.* Brong. Bullet. Sociét. Philom. n° 36, fig. 2.

Le Caméléon fourchu. Latr. Hist. Rept. tom. 2, pag. 18.

Chamæleo bifidus. Daud. Hist. Rept. tom. 4, pag. 217, pl. 54.

Le Caméléon fourchu. Bosc. Nouv. Dict. d'Hist. nat. tom. 51, pag. 64.

Chamæleo bifurcus. Kuhl. Beitr. Zool. pag. 103.

Chamæleo bifidus. Merrem. Amph. pag. 162.

Chamæleo bifurcus. Cuvier, Ossem. foss. tom. 5, p. 269, pl. 16, fig. 32-33, pour la tête osseuse.

Chamæleo bifurcus. Bory de St.-Vincent, Dict. class. d'Hist. nat. tom. 3, pag. 98.

Chamæleo bifurcus. Gray, Philos. Magaz. tom. 2, pag. 212.

Le Caméléon à nez fourchu. Cuvier, Règ. anim. tom. 2, pag. 61.

The Cameleon of the Moluccas. Griffith, Anim. Kingd. tom. 9, pag. 155. tab. sans n°.

Chamæleo bifidus. Gray, Synops. In Griffith's Anim. Kingd. tom. 9, pag. 54.

DESCRIPTION.

Formes. Rien ne caractérise mieux cette espèce que le prolongement de son museau en deux lames osseuses, fort épaisses, représentant une espèce de fourche qui, lorsque l'animal est adulte, entre pour les deux tiers environ dans la longueur totale de la tête. Ces deux branches comprimées et dentelées sur leurs bords supérieurs et inférieurs, sont droites, et s'écartent un tant soit peu l'une de l'autre, à mesure qu'elles s'éloignent du nez. Leur base occupe la totalité de l'extrémité antérieure de la tête, au-dessus de la bouche. Le front est concave; le casque plat, sans la moindre arête, semi-circulaire dans son contour et légèremeut incliné en avant. Les crêtes surciliaires sont à peine arquées et très peu saillantes. Elles se trouvent continuées antérieurement par les tranchants supérieurs de la proéminence furculaire. Le bord du casque est circonscrit par un cordon de gros tubercules pointus. On en voit un double rang de petits, simplement convexes, au-dessus de chaque œil. Des séries longitudinales d'écailles en losanges et carénées garnissent les parties latérales des proéminences osseuses du museau, dont la pointe de chacune d'elles se trouve enveloppée d'une écaille conique. Le dessus de la tête offre de petites plaques polygones. La mâchoire inférieure et la mandibule sont armées chacune de seize dents de chaque côté. Une trentaine d'écailles coniques hérissent le tranchant du dos, dans la moitié antérieure de son étendue. On ne remarque rien de semblable sous la région abdominale. Les plaques latérales sont pentagones. La partie la plus élevée du corps et la queue dans toute sa longueur, sont revêtues de petites plaques égales entre elles. Il en existe de rhomboïdales sur les membres; mais à la peau des autres parties du corps adhèrent de très petites écailles granuliformes, qui, vers la région abdominale, se réunissent par petits groupes circulaires de cinq ou six, sur une ou deux séries longitudinales.

Coloration. Conservés dans l'alcool, ces animaux sont d'une teinte brune ou plombée; ils ont les angles de la bouche jaunes et des taches blanchâtres sur les parties latérales et inférieures du corps.

Dimensions. *Longueur totale*, 42". *Tête*. Long. 7"; haut. 3" 5'"; larg. 3". *Cou*. Long. 1" 5'". *Corps*. Long. 11". *Memb. antér*. Long. 7" 5'". *Memb. postér*. Long. 8". *Queue*. Long. 22".

Patrie. La patrie du Caméléon à nez fourchu est plus étendue que celle d'aucun de ses congénères. On le trouve aux îles Moluques, à Bourbon, sur le continent de l'Inde, ainsi qu'à la Nouvelle-Hollande. M. Busseuil nous l'a rapporté de ce dernier pays; M. le baron Milius, de Bombay et de Bourbon; et MM. Lesson et Garnot, des îles de la Sonde.

Observations. C'est par M. Brongniart et dans le Bulletin de la Société philomatique de Paris que cette intéressante espèce de Sauriens a été décrite et représentée pour la première fois d'après un individu rapporté des Indes occidentales par Riche. La figure, qui est fort bonne et dessinée par M. Brongniart, a été reproduite dans plusieurs ouvrages.

. LE CAMÉLÉON DE BROOKES. *Chamæleo Brookesii.* Gray.

Caractères. Tête cubique, bifurquée en avant. Point de carène dentelée sur le dessus, ni sur le dessous du corps. Une rangée d'épines de chaque côté du dos. Queue courte, grosse à sa base.

Synonymie. *Chamæleo Brookesii.* Gray. Spicileg. Zool. part. 1, pag. 2, tab. 3, fig. 3.

Chamæleo superciliaris. Kuhl.

Chamæleo Brookesii. Gray. Synops. In Griffith's Anim. Kingd. tom. 9, pag. 53.

DESCRIPTION.

Formes. Rien de plus bizarre que la conformation de la tête de ce Caméléon. Ce qui surtout la rend telle, ce sont les deux longues et fortes pointes à trois angles, dirigées horizontalement en avant, que présentent son front. Ces espèces de cornes sont produites par les bords orbitaires superieurs qui, au lieu d'être bas et simplement arqués comme à l'ordinaire, s'élèvent au contraire beaucoup en formant un angle aigu. Il résulte de cette disposition que la tête, vue en dessus, offre une surface horizontale, qui serait rectangulaire dans son contour, sans la profonde échancrure angulaire qui est pratiquée dans son bord antérieur, échancrure qui n'est autre que l'intervalle que laissent les cornes entre elles deux. C'est sous cette échancrure que se trouve situé le museau, qui est coupé presque perpendiculairement et légèrement concave.

Le bord postérieur de l'occiput forme un angle rentrant, au lieu d'être arrondi ou pointu, comme cela se voit chez les autres espèces, et au sommet de ce même angle viennent aboutir deux petites carènes longitudinales qui surmontent le casque. Un cordon granuleux règne tout autour du crâne. La queue de cette espèce de Caméléon est proportionnellement plus courte que celle de ses congénères; la base en est aussi plus forte. Le dos, à droite et à gauche, est hérissé d'une rangée d'épines qui semblent être les pointes des apophyses vertébrales par lesquelles la peau aurait été percée. Il n'y a pas d'apparence de dentelures sur la région dorsale supérieure, ni sur la ligne médio-longitudinale du ventre.

Le corps est partout revêtu de très petites écailles granuliformes.

Coloration. Nous ne possédons de cette espèce qu'un individu desséché, en fort mauvais état, dont la couleur est d'un gris fauve.

Dimensions. Ses dimensions sont les suivantes : *Longueur totale.* 8". *Tête.* Long. 1" 4'''; haut. 1"; larg. 9'''. *Cou.* Long. 0'''. *Corps.* Long. 3" 7'''. *Queue.* Long. 3".

Patrie. Cet exemplaire a été rapporté de Madagascar par M. Goudot.

Observations. C'est à M. Gray qu'on est redevable de a première description et de la première figure qu'on ait publiées de cette espèce. L'une et l'autre se trouvent dans les *Spicilegia zoologica* de cet auteur.

CHAPITRE VI.

FAMILLE DES GECKOTIENS OU ASCALABOTES.

§ I. CONSIDÉRATIONS GÉNÉRALES SUR CETTE FAMILLE ET SUR SA DISTRIBUTION EN SECTIONS ET EN GENRES.

La famille dont nous entreprenons de faire connaître ici l'histoire réunit des espèces nombreuses, propres aux climats chauds, et dont les formes, la structure et les mœurs diffèrent de celles de la plupart des autres Sauriens. Les Geckotiens offrent, dans l'ensemble de leur organisation et dans leurs rapports naturels, des caractères aussi positifs que ceux qui nous ont servi pour faire distinguer les deux groupes des Crocodiles et des Caméléons. En effet, ce sont des Lézards qui n'atteignent pas de grandes dimensions ; leur tête est large et aplatie, leur cou rétréci ; ils ont le tronc déprimé, trapu, plus gros au milieu et le dos sans crête ; les pattes courtes, fortes, peu élevées ; les doigts presque égaux en longueur et le plus souvent aplatis en dessous, où ils sont garnis de lames régulières entuilées. Ils sont en outre remarquables et caractérisés par la brièveté et la largeur de leur langue charnue, peu protractile, libre cependant à son extrémité, qui est arrondie ou peu échancrée ; par le volume ou la grandeur apparente de leurs yeux, dont la pupille offre le plus souvent une fente linéaire, comme chez presque tous les animaux nocturnes, et dont les paupières sont courtes et réunies en une seule comme chez les Caméléons, mais en laissant entre elles une large ouverture par laquelle on voit se mouvoir une membrane clignotante.

Tels sont les caractères naturels que nous allons examiner, chacun en particulier, en faisant brièvement remarquer en quoi ils diffèrent de ceux qui s'observent dans les Reptiles des autres familles, et en indiquant avec soin les légers rapports qui les lient à quelques espèces d'ailleurs fort éloignées.

La stature mal proportionnée, ou le peu de volume et de longueur des Geckotiens en général, puisque leur queue, égalant à peine en étendue celle du reste du corps, suffirait presque pour faire distinguer ces Reptiles d'avec les espèces d'un assez grand nombre de familles, en particulier de celles des Crocodiles, des Tupinambis ou Varans, des Iguanes et de la plupart des Lézards.

L'aplatissement et la largeur de leur tête donnent à cette partie de leur corps quelque analogie avec celle des Crocodiles et des Caïmans, et surtout avec celle des Salamandres et des Tritons de l'ordre des Batraciens. Il se joint en effet à cette conformation d'une face aplatie, ou fortement déprimée, une bouche largement fendue qui permet un grand écartement des mâchoires, que l'animal peut laisser long-temps entr'ouvertes ; à cette circonstance en particulier est due la faculté que possèdent ces animaux de fermer l'entrée de leur arrière-gorge, et par conséquent de l'œsophage et de la glotte, en appliquant la base de leur langue dans une concavité pratiquée sur la partie postérieure du palais, pour clore complétement cette région, quand les mâchoires restent écartées et la bouche béante. A ces particularités il faut joindre l'absence des dents dans cette même région du palais, et en outre la forme et la disposition singulière de la langue, à l'examen de laquelle nous reviendrons bientôt. Nous devons cependant faire remarquer ici que chez les Geckos les orifices extérieurs des narines sont écartés, ce en quoi ils diffèrent beaucoup des Crocodiles.

Le rétrécissement apparent du cou dépend autant de la largeur du crâne en arrière et de l'étendue du tronc à la hauteur des épaules, que d'un véritable étranglement; cependant il donne en général à cette région une forme toute particulière qu'on ne trouve guère que chez quelques Agames et dans plusieurs Stellions ou Cordyles.

Par la dépression et la largeur de la partie moyenne du corps, les Geckotiens, à l'exception de quelques Platydactyles, se rapprochent encore des Crocodiles, des Agames et de quelques autres genres voisins de ces derniers; mais; par cela même, ils diffèrent essentiellement des Varans ou Tupinambis, des Chalcides et des Scinques, dont le tronc est presque cylindrique, et surtout des Caméléons, chez lesquels cette partie du corps est essentiellement comprimée. L'absence de la crête les rapproche, il est vrai, des Varans, des Chalcides et des Scinques, dont ils se distinguent d'ailleurs par la forme et la disposition des écailles qui protégent leurs tégumens.

Les pattes courtes, à doigts distincts, à peu près égaux en longueur, deviennent un caractère des plus notables, par lequel les Geckos diffèrent d'abord des Caméléons, qui ont les pattes élevées, grêles et les cinq doigts réunis entre eux jusqu'aux ongles en deux paquets ou faisceaux; ensuite de presque tous les autres Sauriens, dont les doigts sont de longueur inégale, arrondis et allongés, surtout aux pattes postérieures.

L'aplatissement et l'élargissement des doigts, garnis en dessous de petites lames, placées en recouvrement les unes sur les autres, devient le plus souvent un caractère essentiel, qui ne trouve d'analogue que dans le genre des Anolis, de la famille des Iguanes, chez lesquels l'avant-dernière phalange de chacun des doigts offre aussi un disque élargi, sous lequel on voit en dessous des stries lamelleuses, destinées également à faciliter leur adhérence quand ils grimpent sur des corps lisses.

C'est surtout, comme nous l'avons dit, la forme de la langue, sa largeur et la faible échancrure de son extrémité libre qui distinguent les Geckotiens. En effet, quoique les Crocodiles aient aussi la langue charnue et entière, elle est chez eux adhérente de toutes parts au plancher de la bouche, dont elle ne peut sortir ; tandis qu'ici la partie antérieure est libre, puisqu'elle peut s'élever et se reporter en dehors sur les bords des lèvres. Cependant sa conformation est véritablement caractéristique; car elle n'est pas renfermée dans un fourreau, ni très allongeable ou protractile, comme dans les Caméléons qui l'ont vermiforme et tuberculeuse à la pointe, ou chez les Varaniens chez lesquels l'extrémité libre est profondément fendue. Cette langue n'est pas dégagée dans toute sa longueur comme chez les Chalcides, les Scinques et les Lézards; elle n'a donc de rapports qu'avec celle des Iguaniens, qui diffèrent tant d'ailleurs par leurs pattes à doigts inégaux, très allongés, arrondis, et par la crête qui garnit leur dos, et qui le plus souvent se prolonge sur la queue.

Enfin les yeux, qui semblent privés de véritables paupières cutanées tant elles sont courtes et par la manière dont elles peuvent se retirer sous le globe, font distinguer ce genre de tous ceux qui comprennent les autres Sauriens : d'abord par leur volume, et, pour ainsi dire, par leur énormité relative, grosseur à laquelle l'orbite a dû se prêter dans la disposition particulière des pièces osseuses. Ensuite la fente linéaire de la pupille à bords dentelés, disposition qui n'a encore été reconnue que chez les Crocodiles, devient encore un caractère important quand on peut l'observer sur l'animal vivant. Il est vrai de dire cependant que cette forme de la pupille n'a pas été observée dans toutes les espèces.

Il résulte de l'examen rapide que nous venons de faire de toutes ces particularités, qu'on peut séparer les Geckotiens de tous les autres Sauriens, d'après les caractères que nous avons précédemment assignés à cette famille (1). En effet, d'après le simple examen des tégumens, on voit que dans les Scinques, les Lézards et les Chalcides, le sommet de la tête est couvert de grandes plaques polygones; tandis que chez les Geckos et dans les quatre autres familles, cette région est granuleuse ou tout-à-fait nue, et que les Caméléons sont les seuls, avec les Geckos, dont la peau soit simplement tuberculeuse, puisqu'elle est couverte d'écailles cornées chez les Crocodiles, les Varans et les Iguanes. Il est donc facile de donner des idées nettes et précises des particularités ou des notes essentielles qui les feront reconnaître aussitôt, et nous allons les présenter.

---

(1) Voyez les deux tableaux insérés à la page 596 du second volume du présent ouvrage.

Leur CORPS *est trapu, déprimé, bas sur jambes; leur ventre traînant, plat en dessous, plus gros au milieu; le dos est sans crête.*

Les PATTES *sont courtes, à peu près de même longueur, écartées, robustes; à doigts de longueur presque égale, le plus souvent aplatis en dessous, élargis et garnis de lames transverses, entuilées; à ongles variables, ordinairement crochus, acérés et rétractiles.*

Leur TÊTE *est large, aplatie; à bouche grande; à narines distinctes, latérales; leurs yeux gros, à peine entourés par des paupières courtes, dont le bord inférieur, dans le plus grand nombre des espèces, ne fait pas de saillie au dehors; à prunelle ou fente pupillaire, quelquefois arrondie, mais le plus souvent dentelée, linéaire et légèrement frangée; à conduit auditif, bordé de deux replis de la peau.*

Les DENTS *sont petites, égales, comprimées, tranchantes au sommet, entières, et implantées au bord interne des mâchoires; jamais il n'y en a au palais.*

LANGUE *courte, charnue, peu allongeable, libre à son extrémité, qui est arrondie, plate ou très faiblement échancrée.*

QUEUE *variable, peu allongée, souvent à plis ou enfoncemens circulaires, constamment sans crête dorsale.*

PEAU *à écailles granulées, égales, parsemée le plus souvent d'autres écailles tuberculeuses; à pointes mousses ou anguleuses; des pores aux cuisses ou au devant du cloaque, sur une même ligne dans la plupart des espèces, et le plus souvent chez les mâles seulement. Les membres et les flancs quelquefois bordés de membranes frangées.*

On croit que le nom de GECKO est une sorte d'onomatopée, un mot imitatif du cri ou du son que produit une des espèces observées des premières, ainsi que le *Tockaie*, le *Geitje*, sorte de voix que l'on a comparée aux sons que produisent les écuyers lorsqu'ils veulent calmer ou flatter les chevaux, en faisant claquer doucement la langue contre leur palais.

La plupart des auteurs anciens, qui ont certainement parlé de l'une des espèces de ce genre, paraissent l'avoir désignée sous le nom d'*Ascalabotes* (Ασκαλαβος-Ασκαλαβῶτῆς). Aristote l'a citée souvent dans son Histoire des animaux (1); et tout ce qu'il en dit, en diverses occasions, se rapporte toujours assez bien au même animal.

Presque tous les auteurs latins, depuis Pline, ont traduit ce nom par celui de *Stellion*. Gesner, en particulier, a donné des explications fort savantes à ce sujet. Son érudition, toujours si admirable et si féconde, lui a fait rapprocher des passages des auteurs les plus anciens, par lesquels il démontre que sous ces mêmes noms d'Ascalabotes et de Galeotes, Aristophane et Théophraste ont parlé des petits Lézards que les Italiens désignaient déjà, de son temps, sous le nom de *Tarentola*, lesquels ont le corps trapu, court, et qui grimpent sur les murs des édifices et dans leur intérieur, pour y rechercher les Araignées dont ils se nourrissent. Il s'arrête particulièrement à cette idée, en disant que le mot κωλοβατης vient de ce

(1) Entre les autres exemples nous citerons ce passage du lib. IX, cap. 9, où il le compare aux pics, en parlant de sa manière de descendre la tête en bas. « Πορευεταὶ παντὰ τροπον, κ, ὕπτὶος καθαπερ Ασκαλαβῶταὶ.

16.

qu'ils grimpent à la manière des chats, ou parce que leurs mouvemens s'exécutent sans bruit, d'ακαλῶς, doucement, et de βαίνεω, marcher, βατης, grimpeur, *scansor*.

Schneider, dans une dissertation particulière qu'il a publiée sur ce sujet, a porté plus loin ses recherches et démontré que les Stellions de Pline n'étaient autres que des Geckos.

Quoi qu'il en soit de ces étymologies, nous voyons que Laurenti a le premier adopté le nom de Gecko, pour désigner le genre de Saurien qu'il avait établi et fort bien caractérisé à cette époque, où l'on ne connaissait que trois espèces qu'il distingua. Depuis on a reconnu des différences essentielles entre les diverses espèces qu'on a successivement rapprochées, et les naturalistes ont été obligés de les subdiviser ou de les partager en genres, qui ont entre eux beaucoup d'affinités de structure et de forme, de sorte que le nom générique, légèrement modifié, est devenu celui d'une famille à laquelle on a donné successivement les dénominations de *Gekkones* (Gmelin), *Stelliones* (Schneider), *Geckoïdes* (Oppel), Ascalabotes (Merrem), *Ascalabotoïdes* (Fitzinger), *Geckotides* (Gray), et enfin de *Geckotiens* (Cuvier).

Voici maintenant la partie historique, et par ordre chronologique, de l'établissement des genres dans cette famille des Geckotiens.

Linné, dans les premières éditions du Système de la nature jusqu'en 1766, date de la dernière édition, n'avait inscrit, dans le genre Lézard, que trois espèces des Geckos qu'il avait connues, d'après Brander, Edwards et Séba.

Laurenti, en 1768, est le premier des auteurs systématiques qui ait établi le genre Gecko, en lui assignant

des caractères naturels, et en y inscrivant trois espèces.
Comme ces caractères étaient déjà fort bien exprimés pour cette époque, nous croyons devoir en donner la traduction.

« Le corps des Geckos est trapu, sans crêtes, entièrement nu, ou couvert de petites écailles minces; leur tête est fort grosse, à mâchoires peu tranchantes; leurs doigts sont élargis sur les bords, égaux en longueur, épais, garnis élégamment en dessous de lames embriquées, plus gros et arrondis à l'extrémité libre, garnis d'un ongle recourbé, naissant en dessus; leur cloaque est transversal; chez les adultes, la peau du dos et de l'occiput est hérissée de tubercules rares; leur tête va en s'élargissant en arrière. »

Gmelin, lorsqu'il donna en 1788 une treizième édition du *Systema naturæ* de Linné, introduisit, dans une sixième division ou sous-genre de celui du *Lacerta*, sous le nom de *Gekkones*, cinq espèces qu'il caractérisa par ces notes : cinq doigts lobés en dessous, non pointus; à corps verruqueux, et il y rapporta, outre l'espèce égyptienne, deux autres indiquées par Houttuyn, par Edwards et Sparmann.

Lacépède en 1790, Schneider en 1797, Cuvier en 1798, Brongniart en 1801, indiquèrent aussi ce genre Gecko.

Daudin en 1803, dans le tome quatrième de son Histoire naturelle des Reptiles, donna une description complète du genre Gecko, qu'il divisa en trois sections d'après le nombre, la connexion des doigts, la forme de la queue et la disposition des écailles. Il distingua les Geckos proprement dits, les Geckottes et les Geckos à queue plate. Il y inscrivit en tout quinze espèces, sans compter celle que Sparmann avait décrite sous le nom de Geitje, que Gmelin y avait cependant inscrite, et deux ou trois autres qu'il avait laissées avec les Anolis.

Nous-mêmes en 1806, dans la Zoologie analytique et dans nos cours publics, nous avions profité de ces travaux et établi le genre Uroplate; aussi en 1811, Oppel, dans son ouvrage allemand, ou son Prodrome de la classification naturelle des Reptiles, a-t-il établi la famille des *Geckoïdes* d'après nos indications.

Cuvier en 1817, dans le second volume du Règne animal, indiqua pour la première fois comme une famille naturelle, sous le nom de Geckotiens, cette réunion de Sauriens; il distribua les genres en six sections, que nous ne rapportons pas ici parce que depuis, en 1829, dans la troisième édition du même ouvrage, il a corrigé et perfectionné ce même travail, dont nous allons donner l'analyse, comme la plus importante monographie qui ait été écrite sur cette famille, et que beaucoup d'auteurs en ont depuis beaucoup profité.

Cuvier regarde cette famille comme si naturelle, et réunissant des Lézards nocturnes tellement semblables, que l'on pourrait, dit-il, les laisser dans un seul genre. Il en présente les caractères très détaillés, et il les divise ainsi qu'il suit :

1° Les Platydactyles, à doigts élargis sur toute leur longueur, garnis en dessous d'écailles transversales. Les uns n'ont pas d'ongles du tout, et leurs pouces sont fort petits; leur corps est couvert de tubercules courts; il est peint de couleurs vives. Ces espèces viennent de l'Ile-de-France. Il y en a qui ont des pores aux cuisses, et d'autres qui en manquent; mais l'auteur ignore si ce caractère n'est pas correspondant à la différence du sexe (1). D'autres Platydactyles, manquent d'ongles aux pouces, ils en sont également privés aux deuxièmes et cinquièmes doigts de tous les pieds, et n'ont pas de pores aux cuisses. Il y a encore dans cette division des espèces qui ne manquent d'ongles qu'aux quatre pouces seulement, et qui ont une rangée de pores au devant du cloaque; d'autres qui n'ont aussi que quatre ongles, mais dont les pieds sont palmés et le corps bordé d'une membrane horizontale, avec ou sans festons à la queue. Enfin, parmi ces Platydactyles, Cuvier place une espèce à pieds palmés, qui a des ongles à tous les doigts : il en forme une sixième sous-division.

2° Les Hémidactyles, qui ont la base de leurs doigts garnie d'un disque ovale, formé en dessous par un double rang d'écailles réunies en chevrons : du milieu du disque s'élève la deuxième phalange qui est grêle, et qui porte la troisième ou l'ongle à son extrémité; toutes ont cinq ongles et la rangée de pores des deux côtés du cloaque, avec des écailles larges sous la queue, comme celles du ventre des serpens.

3° Les Thécadactyles, à doigts élargis sur toute leur largeur, garnis en dessous d'écailles transversales, partagées par un sillon profond où l'ongle peut se cacher entièrement. Cuvier dit qu'ils manquent d'ongles aux pouces seulement; qu'ils n'ont pas de pores aux cuisses, et que leur queue est garnie de petites écailles en dessus et en dessous.

4° Les Ptyodactyles, dont le bout des doigts est

(1) Nous avons cru remarquer depuis, que les mâles seuls ont des pores fémoraux, de sorte que l'absence ou la présence de ces trous ne peut servir à la distinction des espèces.

dilaté en plaque, et le dessous strié en éventail : le milieu de la plaque est fendu pour recevoir l'ongle dans la fissure, et ces ongles sont fort crochus. Les uns ont les doigts libres et la queue ronde; d'autres ont la queue bordée d'une membrane de chaque côté, les pieds demi-palmés. Ils sont probablement aquatiques. Ils appartiennent à notre division des Uroplates.

5° Les Sphæriodactyles. Petites espèces dont le bout des doigts est terminé par une pelote sans plis, mais avec des ongles rétractiles. Tantôt la pelote est double ou échancrée; tantôt elle est simple et arrondie ou entière.

6° Il y a des Sauriens qui, avec tous les autres caractères des Geckos, n'ont pas les doigts élargis; cependant leurs ongles, au nombre de cinq, sont encore rétractiles. Cuvier en fait trois groupes : ceux qui ont la queue ronde, les doigts striés en dessous et dentelés aux bords, ce sont les *Sténodactyles*; ceux qui, ayant aussi la queue arrondie, ont les doigts grêles et nus, qu'il désigne sous le nom de *Gymnodactyles*; et enfin les *Phyllures*, dont la queue est déprimée ou aplatie horizontalement, en forme de feuille.

Voici d'ailleurs un tableau synoptique de la famille des Geckotiens, que nous avons tracé d'après les considérations qui avaient dirigé Cuvier dans cet arrangement. Comme cette distribution analytique est au fond absolument la même que celle que nous avons adoptée et que nous reproduirons par la suite avec d'autres détails dont l'étude nous a servi pour mieux établir les caractères; nous avons cru devoir présenter nettement ici la base de cette méthode naturelle.

TABLEAU SYNOPTIQUE DE LA FAMILLE DES GECKOTIENS, D'APRÈS CUVIER.

à doigts	dilatés	tout du long, avec un sillon	distinct, cachant les ongles.		5. Thécadactyles.
			non visible : pores fémoraux	nuls . . .	1. Ascalabotes.
				distincts. .	2. Platydactyles.
		partiellement à	la base avec un rang double de lames. . .		3. Hémidactyles.
			l'extrémité, lames en éventail.		4. Ptyodactyles.
	non dilatés, striés en dessous, à bords		dentelés.		6. Sténodactyles.
			lisses, grêles et nuds.		7. Gymnodactyles.

Merrem, en 1820, place les Geckos dans la classe des Pholidotes, et dans la première des cinq tribus, celle des Marcheurs (*Gradientia*); mais il fait une même sous-tribu, sous le nom d'Ascalabotes, d'un grand nombre de genres qui n'ont entre eux que des rapports très éloignés; car il y place les Iguaniens avec les Geckos.

Nous ne mentionnons ici que pour mémoire les ouvrages de Latreille, qui adopta le travail et les descriptions de Lacépède dans la petite édition du Buffon, publiée en 1801, et qui ne fit que changer les noms déjà employés par les auteurs dans les familles naturelles du règne animal, ouvrage qu'il publia en 1825.

En 1826, M. Fitzinger, dans sa nouvelle classification des Reptiles, a fait, comme nous l'avons dit, une tribu particulière de ceux qu'il nomme Monopnés écailleux, et qu'il distingue ainsi des Testudinés et des Cuirassés (1). Ces Reptiles monopnés écailleux sont eux-mêmes partagés en deux sous-tribus. Ceux dont les branches de la mâchoire inférieure sont soudées entre elles, qui sont les vrais Sauriens, tandis que ceux qui ont ces pièces séparées et distinctes à la symphyse forment la sous-tribu des Serpens. Dans le tableau synoptique qu'il en donne, pag. 11, il distingue de suite les Ascalabotoïdes, auxquels il assigne pour caractère la présence d'une seule paupière; et il en donne le tableau synoptique que nous allons copier et qui présente en abrégé la marche suivie par l'auteur.

---

(1) Voyez tome 1 du présent ouvrage, p. 279.

TABLEAU SYNOPTIQUE DES ASCALABOTOÏDES DE M. FITZINGER.

à doigts	dilatés	seulement	à la pointe : queue	déprimée : à doigts des pattes antérieures	quatre	1. Sarrube.
					cinq. .	2. Uroplate.
				non déprimée		3. Ptyodactyle.
			à leur base seulement . . . . , ...			4. Hémidactyle.
		dans toute la longueur avec un sillon	existant . . . . , ...			5. Thécadactyle.
			nul : pores fémoraux	distincts : queue	lobée. . . .	6. Ptychozoon.
					non lobée. .	7. Platydactyle.
				nuls		8. Ascalabotes.
	non dilatés	tous dans le même sens, non opposables, ...				9. Sténodactyle.
		dont l'un s'écarte ou est opposable				10. Phyllure.

En 1827, M. Gray, dans l'Aperçu de la distribution des genres des Reptiles Sauriens, qui se trouve insérée dans le tome second du Philosophical Magazin, n° 7, établit comme une quatrième famille, celle des Geckotides, qu'il caractérise ainsi : tête et corps déprimés; écailles petites; doigts garnis en dessous le plus souvent d'écailles; goître simple; palais sans dents. Voici les noms des genres qu'il y place : Hémidactyle, Platydactyle, Gecko, Ptéropleure, Thécadactyle, Ptyodactyle, Phyllure, Eublepharis et Cyrtodactyle.

Wagler, dans son Système naturel des Amphibies, publié en allemand en 1830, établit ainsi, à la page 141, cette division des Geckotiens, qu'il place à la tête du troisième ordre, celui des Lézards, sous le nom de famille des *Platyglosses*, parce qu'ils ont une langue plate, charnue, libre et entière à son extrémité. Il y inscrit treize genres, dont nous allons faire connaître les noms avec les caractères essentiels qu'il leur assigne.

1. *Ptychozoon* (Kuhl). Doigts largement palmés, tous munis d'ongles, le pouce excepté.

2. *Crossurus* (Wagler). C'est notre genre *Uroplatus* en partie. Tous les doigts onguiculés, à demi palmés.

3. *Rhacoessa* (Wagler). C'est encore un de nos Uroplates. Tous les doigts onguiculés, lobés, réunis à leur base par une membrane; l'extrémité inférieure de la pointe des doigts formant une sorte de gaîne aux ongles.

4. *Thecadactylus* (Cuvier). La pointe des doigts élargie et fendue, la racine des ongles comprimée, perdue dans les chairs; pas d'ongle aux pouces.

5. *Platydactylus* (Cuvier). Les doigts formant une

gaîne aux ongles, n'étant pas fendus à leur extrémité libre.

6. *Anoplopus* (Wagler). Tous les doigts aplatis, sans ongles; le pouce plus court.

7. *Hemidactylus* (Cuvier). Les doigts largement lobés, à l'exception des deux dernières phalanges qui sont libres et droites, toutes anguiculées; le pouce plus court.

8. *Ptyodactylus* (Cuvier). Les doigts simples, terminés par une écaille hémisphérique, rompue au milieu, lamelleuse en dessous, tous onguiculés.

9. *Sphæriodactylus* (Cuvier). Tous les doigts terminés en disque lisse et entier en dessus, tantôt entier, tantôt fendu; tous à ongles rétractiles.

10. *Ascalabotes* (Lichtenstein). Tous les doigts courts, droits, forts, presque égaux en longueur, garnis d'ongles; queue entière.

11. *Eublepharis* (Gray). Doigts des Ascalabotes; queue annelée.

12. *Gonyodactylus* (Kuhl). Doigts simples, grêles, longs, inégaux, comme brisés; le dernier des pattes antérieures, éloigné des autres, pouvant s'écarter.

13. *Gymnodactylus* (Spix). Ce genre ne diffère du précédent que parce que les doigts ne sont pas comme brisés, mais droits.

En 1835, M. le docteur Cocteau, dans le tome III, 205e livraison du Dictionnaire pittoresque, a présenté à l'article *Gecko* une division très détaillée de ce genre. Nous croyons devoir donner ici l'analyse de la partie systématique de l'arrangement qu'il propose.

I. Dans une première division, qu'il nomme avec Cuvier les Platydactyles, il range les espèces dont les doigts sont dilatés en massue dans toute leur longueur, et garnis en dessous et en avant de lamelles en chevrons, et où l'on voit en arrière de petites écailles carrées, entuilées, verticillées. Parmi ces espèces, il en est (A) quelques-unes qui n'ont d'ongles à aucun des doigts. Ce sont les *Anoplopes* de Wagler, qu'il subdivise 1° en ceux qui ont des pores au devant du cloaque, qu'il nomme *Phelsuma* quand ils ont le pouce plus court, et *Pachydactylus* quand le pouce est de la même longueur que les autres doigts; 2° en ceux qui n'ont pas de pores au devant du cloaque, tels que le Gecko ocellé de Cuvier, auquel il ne donne pas de nom particulier. D'autres Platydactyles (B) n'ont des ongles qu'aux troisièmes et quatrièmes doigts des pattes, et qui ne paraissent pas avoir de pores aux cuisses. Le Gecko des murailles et celui d'Égypte y sont rapportés. (C) Les Platydactyles, qui ne manquent d'ongles qu'aux premiers doigts, forment la troisième division. M. Cocteau y range les Geckos à gouttelettes et celui à bandes ou de Pandang. Une quatrième section des Platydactyles (D) comprend ceux qui sont privés d'ongles aux pouces comme les précédents, dont le corps est bordé d'une membrane, et qui ont les pattes palmées, comme les *Ptychozoon* de Kuhl, et ceux qui n'ont pas cette membrane qui borde le corps, ni des pores au devant de l'anus : c'est l'espèce que Gray a désignée sous le nom générique de *Pteropleura*. Enfin les derniers Platydactyles, qui forment une cinquième division (E), comprend les espèces qui ont des ongles à tous les doigts; telle est celle que l'on a désignée sous le nom de Gecko de Leach, laquelle atteint plus d'un pied de longueur.

II. Les Geckos qui ont les doigts semblables à ceux des Platydactyles, avec cette particularité que leurs dernières phalanges sont divisées, ou portent la marque d'un sillon dans lequel l'ongle peut se retirer entièrement, et qui manquent cependant de cet ongle aux premiers doigts; tels sont les Thécadactyles de Cuvier, comme le Gecko lisse ou Mabouya des bananiers.

III. Les Hémidactyles forment la troisième grande division; leurs premières phalanges sont dilatées en massue, garnies de lamelles en chevrons et entières. L'avant-dernière articulation se détache libre, ronde et grêle, revêtue d'écailles embriquées, et porte un ongle rétractile en dessus. Ils se partagent en deux groupes suivant 1° qu'ils ont la queue simple, ronde, et plus ou moins annelée; tels que les Geckos des Antilles, à écailles trièdres; ou qu'ils ont la queue aplatie horizontalement, c'est-à-dire déprimée, à bords tranchans et non frangés, tels que le Gecko bordé (*Marginatus* de Cuvier).

IV. La quatrième division comprend les Ptyodactyles de Cuvier, dont les doigts sont élargis en éventails, et tous armés d'ongles; l'avant-dernière phalange, qui se dilate ainsi, est échancrée pour recevoir l'ongle. Les uns ont la queue ronde, les doigts simples et libres, comme le Gecko d'Hasselquitz; d'autres ont la queue plus ou moins élargie par des appendices membraneux : ce sont nos Uroplates, comme les *Rhacoesses* et les *Crossures* de Wagler.

V. Les Sphériodactyles de Cuvier forment la cinquième section. Ils ont l'avant-dernière phalange élargie en pelote, sans lames en éventail, et leurs ongles qui s'observent à tous les doigts sont rétractiles en dessous. Il y a là quatre sous-divisions. Suivant que la pelote est formée de deux écailles arrondies, séparées entre elles par l'ongle, comme le Gecko porphyré de Daudin. M. Cocteau y range les *Diplodactyles*, les *Phyllodactyles*, le Gecko cracheur ou sputateur à bandes de Lacépède.

VI. Les Sténodactyles de Cuvier, qui ont les doigts ronds et grêles, munis d'ongles. Les uns à la queue ronde et simple, à lamelles dentelées sur les bords; d'autres ont la queue annelée, comme les *Eublepharis* de Gray et de Wagler; d'autres ont les doigts allongés, grêles, comme brisés; tels sont les *Gonyodactyles* de Kuhl. Quelques-uns ont la queue ronde, tels que les *Gymnodactyles* de Spix; il en est qui, avec les doigts grêles et la queue ronde, ont un pli à la peau le long des flancs, comme les *Cyrtodactyles*; il en est encore que l'on regarde comme des Geckos, quoiqu'ils aient les doigts grêles, la queue comprimée latéralement et surmontée d'une crête. On leur a donné le nom de *Pristures*. Enfin ces derniers sous-genres, sous le nom de *Phyllures*, ont les doigts grêles et la queue déprimée horizontalement, augmentée d'appendices comme frangés. Tel est le Lézard Plature de White.

On voit, par cette analyse détaillée, que la classification est à peu près la même que celle qui avait été indiquée par Cuvier, dans la dernière édition du Règne animal, et dont nous avons présenté ci-dessus un aperçu (1).

---

(1) Au moment où nous livrons cette portion de notre manuscrit à l'impression (26 avril 1836), M. de Blainville fait paraître, dans la 4e livraison du tome 4 des Nouvelles Annales du Muséum, une analyse d'un système général d'erpétologie. Il place en tête de l'ordre, qu'il nomme les Saurophiens, page 244, la famille des Geckos. Mais, en adoptant les divisions établies par Cuvier, il en change tous les noms ainsi qu'il suit : les Platydactyles sont pour lui des *Geckos*; les Hémidactyles, des *Demi-Geckos*; les Ptyodactyles, des *Tiers-Geckos*; les Sténodactyles, des *Quart-Geckos*; enfin les Gymnodactyles, des *Sub-Geckos*.

Pour terminer ces généralités, et avant de passer à l'étude de l'organisation des Geckotiens, nous avons cru utile de réunir ici, par ordre alphabétique, les étymologies des différens noms sous lesquels on a désigné les groupes et les genres établis dans cette famille.

Anoplopus (Wagler), de ανοπλος, non armé, inerme, et de πους, pied.

Ascalabotes (Lichtenstein), ασκαλαβωτης. Nom donné par Aristote à une espèce.

Crossurus (Wagler), de κροσσος, découpée, et de ουρὰ, queue; queue frangée.

Cyrtodactylus (Gray), de κυρτος, bossu, courbé, et de δακτυλος, doigt.

Eublepharis (Gray), de εὐ, beau, belle, et de βλὴφαρον, paupière.

Gonyodactylus (Kuhl), de γονὺ, un angle, un coude, et de δακτυλος, doigt.

Gymnodactylus (Spix), de γυμνος, nu, à découvert, et de δακτυλος.

Hemidactylus (Cuvier), de ἥμισυς, par moitié, et de δακτυλος.

Phyllodactylus (Gray), de φύλλον, une lame, une feuille, et de δακτυλος.

Phyllurus (Fitzinger), de φύλλον, lame, feuille, et de οὐρὰ, queue.

Platydactylus (Cuvier), de πλατὺς, plat, aplati, et de δακτυλος.

Pteropleura (Gray), de πτερὶν, aile, et de πλευρὰ, le côté.

Ptyodactylus (Cuvier), de πτύονéve ntail qui se plisse, et de δακτυλος.

Ptychozoon (Kuhl), de πτὺξ-υχος, pli, plissé, et de ξῶον, animal.

Spheriodactylus (Cuvier), de σφαιρίου, coupé en rond; pourtour arrondi, et de δακτυλος.

Stenodactylus (Cuvier), de στενος, rétréci, comprimé, et de δακτυλος.

Thecadactylus (Cuvier), de θηκη, cachette, et de δακτυλος.

Uroplatus (Duméril), de οὐρὰ, la queue, et de πλατης, élargie.

Urotornus (Duméril), de οὐρὰ, , queue, et de τορνόω, je fais rond.

§ II. ORGANISATION DES GECKOTIENS.

Nous aurons bien moins de détails à donner sur la structure de ces Sauriens, que ceux qu'il nous a été nécessaire d'exposer pour faire connaître l'organisation des espèces rangées dans les deux familles dont nous avons fait précéder l'histoire; car il existe ici la plus grande analogie dans les parties correspondantes. Nous nous reporterons donc à ce que nous en avons déjà dit dans le chapitre second du livre IV, et nous indiquerons seulement les particularités qui nous seront offertes par les Geckotiens dans leurs principales fonctions.

1° *Des organes du mouvement.*

Leur échine, dont le nombre des vertèbres varie, présente cette circonstance, qu'aucune espèce n'ayant de crête dorsale, il n'y a pas d'épines ou d'arêtes saillantes dans la ligne longitudinale supérieure. Meckel dit que le corps des vertèbres est creusé de deux cavités coniques, à peu près comme chez les poissons. Les trois ou quatre vertèbres cervicales anté rieures sont les seules privées entièrement de fausses côtes ou d'apophyses transverses articulées. Celles-ci commencent à se développer et vont successivement en augmentant de longueur et de courbure, jusqu'à la cinquième ou septième ; mais aucune ne se joint réellement à la grande pièce antérieure du sternum. Celles qui viennent ensuite se rendent directement et s'articulent avec cet os moyen. Les premières, au contraire, sont recouvertes par les os de l'épaule, et semblent être ainsi renfermées dans la poitrine. Il y a ensuite des côtes libres ou abdominales, presque en nombre égal à celui des vertèbres qui précèdent le bassin, au moins dans le Gecko à bandes (platydactyle).

Dans le Gecko à gouttelettes, le sternum consiste d'abord en une plaque fort solide, qui reçoit en avant, mais latéralement, dans deux échancrures anguleuses, les os coracoïdiens, qui sont larges et minces, et les claviculaires, qui, beaucoup plus antérieurs encore, sont étroits, allongés, aplatis, surtout dans leur extrémité sternale. En arrière, ce même plastron représente un rhombe, dont les deux faces postérieures donnent attache à trois paires de côtes. Enfin, de l'angle postérieur ou abdominal de cet os en plastron, partent deux petits os parallèles ou prolongemens sternaux, le long desquels viennent se fixer, à l'aide de ligamens, trois autres paires de côtes. Il y a donc six côtes sternales ; mais en arrière de celles-ci, on peut encore en compter sept autres paires, qui par leur extrémité libre ou abdominale, semblent se courber en angle obtus pour se diriger en avant, sans se joindre entre elles sur la ligne moyenne, comme dans les Caméléoniens. En tout, nous n'avons compté que dix-sept côtes, tandis qu'il y en a vingt-quatre dans le squelette du Gecko à bandes. Le nombre des côtes varie donc suivant les espèces.

17.

La tête des Geckotiens offre des caractères généraux assez notables. Par sa largeur, son aplatissement et sa longueur, elle se rapproche de celle des Crocodiles. Les os en restent fort distincts, en raison des sutures qui ne paraissent pas s'effacer par l'effet de l'âge. Les particularités qui semblent les rapprocher des Crocodiliens, sont d'abord la disposition des orbites, et ensuite le mode d'articulation des mâchoires entre elles. En effet, les excavations destinées à recevoir les yeux sont très grandes et incomplètes, en ce que leur cadre n'est pas complétement osseux en arrière, et ensuite parce que le plancher y manque complétement, de sorte que, dans le squelette, il y a communication de cette cavité avec la bouche. L'articulation de la mâchoire inférieure se fait entièrement en arrière, et l'os carré ou intra-articulaire est large, court, excavé dans sa face postérieure pour recevoir le muscle destiné à écarter les deux mâchoires, et à les maintenir long-temps dans cet état, où la gueule reste béante chez la plupart des individus (1).

Les vertèbres caudales et les pelviennes présentent quelques variétés. Les premières sont faiblement articulées, ou leur corps se brise dans la partie moyenne, alors elles se séparent au moindre effort, de sorte que beaucoup d'individus perdent facilement la queue : quand cette partie s'est régénérée, on trouve des cartilages à la place des véritables vertèbres osseuses, et la queue se présente alors avec des formes tout-à-fait

(1) Cuvier, dans la 2e partie du tome 5, sur les Ossemens fossiles, a représenté une tête de Gecko, pl. 16, fig. 27-28-29.
Spix, dans sa Céphalogénésie, fig. 5 de la planche 9.
Et Nitzsch, dans le tome 7 des Archives de Physiologie de Meckel, pl. 1, fig. 3-5.

bizarres, en rave, en toupie, en cœur, comme perfoliée, le plus souvent comprimée de haut en bas.

Les membres sont composés des mêmes os que chez tous les autres Sauriens, et à peu près de formes semblables. Comme l'ensemble des os qui les composent est prolongé et assez robuste, les parties osseuses qui répondent aux épaules, aux bras et aux avant-bras, ont peu de longueur ; mais ce sont surtout les petits os qui forment les pattes proprement dites ou les pieds, qui diffèrent de ceux de la plupart des autres Sauriens ; car ils sont presque tous disposés de manière à recevoir les cinq doigts de longueur égale, qui partent comme d'un centre pour former un cercle presque complet, excepté à la partie postérieure, le pouce ou le doigt externe ne pouvant pas se séparer notamment des autres pour se porter en arrière. Au reste, nous reviendrons tout à l'heure sur la structure singulière de ces doigts, qui ne sont pas tous constamment terminés par des ongles ; souvent, au contraire, il y en a de très remarquables, et ces ongles, par leur mode de rétraction et de mobilité, semblent avoir quelques analogies avec les griffes de certains mammifères du genre des chats.

Voilà ce qui concerne la charpente osseuse en général ; mais elle doit varier dans les diverses espèces, ainsi que les muscles destinés à faire mouvoir ces différens leviers. Ce qui est surtout très remarquable chez les Sauriens de cette famille, c'est la faculté qu'ils ont de grimper, de monter et de descendre sur des plans peu inclinés ou tout-à-fait verticaux, même sur les corps les plus lisses, tels que les marbres, les feuilles et les troncs dont les écorces sont très polies, et même de s'y tenir accrochés par les pattes, le ventre en haut et le dos en bas, absolument de la même manière et par les mêmes procédés que certaines mouches dont les tarses sont dilatés, spongieux ou lamellés et bilobés, ou comme les rainettes, dont les dernières phalanges sont élargies et épatées dans le même but. Déjà, comme nous l'avons dit, Aristote fait mention de cette particularité, qui permet aux Ascalabotes de courir dans toutes les positions, même de descendre obliquement la tête en bas, et surtout de changer de lieu avec une si grande prestesse, que l'œil a la plus grande peine à suivre leurs mouvemens. Comme leur immobilité absolue succède rapidement à ce déplacement brusque; en outre, comme le plus ordinairement les teintes de leurs tégumens semblent emprunter les couleurs des corps sur lesquels ils sont appelés à vivre, et auxquels ils ont la faculté d'adhérer en s'aplatissant, s'y agriffant et s'y collant, pour ainsi dire, ils disparaissent et se soustraient ainsi tout-à-fait à la vue.

2° *Des organes de la sensibilité.*

Nous allons exposer les particularités que ces animaux présentent dans leurs organes sensitifs.

La plupart, comme nous l'avons dit, ont la *peau* peu écailleuse; il en est même quelques-uns, tels que les Uroplates chez lesquels les tégumens à grains très fins semblent presque nus, comme chez les Salamandres et les Tritons, avec lesquels on les a quelquefois confondus, au point de les décrire sous ces noms génériques. Cependant, en général, ils ont la peau mince, peu adhérente aux muscles, dont on la détache facilement. Chez le plus grand nombre, on distingue au milieu du dos, et quelquefois sur les flancs, des tubercules granuleux, arrondis sur leurs bords, avec d'autres qui sont saillans au centre, et même comme taillés à facettes. Quand la peau est détachée du corps, et qu'on l'examine à contre-jour, on voit qu'elle est régulièrement garnie de petits écussons minces, arrondis, enchâssés dans l'épaisseur du derme, et dont la forme et la distribution varient suivant les espèces, dans les régions du ventre, du cou, des cuisses, de la tête et de la queue.

Généralement, la peau des Geckotiens est grise ou jaunâtre; mais il est des espèces chez lesquelles des couleurs assez vives se dessinent sur certaines parties du corps, on dit même qu'on y distingue des teintes de bleu, de rouge et de jaune, que l'animal fait paraître et disparaître, à peu près comme chez les Caméléoniens. Wagler dit aussi que quelques voyageurs lui ont assuré que certains Geckos de l'Inde deviennent lumineux ou phosphorescens pendant la nuit. Il est des espèces dont les tégumens se prolongent sur les parties latérales du corps et de la queue, en membranes frangées ou festonnées régulièrement.

On sait que les Geckotiens changent d'épiderme à certaines époques de l'année, et que leurs couleurs deviennent, après cette mue, d'une teinte beaucoup plus vive. Nous avons eu occasion d'observer ce fait sur des individus vivans, et saisis en état de liberté au milieu de l'été, à Cordoue en Espagne.

Dans un assez grand nombre de Geckotiens on voit, le long des cuisses et en dessous, une série de pores distribués à distance à peu près égale sur une même ligne; ces pores sont pratiqués, soit sur le bord, soit au centre, d'écailles plus dilatées que celles qui les avoisinent. Souvent leur orifice est teint d'une couleur plus foncée. Il suinte, dit-on, par ces ouvertures, une humeur grasse. Wagler a fait faire l'analyse chimique par M. le professeur Vogel, de cette humeur extraite d'un Iguane, celui-ci n'y a trouvé aucune trace d'acide urique, mais bien de la stéarine unie à d'autres matières azotées. La présence ou l'absence de ces pores ne coïncide nullement avec les caractères génériques, de sorte que dans un même genre on observe des espèces qui en offrent, et d'autres chez lesquelles, tantôt les individus mâles, tantôt ceux des deux sexes, en sont totalement privés.

La forme de la queue varie beaucoup : en général elle ne dépasse guère la longueur du tronc. Chez les espèces qui l'ont conique, et elles sont en plus grand nombre, on ne voit pas d'une manière évidente qu'elle en peut être l'utilité, à moins qu'elle ne serve à contre-balancer le poids de la région antérieure. Souvent on observe des étranglemens ou anneaux verticillés, dont le nombre varie ; et, comme nous l'avons dit, les parties s'en détachent facilement ; et, après cette rupture, il se reproduit un prolongement plus ou moins difforme ou bizarre, qui a été la cause que quelques individus, ainsi mutilés, ont été regardés comme appartenant à des espèces qui ont même reçu des noms triviaux d'après cette difformité. Certaines espèces ont la queue aplatie, garnie de membranes latérales, simples ou frangées.

Ce sont surtout les pattes ou les doigts qui doivent être examinés ici ; non réellement que ces appendices soient destinés à exercer un toucher actif, mais parce que leur disposition singulière et leur usage est véritablement tout-à-fait particulier, soit dans la station, soit dans la progression. Wagler dans ses observations sur les Platyglosses a présenté des réflexions curieuses sur ce sujet; nous en profiterons, mais nous exposerons ce que nous avons observé nous-mêmes. Nous avons déjà dit que les pattes proprement dites étaient très-courtes, comparativement à celles des autres Sauriens; que leurs doigts étaient à peu près égaux en longueur, de manière que, quand ils étaient étalés ou écartés, ils formaient cinq rayons presque égaux, décrivant plus de la moitié d'un cercle, qui restait ouvert en arrière. Ce que ces doigts offrent de particulier dans le plus grand nombre des espèces, c'est que le dessous, ou la face palmaire ou plantaire en est excessivement dilatée, élargie, et garnie de lamelles placées en recouvrement d'une manière régulière, mais variable, dans les espèces. Enfin, que les ongles, qui manquent quelquefois à tous les doigts, sont le plus souvent acérés, crochus, et plus ou moins rétractiles, constituant des sortes de griffes, dont les pointes restent constamment aiguës. Quelquefois ces doigts sont réunis entre eux à leur base et comme à demi palmés. Dans quelques espèces même, que Cuvier a nommées des Ptyodactyles et des Sphériodactyles, l'extrémité de ces doigts s'épate, s'élargit considérablement en forme d'éventail ou demi-disque, à peu près comme dans les Rainettes.

On sait que plusieurs insectes, tels que les mâles de quelques Dityques, des Crabrons et autres, ont les tarses antérieurs dilatés pour s'accrocher sur les élytres lisses, ou sur le corselet des femelles; que la plupart des Orthoptères, comme les Gryllons; beaucoup de Diptères ont tous les articles des pattes ainsi disposés pour s'accrocher et se maintenir suspendus et en repos sur les corps les plus polis, et s'y maintenir en sens inverse de leur propre poids. Les lames membraneuses et molles, qui garnissent le dessous des phalanges , présentent beaucoup de modifications, suivant les genres ; tantôt elles sont simples ou continues d'un bord à l'autre et dans ce cas elles offrent encore des différences par rapport aux sillons et aux courbes que décrivent ces lignes ; tantôt elles sont séparées longitudinalement par une rainure, elles sont complètes ou règnent dans toute la longueur ; quelquefois elles n'existent que sur les dernières phalanges , enfin dans les derniers genres elles sont à peine distinctes. Comme c'est de leur disposition, ainsi que de l'absence ou de la présence des ongles, que sont empruntés les caractères de la plupart des genres de cette famille , nous n'en parlerons pas ici.

Les *narines* des Geckotiens présentent quelques particularités que nous devons noter. Leur orifice extérieur se trouve, non pas au centre du museau comme chez les Crocodiliens , mais il est séparé et situé un peu latéralement. Dans l'état frais on y distingue un bourrelet charnu , dont les contractions sont évidentes. Leur trajet est court dans l'épaisseur des os ; leur orifice interne ou buccal ne se voit pas dans l'état frais ; il est caché derrière un repli membraneux du palais , qui fait l'office d'une soupape ou d'un double voile , séparé par un tubercule moyen , arrondi , qui correspond , par son bord postérieur , à la partie libre ou moyenne de la langue. Cette même membrane , qui tient lieu du voile du palais , se prolonge en arrière et en dehors pour aboutir à la portion des gencives qui correspond à la jonction ou à la commissure des lèvres. Entre elles se trouve un espace fortement concave , dans lequel vient s'appuyer la base de la langue , pour permettre l'écartement des mâchoires sans laisser voir l'arrière-gorge quand la gueule est béante. D'après cette disposition, il est très probable que le sens de l'odorat est peu développé chez les Geckotiens. D'ailleurs, par les connaissances physiologiques acquises aujourd'hui, on conçoit d'avance que la respiration de ces animaux étant lente et arbitraire, la sensation des odeurs doit être en rapport avec cette circonstance organique.

La *langue* des Geckotiens fournit un des caractères principaux de cette famille, en ce qu'elle est entièrement charnue, mais libre seulement dans la moitié au plus de sa longueur. Dans cette portion dégagée, elle éprouve un aplatissement notable, et son bord libre est à peine échancré ; Wagler dit avoir remarqué en dessous deux papilles lisses, anguleuses, aplaties, qui sont peut-être dépendantes de la présence de glandes destinées à fournir une humeur muqueuse. Dans sa totalité la langue n'occupe guère que la moitié de la longueur des branches de la mâchoire inférieure. Dans son ensemble elle représente un fer de flèche échancré en arrière, terminé là par deux pointes aiguës, dirigées en dehors, et tout-à-fait adhérentes à la masse charnue du plancher de la bouche. Cette portion postérieure de la langue est, pour ainsi dire, moulée par la concavité postérieure de la voûte palatine, dans laquelle elle reste enfoncée lorsque l'animal écarte les mâchoires. Le dessus est recouvert de papilles courtes, très fines, quoique de même forme, et toujours très serrées du côté de la pointe, tandis que vers la racine elles sont un peu fongiformes ou tuberculeuses. Quoique ces Reptiles avalent leur proie vivante et presque entière, comme le permet la largeur de leur gosier, il est cependant probable qu'ils peuvent mâcher et être doués par conséquent du sens du goût, puisque leur langue est molle, papilleuse, mobile et très charnue (1).

Les *oreilles* sont apparentes dans les Geckotiens par deux conduits auditifs, ayant tantôt la forme de fentes, tantôt de trous ovales ou circulaires, dont les bords sont souvent arrondis et quelquefois dentelés ; ils peuvent, dit-on, se rapprocher. Wagler énonce qu'elles peuvent se fermer chez les Ptyodactyles et les Sphériodactyles. Le tympan en est enfoncé. La cavité auditive communique évidemment avec l'arrière-gorge, et l'air peut s'y introduire comme dans tous les animaux à poumons toujours doués d'un organe répétiteur des sons qui lui sont transmis. Au reste, nous avons acquis la preuve que ces animaux perçoivent les plus petits bruits, et qu'ils ont l'ouïe très fine.

Les *yeux* des Geckotiens sont énormes, relativement à leur taille ; aussi les orbites creusées dans les os de la face sont-elles très vastes, de sorte que la saillie du globe de l'œil se voit, même dans l'intérieur de la bouche, comme chez quelques poissons. La convexité de la cornée paraît d'autant plus que ces animaux ne paraissent pas avoir de paupières, car celle qui existe réellement est unique, circulaire et adhérente au globe de l'œil par un repli intérieur. D'ailleurs, les tégumens passent réellement au devant du globe de l'œil, et on peut, en les dépouillant, enlever la totalité de la lame antérieure de la cornée comme chez les serpens et les poissons. C'est probablement en

(1) Cuvier a fait connaître et figurer l'os lingual ou hyoïde d'un Gecko dans la 2e partie du 5e volume de ses Ossemens fossiles, pag. 281, pl. 17, fig. 3.

raison de cette disposition que ces yeux ne paraissent pas humides, car l'humeur des larmes s'épanche très probablement entre les lames de cette cornée transparente pour arriver dans les narines, comme M. Jules Cloquet l'a fait connaître chez les Ophidiens. Une autre circonstance, qui tient aussi à l'absence apparente des paupières, c'est que l'iris de ces animaux présente une pupille dont l'ouverture est quelquefois arrondie, mais le plus souvent elle offre une fente linéaire, et dont les bords sont frangés, de manière que l'animal peut diminuer à volonté l'ouverture par laquelle la lumière et les images qu'elle produit parviennent sur la rétine. On dit que ces animaux sont nocturnes, ou qu'ils voient pendant la nuit, cela se conçoit, car alors ils laissent une plus large entrée à la lumière ; mais il n'en est pas moins vrai qu'ils voient parfaitement pendant la plus vive action de la lumière, au plein soleil. Au reste les chats, qui ont dans l'œil une conformation analogue, ne sont pas seulement nocturnes ou nyctalopes ; on sait qu'ils y voient parfaitement dans le jour. Cependant cette particularité de la conformation de la pupille les rapproche des Crocodiles et des Tritons, avec lesquels les Geckotiens ont quelque analogie, sous ce rapport comme sous plusieurs autres.

3° *Des organes de la nutrition.*

Les Geckotiens sont tous zoophages ; ils se nourrissent d'insectes et d'autres petits animaux qu'ils avalent le plus ordinairement sans les diviser ; aussi leur œsophage est-il d'un diamètre égal à celui que présente l'écartement des mâchoires, qui, comme nous l'avons dit, est très considérable ; par cette circonstance, que l'inférieure s'articule en arrière du crâne, comme chez les Crocodiles.

Les dents sont nombreuses, et toutes de mêmes forme et longueur ; il n'y en a pas qui soient attachées sur le palais. Elles ont des couronnes tranchantes, rangées sur une même ligne, et couvertes en dehors par les gencives, la base de la couronne émaillée est arrondie, mais les racines, reçues dans une gouttière longitudinale, ne sont adhérentes aux os que par leur face externe. Aussi Wagler a-t-il désigné ces dents sous le nom de pleurodontes, ou attachées sur le côté, tandis qu'elles sont libres en dedans ou dans le sillon qui les reçoit. Cependant, dans la plupart, la couronne va en augmentant sensiblement de devant en arrière. Ces dents sont si rapprochées qu'elles semblent se toucher et former une lame dentelée fort tranchante, mais pas assez longue pour entamer des matières un peu épaisses, de sorte que leurs morsures ne font pas de plaies.

L'œsophage est excessivement large. Dans plusieurs espèces que nous avons pu examiner, soit vivantes, soit après la mort, nous avons trouvé l'intérieur de ce canal fortement coloré de nuances diverses, mais cependant uniformes, en jaune orangé, et principalement en noir foncé : circonstance singulière dans une partie qui n'est guère exposée à l'action de la lumière. La limite entre l'œsophage et l'estomac n'est pas évidente ; le jabot se continue, et le tout forme une sorte de sac longitudinal qui semble se rétrécir brusquement au point correspondant au pylore, lequel n'est même appréciable que par la diminution du diamètre et sa position sur le bord libre et inférieur du foie

La portion du tube qui suit l'estomac offre des replis sinueux, et peut avoir trois fois la longueur de l'œsophage et du ventricule réunis ; ce canal se porte à gauche et se perd sur le côté d'un véritable cœcum large, portant un appendice, et se terminant par un gros tube qui aboutit au cloaque.

Le *foie* est très-remarquable par sa forme tout-à-fait insolite ; il est triangulaire, placé dans la ligne moyenne, mais son angle supérieur est tellement allongé, que dans quelques espèces il forme une pointe conique, qui a deux fois au moins la longueur de la base, cette pointe est logée au devant de l'estomac, dans l'espace que laissent entre eux les deux poumons, quand ces deux organes sont gonflés par l'air. En bas, ce foie s'élargit et se partage en plusieurs lobes ou lanières arrondies, peu distinctes, excepté celui de gauche, qui est le plus long. Le droit est court, adhérent au péritoine mésentériel. C'est au-dessous du lobe moyen que la vésicule du fiel est placée, et qu'elle est apparente quand elle est remplie de bile.

Il n'y a pas à ce qu'il paraît de *pancréas* bien distinct, mais, dans le Gecko à gouttelettes et dans l'Uroplate frangé nous avons observé une très petite *rate*, située sur la partie gauche de l'estomac.

Le *cœur*, varie à ce qu'il paraît, pour la forme. Chez le Gecko à gouttelettes il est large, plat : cependant il a la forme d'un cône assez régulier, dont la pointe est en bas, et la base, peu échancrée et large, est appuyée sur la racine des deux poumons. Dans l'Uroplate, au contraire, le cœur est proportionnellement beaucoup plus petit, et semble formé de trois portions distinctes, mais rapprochées, deux supérieures, arrondies, ovales, qui simulent des oreillettes, et une autre plus petite, conique, placée au-dessous; ce n'est pas sur la pointe inférieure, mais sur son bord droit, que vient aboutir la pointe du lobe supérieur du foie dont nous venons de parler. Nous n'avons pas suivi le système vasculaire, nous présumons qu'il ressemble par la distribution à celui des autres Sauriens.

Voici ce que nous avons observé pour les organes de la respiration. Il n'y a pas de goître dans ces animaux, et nous ne savons pas comment se forme leur voix. Peut-être les mouvemens de la langue, la manière dont elle est reçue dans la concavité du palais, se prête-t-elle à ce bruit très-particulier, à ce cri qui a fait désigner les Geckos sous plusieurs des noms qui semblent imitatifs du son qu'ils produisent : tels que *Geitje-Tockaie-Gecko*, ou d'après l'analogie des sons qu'ils produisent, *Postillon-Claqueur-Cracheur-Sputateur*, etc ; nous verrons bientôt que la disposition de la trachée peut aussi aider à cet effet ; quoi qu'il en soit, nous allons indiquer les détails de structure que nous avons observés.

La *glotte* se présente comme une fente longitudinale, garnie de deux grosses lèvres, qui forment une sorte de tubercule derrière la partie échancrée postérieure de la langue ; elle est entraînée par elle dans ses mouvemens, et elle vient par conséquent s'élever et s'appuyer dans la concavité du palais. La *trachée* est excessivement large, les anneaux cartilagineux sont très distincts et entiers en devant, tandis qu'ils sont membraneux sur le bord œsophagien. Cette circonstance est cause que cette trachée s'aplatit considérablement. Elle est presque aussi longue que l'œsophage; mais, arrivée à la base du cœur, elle passe derrière, et semble en être embrassée au moment où elle se divise en branches très-courtes. Les *poumons* forment véritablement deux sacs comme dans les salamandres, ils sont à-peu-près égaux en volume et en longueur. Leur cavité intérieure est unique, mais on distingue en dehors sur leurs parois membraneuses des cellules polygones, comme maillées ; c'est dans l'épaisseur des lignes qui les circonscrivent, que les vaisseaux artériels et veineux se divisent et se subdivisent en ramuscules très-déliés. Les poumons sont séparés entre eux, en avant par l'appendice supérieur du foie, en arrière est l'œsophage ; en bas ces organes vésiculeux ne se prolongent pas au-delà du foie dont ils atteignent les grands lobes ou la partie élargie.

Les reins n'offrent rien de particulier : nous les avons trouvés courts, arrondis, situés au bas de la colonne vertébrale presque dans le bassin. Leurs uretères sont par conséquent peu prolongés, ils viennent s'ouvrir directement dans le cloaque : il n'y a pas de vessie urinaire.

Dans plusieurs espèces nous avons observé en avant des pubis ou sous les parois abdominales, à la place de la vessie, des organes particuliers tantôt doubles, tantôt réunis en une seule masse aplatie, alongée. Ils nous ont paru être de nature graisseuse, soutenus d'une part par les os pubis, de l'autre ayant des prolongemens vasculaires ou membraneux simples ou doubles qui remontaient jusqu'au foie dans l'épaisseur du péritoine. Nous ignorons l'usage de ces parties ; peut-être ne sont-ce que des appendices destinés à mettre en réserve une certaine quantité de matière alibile afin de subvenir à la nutrition pour le temps pendant lequel ces animaux restent, dit-on, dans un état d'engourdissement ou de sommeil léthargique, comme cela arrive aux nymphes de beaucoup d'insectes et à la plupart des animaux hybernans. C'est ce qui arrive surtout aux Batraciens, chez lesquels les épiploons se chargent, pendant l'automne, d'une matière grasse abondante qui disparaît peu de temps après la fécondation, pour se reproduire de nouveau avant l'hiver suivant. Comme nous n'avons pas été à portée d'étudier par nous-mêmes cette particularité de l'organisation, nous l'indiquons seulement aux naturalistes qui pourront examiner des Geckos aux diverses époques de l'année.

Des organes de la génération.

Les organes mâles et femelles des Geckotiens nous offrent peu de particularités à noter. Tout fait présumer que la reproduction s'opère chez eux comme chez le plus grand nombre des Sauriens, les Crocodiles exceptés. Il est certain que les mâles sont plus petits, plus sveltes, plus agiles, mieux et plus vivement colorés que les femelles ; que leurs organes genitaux sont doubles et logés de chaque côté de la base de la queue, qui par conséquent est renflée à cette place, et que le rapprochement sexuel ne dure pas long-temps. Nous avons vu des œufs de Geckos que nous avons trouvés nous-mêmes en petit nombre, cinq ou six à la fois, déposés entre des pierres. Nous les avons recueillis ; ils étaient ronds, absolument sphériques, à coque calcaire assez solide, d'une teinte blanche sale, uniforme ; la surface en était légèrement raboteuse, ils ont produit, presque sous nos yeux, des petits Geckos parfaitement conformés et fort agiles ; mais étant en voyage, nous n'avons pu les nourrir. Nous avons reconnu, sous leur abdomen, l'ouverture ombilicale par laquelle le vitellus avait été absorbé qui n'était pas entièrement oblitérée

§ III. HABITUDES ET MOEURS ; DISTRIBUTION GÉOGRAPHIQUE DES ESPÈCES.

Nous avons maintenant peu de détails à donner sur les habitudes et les mœurs des Geckotiens, car en étudiant les diverses modifications de leur structure et de leur conformation, les principales circonstances de leur manière de vivre ont du être naturellement indiquées. Il résulte en effet de cet examen, que la plupart de ces Sauriens étant de petite taille, les besoins de leur alimentation n'exigeaient pas un développement considérable dans les forces musculaires et surtout dans les moyens qui leur ont été accordés par la nature pour attaquer ou pour se défendre. Des animaux très-faibles sont la seule proie du plus grand nombre : ils se nourrissent de larves, de chenilles et d'insectes qu'ils se procurent le plus souvent en se mettant en embuscade ou en les chassant et les poursuivant dans les trous et les cavités obscures où ceux-ci cherchent leur refuge. Ils semblent avoir été en effet principalement construits dans ce but. Leurs pattes, munies en-dessous de lames imbriquées qui s'appliquent exactement et adhèrent solidement sur la surface des corps, même les plus lisses, leur permettent de courir avec la plus grande prestesse sur tous les plans et dans toutes les directions, en se tenant même suspendus sous la page inférieure des feuilles. Le plus souvent des ongles crochus, acérés et rétractiles, comme ceux qui forment les griffes des chats, leur donnent la faculté de grimper sur les écorces des arbres, de pénétrer dans les fentes et les trous des rochers, de gravir les murailles à pic, d'en rechercher les

18.

moindres cavités pour s'y tapir et y rester immobiles pendant des heures entières, accrochés et comme soutenus en l'air par les pattes, contre leur propre poids. Leur tronc aplati, flexible dans tous les sens, semble se mouler dans les creux où ils n'offrent presqu'aucune saillie, et la teinte variable de leurs tégumens semble se confondre et s'accorder avec les couleurs des surfaces sur lesquelles ils reposent. Cette faculté paraît leur avoir été concédée autant pour masquer leur présence à la proie qu'ils épient, que pour les soustraire à la vue de leurs ennemis et surtout à la recherche de quelques petits oiseaux de proie, les seuls animaux qu'ils puissent craindre. Serait-ce dans les mêmes intentions providentielles que la plupart des espèces seraient douées de la faculté de distinguer nettement les corps dans l'obscurité des nuits, et de pourvoir alors à leur subsistance, lorsqu'ils poursuivent leur proie dans les lieux les moins éclairés? Leur pupille jouit en effet d'une mobilité semblable à celle qu'on observe dans les yeux des oiseaux et des mammifères nocturnes qui peuvent dilater excessivement leur prunelle quand ils ont besoin de recueillir les effets d'une lumière peu abondante et qui ont la faculté de la resserrer pour la réduire à une simple fente linéaire, quand les nerfs de l'intérieur de l'organe pourraient être blessés ou affaiblis par les rayons éblouissans d'une trop grande clarté. Car dans les climats chauds que les Geckotiens habitent, ils sont appelés à supporter le plus grand éclat d'un soleil ardent, et cependant comme leur proie cherche à éviter aussi l'excessive chaleur du jour, ils sont obligés d'attendre la nuit pour aller à la chasse ou à la poursuite des insectes qui profitent eux-mêmes de l'obscurité et de l'abaissement de la température, afin de pourvoir à leurs besoins particuliers.

On pourrait attribuer aux noms vulgaires par lesquels on désigne ces Reptiles, noms qui, pour la plupart, sont entachés d'idées fausses et de préjugés, la sorte de crainte ou de dégoût que ces animaux inspirent. Les Geckos sont en effet un objet d'horreur et de répugnance, pour ainsi dire innée, dans les lieux où ils vivent et où cependant ils aiment à se rapprocher des habitations des hommes, peut-être afin d'y trouver en plus grand nombre les insectes qui y sont eux-mêmes attirés par les substances destinées à la nourriture des familles. Ils deviennent souvent les victimes de la crainte qu'ils produisent parce qu'on les suppose imprégnés de venins subtils qu'ils transmettent par le seul attouchement, ou par leur salive que l'on accuse d'occasioner des éruptions sur la peau, telles que les dartres et la lèpre, et même une sorte d'empoisonnement qui serait transmis par les matières destinées à la nourriture de l'homme ou des animaux, par cela seul que les Geckos y seraient tombés, y auraient touché, ou parce que les ongles de ces reptiles auraient effleuré la peau en passant pendant la nuit sur le corps des hommes ou de quelques autres animaux endormis.

Cependant il faut avouer que la plupart des Geckotiens ont une apparence peu agréable et jusqu'à un certain point, une conformation hideuse; car leur peau paraît toute nue ou peu garnie d'écailles, quoique quelques-uns aient le dessus du corps hérissé d'épines ou de tubercules taillés à facettes; leurs couleurs sont en général sombres ou ternes; leur tête large, aplatie; à yeux gros, toujours à découvert et qui paraissent immobiles par la brièveté des paupières ; leur cou semble déchiré par la présence des fentes des oreilles. Mais surtout, ce qui inspire une sorte d'effroi, c'est que leur vue étant excellente et constamment en action, ils échappent avec la plus grande prestesse à la main qui veut les saisir et aux moindres dangers qui les menacent. Leur hardiesse téméraire intimide les ennemis qu'ils attendent sans crainte, leurs mouvemens étant brusques, s'opérant sans bruit et avec la célérité la plus surprenante

Distribution géographique. Les Geckotiens, dont on peut compter aujourd'hui environ cinquante-cinq espèces différentes, sont répandus sur presque toute la surface du globe que nous habitons. Cependant notre Europe est la partie du monde où on en a le moins observé, et l'Asie celle qui en nourrit un plus grand nombre. En effet il n'y a d'espèces Européennes qu'un Platydactyle et un Hémidactyle et toutes les deux vivent en même temps sur les côtes septentrionales de l'Afrique ; et parmi les Asiatiques on en compte treize qui appartiennent aux trois genres Platydactyle, Hémidactyle et Gymnodactyle. Ces treize espèces sont originaires du continent de l'Inde ou des iles de son archipel, où l'on en rencontre également une autre qui se trouve aussi dans l'Afrique australe et dans les îles qui en sont voisines.

L'Afrique ne possède en propre que douze espèces, savoir : une de chacun des genres Hémidactyle, Phyllodactyle et Sténodactyle, deux Gymnodactyles, deux Ptyodactyles et cinq qui ont dû être toutes rangées avec les Platydactyles. Parmi ces cinq dernières espèces Africaines, une a pour patrie commune le cap de Bonne-Espérance, Madagascar et Maurice ; une seconde, le cap et la dernière des îles que nous venons de nommer; une troisième habite le Sénégal et les îles de Ténériffe et de Madère; une quatrième, les Seychelles et une cinquième enfin se trouve en Egypte. Le seul Hémidactyle qui soit particulier à l'Afrique est originaire de l'Ile-de-France; comme le seul Gymnodactyle que possède cette partie du monde, vient des côtes de Barbarie et le seul Sténodactyle de l'Égypte. Les deux Ptyodactyles proviennent l'un de l'Egypte, l'autre de Madagascar.

Le nombre des Geckotiens trouvés jusqu'ici en Amérique s'élève à douze espèces. Il y a parmi elles trois Sphériodactyles qui vivent aux Antilles; deux Gymnodactyles qu'on trouve l'un dans les mêmes îles et l'autre au Brésil; deux Platydactyles dont un provient encore des Antilles et l'autre de la partie septentrionale du Nouveau-Monde. Enfin un Ptyodactyle un Hémidactyle et trois Phyllodactyles, tous les cinq originaires de la partie méridionale de l'Amérique.

Il existe soit dans l'Australasie, soit dans la Polynésie douze espèces de Geckotiens dont l'habitation n'est pas complétement limitée, à l'exception de deux espèces qui n'ont encore été observées qu'à la Nouvelle-Hollande. Ces espèces appartiennent aux genres suivans : à celui du Sténodactyle, qui n'en réclame qu'une seule, deux aux Gymnodactyles et trois à chacun des genres Phyllodactyle, Hémidactyle et Platydactyle.

Voici une table énumérative de la répartition géographique des espèces : elle présente un résumé synoptique des détails que nous venons d'exposer.

Répartition des Geckotiens d'après leur existence géographique.

Noms des genres de la famille DES GECKOTIENS.	Europe.	Asie.	Aux deux.	Afrique.	Amérique.	Aux deux.	Australasie et Polynésie.	Origine inconnue.	Total des espèces.
PLATYDACTYLE . .	1	5	0	5	2	0	3	1	17
HÉMIDACTYLE. . .	1	5	0	1	1	0	3	1	12
PTYODACTYLE. . .	0	0	0	2	1	0	0	1	4
PHYLLODACTYLE. .	0	0	0	1	3	0	3	1	8
SPHÉRIODACTYLE .	0	0	0	0	3	0	0	0	3
GYMNODACTYLE. .	0	3	0	2	2	0	2	0	9
STÉNODACTYLE . .	0	0	0	1	0	0	1	0	2
Nombre des espèces dans chaque partie du monde.	2	13	0	12	12	0	12	4	55

§ IV. DES AUTEURS QUI ONT ÉCRIT SUR LES GECKOTIENS.

Nous avons fait connaître, dans le premier article de ce chapitre, les ouvrages des naturalistes systématiques qui ont donné une classification de la famille des Geckotiens, nous ne rappellerons pas ici les titres de ces livres, mais nous avons cru qu'il serait utile de présenter séparément la liste des mémoires ou des traités particuliers relatifs à une ou à plusieurs espèces des Sauriens de cette famille, et nous la disposerons dans l'ordre chronologique.

1637. ALDROVANDI, déjà cité tom. I, pag. 233, a représenté avec les Quadrupèdes ovipares, liv. I, pag. 654, d'une manière très reconnaissable, le Platydactylus Fascicularis, qu'il nomme *Lacertus Facetanus Tarentula.*

1655. WORMIUS (*Voyez* tom. I, pag. 344), pour son Muséum, y a reproduit, pag. 314, la figure du *Lacertus Facetanus* d'Aldrovandi.

1658. PISON, dont l'ouvrage a été indiqué tom. I, pag. 332, y a donné une mauvaise figure du *Platydactylus guttatus*, chap. 5, pag. 57, sous le nom de *Salamandra Indica.*

— FLACOURT (le sieur de), Histoire de la grande île de Madagascar, in-4°, y a décrit, pag. 155, le *Famocantrata*, qui est le Ptyodactyle frangé.

1699. PERRAULT (Cl.). *Voyez* tom. II, pag. 670, a donné la description anatomique de deux Geckos qui étaient des *Platydactylus guttatus*, sous le nom de *Tockaie*, figurés pl. 66 et 67 de ses Mémoires sur les Animaux, tom. II, 2e partie, pag. 281, et dans les Observations sur la Physique, pag. 47, pl. 3, fig. 12, par les jésuites missionnaires de la Chine.

1714. FEUILLÉE (L.), dont nous avons donné le titre de l'ouvrage, tom. I du présent, pag. 315, y a fait connaître cette espèce particulière d'Uroplate, que nous avons nommée *Ptyodactylus Feuillæi.*

1718. RUYSCH (H.), déjà cité tom. I, pag. 335, pour son *Theatrum Animalium*, y a introduit une mauvaise figure de notre *Platydactylus muralis.*

1734. SÉBA (A), déjà indiqué tom. I, pag. 338, a fait graver dans son Trésor, à la pl. 108 du premier volume, la figure d'un Platydactyle à gouttelettes dans presque tous les âges : il y a neuf dessins différens de la même espèce.

1750. OSBECK, cité par nous, tom. I, pag. 330, a décrit, pag. 134 à 280, le *Lacerta Chinensis*, qu'on a nommé depuis Gecko Osbeckii, mais qu'il est difficile de reconnaître.

1751. EDWARDS, dont nous avons mentionné l'ouvrage sur les Oiseaux, dans le premier volume de celui-ci, pag. 314, y a représenté l'*Hemidactylus Verruculatus*, qu'il nomme petit Lézard gris et moucheté.

1733. KNORR, cité dans notre premier volume, pag. 322,

pour son ouvrage intitulé *Deliciæ Naturæ*, a donné une assez bonne figure du Platydactyle à gouttelettes, à cela près qu'il y est représenté avec trois ongles de trop à chacune des pattes.

1782. HOUTTUYN, déjà indiqué tom. II, pag. 667, a décrit dans les Actes de l'Académie de Zélande, en hollandais, trois espèces de Geckos.

1783. HERMANN, déjà cité tom. I, pag. 321, et tom. II, p. 666, a très bien décrit les Geckos dans le 1er de ces ouvrages, pag. 251, en parlant d'une espèce.

1784. SPARMANN, cité tom. I, pag. 340, et tom. II, pag. 692, a décrit dans le dernier ouvrage cité, les Geckos Sputateur et Geitje.

1788. LACÉPÈDE, dont nous avons fait connaître les travaux, tom. I, pag. 243, et tom. II, pag. 268, a fait représenter, dans son Histoire naturelle des Quadrupèdes ovipares, le *Platydactylus Vittatus*, tom. I, pl. 29, et le *Ptyodactylus Fimbriatus*, pl. 30; il lui a donné le nom de *Tête-Plate*.

1790. WHITE, cité tom. I, pag. 343, pour son voyage, y a fait connaître un Gecko, pag. 246, pl. 3, fig. 2, qui est le *Gymnodactylus Phyllurus*.

1797. SCHNEIDER, dont le nom et les ouvrages sont déjà indiqués par nous, tom. I, pag. 338, et tom. II, pag. 671, a fait connaître, dans les Actes de Munich, une espèce de Geckotiens, désignée sous le nom de *Stellio Platyurus*. En particulier, dans le second cahier de sa Physiologie des Reptiles, il a décrit sous les noms de Stellio Gecko, le *Platydactylus Guttatus*; sous celui de *Stellio Mauritanicus*, l'*Hemidactylus Verruculatus*; le *Stellio perfoliatus*, ou notre *Platyd. Thecadactylus*; le *Sputator*, qui est un *Spheriodactylus*; le *S. Platyurus*, qui est l'*Hemidactylus marginatus*; le *S. Phyllurus*, qui est un *Gymnodactylus*; le *S. Fimbriatus*, qui est un *Ptyodactylus*; enfin les *S. Tetradactylus* et le *Brasiliensis*, dont nous n'avons pas pu reconnaître la Synonymie.

1801. BRONGNIART (Alex.), cité tom. I, pag. 244, a donné, dans le Bulletin de la Société Philomatique, n° 36, la description succincte et la figure n° 3 *a. b.* du *Platydactylus vittatus*.

1809. CREVELDT de Bonn, cité dans le second volume de cette Erpétologie, pag. 663, a décrit à la pag. 266 et figuré pl. 8 du

Magasin des naturalistes de Berlin, le Lacerta *homalocephala*, qui est un *Ptychozoon* de Kuhl, pour nous un *Platydactylus*.

1810. RAFINESQUE, cité tome I, pag. 334, pour son ouvrage sur les nouveaux genres d'animaux de Sicile, y a donné, pag. 9, une mauvaise description de l'*Hemidactylus verruculatus*, qu'il nomme *Gecus cyanodactylus*.

1820. KUHL, cité tome I, p. 323, a indiqué dans cet ouvrage, comme espèce nouvelle, sous le nom de *Gecko annulatus*, le jeune âge du *Platydactylus guttatus*; et dans l'Isis, 1822, pag. 475, il a établi le genre *Ptychozoon*, d'après le *Platydactylus homalocephalus* indiqué par Creveldt.

— TILESIUS a décrit dans le tom. VII des Mémoires de l'académie de Saint-Pétersbourg le *Platydactylus homalocephalus*, qu'il a figuré pl. 10; et sur la pl. 11, le *Stellio Argyropis*.

1822. WOLF, cité par nous, tom. I, pag. 344, et tom. II, pag. 673, a décrit dans le premier Mémoire, et figuré pl. 20, fig. 2, le Gecko trièdre, qui est un *Hemidactylus*.

— LICHTENSTEIN, déjà cité dans cet ouvrage, tom. I, p. 325, et tom. II, pag. 669, a fait connaître le genre *Stenodactylus*, dont il a donné les caractères.

1824. SPIX. *Voyez* tom. I, pag. 340, et tom. II, pag. 672, a représenté et décrit bien imparfaitement le *Gecko aculeatus*, pag. 16, pl. 18, fig. 3, c'est l'Hémidactyle Mabouya; pag. 17, pl. 18, fig. 2, le *Thecadactylus pollicaris*? et le *Gymnodactylus Geckoides*, fig. 1 de cette même planche.

1825. NEUWIED (le prince Maximilien de), cité tom. I, p. 329, et tom. II, pag. 670, a fait connaître dans le premier des ouvrages indiqués sur les animaux du Brésil, et représenté dans le recueil des planches publié séparément, le *Gecko incanescens* et le *G. armatus*, qui sont des Hémidactyles Mabouya.

1826. RUPPEL, dans l'ouvrage que nous avons cité tom. I, pag. 335, a représenté le *Ptyodactylus guttatus*, pag. 13, pl. 4; c'est celui qui a été désigné sous le nom d'*Hasselquitzii* et le *Stenodactylus Scaber*, pag. 15, pl. 4, fig. 2, qui est pour nous un *Gymnodactylus*. (*Voyez* plus bas en 1635.)

— RISSO (*Voyez* dans cet ouvrage, tom. I, pag. 334), a donné dans le tom. III de l'ouvrage indiqué, la description incomplète du *Gecko Mauritanicus*, qui est notre *Hemidactylus verruculatus*.

1828. GEOFFROY (Isidore) a donné dans l'ouvrage que nous avons indiqué tom. I, pag. 317, sur les Reptiles d'Égypte, la description de plusieurs Geckotiens, savoir : du Gecko annulaire, représenté pl. 5, fig. 6 et 7, qui est notre *Platydactylus Ægyptiacus*; du Gecko lobé, même planche, fig. 5, qui est le *Ptyodactylus Hasselquitzii*. En 1832, dans ses Études Zoologiques, il a décrit et fait représenter le Platydactyle Cépédien.

1828. GRAY. *Voyez* tom. II du présent ouvrage, pag. 665, où nous avons fait connaître ses principales recherches sur les Geckos. Dans ses *Spicilegia Zoologica*, il a établi le genre *Phyllodactylus*, auquel il a donné pour type le *Gecko Porphyreus* de Daudin; et en 1830, la figure et la description du *Cyrtodactylus pulchellus*. En 1832, M. Gray a établi le genre *Diplodactylus* et décrit l'espèce nommée par lui *Vittatus*, à la page 40 de la seconde partie de Proceedings of the Commitee of science and Correspondance of the Zoological Society of London.

1829. LESSON, déjà cité tom. I, pag. 325, et tom. II, p. 668, a fait connaître dans ce dernier travail, pag. 311, pl. 5, fig. 1, l'Hémidactyle à écailles trièdres.

1831. EICHVALD (Édouard), *Zoologia specialis*, tom. III, pag. 181. Cet auteur a décrit dans cet ouvrage le *Gymnodactylus Caspius* et le *Gymnodactylus pipiens* de Pallas.

1834. BONAPARTE, déjà cité dans notre premier volume, pag. 307, a figuré et décrit dans la Faune Italienne, le *Platydactylus muralis* et l'*Hemidactylus verruculatus*. Il nomme le premier *Ascalabotes Mauritanicus*, et le second *Hemidactylus triedrus*.

— WIEGMANN, déjà cité dans le premier et dans le second volume, et surtout dans ce dernier, pag. 673, a décrit le *Platydactylus guttatus*, l'*Hemidactylus mutilatus*, *Peruvianus*, le *Phyllodactylus tuberculosus*, et le *Diplodactylus Gerrhopygus*. Dans les Mémoires des Curieux de la Nature, de Berlin, tome XVII, partie première, pag. 235 à 242, pl. 18.

1835. RUPPEL (Édouard), déjà cité, a décrit et représenté dans un ouvrage ayant pour titre : Neue Wirbelthiere zu der Fauna von Abyssinien, etc., l'*Hemidactylus flaviviridis*, tab. 6, fig. 3, et le *Pristurus flavipunctatus*, même planche, fig. 3.

§ V. DES GENRES ET DES ESPÈCES DE GECKOTIENS EN PARTICULIER.

D'après la simple considération de la forme et de la structure des doigts, on peut partager les Geckotiens en deux groupes assez naturels : le premier se compose des espèces dont les pattes ont les doigts élargis sur toute ou partie de leur longueur, et supportent des ongles rétractiles ; le second réunit les Geckotiens qui ont les doigts arrondis ou même légèrement comprimés, et dont les ongles ne sont ni crochus, ni susceptibles de rentrer dans une sorte de gaîne destinée à les recevoir.

Les espèces qui sont rangées dans le second groupe sont peu nombreuses : ce sont celles qui ont donné lieu à l'établissement des genres *Ascalabotes* (Lichtenstein) *Stenodactylus* (Fitzinger) *Gymnodactylus* (Spix) *Gonyodactylus* (Kuhl), *Pristurus* (Rüppel), *Cyrtodactylus* et *Eublepharis* (de Gray). Cependant, suivant nous, ces genres ne se distinguent pas les uns des autres par des caractères assez nets, assez tranchés, et qui ne portent pas sur des considérations assez importantes pour que nous ayons cru devoir les adopter complétement et nous avons conservé la distribution faite par G. Cuvier, en admettant ceux des Gymnodactyles et des Sténodactyles, en ne séparant pas toutefois de ces derniers ceux qu'il nommait les Phyllures.

Le groupe des Geckotiens à doigts dilatés en travers est beaucoup plus nombreux en espèces parmi lesquelles malheureusement il n'est pas plus facile d'établir de bonnes divisions génériques. Au reste la même difficulté se présente constamment en histoire naturelle, quand les familles sont constituées sur des analogies parfaites comme l'est celle des Geckotiens, qui, jusqu'à un certain point, ne forment qu'un seul genre. Tels sont par exemple dans la classe des reptiles les Crocodiliens, les Caméléoniens et les Scincoidiens. Aussi bien convaincus de cette difficulté et du peu d'avantages qui résulterait pour la science de multiplier les genres quand il n'y a pas lieu de le faire d'une manière naturelle, n'avons-nous pas adopté ceux proposés par différens erpétologistes : tels sont les suivans : *Anoplopus* de Wagler *Pachydactylus* de Wiegmann, *Crossurus* de Wagler, *Ptychozoon* de Kuhl ou *Pteropleura* de M. Gray. Nous nous sommes bornés, comme pour les Geckos dont les doigts sont étroits, à la division de G. Cuvier, à deux modifications près cependant qui sont : d'avoir réuni les Thécadactyles aux Platydactyles et retiré de la division des Sphériodactyles certaines espèces à disques digitaux divisés en deux dans la partie inférieure, pour les placer, à l'exemple de M. Gray, dans un genre particulier sous le nom de Phyllodactyles indiqué par ce dernier auteur.

Entre ces genres, dont le nombre est de sept, deux seulement, ce sont ceux des *Gymnodactyles* et des *Sténodactyles*, appartiennent au groupe des espèces à doigts étroits et qui, par cela même, ne peuvent être confondus avec les cinq autres qui constituent la principale division des véritables Geckotiens offrant en travers une dilatation, sur tout ou partie de leurs doigts. Quant aux différences que présentent entre eux ces genres Sténodactyle et Gymnodactyle, elle consiste en ce que le premier offre des doigts cylindriques mais néanmoins pointus à leur extrémité libre, fort peu allongés, garnis en dessous d'écailles granuleuses et de dentelures sur leurs côtés; au lieu que les doigts chez les Gymnodactyles, sont très-longs et généralement fort grêles, revêtus sous leur face inférieure, de lamelles transversales, et surtout, ce qui les caractérise, dépourvus de dentelures sur leurs bords.

Parmi les genres dont les doigts sont plus ou moins élargis, si l'on met à part ceux qui n'offrent cet élargissement que sous les extrémités des doigts, tels que les *Ptyodactyles*, les *Phyllodactyles* et les *Sphériodactyles*, il ne reste plus que les *Platydactyles* et les *Hémidactyles*, qu'on peut facilement distinguer entre eux. Chez les premiers en effet la dilatation des doigts s'observe sous toute leur longueur, tandis que dans les seconds, cet élargissement n'existe qu'à la base où il offre un grand disque, ovale du centre, duquel s'élèvent, en-dessus, les deux dernières phalanges qui ressemblent à une sorte de petit crampon. On remarque aussi que le dessous de la queue des Platydactyles n'offre pas comme celle des Hémidactyles une bande longitudinale de grandes scutelles élargies en travers, et disposées absolument de la même manière que celles qui garnissent le ventre de la plupart des serpens.

Les *Sphériodactyles* sont reconnaissables au petit disque circulaire, ressemblant quelquefois à une petite pelote lisse, qui existe à l'extrémité de chacun de leurs doigts, qui de plus sont dépourvus d'ongles. En cela ce genre diffère bien évidemment de ceux des Ptyodactyles et des Phyllodactyles dont les deux paires de pattes sont munies d'ongles, logés chacun dans une petite fente qui partage longitudinalement en deux parties, la portion dilatée de leurs doigts, laquelle est échancrée sur son bord antérieur. Mais les Ptyodactyles ont le dessous de ce disque échancré et garni de petites lames rayonnées et disposées en petit comme les touches d'un éventail lorsqu'elles sont étalées; au lieu que les Phyllodactyles n'offrent sous cette partie dilatée de leurs doigts, que deux petites écailles, lisses, séparées l'une de l'autre par le sillon, au fond duquel l'ongle peut également se placer et se soulever à volonté.

Pour compléter cette revue des genres que les divers erpétologistes ont proposé d'admettre dans la famille des Geckotiens, il nous en reste encore un à mentionner. Nous voulons parler du *Sarrouba*, genre ainsi nommé par Fitzinger, et *Chiroperus* par Wiegmann; mais les caractères, et peut-être même l'existence de cet animal ne sont-ils pas assez bien établis pour que nous ayons cru devoir l'inscrire dans le catalogue de la science. Il ne repose en effet que sur un individu unique, de l'île de Madagascar, qui n'a été indiqué aux naturalistes que par une note communiquée à Lacépède par Bruguières. On reconnaît toutefois, par cette description, que c'était un Geckotien voisin du Ptyodactyle frangé, à tel point que nous le soupçonnerions de n'en être qu'un exemplaire mutilé. Ce Sarroubé, comme l'appelle Lacépède, qui l'a rangé à tort parmi les Salamandres, n'aurait eu que quatre doigts à chaque main; sa queue était aplatie comme celle des Uroplates; mais il aurait manqué des franges membraneuses qui bordent le corps de l'espèce qui a été nommée *Fimbriatus*.

A l'aide du tableau synoptique qui suit, on pourra voir la manière simple et commode, pour l'observation, dont nous avons partagé en genres, au nombre de sept seulement, cette famille des Geckotiens.

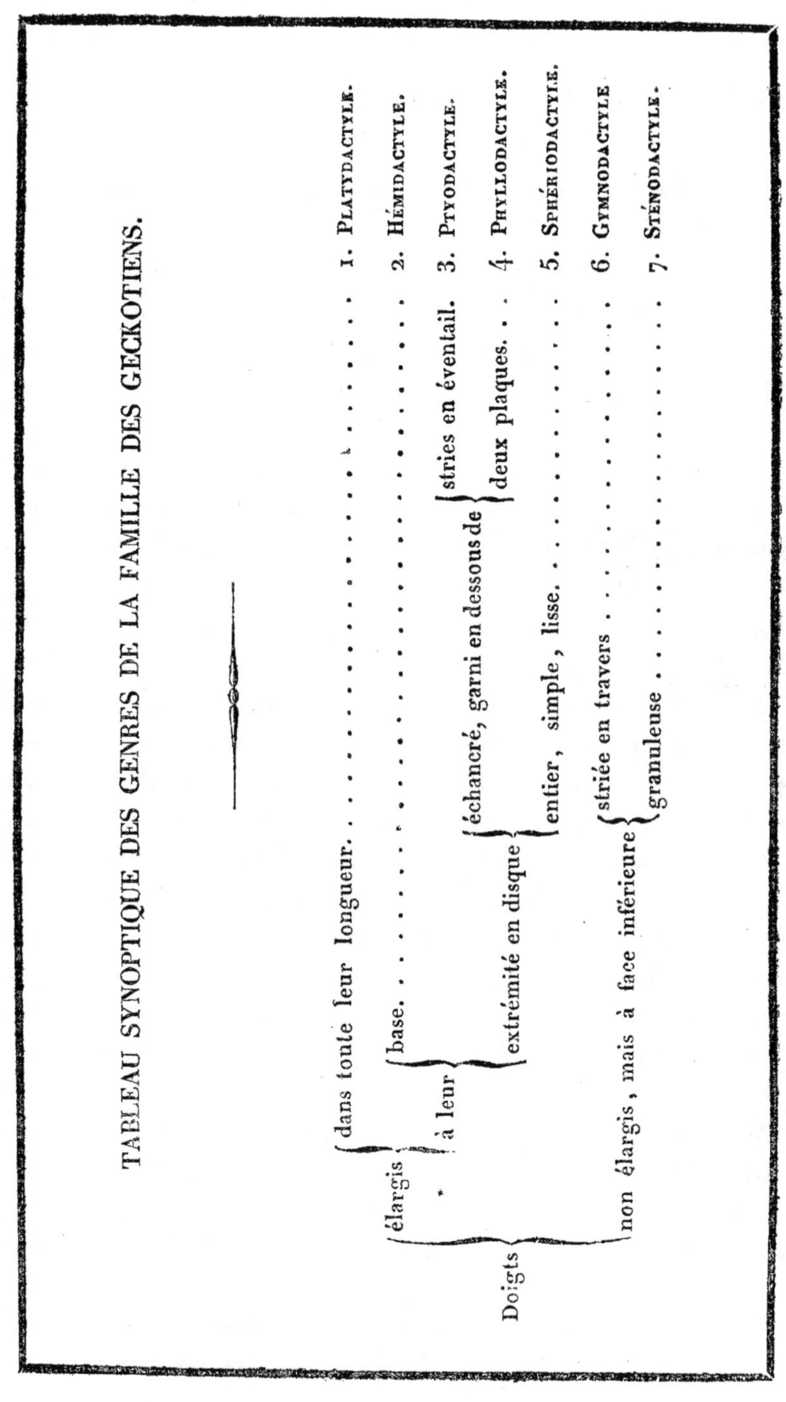

TABLEAU SYNOPTIQUE DES GENRES DE LA FAMILLE DES GECKOTIENS.

- Doigts
  - élargis
    - dans toute leur longueur . . . . 1. PLATYDACTYLE.
    - à leur
      - base . . . . 2. HÉMIDACTYLE.
      - extrémité en disque
        - échancré, garni en dessous de
          - stries en éventail. 3. PTYODACTYLE.
          - deux plaques. . . 4. PHYLLODACTYLE.
        - entier, simple, lisse. . . . . 5. SPHÉRIODACTYLE.
  - non élargis, mais à face inférieure
    - striée en travers . . . . 6. GYMNODACTYLE.
    - granuleuse . . . . 7. STÉNODACTYLE.

Ier GENRE. PLATYDACTYLE. *PLATYDACTYLUS*. Cuvier.

(*Platydactylus* et *Thecadactylus* de Cuvier et de Gray.)

Caractères. Doigts élargis plus ou moins sur toute leur longueur, et garnis en dessous de lamelles transversales, imbriquées, entières ou divisées par un sillon médian longitudinal.

Cette phrase caractéristique indique d'avance, pour ainsi dire, que nous avons réuni en un seul, les deux genres que Cuvier avait distingués comme Platydactyle et Thécadactyle ou toutes les espèces de Geckotiens dont les doigts, transversalement dilatés sur toute ou presque toute leur longueur, sont garnis en dessous de lamelles entières ou quelquefois séparées en deux lignes longitudinales par un sillon. C'est qu'effectivement ces deux genres ne peuvent plus rester séparés. On connaît aujourd'hui des espèces intermédiaires qui viennent, jusqu'à un certain point, détruire les caractères qui avaient été adoptés pour les faire distinguer. La seule différence que Cuvier avait indiquée comme propre à les caractériser, consistait en ce que dans les Thécadactyles on voit sous l'extrémité des doigts une scissure au fond de laquelle rentre l'ongle, qui ne peut d'ailleurs opérer sa sortie que sous la partie inférieure et non au-dessus du disque. Mais il est des Platydactyles dont la gaîne qui renferme l'ongle, présente également son ouverture sous l'extrémité du doigt, sans que pour cela celui-ci soit creusé d'un sillon : c'est ce qu'on peut observer, par exemple, dans le Platydactyle des Seychelles. Il en est certains autres qui, avec un sillon, ont l'ouverture de la gaîne de l'ongle située au-dessus ou à l'extrémité du disque, ainsi qu'on l'observe dans le Platydactyle demi-deuil. Or faut-il, d'après cela, se décider à former deux genres distincts de ces deux espèces qui, rigoureusement, n'appartiennent ni aux Platydactyles, ni aux Thécadactyles de Cuvier? Nous ne le pensons pas. Mais, suivant nous, on doit les considérer comme le lien qui unit ces deux groupes et qui exige de n'en former qu'un seul. Nous y avons donc été forcés, et nous n'avons pas adopté les divisions que divers Erpétologistes ont établies parmi les espèces auxquelles Cuvier donne le nom de Platydactyle. Nous croyons devoir franchement en faire l'aveu, car cette distinction ne paraît pas assez naturelle. Si l'on étudie avec soin nos Geckotiens platydactyles, il devient évident que les caractères sur lesquels reposent les subdivisions dernièrement introduites, sont loin de mériter l'importance qu'on y attache. On voit que ces caractères, tirés de la présence ou de l'absence des ongles, du développement ou du non développement d'une membrane, soit entre les doigts, soit sur les parties latérales du corps et de la queue, se reproduisent dans des espèces très différentes d'ailleurs, ou qu'ils ne se retrouvent pas chez celles qui se ressemblent beaucoup par d'autres points de leur organisation. Ainsi, par exemple, le Platydactyle des Seychelles, dont tous les doigts sont garnis d'ongles, a du reste beaucoup plus de rapports avec le Platydactyle Cépédien, qui n'en offre pas un seul, qu'avec celui qui porte le nom de Leach, et dont les cinq doigts sont tous onguiculés. Cette dernière espèce, dont tous les doigts sont palmés, et dont les flancs sont garnis de membranes analogues à celles du Plactydactyle homalocéphale, en diffère davantage, sous plusieurs rapports, que du Platydactyle de Duvaucel, qui a les doigts et les côtés du corps dépourvus d'appendices membraneux.

Nous aurons cependant égard à ces différences : elles nous serviront même à former un assez grand nombre de petits groupes; mais, nous le déclarons d'avance, nous les considérerons moins comme établis d'après les rapports naturels des espèces entre elles, que comme un moyen artificiel qui conduit d'une manière très commode et facile à leur détermination.

Notre genre Platydactyle est le plus nombreux de la famille des Geckotiens. La plupart des espèces qui s'y trouvent réunies se laissent assez aisément distinguer les unes des autres. Il y en a qui n'ont pas d'ongles du tout : c'est le plus petit nombre. Quelques - unes, au contraire, ont tous les doigts onguiculés. Chez d'autres, les quatre pouces en sont seuls dépourvus : il en est qui en manquent non-seulement aux pouces, mais encore au second et au troisième doigt de chaque patte.

Les doigts sont rarement très inégaux en longueur, cependant on remarque que le troisième est toujours le plus long, et le pouce le plus petit. Ils peuvent être très élargis sur toute leur longueur, ou fort peu dilatés en travers, et seulement jusque vers la moitié de la dernière phalange. En général les lamelles sous-digitales, dont la direction est toujours en travers, sont à peu près égales vers les bords, qui sont échancrés chez quelques espèces, tantôt antérieurement, tantôt sillonnées en longueur sur la ligne médiane inférieure de chaque doigt, et ce sillon est assez profond en avant pour que l'ongle puisse s'y loger. Tel est en particulier ce qu'on peut voir dans l'espèce que nous avons indiquée sous le numéro quatre, et que nous avons nommée Théconyx, quoiqu'elle appartienne bien réellement au genre Platydactyle.

Chez quelques Platydactyles les pattes sont palmées, et la totalité du corps horizontalement circonscrite, soit par des membranes flottantes, comme dans l'espèce nommée Homalocéphale, soit par un repli de la peau, comme dans celle dite de Leach; mais la plupart ont les doigts libres, et les flancs dépourvus de franges. Cependant il est rare que sur les parties latérales du corps on n'aperçoive pas un léger pli formé par la peau. Un très petit nombre d'espèces ont la pupille arrondie ou circulaire, et chez celles-là la paupière cerne complétement le pourtour de l'œil, tandis que le bord palpébral inférieur est rentré dans l'orbite chez ceux dont la prunelle est elliptique.

Tous les Platydactyles ont les narines situées sur les côtés du museau, bornées en avant par la plaque rostrale et par la première labiale, en arrière par trois ou quatre petites scutelles très souvent quadrilatères. Chez plusieurs espèces la portion supérieure de la paupière renferme dans son épaisseur une lame osseuse très mince. Quelques-unes ont les bords des oreilles légèrement dentelés. Toutes présentent deux pores ovales percés dans la peau, immédiatement en arrière de l'anus. Parfois il arrive aux individus des deux sexes d'avoir, soit au devant du cloaque, soit le long de la face interne des cuisses, une ou plusieurs rangées d'écailles crypteuses; mais cela ne s'observe en général que chez les mâles.

Certains Platydactyles ont les grains de la peau semblables entre eux ou uniformes, tandis que d'autres les ont semés de tubercules, tantôt arrondis, tantôt coniques. Le plus grand nombre des premiers se distinguent des seconds par un corps plus svelte, plus arrondi, en un mot par une physionomie qui rappelle en quelque sorte la forme des Scincoïdiens plutôt que celle de la plupart des autres Geckotiens. Nous nous sommes fondés sur ces différences pour établir parmi nos Platydactyles deux grandes sections, que nous avons de nouveau partagées d'après la présence ou l'absence complète des ongles, le nombre de ceux-ci et l'existence ou le défaut d'une membrane entre les doigts. Ces deux divisions ont été par nous indiquées par un nom simple, propre à être exprimé brièvement. La première sera celle des Homolépidotes (1), ou à écailles semblables entre elles. La seconde portera le nom d'Hétérolépidotes, ou à écailles dissemblables.

Le tableau suivant présente cette distribution.

---

(1) De ομοιως, semblablement, λεπιδωτος, écailleux; ετερως, diversement, λεπιδωτος, écailleux.

TABLEAU SYNOPTIQUE DES ESPÈCES

- Peau à grains
  - *Homolépidotes.* égaux entre eux : doigts
    - à ongles
      - quatre seulement. . . . .
      - cinq
        - palmés ou réunis par une membrane. . . .
        - non palmés et. . . . .
    - sans ongles ; pouce. . . . .
  - *Hétérolépidotes.* inégaux : ongles
    - deux : bords du trou de l'oreille.
      - dentelés : peau à tubercules
      - non dentelés . . . .
    - quatre : doigts
      - réunis entre eux par une membrane
      - non réunis : écailles . . . .

DU GENRE PLATYDACTYLE.

		. . . .	3. P. Demi-deuil.
		. . . .	7. P. De Leach.
avec un sillon en longueur.			4. P. Théconyx.
sans sillon ; écailles	coniques.		5. P. Des Seychelles.
	arrondies		6. P. De Duvaucel.
de longueur ordinaire.			1. P. Ocellé.
très court ou rudimentaire.			2. P. Cépédien.
relevés par une forte carène			8. P. Vulgaire.
sans carène	lenticulés sur le dos.		9. P. D'Egypte.
	tous ovales, convexes..		11. P. De Milbert.
		. . . .	10. P. Delalande.
		. . . .	17. P. Homalocéphale.
arrondies, granuleuses, parsemées de tubercules.			16. P. Du Japon.
plates, mêlées de tubercules	coniques	espacés entre eux. . . .	12. P. A gouttelettes.
		très rapprochés.	15. P. Monarque.
	granuleux : dos à	deux bandes brunes.	14. P. A deux bandes.
		une bande blanche. .	13. P. A bande.

Ire Division. PLATYDACTYLES HOMOLÉPIDOTES.

Toutes les espèces appartenant à cette division sont recouvertes, en dessus, de grains squammeux très serrés les uns contre les autres, égaux, uniformes; c'est-à-dire au milieu desquels on ne voit point de tubercules épars ou disposés par séries longitudinales. Les Platydactyles Homolépidotes ont d'ailleurs une physionomie tout-à-fait différente de celle des Platydactyles Hétérolépidotes, attendu qu'ils ne sont pas déprimés comme ces derniers, et que leur cou, au lieu d'être étranglé, se confond avec le corps et la tête dont la figure est celle d'une pyramide à quatre faces. En un mot, ils ressemblent plus aux Scincoïdiens par l'ensemble de leurs formes, qu'aux Geckotiens en général.

Comme parmi ces Platydactyles Homolépidotes, il existe des espèces à doigts libres et d'autres qui les ont garnis de membranes, nous avons pu naturellement en former deux subdivisions que nous nommons : la première celle des *Fissipèdes;* la seconde celle des *Palmipèdes.*

1re Subdivision. Homolépidotes Fissipèdes.

Les Platydactyles de cette subdivision sont à la fois privés de membranes interdigitales et de plis ou de franges sur les côtés du corps. Il en est parmi eux qui ont des ongles à tous les doigts, et d'autres qui en manquent, ceux-ci aux pouces seulement, ceux-là aux quatre pattes.

A. *Fissipèdes inonguiculés.*

Ces Platydactyles sont complétement dépourvus d'ongles, qui semblent être remplacés sur l'extrémité de chaque doigt par une petite écaille pointue et relevée en carène arquée. Très probablement cette conformation des pattes correspond à quelques particularités de leur manière de vivre.

Ils constituent pour Wagler et pour M. Gray un groupe

ou genre particulier, que le premier nomme *Anoplopus*, et le second en fait un sous-genre qu'il appelle *Phelsuma*.

Nous devons faire remarquer que le principal caractère assigné à ce groupe par ces deux auteurs, celui d'avoir le pouce beaucoup plus court que les autres doigts, est vrai à l'égard d'une des deux espèces qu'ils y rapportent (*Platydactylus Cepedianus*), mais faux à l'égard de la seconde (*Platydactylus Ocellatus*), chez laquelle le pouce est au contraire très développé.

Cette différence, jointe à plusieurs autres, peut même jusqu'à un certain point, faire considérer ces deux Platydactyles à doigts mutiques, comme les types de deux petits groupes distincts.

Nous ne pouvons pas savoir dans lequel de ces deux groupes il conviendrait de placer une troisième espèce de Platydactyle sans ongle, que M. Gray n'a point décrite, mais simplement signalée dans son *Synopsis Reptilium*, imprimé à la fin du neuvième volume de la traduction du Règne animal de Cuvier. M. Gray nomme cette espèce *Platydactylus ornatus*. Il la dit être brune, avec six rangées de taches rouges ovales sur le dos. Sa patrie est la Nouvelle-Hollande.

a. *Inonguiculés à pouce bien développé.*

(*Pachydactylus*, Wiegmann.)

Ceux-ci se font remarquer : 1° par le peu d'égalité qui règne dans la longueur de leurs doigts, qui sont en même temps très peu dilatés et seulement à leur extrémité ; 2° en ce que ce n'est que sous cette même extrémité qu'il existe de ces lamelles transversales qui garnissent toute la surface inférieure des doigts des autres Platydactyles sans ongles ; 3° en ce que la pupille est elliptique et le bord inférieur de la paupière rentré dans l'orbite ; 4° enfin, en ce que ni l'un ni l'autre sexe n'offrent de pores anaux ou fémoraux.

La manière dont M. Wiegmann caractérise son genre

Pachydactyle, nous fait présumer qu'il appartient à ce groupe. Peut-être même la seule espèce qu'il y rapporte (*Pachydactylus Bergii*) n'est-elle pas différente de notre *Platydactylus Ocellatus*, qui vient du cap de Bonne-Espérance, de même que l'individu qu'il a décrit.

1. PLATYDACTYLE OCELLÉ. *Platydactylus ocellatus*. Oppel.

Caractères. Museau court, épais; dos brun, semé de taches blanches; une bande noire derrière l'œil; dessous du corps et bords des paupières blancs; gorge piquetée de noir.

Synonymie. *Gecko ocellatus*. Opp. note manusc.

Gecko ocellatus, G. inunguis. Cuv. Règ. Anim. (1re édit.) tom. 2, pag. 46, tab. 5, fig. 4.

Gekko ocellatus. Merrem. Amph. pag. 43, spec. 18, et *inunguis, ibid.* spec. 17.

Platydactylus ocellatus. Cuv. Règ. Anim. (2me édit.) tom. 2, pag. 52; et *ibid. Pl. inunguis*, pl. 5, fig. 4.

Gecko inunguis, et *G. ocellatus*. Griff. Anim. Kingd. tom. 9, pag. 142.

Eyed Platydactyle. Gray, Synops. in Griffith's Anim. Kingd. tom. 9, pag. 47.

Gecko inunguis. Schinz. Naturgesch. und abbild. Rept. pag. 73, tab. 15, fig. 1, et *ocellatus*, fig. 2.

DESCRIPTION.

Formes. Cette espèce est de fort petite taille. Sa tête a un peu plus de largeur que de hauteur. Les orifices antérieurs des narines sont placés latéralement à l'extrémité d'un museau court et obtus; ils sont circulaires et entourés de trois ou quatre petites écailles.

Les yeux sont grands; leur pupille est oblongue, verticalement placée et comme frangée ou festonnée sur les bords. La paupière unique, qui garnit les orbites, ne paraît pas former un cercle complet autour de l'œil, attendu que son bord inférieur est rentré ou replié en dedans. Les dents sont nombreuses, petites, coniques, fort rapprochées les unes des autres, sans cependant se toucher.

Extérieurement, l'oreille n'offre qu'un simple petit trou un peu ovale, dont l'entrée n'est pas bordée d'écailles différentes de celles qui revêtent les régions voisines.

Le cou est gros, arrondi, ainsi que le dessus du corps, dont la partie inférieure est plane.

Les pattes antérieures ont un peu plus de la moitié de la longueur du tronc; les postérieures sont environ d'un cinquième plus grandes: toutes quatre se terminent par cinq doigts dépourvus d'ongles, cylindriques dans les deux premiers tiers de leur longueur, et légèrement épatés dans le dernier. Sous l'extrémité des doigts, on voit quatre ou cinq petites lames imbriquées, situées en travers, et dont le bord libre est légèrement arqué en dedans. Le reste de l'étendue inférieure des doigts est revêtu d'écailles étroites, semblables à celles du dessus, et disposées sur trois rangées longitudinales, dont la médiane est un peu plus dilatée que les deux autres. Les doigts de la main, à l'endroit où ils sont attachés, forment une ligne circulaire. Celui du milieu est un peu moins court que le second et le quatrième, et ceux-ci un peu plus longs que les deux externes.

Parmi les doigts, des pieds il y en a un dont la base est fixée un peu plus haut que celle des autres, c'est le cinquième, qui, à cause de cela, paraît plus court que celui du milieu, quoiqu'il soit réellement aussi long. Il existe encore entre le cinquième doigt et le quatrième un plus grand écartement qu'entre les autres. Le premier est moins allongé que le second et le quatrième, mais le troisième ou le médian est plus court.

Dans cette espèce, ni l'un ni l'autre sexe n'offre des pores, soit le long des cuisses, soit au devant de l'anus. Les mâles ont de chaque côté de la base de la queue trois fortes écailles coniques, ressemblant à des épines. Elles sont placées côte à côte sur une ligne longitudinale. La queue est arrondie, fort grosse à sa base, très grêle à sa pointe. Le museau se termine par une grande scutelle en triangle. Nous en avons compté huit plus petites et de forme rectangulaire, garnissant de chaque côté les bords de la lèvre supérieure : en tout, l'inférieure en offre onze, dont les trois médianes se replient sous le menton.

Des grains extrêmement fins revêtent la surface et les parties latérales de la tête. Il s'en montre de plus forts et légèrement coniques, serrés les uns contre les autres, sur la peau du dos et des flancs. Ce sont de petites écailles plates, lisses et imbriquées qui protégent les régions pectorale et abdominale. Il y en a de pareilles autour de la queue, et de plus petites sous les membres, dont le dessus est très finement granuleux.

Coloration. Le fond de la couleur de la partie supérieure du corps varie du brun grisâtre au brun foncé. Les individus de cette dernière teinte sont parsemés de très petits points blancs, qu'on retrouve plus dilatés et environnés d'un cercle noir chez les individus grisâtres; mais les uns et les autres laissent voir en arrière de l'œil une bande noire qui s'étend jusqu'à l'épaule. Un blanc pur colore les bords des paupières, aussi bien que le ventre et la gorge, qui est piquetée de noir.

Dimensions. Ce platydactyle est une des plus petites espèces de la famille des Geckotiens. Les mesures suivantes ont été prises sur un des exemplaires de notre musée. *Longueur totale.* 7". *Tête.* Long. 1"; haut. 5'"; larg. 6'". *Cou.* Long. 4'". *Corps.* Long. 2" 5'". *Memb. antér.* Long. 1" 1'". *Memb. postér.* Long. 1" 4'". *Queue.* Long. 2" 9'".

Patrie. Le Platydactyle ocellé est originaire de l'Afrique australe, d'où Delalande nous en a rapporté plusieurs échantillons. Il se trouve probablement aussi à l'Ile-de-France.

Observations. Il est évident pour nous, que le *Gecko inunguis* de Cuvier, est une espèce purement nominale, faite d'après des individus du *Gecko ocellatus*, dont les taches blanches étaient peu ou point marquées, ainsi que cela arrive souvent. Pourtant les figures que ce naturaliste a données de ces deux espèces, dans son règne animal, pourraient laisser penser le contraire, attendu que celle du *Gecko inunguis* le représente avec un pouce assez court; mais cela est certainement une incorrection du dessin. Les individus observés par Cuvier, qui existent encore aujourd'hui dans la collection, nous en fournissent la preuve.

b. Inonguiculés, à pouce rudimentaire.

(*Platydactylus. Subdiv. a.* Wiegmann.)

A ce groupe appartiennent les espèces de Platydactyles Homolépidotes à doigts libres et dépourvus d'ongles, qui offrent les caractères suivans : 1° un pouce extrêmement court; 2° des lamelles transversales sur toute la surface inférieure des doigts, qui sont très dilatés, particulièrement à leur extrémité ; 3° une ouverture pupillaire arrondie, et une paupière formant un cercle complet autour du globe de l'œil, c'est-à-dire dont le bord inférieur n'est pas rentré dans l'orbite, comme cela se voit dans les autres Platydactyles ; 4° des pores fémoraux chez les individus mâles.

Ce groupe correspond à la subdivision *a* du genre Platydactyle de M. Wiegmann. Il ne comprend encore qu'une seule espèce, le Platydactyle Cépédien.

2. LE PLATYDACTYLE CÉPÈDIEN. *Platydactylus Cepedianus.*

Caractères. Museau court, légèrement déprimé. Dos d'un brun violacé, uniforme, ou bien marqué de taches rouges ou aurores.

Synonymie. *Gecko Cépédien.* Peron, manusc.

Gecko Cépédien. Cuv. Règ. anim. (1re édit.) tom. 2, pag. 46, tab. 5, fig. 5.

Gekko Cepedianus. Merr. Amph. pag. 43, spec. 16.

Platydactylus Cepedianus. Cuv. Règ. anim. (2e édit.) tom. 2, pag. 52.

The Cepedian Gecko. Griff. Anim. Kingd. tom. 9, pag. 143.

Cepedian Platydactyle. Gray. Synops in Griffith's Anim. Kingd, pag. 47.

Platydactyle Cépédien. Isid. Geoff. Etud. Zool. Rept. part. 1, pl. 3.

DESCRIPTION.

Formes. Ce Platydactyle a le museau moins court et moins épais que l'espèce précédente. Les dents, au nombre de treize environ à chaque mâchoire, sont courtes et coniques. C'est tout-à-fait à l'extrémité du museau que se trouvent situées, l'une à droite l'autre à gauche, les ouvertures nasales qui sont petites, ovales et obliques, avec leurs bords entourés de quatre ou cinq scutelles dont la forme est variable suivant les individus. On compte de chaque côté huit plaques labiales supérieures et sept inférieures, toutes quadrilatérales. L'écaille rostrale, très dilatée en travers, a son bord supérieur légèrement arqué. Celle qui garnit la pointe du maxillaire inférieur est triangulaire, ayant son sommet replié inférieurement. Il existe sous le menton six autres plaques qui s'articulent avec celles des trois premières paires de la lèvre inférieure.

L'œil est proportionnellement moins grand que chez les autres Platydactyles. La paupière qui en garnit le contour forme un cercle complet bordé d'écailles granuleuses, excessivement fines. La pupille est parfaitement circulaire. L'entrée du méat auditif est resserrée et de figure ovalaire. Le cou est presque aussi fort que le corps, et arrondi en dessus.

La queue, lorsqu'elle est entière, entre pour moitié dans la longueur totale de l'animal. Elle est arrondie, et diminue de diamètre à mesure qu'elle s'éloigne du corps. Les côtés de celui-ci sont assez renflés, et sa région inférieure offre une surface plane. Couchée le long du flanc, la patte postérieure n'atteint pas tout-à-fait à l'aisselle. L'antérieure n'a guère en longueur que la moitié de celle du tronc.

A l'exception du pouce, qui, pour ainsi dire, n'est qu'à l'état rudimentaire, les doigts ressemblent à de petites palettes, étant très plats, très dilatés, et arrondis à leur extrémité; tandis que la base, particulièrement celle du troisième et du quatrième, en est fort grêle. Les quatre premiers, y compris le pouce, sont étagés; c'est-à-dire qu'à partir de celui-ci, ils augmentent successivement de longueur. Le cinquième doigt n'est qu'un peu plus long que le second. Tous cinq portent en dessous de petites lames entières, simples et imbriquées. On remarque sous chaque cuisse de dix à dix-neuf pores, disposés sur une seule et même ligne, dont une des extrémités vient aboutir un peu en avant de l'ouverture cloaquale. Sur le dessus de la queue, il existe de petites écailles plates, circulaires et polygones, formant des bandes transversales. Les régions pectorale et abdominale, ainsi que le dessous de la queue et des membres, sont revêtus d'écailles en losange, disposées comme les tuiles d'un toit. Les autres parties de l'animal sont recouvertes de petits grains très serrés, arrondis; mais qui, avec l'âge, peuvent prendre sur le dos une forme un tant soit peu conique. Nous possédons un individu qui est dans ce cas, et dont les écailles qui garnissent la base de la queue sont même légèrement carénées.

Coloration. Dans l'état de vie, ce Geckotien est agréablement peint de bleu et d'orangé, celui-ci se dessinant sur celui-là, soit en bandes étroites ou allongées, soit en taches plus ou moins dilatées, isolées ou confluentes. Ordinairement, ces dernières se montrent sur le milieu du dos; et les premières sont situées en long sur les flancs, et en travers sur la tête et la queue. Les régions inférieures sont blanchâtres. Après la mort, sa couleur bleue se change en brun violacé, et l'orangé devient rouge-brique. C'est du moins le système de coloration que nous offrent la plupart des individus de notre collection, dans laquelle il s'en trouve un dont la partie supérieure du corps présente une couleur lie de vin uniforme.

Dimensions. Ce dernier individu est le plus grand de son espèce que nous ayons encore été dans le cas d'observer. Nous en présentons ici les dimensions.

Longueur totale. 17" 5'''. *Tête.* Long. 2" 5"; *Cou.* Long. 1". *Corps.* Long. 6". *Memb. antér.* Long. 2". *Memb. postér.* Long. 3". *Queue.* Long. 3".

Patrie. On trouve le Platydactyle Cépédien à Maurice, à Bourbon et à Madagascar. La collection en renferme des échantillons provenant de ces trois îles. La plupart ont été rapportés de la première par Péron et Lesueur; depuis aussi il en a été envoyé d'autres par M. Desjardins. On doit ceux de Bourbon à M. Leschenault et à MM. Lesson et Garnot; et le seul que nous possédions de l'île de Madagascar, à M. Petit, chef de bureau au ministère de la marine.

Observations. Nous ne connaissons qu'un seul portrait de cette espèce, c'est celui que M. Isidore Geoffroy a fait graver dans ses Études zoologiques, et qui a été reproduit dans le Magasin de Zoologie de M. Guérin. Malheureusement cette figure manque d'exactitude, en ce que le dessinateur a donné à ce Gecko des ongles à tous les doigts, quand il n'en a réellement pas un seul.

B. *Fissipèdes onguiculés.*

Les quatre espèces appartenant à ce groupe ont l'ouverture pupillaire elliptique, et le bord inférieur de la paupière rentré dans l'orbite; mais trois d'entre elles offrent des ongles à tous les doigts, tandis que la quatrième en manque aux pouces des quatre pattes.

a. Espèces à pouces mutiques ou sans ongles.

3. LE PLATYDACTYLE DEMI-DEUIL. *Platydactylus Lugubris.* (Nobis.)

Caractères. Pouces mutiques des lamelles en chevrons sous tous les doigts; peau du dos finement granuleuse. Dessus du corps blanc, relevé de taches noires.

Synonymie ?

DESCRIPTION.

Formes. Cette espèce de Platydactyle est, parmi les Homolépidotes, la seule qui manque d'ongles aux pouces. Ses doigts sont conformés de la même manière que ceux des Platydactyles Tétronyx Hétérolépidotes, avec cette différence toutefois que les cinq ou six premières lamelles imbriquées qui en revêtent la surface inférieure sont anguleuses ou en chevrons, comme chez le plus grand nombre des Hémidactyles. Les doigts ont plus d'inégalité que dans les deux espèces précédentes; ils sont un peu plus allongés et moins dilatés à leur base qu'à leur extrémité. Nous ignorons si les mâles sont pourvus de pores, n'ayant encore observé que deux individus de l'autre sexe, chez lesquels nous n'en avons pas aperçu. L'un a perdu sa queue, et l'autre en offre une qu'à sa forme en rave, nous supposons avoir été reproduite. Ce Platydactyle a une grande plaque rostrale rectangulaire, à chaque angle supérieur de laquelle se trouve située une des ouvertures nasales. Celles-ci sont circulaires et bordées en arrière par deux petites scutelles carrées; inférieurement, elles le sont par la première plaque labiale. La lame écailleuse qui recouvre l'extrémité du maxillaire inférieur est en triangle et peu dilatée. Le dessous du menton offre de petites plaques polygones. La peau de la gorge est granuleuse, comme celle de toutes les parties supérieures du corps. Ce sont des écailles sub-hexagonales qui revêtent le ventre et la poitrine. Celles qu'on voit sur la queue, en dessus comme en dessous, sont d'un plus petit diamètre, de figure carrée, et disposées en verticilles.

Coloration. Nous avons donné le nom de demi-deuil à ce Pla-

Platydactyle, à cause de la couleur blanchâtre de son dos, qui est relevée par des points et des taches d'un noir d'ébène. Les premiers sont épars sur toute la surface du corps. Les autres se montrent au nombre de quatre ou cinq, ayant une forme anguleuse, sur les reins ; et en même nombre, mais ressemblant davantage à de petites raies, entre les deux épaules. Une bande noire, passant sur l'œil, est imprimée sur l'une comme sur l'autre partie latérale de la tête. Le dessous du corps est blanc.

DIMENSIONS. *Longueur totale.* 7". *Tête.* Long. 1" ; haut. 4''' ; larg. 5'''. *Cou.* Long. 4". *Corps.* Long. 3". *Memb. antér.* Long. 3" 1'''. *Memb. post.* Long. 1" 5'''. *Queue.* Long. 2" 8'''.

PATRIE. Cette petite espèce nous a été rapportée de l'île d'Otaïti, par MM. Lesson et Garnot.

Observations. Elle est, parmi les Homolépidotes, le représentant des Platydactyles Tétronyx de la division des Hétérolépidotes.

b. Espèces à cinq ongles ou pentonyx.

Nous connaissons trois espèces de Platydactyles Homolépidotes fissipèdes ayant cinq ongles à chaque pied. L'une d'elles n'a pas les doigts élargis sur toute leur étendue ; car la phalange onguéale est déprimée et dépasse la portion discoïdale qui est même fort étroite. La seconde espèce et la troisième ont au contraire les doigts très dilatés en travers et sur toute leur longueur ; mais les lamelles sous-digitales de l'une sont entières, tandis que celles de l'autre sont partagées longitudinalement par un sillon au fond duquel se trouve logé l'ongle en avant. Ces différences dans la structure des doigts de trois espèces, qui se ressemblent beaucoup d'ailleurs, ne sont pas assez importantes pour donner lieu à l'établissement de trois genres ou sous-genres particuliers. Néanmoins, afin de les mieux faire remarquer, il nous a paru convenable de présenter ces espèces comme les types de trois petits groupes, que nous indiquerons par les lettres α, β, γ.

α. *Doigts élargis sur toute leur longueur, à lamelles inférieures transverses, partagées par un sillon longitudinal profond, où l'ongle peut se cacher entièrement.*

(*Thecadactylus* de Cuvier ; *Thecodactylus* de Gray, de Wagler et de Wiegmann.)

La seule espèce qui fasse partie de ce groupe est aussi la seule qui constituait le genre Thécadactyle de Cuvier, adopté par la plupart des erpétologistes. Tous , et Cuvier lui-même, l'ont signalée comme dépourvue d'ongles aux pouces des deux paires de pattes, et cependant elle en offre à ces doigts-là comme aux autres. Seulement, il est vrai qu'ils sont fort petits, mais pas assez cependant pour qu'on ne puisse les apercevoir sans le secours de la loupe, chez les sujets d'une certaine grosseur, lorsqu'on écarte les bords du sillon, au fond duquel ils sont situés.

D'après cela, on voit qu'il y a peu de différence entre cette espèce et la précédente ou le Platydactyle Demi-Deuil, dont le pouce est mutique, et sous les doigts duquel il existe déjà la trace du sillon longitudinal.

Le représentant de ce premier groupe des Homolépidotes Fissipèdes pentonyx diffère encore de ceux des deux suivans, en ce qu'il manque complétement de pores anaux et fémoraux.

En voici du reste la description détaillée.

4. LE PLATYDACTYLE THÉCONYX. *Platydactylus Theconyx.* Nobis.

(*Voyez* pl. 33, fig. 2.)

Caractères. Doigts très élargis, munis chacun d'un ongle logé au fond d'un sillon longitudinal creusé sous leur extrémité antérieure; écailles du dos très fines, granuleuses; pas de pores fémoraux.

Synonymie. *Gecko rapicauda.* Houttuyn, Act. Academ. Harl. tom. 9, pag. 322, tab. 3, fig. 1.

Lacerta rapicauda. Gmel. Syst. Nat. pag. 1068.

Stellio perfoliatus. Schneid. Amph. Phys. tom. 2, pag. 26.

Perfoliated Gecko. Shaw, Gener. Zool. tom. 3, pag. 268.

Gecko Lævis. Daud. Hist. Rept. tom. 4, pag. 112.

Gecko Surinamensis. Idem, pag. 126.

Gecko rapicauda. Idem, pag. 141, tab. 51.

Gecko Lævis. Merr. Amph. pag. 42, spec. 11.

Le Gecko lisse. Bory de Saint-Vincent, Dict. Class. hist. nat. tom. 7, pag. 182.

Le Gecko lisse. Cuv. Règ. anim. tom. 2, pag. 55.

The Smooth Gecko. Griff. Anim. Kingd. tom. 9, pag. 147.

Gecko Lævis. Schinz. Naturg. und. Abbid. der Rept. pag. 74, tab. 74. (D'après Daudin.)

DESCRIPTION.

FORMES. Ce Platydactyle est, avec l'espèce dite de Duvaucel, le seul de tous les Homolépidotes dont le cou soit faiblement étranglé, c'est-à-dire un peu plus étroit que le corps et la tête. Cette dernière a beaucoup d'épaisseur. En arrière sa surface est légèrement convexe ; en avant ou sur le museau, elle offre un creux ayant la forme d'un rhombe, dont le sommet de l'angle postérieur est ouvert. Sur le bout du museau, derrière la plaque rostrale, qui est rectangulaire, se voit une paire de plaques carrées, de chaque côté de laquelle sont situées les narines. Celles-ci, dont le contour est circulaire, sont bornées chacune en avant par la plaque rostrale, et par la labiale la plus rapprochée de celle-ci. Leur bord postérieur n'est pas garni d'écailles différentes de celles qui revêtent les autres régions latérales du museau. Ces écailles sont petites, oblongues, renflées ou carénées. Les scutelles couvrant les lèvres sont au nombre de douze de chaque côté pour la supérieure, et de dix seulement pour l'inférieure. Celle de ces scutelles, qui est située à l'extrémité du maxillaire inférieur, est petite, comparativement à celle qui occupe la même place chez les autres Platydactyles. Elle a la forme d'un triangle, dont le sommet ne dépasse pas le bord inférieur des plaques labiales. Les dents sont sub-coniques, et au nombre d'au moins quatre-vingts à chaque mâchoire. L'ouverture externe des oreilles est un trou plutôt circulaire qu'ovale et de médiocre grandeur.

Le bord inférieur de la paupière ne fait point de saillie en dehors; le supérieur est garni d'un cordon composé d'un double rang de petites écailles tuberculeuses et oblongues. Les doigts sont, à peu près, de même longueur, largement dilatés et creusés en dessous d'un sillon longitudinal, au fond duquel est logé un ongle crochu et très rétractile. Cet ongle se trouve ainsi complétement caché, et ne devient visible que lorsque l'animal le fait sortir de sa gaîne, ce qui a lieu en dessous et non en dessus, comme chez les autres Platydactyles, celui des Seychelles excepté. M. Cuvier refuse un cinquième ongle à ce Geckotien; mais nous pouvons assurer qu'il existe au pouce des quatre pattes, très petit, il est vrai, mais néanmoins apparent, même sans le secours de la loupe chez les individus d'une certaine taille. Les lamelles sous-digitales sont nombreuses et partagées en deux longitudinalement. Le doigt médian en offre plus de vingt paires.

Les individus de l'un ou de l'autre sexe n'offrent pas de pores, soit sous les cuisses, soit au devant de l'anus. Mais, comme cela se voit presque chez tous les Geckotiens, il en existe deux sur le bord de la lèvre postérieure du cloaque. La queue entre pour la moitié dans la longueur totale de l'animal. Elle est arrondie et légèrement effilée; mais lorsqu'elle a été cassée, ce qui arrive très souvent, elle repousse plus grosse, moins longue, ayant en un mot, comme on le dit, la forme d'une petite rave. Les écailles qui la recouvrent sont petites, plates et quadrilatères, elles sont un peu entuilées, et disposées par verticilles. Ce sont également des écailles imbriquées, mais de forme rhomboïdale, qui constituent l'écaillure des parties inférieures du corps, à l'exception de la gorge, qui est granuleuse. Les régions supérieures offrent toutes des petits grains qui font ressembler leur peau à du galuchat extrêmement fin.

Coloration. Nous possédons des individus appartenant à cette espèce, qui présentent en travers du corps des bandes noires sur un fond brun grisâtre, et d'autres qui sont tachetées ou marbrées de brun sur un fond fauve. Quelques-uns ont les tempes marquées d'une ou deux raies noires, en même temps que la surface de leur tête est semée de points de cette dernière couleur. Ceci ne se voit pas dans plusieurs autres exemplaires, parmi lesquels il s'en trouve un dont le dessus du corps est complétement gris. En général, une teinte d'un blanc jaunâtre colore seule les parties inférieures; mais parfois il se montre quelques taches brunes. La queue est annelée de noir.

Dimensions. *Longueur totale.* 13" 1'''. *Tête.* Long. 3" 7'''; haut. 1" 8'''; larg. 2" 4'''. *Cou.* Long. 1" 2'''. *Corps.* Long. 8". *Memb. antér.* Long. 3" 9'''. *Memb. postér.* Long. 4" 7'''. *Queue.* Long. 9" 4'''

Patrie. Toutes les Antilles nourrissent ce Platydactyle qui se trouve aussi sur le continent d'Amérique ; car M. Adolphe Barrot a donné à notre Musée deux exemplaires qu'il avait rapportés de Carthagène. La collection renferme des échantillons envoyés de la Guadeloupe par M. l'Herminier, et de la Martinique par MM. Moreau de Jonès, Plée et Goudot aîné.

Il en existe un autre donné par Levaillant qui l' avait lui-même rapporté de Surinam.

Observations. Ce Geckotien, connu dans nos îles des Antilles sous le nom de Mabouia des bananiers, a été décrit et figuré pour la première fois par Houttuyn, dans le tome neuvième des Actes de Flessingue. Cet auteur le nomma *Gecko rapicauda*, à cause de la forme en rave que présentait la queue reproduite de l'individu qu'il avait observé. Il faut aussi rapporter à cette espèce le *Stellio perfoliatus* de Schneider, ainsi que les *Gecko rapicauda*, *Surinamensis* et *Lævis* de Daudin, qu'il a considérés comme distincts les uns des autres à cause de quelques différences dans le système de coloration ou dans la forme de la queue. C'est aussi l'espèce qui constituait à elle seule le genre Thécadactyle de Cuvier.

β. *Doigts élargis sur toute leur longueur, à lamelles inférieures transverses, entières ; ouverture de la gaîne renfermant l'ongle, située sous le doigt, tout-à-fait à l'extrémité et un peu de côté.*

Il n'y a non plus qu'une espèce appartenant à cette subdivision. Ses doigts, moins une fissure longitudinale sur leur face inférieure, ressemblent tout-à-fait à ceux du Platydactyle Théconyx. Mais elle a de plus que lui une rangée de pores au devant de l'ouverture du cloaque.

5. LE PLATYDACTYLE DES SEYCHELLES. *Platydactylus Seychellensis*. Nobis.
(*Voyez* pl. 28, fig. 1.)

Caractères. Tête pyramido-triangulaire. Un sillon tout le long du dos. Peau du dessus du corps à grains coniques, très serrés. Régions supérieures et inférieures d'une teinte fauve, avec deux séries de taches couleur marron le long de la région rachidienne.

Synonymie ?

DESCRIPTION.

Formes. Ce Platydactyle est un de ceux de la division des Homolépidotes qui, par l'ensemble de ses formes, ressemble le plus à certaines espèces de Scincoïdiens. Il a le cou et le corps fort gros et arrondi en dessus. La tête est courte et pointue en avant. La queue fait à peu près la moitié de la longueur totale du corps : bien qu'épaisse à sa base, elle est assez effilée dans le reste de son étendue; la peau qui l'enveloppe offre de distance en distance des plis qui la rendent comme annelée. Les ouvertures des narines sont latérales, médiocres, de forme subtriangulaire, à angles arrondis. L'espace qui les sépare l'une de l'autre est creusée en gouttière. Leur bord antérieur est garni de quatre écailles polygones, semblables à celles qui revêtent le bout du museau. Immédiatement derrière elles, et sur la surface entière des parties latérales, supérieure et inférieure de la tête, on ne voit plus que des grains squammeux, extrêmement fins, ayant la forme de petits cônes. Cette figure est aussi celle que présentent les écailles du dessus et des côtés du corps, mais d'une manière mieux prononcée : celles-ci sont d'ailleurs plus fortes, particulièrement sur les épaules et sur les flancs.

Un sillon, formé par la peau, règne tout le long de la région dorsale. Les écailles granuleuses qui le tapissent sont beaucoup moins développées que celles des régions voisines. Sous ce rapport celles des membres leur ressemblent. La mâchoire supérieure est garnie d'une centaine de petites dents coniques et égales. Nous n'en avons compté que quatre-vingts et quelques à la mâchoire inférieure. Il y a trente-et-une plaques labiales supérieures, y compris celle qui se trouve au bout du museau, laquelle est quadrilatérale oblongue, avec son bord supérieur cintré en dedans. Les scutelles qui garnissent la lèvre inférieure sont au nombre de trente-trois; sous le menton il en existe quatorze autres qui forment un second rang derrière celles-ci.

Les yeux sont grands, et la paupière qui en protége le contour ne présente un rebord granuleux que dans les deux tiers de sa circonférence, l'autre tiers ou l'inférieur étant rentré dans l'orbite. Sur le bord supérieur de cette paupière, et un peu en arrière, naissent quelques petites pointes molles simulant des cils. La pupille est oblongue et verticalement placée.

L'ouverture auriculaire est une simple fente ovale. Au devant de l'anus on voit vingt-huit pores disposés sur deux lignes, donnant la figure d'un V à branches renversées. Cependant nous ne voudrions pas assurer que de semblables pores existent chez les femelles, n'ayant eu l'occasion d'observer que deux individus mâles.

Les membres du Platydactyle des Seychelles sont robustes, et ses doigts fort élargis sur leur surface inférieure, dont toute l'étendue est garnie de petites lamelles transversales et entuilées. Chaque doigt est armé d'un ongle rétractile et recourbé qui sort de sa gaîne, dont l'ouverture se trouve en dessous, un peu couché sur le côté. Ce sont de petites écailles subovales, plates et lisses qui revêtent le dessous du corps : la queue en offre de polygones, formant des verticilles autour d'elle. La plupart de ces écailles sont lisses; cependant celles de la région supérieure la plus rapprochée du corps sont longitudinalement surmontées de deux ou trois faibles carènes.

Coloration. Il règne sur toutes les parties du corps du Gecko des Seychelles une teinte fauve, sur laquelle se montrent, à droite et à gauche de la ligne moyenne et longitudinale du dos, une série de taches couleur marron, qui, chez un de nos individus, sont arrondies et isolées; tandis que chez un second elles sont au contraire oblongues et confluentes.

Dimensions. Ces deux exemplaires sont à peu près de la même taille. Voici les dimensions du plus long.

Longueur totale. 25" 5"'. *Tête*. Long. 3; haut. 1" 2"'; larg. 2". *Cou*. Long. 1" 5"'. *Corps*. 8". *Membre antér*. Long. 3" 5"'. *Memb. postér*. Long. 4" 2"'. *Queue*. Long. 13" 7"'.

Patrie. Cette espèce, ainsi que l'indique le nom par lequel

nous la désignons, est originaire des îles Seychelles. Les deux seuls exemplaires que nous en possédions y ont été recueillis par Péron et Lesueur.

γ. *Doigts peu dilatés en travers, et seulement jusqu'à la pénultième phalange; point de sillon sur leur face inférieure.*

Outre qu'elle a les doigts fort étroits et non dilatés transversalement jusqu'au bout, l'unique espèce de ce dernier groupe des Homolépidotes fissipèdes pentonyx s'éloigne encore de celles des deux premiers par l'existence d'une double rangée d'écailles crypteuses le long de la face inférieure de chaque cuisse. Ceci au contraire la rapproche de l'espèce qui vient après elle, ou du Platydactyle de Leach, de la subdivision des Homolépidotes palmipèdes, chez lequel ces écailles crypteuses des régions fémorales sont encore plus nombreuses.

6. PLATYDACTYLE DE DUVAUCEL. *Platydactyle Duvaucelii.* Nobis.

Caractères. Gris, ondé de brun en dessus; grains de la peau extrêmement fins; bord supérieur de la paupière bien développé. Un double rang de pores fémoraux.

Synonymie ?

DESCRIPTION.

Formes. Chez cette espèce, la tête au lieu d'être épaisse, et le cou largement arrondi, comme chez le commun des Platydactyles Homolépidotes, sont l'une un peu déprimée, et l'autre légèrement rétréci, ainsi qu'on le remarque dans les espèces de la division des Hétérolépidotes. Le museau du Platydactyle de Duvaucel forme un angle obtus en avant. A son extrémité aboutissent les narines, dont les ouvertures sont d'une médiocre étendue. Ovales dans leur forme, et placées l'une à droite, l'autre à gauche, elles sont environnées par quatre petites scutelles anguleuses, par la première labiale et par l'un des bords de la rostrale. Cette dernière plaque, fort dilatée en travers, a cinq pans, dont les deux supérieurs forment un angle très ouvert, offrant à son sommet une légère échancrure dans laquelle se trouve reçu le bord d'une petite plaque surmontant le bout du museau, placée qu'elle est entre deux des scutelles nasales. Les labiales supérieures sont au nombre de douze de chaque côté, et les inférieures de onze, augmentant de diamètre à mesure qu'elles se rapprochent de l'extrémité du menton, où l'on voit une autre plaque de figure triangulaire, à sommet replié en dessous. Ces plaques labiales supérieures et inférieures sont pentagones et plus hautes que longues. Sous le menton adhèrent quelques scutelles polygones, d'un diamètre moindre que celles de figure ovale qui sont rangées le long des branches du maxillaire inférieur. Le bord supérieur de la paupière de ce Platydactyle est plus développé que chez aucun autre de ses congénères. Il est du reste fort mince, et garni d'une double dentelure composée de petites écailles coniques. Comme c'est l'ordinaire, le bord qui lui est opposé est rentré dans l'orbite. L'ouverture de l'oreille est grande et ovalaire. Nous avons compté plus de quatre-vingts dents à chaque mâchoire. Les membres sont forts, et les antérieurs d'un quart plus courts que les postérieurs. Les cinq doigts qui les terminent n'offrent pas une plus grande inégalité de longueur que celle qu'on remarque chez la plupart des Platydactyles ; mais, outre qu'ils sont moins élargis, ils ne le sont pas non plus dans toute leur étendue longitudinale, comme cela se voit dans l'espèce que nous avons appelée des Seychelles, ou bien dans celle qu'on nomme Cépédienne. Le disque lamelleux des doigts du Gecko de Duvaucel s'arrête à la phalange qui précède l'onguéale ; en sorte qu'à partir de ce point, l'extrémité digitale est étroite, comprimée et légèrement arquée. Tous les doigts sont onguiculés.

Chez les individus mâles, il existe au devant de l'anus, ou sur la région interfémorale, des écailles crypteuses disposées en lignes formant des chevrons, au nombre de cinq, qui s'emboîtent les uns dans les autres. Le dernier de ces chevrons, ou le plus rapproché de l'ouverture cloaquale, se compose de cinq écailles, celui qui le précède de neuf, le troisième de quatorze, et les deux premiers de quarante-six chacun. Ces deux-ci s'étendent sous les cuisses. Les trous de ces pores se trouvent indiqués chez les femelles, par de légers enfoncemens sur la surface des écailles, dans lesquelles ils devraient être percés. La longueur de la queue est la moitié de celle de l'animal. Elle est subarrondie et assez effilée, quand elle n'a pas été reproduite ; car alors, comme cela arrive presque généralement, sa forme est celle d'une rave. Des verticilles de petites écailles carrées entourent cette partie terminale du corps. Le dessus de celui-ci et la surface de la tête, excepté cependant le museau, qui offre un pavé d'écailles polygones et légèrement convexes, sont entièrement revêtus de grains squammeux, égaux et très serrés, beaucoup plus fins que des grains de millet. La peau de la gorge offre la même écaillure ; mais toutes les autres parties du corps supérieures et inférieures se trouvent garnies de petites écailles ovo-rhomboïdales, lisses, aplaties, et disposées comme les tuiles d'un toit.

Coloration. Nos individus paraissent avoir perdu leur couleur par l'effet de l'alcool. Ils sont blanchâtres en dessous et gris en dessus, marbrés ou ondés de brun fauve.

Dimensions. *Longueur totale.* 25" 9'". *Tête.* Long. 3" 3'" ; haut. 1" ; larg. 2" 1'". *Cou.* Long. 1" 6'". *Corps.* Long. 7". *Memb. antér.* Long. 4". *Memb. postér.* Long. 5" 5'". *Queue.* Long, 14".

Patrie. Ce Platydactyle se trouve au Bengale. Nous en possédons plusieurs échantillons, qui ont été envoyés de ce pays par feu Alfred Duvaucel.

Observations. Cette espèce, moins la palmure des pattes et le plissement de la peau des parties latérales du corps, offre la plus grande ressemblance avec le Platydactyle de Leach. Nous la considérons comme nouvelle.

IIe Subdivision. — Homolépidotes palmipèdes.

Rien ne distingue les Homolépidotes Palmipèdes des Homolépidotes Fissipèdes que des membranes interdigitales et un large pli de la peau qui borde le contour horizontal du corps des premiers et qu'on ne retrouve pas dans les seconds. On n'en connaît encore aujourd'hui qu'une espèce, dont les palmures ne s'étendent pas jusqu'au bout des doigts, qui, du reste, sont tous armés d'un ongle à leur extrémité.

7. LE PLATYDACTYLE DE LEACH. *Platydactylus Leachianus.* Cuvier.

Caractères. Tête, cou, corps et membres garnis latéralement d'une bordure simple, formée par un long pli de la peau. Parties supérieures revêtues de grains très fins, lisses et égaux.

Synonymie. *Platydactylus Leachianus.* Cuv. Reg. anim. tom. 2, pag. 54.

Ascalabotes Leachianus. Griff. Anim. Kingd. tom. 9, p. 145.

DESCRIPTION.

Formes. La tête de ce Platydactyle est assez allongée; c'est-à-dire qu'elle a en longueur le double de sa largeur postérieure. Ayant la forme d'une pyramide à quatre faces, elle ressemble beaucoup plus à celles de certains Lézards ou de quelques espèces de Scinques qu'à des Geckotiens en général. Le museau se termine en pointe obtuse, à droite et à gauche de laquelle se montrent les ouvertures nasales, qui sont circulaires et d'un petit diamètre. Les écailles qui en occupent les bords sont au nombre de sept pour chacune. Parmi ces sept écailles nasales, de figure polygone, il y en a une notablement plus grande que les autres; c'est celle qui touche à la plaque rostrale. Celle-ci, très dilatée en travers, serait rectangulaire, si ce n'était son bord supérieur qui offre plusieurs petits angles obtus. A droite et à gauche il s'articule avec les deux plus grandes des plaques nasales, et au milieu avec deux autres plaques, suivies d'une troisième et d'une quatrième, avec lesquelles elles forment un carré, au milieu duquel il s'en trouve une cinquième d'une moindre dimension. Le restant de la surface du museau est revêtu de petites écailles plates et à plusieurs pans, disposées en pavé. Les scutelles labiales sont quadrilatérales et plus hautes que larges. En haut on en compte dix-sept de chaque côté de la plaque rostrale; en bas il y en a trois, y compris celle qui garnit l'extrémité du menton, et dont la figure est triangulaire, comme chez le plus grand nombre des Platydactyles. Mais ici elle n'est pas, comme cela arrive ordinairement, plus étendue que les plaques qui la bordent à droite et à gauche. Sous le maxillaire inférieur et le long des scutelles labiales, il existe des écailles ovalaires, dont le nombre des rangées longitudinales, qui n'est que ds deux sous le menton, se trouve doublé au niveau de la commissure des lèvres.

Soixante-huit dents sont implantées sur les bords internes de la mâchoire supérieure, et soixante seulement sur ceux de l'inférieure. Ces dents, droites et comprimées, ne sont pas plus larges à leur base qu'à leur sommet, qui est tranchant. La paupière forme un cercle complet autour du globe de l'œil.

Le trou auriculaire est une simple fente ovale faite en long, dont le contour ne présente pas de trace de dentelures.

Les pattes antérieures ont en longueur la moitié, et les postérieures le tiers de celle du tronc.

Une large membrane réunit les doigts de la main, depuis leur base jusqu'à l'antépénultième phalange. On observe la même chose entre le quatrième et le cinquième doigts des pieds; mais la palmure des trois autres intervalles digitaux de ces derniers s'avance jusqu'à l'avant-dernière articulation. Tous les doigts de ce Geckotien sont très dilatés en travers, et excessivement minces, excepté cependant à leur extrémité; celle-ci au contraire est légèrement comprimée, et saille un peu en avant du disque, dont la surface inférieure est divisée transversalement en petites lames imbriquées. Ces doigts, tous armés d'ongles rétractiles, sont inégaux en longueur. Aux mains comme aux pieds, c'est le pouce qui est le plus court; après lui c'est le second doigt; après celui-ci le cinquième, ensuite le troisième; ce qui fait que le quatrième est le plus long des cinq.

Une des choses qui frappent le plus dans la conformation extérieure du Platydactyle de Leach, c'est un large pli que forme la peau dans toute l'étendue du contour horizontal du corps. Cependant nous ne pouvons pas positivement assurer que ce pli s'étende aussi sur les bords de la queue, attendu que cette partie du corps manque au seul individu de cette espèce que nous en ayons encore vu. Mais cette sorte de frange ou de bordure, haute de plusieurs lignes, qui commence de chaque côté à l'extrémité du menton, suit le dessous de la branche du maxillaire inférieur, arrive à l'épaule après avoir longé le cou, et descend le long du bord antérieur du bras jusqu'au pouce. Elle est en quelque sorte continuée autour de la main, par l'élargissement des doigts et la membrane qui réunit ceux-ci. Ensuite elle remonte du petit doigt jusqu'au coude, du coude à l'aisselle, et à partir de là elle se développe jusqu'à l'anus, après avoir suivi les côtés du ventre et contourné la patte de derrière de la même manière que celle de devant.

La surface entière de la peau des parties supérieures du corps et des membres est couverte de grains excessivement fins. Ceux des pattes, des côtés du cou et des flancs le sont même plus que ceux du dos. Mais tous sont absolument de même forme, c'est-à-dire subovales et lisses. La totalité des régions inférieures offre de très petites écailles circulaires et plates. Il y en a plus de cent sur une surface triangulaire de la région préanale, qui offrent sur leur centre un petit pore ayant l'air d'avoir été percé avec la pointe d'une aiguille.

Coloration. En dessous, le Platydactyle de Leach présente une teinte blanchâtre, uniforme ; mais en dessus il est semé partout sur un fond gris de larges taches d'un blanc pur.

Dimensions. *Longueur totale. Tête.* Long. 6" ; haut. 2" 2"' ; larg. 3" 2"'. *Cou.* Long. 1" 7"'. *Corps.* Long. 12" 5"'. *Memb. ant.* Long. 6" 5"'. *Memb. post.* Long. 7" 5"'. *Queue ?*

Patrie. Nous ignorons quelle est la patrie de ce Platydactyle, dont nous n'avons jusqu'ici observé qu'un échantillon, provenant d'un don fait par M. Leach à M. Cuvier, qui l'a déposé dans la collection du Muséum.

Observations. Cette espèce n'est inscrite sur les Catalogues de la science que depuis la publication de la seconde édition du Règne animal, dans lequel M. Cuvier n'a fait, pour ainsi dire, que la citer. Elle est le type de la subdivision δ du genre Platydactyle de M. Wiegmann.

IIe Division. PLATYDACTYLES HÉTÉROLÉPIDOTES.

Les Platydactyles Hétérolépidotes ont bien, de même que les Homolépidotes, le dessus du corps garni de petites écailles granuleuses ou aplaties ; mais ils offrent toujours, épars entre celles-ci, des tubercules tantôt simplement convexes, tantôt coniques ou taillés à facettes.

Ce qui les en distingue pour le moins autant, c'est l'habitude de leurs corps, l'ensemble de leurs formes, qui sont celles de la plupart des Geckotiens.

Les Platydactyles Hétérolépidotes n'ont plus, en effet,

la tête de figure pyramido-quadrangulaire, ni le cou, ni le dos arrondis des Homolépidotes, ce qui donne à ceux-ci quelque chose de la physionomie des espèces comprises dans les familles des Scinques et des Lézards. Leur tête, ainsi que leur corps, est au contraire déprimée, leur cou étranglé et souvent enveloppé d'une peau lâche, formant plusieurs plis transversaux. Tous ont l'ouverture pupillaire elliptique, et le bord inférieur de la paupière rentré dans l'orbite.

L'existence, dans cette seconde division comme dans la première, d'espèces à pattes palmées et d'autres ayant les doigts libres, nous a permis de la subdiviser de la même manière, c'est-à-dire, en Hétérolépidotes Palmipèdes et en Hétérolépidotes Fissipèdes. Ce sont ces derniers que nous commencerons par faire connaître.

1re Subdivision. Hétérolépidotes Fissipèdes.

Les Hétérolépidotes Fissipèdes ont non-seulement les doigts libres, mais aussi les côtés du corps, ceux de la queue et les bords des membres tout-à-fait dépourvus de membranes semblables à celles qu'on voit chez des espèces de leur division, dont les pattes sont palmées. Il n'y en a aucun parmi eux qui soit complétement privé d'ongles, ou qui en offre à tous les doigts, comme cela arrive à plusieurs Homolépidotes Fissipèdes. Le moins qu'ils en aient à chaque pied c'est deux, et le plus quatre. Aussi, avons-nous pu, d'après cette simple considération, les partager en Dionyx ou espèces à deux ongles, et en Tétronyx ou espèces à quatre ongles.

A. *Hétérolépidotes fissipèdes Dionyx.*

(*Ascalabotes*, Fitzinger; *Tarentola*, Gray; *Platydactylus B.*, Wagler, Wiegmann.)

Ces Platydactyles Dionyx ont les doigts des mains presque égaux en longueur, c'est-à-dire que leur inégalité est moins sensible que chez les Tétronyx. Leurs tubercules sont plus forts que ceux de ces derniers, et presque toujours taillés à facettes. Ils portent, tout le long du ventre, un petit bourrelet formé par un plissement de la peau, lequel s'étend en droite ligne de l'aisselle à la région inguinale.

Les seuls doigts que ces Platydactyles aient garnis d'ongles sont le troisième et le quatrième de chaque pied : aucune des espèces qui sont dans ce cas n'offre d'écailles percées de pores, soit au devant de l'anus, soit sur la face interne des cuisses. Mais toutes ont une petite lame osseuse ou cartilagineuse contenue dans l'épaisseur de la peau sous laquelle se trouve abrité le globe de l'œil. Certaines d'entre elles présentent de petites dentelures sur le bord de leur trou auditif externe.

Ce groupe des Hétérolépidotes Fissipèdes à deux ongles à chaque patte, comprend une partie des *Ascalabotes* de Fitzinger, les *Tarentola* de Gray, et il correspond à la seconde des deux subdivisions établies par Wagler dans son genre Platydactyle.

8. LE PLATYDACTYLE DES MURAILLES. *Platydactylus muralis.* Nobis.

Caractères. Dessus du corps offrant des bandes transversales de tubercules ovales, relevés d'une forte carène, et entourés à leur base ou de fortes écailles ou d'autres petits tubercules.

Synonymie. *Lacertus facetanus.* Aldrov. Quad. Ovip. lib. 1, pag. 654.

Lacertus facetanus. Mus. Worm. pag. 314.

Lacerta tarentula. Jonst. Hist. nat. Quad. tom. 1, tab. 77.

Lacerta tarentula. Ruisch. Theat. Anim. tom. 2, tab. 77.

Lacerta Mauritanica. Linn. Syst. nat. pag. 361, exlus. synonim. seb. mus. 1, tab. 108, lig. 2, 6, 7. (*Platydact. guttatus.*)

Gecko muricatus. Laur. Tab. Rept. pag. 44, n° 58.

Lacerta Mauritanica. Gmel. Syst. nat. tom. 1, pag. 1061.

Le Geckotte. Lacep. Hist. nat. Quad. Ovip. tom. 1, pag. 420.

Le Geckotte. Bonnat. Erpet. pag. 152, tab. 11, fig. 1.

Gecko de Mauritanie. Latreille, Hist. Rept. tom. 2, pag. 49.

Geckotte. Shaw. Génér. Zool. tom. 3, pag. 267.

Mauritanic Gecko. Id. pag. 269.

Gecko fascicularis. Daud. Hist. Rept. tom. 4, pag. 144.

Gecko Mauritanicus. Bosc. Dict. d'Hist. nat. tom. 12, pag. 513.

Gecko stellio. Merr. Amph. pag. 43. spec. 15.

Le Gecko de murailles. Bory de Saint-Vinc. Dict. class. hist. nat. tom. 7, pag. 181.

Gecko Mauritanicus. Risso. Hist. nat. tom. 3, pag.

Le Gecko des murailles. Cuv. Règ. Anim. tom. 2, pag. 52.

Platydactylus fascicularis. Wagl. Syst. Amph. pag. 142.

The wall Gecko. Griff. Anim. Kingd. tom. 9, pag. 143.

Platydactylus fascicularis. Gray. Synops in Griffith's Anim. Kingd. tom. 9, pag. 48.

Gecko fascicularis. Schinz. Naturg. Abbild. Rept. pag. 73, tab. 15.

Ascalabotes Mauritanicus. Charl. Bonap. Faun. Ital. pag. sans n°, tab. sans n°.

DESCRIPTION.

Formes. Bien que déprimée, la tête de ce Platydactyle est assez épaisse en arrière. Le museau offre un plan incliné en avant, où il se termine en angle obtus. Les narines sont deux petits trous arrondis, qui sont circonscrits, chacun, en avant et en haut, par une grande écaille subtrapézoïdale, en arrière par deux plus petites, de forme quadrilatérale ou pentagone, et inférieurement par le bord supérieur de la première plaque labiale. La rostrale, qui est une fois plus large que haute, a quatre pans, dont le supérieur est légèrement anguleux. Elle se fait remarquer par un petit sillon régnant perpendiculairement depuis le sommet de l'angle, qui forme son bord supérieur, jusqu'à son centre. De chaque côté de cette plaque rostrale, il existe neuf autres scutelles quadrilatérales, garnissant les bords de la lèvre supérieure. L'inférieure en offre un égal nombre à droite et à gauche du menton, dont l'extrémité et le dessous sont recouverts par une grande plaque en triangle, à sommet tronqué et dirigé en arrière. On voit encore deux autres petites plaques attenant aux labiales, de chaque côté du sommet de celle qui couvre le menton. La paupière, dont le cercle est complet, n'est pas extrêmement courte, elle forme un pli rentrant sous le bord supérieur de l'orbite, et sur le haut il existe un petit bourrelet granuleux. La pupille est oblongue et verticale. Nous comptons cinquante-six dents en bas et soixante en haut. Elles sont toutes coniques, égales et serrées les unes contre les autres. L'oreille est ovale et assez ouverte. Le côu est bien distinct de la tête et du corps; c'est-à-dire qu'il est moins élargi que ces deux parties : la peau qui l'enveloppe est plissée transversalement. La patte antérieure, d'un huitième plus courte que la postérieure, n'a guère que les trois quarts de la longueur du tronc. Les doigts de la main sont à peu près égaux entre eux. Aux pieds de derrière, les deux premiers sont un peu plus courts que les trois autres. Tous ces doigts sont très-aplatis, et parmi eux il n'y a que le troisième et le quatrième de chaque patte qui soient munis d'ongles.

Cette espèce ne paraît avoir ni pores anaux, ni pores fémoraux. Les mâles ont la base de la queue hérissée d'un rang d'épines de chaque côté. Cette queue, quand elle n'a point été brisée, offre en dessus, dans toute son étendue, des épines formant des demi-anneaux. Elle est d'ailleurs subarrondie ou légèrement déprimée; et les écailles de sa région inférieure sont plates, inégales et imbriquées.

Le dessus de la tête est tout entier revêtu de petites plaques polygones et convexes, disposées en pavé. Sous la gorge, il y en a de semblables, si ce n'est qu'elles sont parfaitement plates et lisses. Celles du ventre et du dessous des membres sont ovales et à peine imbriquées. En dessus, ce sont des tubercules de forme ovale, relevés d'une forte carène, dont la base est souvent entourée d'autres tubercules semblables à ceux qui se montrent sur le cou, le dos et les membres; mais sur ces derniers ils paraissent être répandus assez irrégulièrement; tandis que sur le corps ils y sont disposés par bandes transversales, comme on voit, sur le dos des Crocodiles, les écussons qui composent leur cuirasse. Les espaces que laissent entre eux ces tubercules sur la surface de la peau, sont remplis par de très fines écailles granuleuses.

Coloration. Parfois ce Platydactyle offre sur toutes les parties supérieures de son corps un gris cendré comme poussiéreux; tandis que les régions inférieures sont blanchâtres. Tantôt au contraire il est d'un brun très foncé, avec des taches grisâtres, formant des bandes en travers du dos et de la queue : alors le ventre paraît être d'un blanc plus clair. Ce sont les jeunes sujets, en particulier, qui présentent ce dernier mode de coloration.

DIMENSIONS. Voici celles d'un des plus grands individus.

LONGUEUR TOTALE. 15" 1"'. *Tête*. Long. 2" 5"'; haut. 1" 2"'; Larg. 2". *Cou*. Long. 1". *Corps*. Long. 5" 1"'. *Membr. antér*. Long. 2" 6"'. *Membr. post*. Long. 4". *Queue*. Long. 6" 5"'.

PATRIE. Le Platydactyle vulgaire paraît habiter les îles de la Méditerranée aussi bien que les pays qui forment le bassin de cette mer. Nous l'avons reçu d'Espagne, et nous l'y avons nous-mêmes observé; nous en avons reçu de Toulon, de Marseille, de Rome, de Sicile, de Grèce, des côtes de Barbarie et d'Égypte. Cette espèce est le seul représentant qu'ait en Europe le genre Platydactyle.

Elle se tient d'ordinaire dans les vieux murs; cependant on la voit quelquefois courir sur ceux des maisons habitées. Elle se nourrit de toute sorte d'Insectes; mais particulièrement de Mouches et d'Araignées.

Observations. En Provence, ce Platydactyle est connu sous le nom vulgaire de *Tarente*; en Italie sous celui de *Tarentola*. Tout porte à croire que c'est le Saurien que les anciens latins nommaient *Stellio*. C'est sans doute dans cette idée que Merrem l'a désignée de la même manière; car c'est le Geckotien qu'il appelle *Gekko Stellio*.

Le nombre de noms différens que ce Platydactyle a reçus est presque égal à celui des auteurs qui en ont fait mention, ainsi qu'on peut le voir par la liste placée en tête de cet article. La plupart des erpétologistes se sont plu à citer, comme se rapportant au Platydactyle des murailles, une ou deux des figures composant la planche 108 du second volume de l'ouvrage de Séba: c'est selon nous une erreur; car ces figures, de même que celles qui les accompagnent, appartiennent évidemment au Platydactyle à gouttelettes.

9. LE PLATYDACTYLE D'ÉGYPTE. *Platydactylus Ægryptiacus*. Cuvier.

CARACTÈRES. Des tubercules coniques, qui sont isolés sur les flancs; d'autres tubercules convexes sur le dos. Bord antérieur du trou auditif légèrement dentelé.

SYNONYMIE. *Le Gecko annulaire*. Is. Geoff. Égypt. Rept. Hist. natur. pl. 5, fig. 6-7.

Gecko de Savigny. Audouin, Égypt. Suppl. pl. 1, fig. 1.

Platydactylus Ægyptiacus. Cuv. Règ. anim. tom. 2, pag. 53.

Gecko Ægyptiacus. Griff. Anim. Kingd. tom. 9, pag. 144.

Platydactylus Ægyptiacus. Gray. Synops. In Griffith's Anim. Kingd. tom. 9, pag. 48.

DESCRIPTION.

FORMES. Cette espèce, quoique très voisine de la précédente, s'en distingue cependant par plusieurs caractères qui ne permettent pas qu'on la confonde avec elle. Chez le Platydactyle d'Égypte, le bord antérieur de l'ouverture auriculaire est plus sensiblement dentelé que chez le Platydactyle commun. Les tubercules qui surmontent la surface de la peau de ses parties supérieures ne sont ni relevés en carènes, ni si rapprochés les uns des autres. Ceux des membres et des côtés du corps, où ils forment quatre rangées longitudinales, sont assez petits et simplement coniques. La région dorsale, le dessus du cou et celui de la base de la queue, en offrent d'un moindre diamètre et dont la forme est lenticulaire. Ils composent aussi sur ces parties des séries disposées parallèlement à celles des flancs. En général, ces séries sont au nombre de quatre, mais quelquefois on en compte une de plus.

COLORATION. Le système de coloration lui-même, sans être bien différent de celui du Platydactyle ordinaire, ne lui ressemble pas complétement. Ce qu'il présente de plus caractéristique, ce sont quatre taches d'un blanc pur, placées sur le dos, entre les deux épaules, comme aux quatre angles d'un carré. Ces quatre taches sont largement, mais presque toujours incomplétement cerclées de noir. Quelquefois il arrive aux deux qui sont les plus rapprochées de la tête de se réunir, en prenant une figure semi-circulaire, tandis que les deux autres demeurent toujours isolées.

DIMENSIONS. Le Platydactyle d'Égypte paraît en outre ac[illegible]rir des dimensions un peu plus étendues que l'espèce di[illegible]des murailles. Voici, au reste, celles qui nous sont offer[illegible] par un des échantillons de notre Musée.

LONGUEUR TOTALE : 18'' 3'''. *Tête.* Lon[illegible] 3'''; haut. 1'' 2'''; larg. 2'' 3'''. *Cou.* Long. 1''. *Corps.* [illegible]ng. 7'' 5'''. *Memb. antér.* Long. 4'''. *Memb. postér.* Long. [illegible]. *Queue.* Long. 6'' 5'''.

PATRIE. Nous ne sachions [illegible]as qu'on ait jusqu'ici rencontré cette espèce ailleurs qu'en Ég[illegible]pte. La collection en renferme plusieurs exemplaires. Les pr[illegible]miers qui y ont été déposés proviennent des

21.

récoltes faites par M. Geoffroy, pendant la mémorable expédition française en ce pays. On doit ceux dont elle s'est enrichie nouvellement à deux officiers de marine distingués, MM. Joannis et Jorès, auxquels les sciences naturelles sont loin d'être étrangères.

Observations. Ce Platydactyle se trouve représenté dans deux des planches du grand ouvrage sur l'Égypte, mais non d'une manière parfaitement exacte dans l'une et dans l'autre. Cependant il est vrai de dire que le portrait de la planche première du supplément n'offre d'inexact que la forme convexe des tubercules des flancs, lesquels devraient être coniques ; au lieu que les deux figures de la planche n° 5, représentant encore cette espèce sous le nom de Gecko annulaire, et de variété du Gecko annulaire, ont des ongles à tous les doigts, quand elles ne devraient en offrir qu'au troisième et au quatrième de chaque patte. Le dessinateur a commis une autre erreur, en faisant une pupille ronde à ce Gecko, chez lequel elle est bien certainement vertico-oblongue. Il paraît aussi que les modèles de ces figures étaient des individus décolorés, car elles n'indiquent pas la moindre trace des taches blanches du dos dont nous avons parlé dans la description.

10. PLATYDACTYLE DE DELALANDE. *Platydactylus Delalandii.* Nobis.

Caractères. Tubercules dorsaux simples, ovales, très faiblement carénés ; ceux des côtés du corps coniques. Bords du trou auditif non dentelés.

Synonymie ?

DESCRIPTION.

[illegible]es. Ce Platydactyle diffère des deux précédens : 1° en ce que l'ou[illegible]ture externe de son oreille est plus étroite que la leur, et que le bor[illegible]térieur n'en est nullement dentelé ; 2° en ce que les tubercules me[illegible] parmi les petits grains de la peau de son dos ne sont ni lenticulai[illegible] comme chez le Platydactyle d'Égypte, ni relevés en fortes carènes [illegible]ntourés à leur base d'autres petits tubercules, comme on l'observe [illegible]s le Platydactyle des murailles. Les tubercules qu'on voit sur le dos [illegible] Platydactyle de Delalande sont simples, ovales, et un peu en dos [illegible]ne. Il y en a d'un peu plus forts, affectant une forme conique, le [illegible]ng de la partie supérieure des flancs. La queue de cette espèce est, comme celle du Platydactyle ordinaire, hérissée en dessus et latéralement d'écailles épineuses, composant six séries longitudinales très régulières.

Coloration. Les individus que nous avons observés présentent une teinte générale d'un brun fauve clair.

Dimensions. Les dimensions du plus grand d'entre eux sont celles-ci : *Longueur totale* : 15" 7'". *Tête.* Long. 2" 7'" ; haut. 1" 3'"; larg. 2" ; *Cou.* Long. 8'". *Corps.* Long. 5" 7'". *Memb. ant.* Long. 3". *Memb. post.* Long. 4'. *Queue.* Long. 6" 5'".

Patrie. Delalande, à qui nous dédions cette espèce de Platydactyle, l'a le premier envoyé au Muséum de l'île de Ténériffe. Plus tard on l'a reçue de celle de Madère, par les soins de M. Gallot; et en dernier lieu, du Sénégal, par M. Delcambre.

Observations. Nous avouons qu'il existe une très grande ressemblance entre ce Platydactyle et les deux précédens. Pourtant nous croyons bien qu'il constitue une espèce particulière. C'est aux naturalistes qui auront l'occasion de l'étudier sur un plus grand nombre de sujets que nous n'avons pu le faire, à vérifier les caractères que nous lui assignons ici.

11. LE PLATYDACTYLE DE MILBERT. *Platydactylus Milbertii.* Nobis.

Caractères. Bords internes des trous auriculaires dentelés. Tubercules des parties supérieures du corps égaux, ovales et simplement convexes. Queue annelée de noir. Un trait de la même couleur derrière chaque œil.

Synonymie. *Platydactylus Americanus.* Gray. Synops. In Griffith's Anim. Kingd. tom. 9, pag. 44.

DESCRIPTION.

Formes. Ce qui distingue particulièrement cette espèce des deux précédentes, c'est l'égalité qui règne dans la grosseur des tubercules des parties supérieures de son corps. Ces tubercules qui sont ovales dans leur contour, et dont la surface est convexe, sans offrir la moindre trace de carène, ne laissent que très peu d'intervalles entre eux. Ils sont disposés de manière à former dix séries longitudinales sur le cou, douze sur le dos et huit seulement sur les reins. Il existe encore deux autres séries le long de chaque flanc. Les écailles caudales sont polygones, verticillées, imbriquées, plates et la plupart égales. Les plus fortes d'entre elles forment huit ou neuf bandes transversales placées à une certaine distance les unes des autres, depuis la naissance de la queue jusque vers la moitié environ de son étendue. Celle-ci, qui est assez effilée, entre pour la moitié dans la longueur totale de l'animal. La plaque rostrale est rectangulaire. Derrière elle, c'est-à-dire sur le bout même du museau, on en remarque deux autres de figure carrée. Chacune d'elles, avec la rostrale, la labiale la plus voisine de celle-ci, et deux autres petites plaques placées en arrière, circonscrivent l'ouverture nasale, qui est petite, latérale et circulaire.

Le méat auditif est ovale, offrant de petites dentelures en scie tout autour de son bord interne.

Les scutelles qui garnissent les deux mâchoires ne présentent rien qui distingue le Platydactyle de Milbert de ceux du même groupe que nous avons fait connaître avant lui.

La pupille est oblongue et verticalement située.

On n'aperçoit d'écailles crypteuses ni au-devant de l'anus, ni le long des cuisses. La conformation des doigts est la même que dans les autres Platydactyles Dionyx.

Coloration. Le Platydactyle de Milbert est d'un gris blanchâtre, mélangé de brun sur le dessus du corps et des membres. Un trait brunâtre partant de l'œil et passant au-dessus de l'oreille, va aboutir à l'épaule. Des anneaux noirs entourent l'extrémité de la queue, sur le reste de l'étendue de laquelle et en dessus se montrent des bandes transversales de la même couleur.

Dimensions. L'exemplaire dont nous donnons ici les dimensions est le seul que nous nous soyons encore trouvé dans le cas d'observer.

Longueur totale. 8" 4"'. *Tête*. Long. 1" 5"'; haut. 5"'; larg. 1". *Cou*. Long. 5"'. *Corps*. Long. 1" 8"'. *Memb. ant*. Long. 1" 3"'. *Memb. postér*. Long. 1" 7"'. *Queue*. Long. 4" 6"'.

Patrie. Cette espèce nous a été envoyée de New-Yorck par M. Milbert.

Observations. C'est une des nombreuses découvertes erpétologiques dont la science est redevable au zèle de ce naturaliste voyageur. Nous croyons bien que l'espèce mentionnée par M. Gray, sous le nom de *Platydactylus Americanus*, dans le Synopsis placé à la suite du neuvième volume de la traduction anglaise du Règne animal de Cuvier, est la même que la nôtre. Cela nous paraît d'autant plus probable qu'il l'indique comme établie d'après un individu de notre collection. Ce serait alors le même sujet dont il vient d'être question, car le Musée n'en possède pas un second individu.

B. *Hétérolépidotes fissipèdes Tétronyx.*

(*Platydactylus*, Fitzinger; *Gecko*, Gray; *Platydactylus a*, Wagler; *Platydactylus γ*, Wiegmann.)

Ces Platydactyles ne manquent d'ongles qu'aux quatre pouces. Leur paupière ou mieux la peau qui recouvre le globe de l'œil ne renferme pas dans son épaisseur une lame cartilagineuse, ainsi que cela s'observe chez les Dionyx. Il règne aussi moins d'inégalité dans la longueur de leurs doigts que dans ceux de ces derniers. Les tubercules, qui sont semés au milieu des petites écailles qui revêtent la peau des parties supérieures du corps sont plus nombreux et moins forts que ceux des espèces appartenant au groupe précédent. Les seuls individus mâles offrent des écailles crypteuses, soit au devant de l'anus, soit le long des cuisses en dessous. Il faut cependant en excepter l'espèce appelée *Guttatus*, dont la femelle est pourvue de pores anaux, de même que le mâle. Ces Platydactyles Tétronyx ont généralement des formes moins ramassées que les Dionyx. Leur queue surtout est plus grêle, plus effilée que celle de ceux-ci. C'est à eux que Fitzinger a réservé le nom générique de Platydactylus, M. Gray les a réunis dans une subdivision du genre Platydactyle à laquelle il donne le nom de Gecko. Wagler et M. Wiegmann les ont aussi distingués des autres Plactydactyles sans toutefois leur donner de nom particulier. Nous connaissons cinq espèces de Platydactyles Tétronyx auxquelles il faudrait en ajouter deux autres, celles que M. Gray a indiquées comme nouvelles dans son *Synopsis Reptilium*, imprimé à la suite de la partie erpétologique du Règne animal de MM. Pidgeons et

Griffith. Mais nous en soupçonnons au moins une d'être purement nominale, c'est-à-dire le jeune âge du *Platydactylus Triedrus*. C'est celle qu'il appelle *Gecko Reevesii*, et qu'il caractérise de la manière suivante : « Des bandes transversales composées de taches blanches, imprimées sur un fond noir ; des écailles tuberculeuses plus grandes que ces taches. » Chine.

L'autre, ou son *Gecko Madagascariensis*, originaire du pays dont il porte le nom, a des écailles lisses avec de larges tubercules sur les côtés, et des pores fémoraux et subanaux disposés sur deux lignes droites divergentes. Le jeune porte une ligne latérale noire et blanche.

12. LE PLATYDACTYLE A GOUTTELETTES. *Platydactylus guttatus*. Cuvier.

(*Voyez* pl. 28, fig. 4.)

Caractères. Dessus du corps semé de gouttelettes blanches sur un fond gris roussâtre, avec douze rangées longitudinales de forts tubercules assez distants les uns des autres, entremêlés d'écailles carrées, imbriquées, lisses et plates.

Synonymie. *Salamandra Indica*. Jacob. Bont. in Pis. Ind. utr. re nat. et med. chap. 5, pag. 57.

Gekko Ceilonicus. Séba, tom. 1, pag. 170, tab. 108, fig. 1-9.

Lacerta cauda tereti mediocri, pedibus. . . Mus. Adolph. Freder, tom. 1, pag. 46.

Lacerta Gecko, Linn. Syst. Nat. pag. 365.

Gekko teres. Laur. pag. 44.

Gekko verticillatus. Laur. pag. 44.

Salamandre ou *Gecko de Linneus*. Knorr. Delic. Nat. tom. 2, tab. 56, fig. 3.

Stellio Gecko. Schneid. Amph. Phys. tom. 2, pag. 12.

Lacerta Gecko. Gmel. Syst. Nat. pag. 1068.

Common Gecko. Shaw. Gener. Zool. tom. 3, pag. 266, tab. 77.

Gecko guttatus. Daud. Hist. Rept. tom. 4, pag. 122, tab. 49.

Lacerta guttata. Hermann. Obs. zool. pag. 156.

Gecko verus. Merr. Amph. pag. 42.

Gecko annulatus. Kuhl. Beitr. Zool. pag. 132.

Gecko verus. Gray. Zoolog. Journ. 1828, pag. 223.

Le Gecko à gouttelettes. Cuv. Règ. anim. tom. 2, pag. 53.

Platydactylus guttatus. Guer. Icon. Regn. anim. tab. 13.

The Gecko. Griff. Anim. Kingd. tom. 9, pag. 144.

Common Gecko. Gray. Synops. In Griffith's Anim. Kingd. tom. 9, pag. 48.

DESCRIPTION.

Formes. Le Platydactyle à gouttelettes a les côtés postérieurs de la tête extrêmement renflés. Le museau est court, et sa surface, immédiatement en avant des yeux, offre une légère concavité. Chaque mâchoire porte quatre-vingts dents, ayant la forme de celles de la plupart des Geckotiens. Les ouvertures externes des narines sont deux trous ovales, situés, l'un à droite, l'autre à gauche de l'extrémité du museau. Les bords de chacun de ces deux trous se trouvent formés en avant par une scutelle qui tient à la plaque rostrale, inférieurement par le haut de la labiale qui touche à celle-ci, en arrière par trois petites écailles carrées, et en haut par deux autres écailles de petit diamètre, subovalaires dans leur contour et à surface convexe. La plaque rostrale est pentagone et une fois plus étendue en largeur qu'en hauteur. Les plaques labiales supérieures sont au nombre de quatorze de chaque côté : la première, qu'on peut appeler naso-labiale, attendu qu'un de ses bords forme une partie de celui de la narine, et qu'elle tient par un second à la nasale antérieure, se compose de cinq pans. Toutes celles qui la suivent sont quadrilatérales, ainsi que les scutelles de la lèvre inférieure dont le nombre total ne s'élève qu'à vingt-cinq. L'œil est grand. La paupière qui l'entoure n'offre point inférieurement de bourrelet écailleux, comme on le remarque sur le reste de sa circonférence. Ce bourrelet est formé par deux rangées de petites écailles quadrangulaires appliquées, l'une sur la surface externe, l'autre sur la surface interne du bord palpébral.

La pupille est vertico-oblongue, et le méat auditif très ouvert. Ce dernier offre une fente oblique de haut en bas, dont les bords ne sont pas dentelés.

Les membres n'ont rien de particulier dans leur forme. La queue, qui est subarrondie, entre pour la moitié dans la totalité de la longueur de l'animal. Le dessus de la tête est revêtu de petites écailles polygones extrêmement solides, dont la surface est simplement convexe ou légèrement carénée. D'autres petites écailles, également polygones, mais bien moins solides et tout-à-fait plates et lisses, garnissent les régions dorsale et collaire supérieures. Les latérales en offrent qui ont une figure carrée. Les unes et les autres sont entremêlées de gros tubercules, formant douze rangées longitudinales qui s'étendent : les huit médianes, depuis la nuque jusqu'à l'origine de la queue; et les quatre externes le long des flancs seulement. Chez les jeunes sujets, tous ces tubercules sont lenticulaires ; mais avec l'âge ils deviennent coniques, à l'exception pourtant de ceux des deux séries correspondantes à la ligne moyenne du dos, qui conservent toujours leur première forme. Ces deux séries se distinguent encore des autres, en ce qu'elles ne laissent presque pas d'intervalle entre elles. Il y a six bandes longitudinales de tubercules coniques sur la queue, autour de laquelle ils forment des demi-anneaux. Les autres tégumens de cette partie du corps sont des écailles carrées, disposées par verticilles et comme les tuiles d'un toit. Les écailles qui garnissent le dessus de la queue sont rhomboïdales et entremêlées de tubercules semblables à ceux des côtés du corps. Sous celui-ci, comme sous la gorge, sous les cuisses et sous les bras, on voit des scutelles subovales très peu imbriquées.

Les deux sexes ont au devant de l'anus quatorze ou seize écailles crypteuses, disposées sur une ligne légèrement anguleuse. Sur le bord postérieur de l'ouverture cloaquale, on observe que la peau est percée de deux pores placés à une certaine distance l'un de l'autre.

Coloration. Le fond de la couleur de ce Geckotien est tantôt d'un gris cendré, tantôt d'un gris roussâtre en dessus ; mais toujours il est semé d'un grand nombre de larges taches orangé pâle, qui passent au blanc quand l'animal a demeuré quelque temps dans l'alcool. Sur la tête, ce sont plutôt des lignes que des taches orangées que l'on y voit ; en général, ces lignes ne sont ni régulières, ni disposées de la même manière chez tous les individus. Pourtant il est rare que, sur le vertex, il n'y en ait pas deux qui se réunissent pour former un angle aigu. Un blanc jaunâtre colore les parties inférieures de l'animal. Les taches des jeunes sujets sont plus foncées, et répandues sur une teinte d'un brun chocolat. La queue offre des anneaux de cette dernière couleur, alternant avec des cercles orangés.

Dimensions. *Longueur totale.* 27" 8"'. *Tête.* Long. 4" 6"'; haut.

1" 6"' ; larg. 3" 5"'. *Cou.* Long. 1" 5"'. *Corps.* Long. 8" 7"'. *Memb. antér.* Long. 4". *Memb. postér.* Long. 6". *Queue.* Long. 13".

Ces mesures sont celles d'un exemplaire de notre Musée.

Patrie. On trouve le Gecko à gouttelettes sur le continent et dans tout l'archipel de l'Inde. Les échantillons qui figurent dans nos collections ont été envoyés de Pondichéry par M. Leschenault; de Java par MM. Diard, Duvaucel, Lesson et Garnot. Nous en avons de Manille, qui ont été rapportés par M. Milius, et de Timor, par Péron et Lesueur.

13. LE PLATYDACTYLE A BANDE. *Platydactylus Vittatus*, Cuvier.

Caractères. Parties supérieures semées d'un très grand nombre de grains extrêmement fins. Dos fauve, offrant une bande longitudinale blanche, bifurquée en avant.

Synonymie. *Gecko vittatus.* Houtt. in act. Vliss. tom. 9, p. 325, tab. 2.

Le Gecko. Lacép. Hist. Nat. ovip. tom. 1, pl. 29.

Stellio bifurcifer. Schn. Amph. Phys. tom. 2, pag. 22.

Lacerta vittata. Gmel. Syst. Nat. tom. 1, pag. 1067.

Gecko vittatus. Latr. Hist. Rept. tom. 2, pag. 61.

Gecko vittatus. Brong. Bull. soc. phil. n° 36, p. 90, tab. 6, fig. 3.

Gecko vittatus. Daud. Hist. Rept. tom. 4, pag. 136.

White striped Gecko. Shaw, Gener. Zool. tom. 3, pag. 271.

Lacerta zeylonica. Nau, Entd. u Beob. 1, S. 254.

Lacerta unistriata. Shaw. Natur. miscell. tab. 88.

Gecko vittatus. Merr. Amph. pag. 42, spec. 13.

Le Platydactyle à bande. Cuv. Reg. Anim. tom. 2, pag. 53.

The banded Gecko. Griff. Anim. Kingd. tom. 9, pag. 144.

Gecko vittatus. Gray. Synops. in Griffith's Anim. Kingd. p. 49.

DESCRIPTION.

Formes. Cette espèce a des formes plus sveltes que le Platydactyle à gouttelettes. Son chanfrein offre un enfoncement de figure rhomboïdale. Les ouvertures des narines sont ovales et dirigées en arrière. Elles sont situées de chaque côté de l'extrémité du museau sur le bord de la plaque rostrale qui, par ce moyen, les cerne en partie. Le reste de leur contour est circonscrit par quatre plaques quadrilatérales. La lame rostrale est à quatre pans et très dilatée, ayant ses deux angles supérieurs échancrés en croissant. Nous avons compté quatre-vingts dents à la mâchoire supérieure; l'inférieure en a quelques-unes de moins. Le trou auriculaire est une grande ouverture ovale sans la moindre dentelure sur ses bords et dont le plus petit diamètre est situé d'avant en arrière. La paupière et la pupille ressemblent à celles du Platydactyle à gouttelettes.

Les deux lèvres sont garnies chacune de quatorze paires de plaques, sans compter la rostrale pour la supérieure, ni celle qui enveloppe le bout du menton pour l'inférieure. Les membres postérieurs sont d'un tiers plus longs que les antérieurs. Les doigts des uns et des autres sont très plats et très élargis. La queue est plus grêle que dans aucune des espèces précédentes. Un pavé de petits grains protége la surface de la tête. Sur le cou, le corps et les membres se trouve un nombre considérable de tubercules granuliformes extrêmement fins. On voit des squammelles subarrondies et plates sous la gorge, mêlés à des grains plus ténus et d'autres ovalaires et convexes le long des branches du maxillaire inférieur. Parmi les premières on en voit d'autres un peu plus grandes ayant la forme de petites lentilles. La poitrine et l'abdomen sont recouverts d'écailles en losange, subimbriquées. Sous les membres il en existe de même forme, mais plus petites et à surface bombée. Ce sont de très minces écailles carrées qui garnissent le dessus de la queue, laquelle offre de distance en distance des demi-anneaux de tubercules granuliformes. En dessous, cette partie terminale du corps est revêtue de petites plaques quadrilatérales et imbriquées, parmi lesquelles on en distingue de plus dilatées en travers qui constituent deux séries moyennes et longitudinales. Chez cette espèce, les mâles seuls offrent des pores le long des cuisses. On en compte vingt-six de chaque côté, disposés sur une seule et même ligne qui s'étend depuis le jarret jusques un peu en avant de l'anus. Ces pores sont de simples trous arrondis, percés chacun dans une écaille qui fait une légère saillie au-dessus de la peau. Ces pores diminuent successivement de diamètre en descendant le long de la cuisse. Les individus mâles se distinguent encore des femelles par deux tubercules squammeux situés à droite et à gauche de la base de la queue.

Coloration. Le dessus du corps de ce Platydactyle est d'un brun-marron clair, qui passe quelquefois au fauve. Tout le long du dos il règne une large bande blanche qui, au-dessus des épaules, se divise en deux branches passant chacune sur le côté du cou et au-dessus de l'oreille, pour aller aboutir au bord orbitaire postérieur. En arrière, cette même bande blanche se prolonge sur la base de la queue où elle se termine en palette échancrée. La queue offre en général une teinte plus foncée que le corps. Elle est toujours entourée de quatre ou cinq beaux et larges anneaux de la même couleur que la bande dorsale. Toutes les parties inférieures sont blanchâtres.

Dimensions. La taille de cette espèce reste au-dessous de celle du Platydactyle à gouttelettes; au moins n'avons-nous jamais vu d'individu ayant des dimensions plus grandes que celles-ci. *Longueur totale.* 24". *Tête.* Long. 3"; haut. 1"; larg. 2". *Cou.* Long. 1". *Corps.* Long. 8". *Memb. antér.* Long. 3" 7"'. *Memb. post.* Long. 5". *Queue.* Long. 12".

Patrie. On trouve le Platydactyle à bande à Amboine, à Bourou et à Vanicoro, d'où nous l'avons reçu par les soins de MM. Quoy et Gaymard. Il vit aussi à la Nouvelle-Zélande; car MM. Lesson et Garnot nous en ont rapporté un échantillon recueilli par eux dans ce pays.

Observations. On doit la connaissance de cette espèce à Houttuyn, qui en publia le premier une description et une figure dans le tome neuvième des Actes de l'Académie de Flessingue. Le Bulletin de la Société philomatique en renferme un second portrait gravé avec quelques autres Sauriens sur la planche qui accompagne le mémoire dans lequel M. Brongniart proposa la division généralement adoptée aujourd'hui, de la classe des Reptiles en quatre ordres. C'est à tort que M. Cuvier, dans son Règne animal, a cité la figure du Gecko représentée sur la planche vingt-neuf du premier volume des quadrupèdes ovipares de Lacépède, comme étant celle du *Platydactylus guttatus*. Le modèle de cette figure appartenait sans aucun doute à l'espèce du Platydactyle à bande; rien ne le prouve mieux que l'indication, sur la région préanale, d'une suite d'écailles crypteuses, dont la disposition représente un V à branches renversées. Ceci est en effet un des caractères qui distinguent le Platydactyle à bande de celui à gouttelettes, lequel offre bien aussi de ces écailles crypteuses; mais, en moindre nombre et placées sur deux lignes droites, formant un angle très ouvert.

14. LE PLATYDACTYLE A DEUX BANDES. *Platydactylus Bivittatus*. Nobis.

Caractères. Dessus du corps revêtu de petites écailles plates et lisses, parsemées de grains très fins. Dos marqué de deux bandes brunes sur un fond violacé.

Synonymie ?

DESCRIPTION.

Formes. Les tubercules de cette espèce sont un peu moins fins et un peu plus espacés que chez le Platydactyle à bande. Les écailles au milieu desquelles ils sont semés ne sont pas non plus granuleuses, mais aplaties et lisses. Nous avons reconnu que l'élargissement de ses doigts est moins considérable. Les pores fémoraux ressemblent à ceux de l'espèce précédente.

Coloration. Mais son système de coloration est très différent. Au lieu d'être fauve ou marron, ce Platydactyle offre une teinte violacée, de laquelle se détachent deux rubans bruns qui s'étendent parallèlement de chaque côté du dos, depuis le cou jusque sur la racine de la queue. On voit aussi autour de celle-ci quelques anneaux de la même couleur que le dessus du corps, alternant avec des cercles semblables, pour la teinte, à celle des bandes dorsales.

Dimensions. *Longueur totale*. 24" 4"'. *Tête*. Long. 3" 5"'; haut. 1"; larg. 2". *Cou*. Long. 1" 1"'. *Corps*. 7" 5"'. *Memb. antér*. Long. 3" 5"'. *Memb. postér*. Long. 4" 7"'. *Queue*. Long. 12" 3"'.

Patrie. Nous n'avons encore observé que deux individus de cette espèce qui ont été rapportés, l'un de la Nouvelle-Guinée, l'autre de l'île Waigiou, par MM. Quoy et Gaymard.

Observations. Il pourrait se faire que ce Platydactyle à deux bandes ne soit qu'une variété du *Platydactylus vittatus*, dont il ne diffère bien réellement que par le système de coloration. Cependant nous avons cru devoir les séparer, sauf à reconnaître notre erreur, dès que de nouvelles observations l'auront constatée.

15. LE PLATYDACTYLE MONARQUE. *Platydactylus Monarchus.* Schlegel.

Caractères. Dessus du corps revêtu de nombreux tubercules coniques entremêlés de très petites écailles polygones aplaties. Dos brun, ayant sur la ligne médio-longitudinale une série de six ou sept paires de taches noires. Deux plaques oblongues sous le menton.

Synonymie. *Platydactylus monarchus.* Schlegel. Mus. Leyde.

DESCRIPTION.

Formes. L'ensemble des formes de ce Platydactyle est le même que celui des deux espèces que nous venons de faire connaître. La tête est assez déprimée, et les tempes sont fort peu renflées. On remarque de même que chez les *Platydactylus vittatus* et *bivittatus*, que le dessus du museau offre une dépression ou mieux une légère concavité de figure rhomboïdale. Les dents sont fines, et au nombre de quatre-vingts en haut comme en bas.

Les narines se montrent de chaque côté de l'extrémité du museau environnées par la plaque rostrale, la première labiale et trois autres plaques situées deux en haut et une en arrière.

Les yeux n'offrent rien de particulier; mais les trous auriculaires sont moins grands que chez les deux dernières espèces. Leur contour est ovale et dépourvu de toute dentelure. Les disques sous-digitaux, garnis de petites lames transversales imbriquées, ne sont certainement pas aussi épatés que chez aucune des espèces de Platydactyles qui précèdent. Les doigts au reste ont la même inégalité. La queue entre pour les quatre huitièmes et demi dans la longueur totale de l'animal. Elle est sub-arrondie ou très légèrement déprimée, peu forte à sa naissance et très mince à son extrémité. Il y a au devant de l'anus une ligne anguleuse d'environ quarante écailles crypteuses, qui s'étend à droite et à gauche sur chaque cuisse. Des grains très fins revêtent le dessus de la tête; on en voit d'un peu plus forts et affectant une forme ovale, sur les côtés du museau. La lèvre supérieure est garnie de vingt-quatre plaques rectangulaires, sans compter la rostrale. L'inférieure en offre dix, ayant une forme carrée de chaque côté de la scutelle en triangle qui termine le menton, sous lequel on voit une paire de plaques oblongues environnées de scutelles arrondies. La peau des régions supérieures et latérales du cou et du corps est protégée par de petites écailles plates, subarrondies, au milieu desquelles se trouvent épars un grand nombre de petits tubercules coniques, entourés à leur base d'un rang d'écailles redressées contre eux.

Le dessus du crâne et les tempes sont clair-semés de petits grains arrondis. On en voit d'un peu plus forts sur les membres, parmi les écailles rhomboïdales qui les recouvrent. Ce sont des écailles subovales imbriquées qui garnissent les régions supérieures et latérales de la queue, dont le dessus porte une rangée longitudinale de scutelles élargies comme celles qui revêtent la même partie chez la plupart des Serpens. On voit sur le dessus de la queue huit ou neuf rangées transversales de petites épines couchées en arrière. De fines écailles arrondies, disposées en pavé se montrent sous la gorge. Sous le ventre et les membres il en existe de rhomboïdales et légèrement imbriquées. Les mâles ont de chaque côté de la racine de la queue trois tubercules squammeux.

Coloration. Une teinte brune colore les parties supérieures du corps de ce Platydactyle, sur la tête duquel on voit des marbrures noires. Le dessus de la queue offre de distance en distance de larges bandes de la même couleur. Six ou sept grandes taches noires se montrent de chaque côté de la ligne médiane du dos, où elles forment deux séries longitudinales et parallèles. Le dessous du corps est d'un gris blanchâtre.

Dimensions. *Longueur totale*. 19". *Tête*. Long. 2" 7'"; haut. 8"; larg. 1" 5'". *Cou*. Long. 6'". *Corps*. Long. 5" 2'". *Memb. antér.* Long. 2" 8'". *Memb. postér*. Long. 3" 8'". *Queue*. 10" 5'".

Patrie. Cette espèce est originaire d'Amboine.

Observations. Le nom qui nous a servi à désigner cette espèce est celui sous lequel il nous en a été envoyé un exemplaire du Musée de Leyde. Nous ne sachions pas qu'il ait déjà été fait mention de ce Platydactyle dans aucun ouvrage d'erpétologie.

16. LE PLATYDACTYLE DU JAPON. *Platydactylus Japonicus.* Schlegel.

Caractères. Grains de la peau arrondis et excessivement fins, clair-semés d'autres grains semblables, mais moins petits. Six ou sept plaques hexagones sous le menton. Dos grisâtre, nuagé de brun.

Synonymie. *Platydactylus Japonicus.* Schlegel. Mus. Leyde.

DESCRIPTION.

Formes. Le museau du Platydactyle du Japon est court; ses narines sont circulaires et circonscrites chacune par la plaque rostrale, la première labiale et trois autres plaques fort petites et anguleuses. Il y a de quarante à quarante-deux dents pointues à chaque mâchoire, onze plaques labiales carrées de chaque côté de la rostrale et dix de forme pentagone, à droite et à gauche de la scutelle qui couvre l'extrémité du menton. Sous celui-ci sont appliquées six ou sept plaques hexagonales, dont deux sont oblongues. Le méat auditif est ovale et peu ouvert. L'élargissement des doigts est médiocre et la queue très-effilée. Cette partie du corps fait la moitié de la longueur totale de l'animal.

Le mâle offre au devant de l'anus une rangée transversale de sept ou huit écailles crypteuses. Les individus de ce sexe portent aussi quatre tubercules obtus de chaque côté de la base de la queue. Le système tégumentaire de la partie supérieure du cou et du corps de ce petit Geckotien est absolument le même que celui du Caméléon à lignes latérales; c'est-à-dire qu'il se compose de grains squammeux d'une extrême finesse, auxquels s'en mêlent d'autres arrondis comme eux, mais un peu plus forts. On observe la même chose sur le dessus des membres postérieurs et le derrière des avant-bras. Le bord antérieur de ceux-ci et la région supérieure des bras sont, ainsi que le dessous du ventre et des quatre pattes, revêtus d'écailles rhomboïdales, lisses et imbriquées. La peau de la gorge est lâche et garnie de grains squammeux.

Coloration. Les deux individus appartenant à cette espèce, que notre collection renferme, n'offrent pas le même mode de coloration. Tous deux, il est vrai, sont grisâtres en dessus; mais la femelle l'est uniformément, tandis que le mâle laisse voir sur ce fond de couleur une marbrure d'une teinte brun-noirâtre.

L'œil est coupé longitudinalement par un trait blanc, et la queue est alternativement grise et blanchâtre. Un blanc sale règne sur toutes les régions inférieures.

DIMENSIONS. *Longueur totale.* 12" 7'''. *Tête.* Long. 1" 7'''; haut. 5'''; larg. 1" 1'''. *Cou.* Long. 5'''. *Corps.* Long. 4". *Memb. antér.* Long. 2". *Memb. postér.* Long. 2" 5'''. *Queue.* Long. 6" 5'''.

PATRIE. Ce Platydactyle, qui est bien distinct de tous ses congénères, vient du Japon. Les deux exemplaires, d'après lesquels la description qui précède a été faite, ont été donnés à notre Musée par celui de Leyde.

Observations. Nous avons conservé à ce Platydactyle le nom sous lequel il nous a été adressé par M. Schlegel, qui le fera sans doute connaître dans la partie erpétologique du Voyage au Japon de M. de Siéboldt, à laquelle il travaille en ce moment.

2e SUBDIVISION. HÉTÉROLÉPIDOTES PALMIPÈDES.

(*Ptychozoon*, Kuhl, Fitzinger, Wagler, Wiegmann; *Pteropleura*, Gray.)

Nous trouvons ici la répétition de ce que nous avons vu chez les Platydactyles Homolépidotes; c'est-à-dire une espèce qui compose à elle seule la subdivision des Palmipèdes, et dont le contour horizontal du corps est garni d'une frange s'étendant aussi le long des bords interne et externe des membres : cette espèce est le Platydactyle Homalocéphale. Toutefois, entre la bordure qu'il présente et celle du Platydactyle de Leach, type des Homolépidotes Palmipèdes, il existe cette différence, que l'une est formée par de grandes membranes flottantes, amincies sur leurs bords; tandis que l'autre n'est que le résultat d'un repli de la peau, lequel est étroit, épais, et arrondi sur sa marge externe. Ce sont ces développemens membraneux des parties latérales du corps de notre Hétérolépidote Palmipède qui, joints aux palmures de ses pattes, le distinguent des Hétérolépidotes Fissipèdes. Il manque d'ongles aux quatre pouces, comme les Platydactyles Tétronyx de sa subdivision ; et, parmi les individus de son espèce, il n'y a non plus que ceux du sexe mâle qui offrent des écailles crypteuses le long de la face interne des cuisses.

Sa queue est aplatie; l'œil a son ouverture pupillaire elliptique et le bord inférieur de sa paupière rentré dans l'orbite.

Ce Platydactyle Homalocéphale a été considéré par Kuhl comme devant former un genre particulier, qu'il a appelé *Ptychozoon* (animal plissé), dénomination qu'ont adoptée la plupart des auteurs. M. Gray a préféré le nommer *Pteropleura* (ailes sur les côtés).

17. LE PLATYDACTYLE HOMALOCÉPHALE. *Platydactylus homalocephalus.*

(*Voyez* pl. 28, fig. 6, et pl. 29, fig. 1 et 2.)

Caractères. Tempes, flancs, membres et queue bordés d'une membrane. Dessus du corps revêtu d'écailles lisses en pavé, parsemées de quelques tubercules sur les côtés du dos.

Synonymie. *Lacerta homalocephala.* Creveldt, Mag. der naturf. Fr. zu Berl. tom. 3, pag. 266, tab. 8.

Gecko homalocephalus. Tilesius, Mem. Acad. Petersb. tom. 7, tab. 10.

Ptychozoon homalocephalum. Kuhl. Isis, 1822, S. 475.

Ptychozoon homalocephalum. Fitz. Verzeich. der Zool. Mus. zu Wien. pag. 47.

Pteropleura Horsfieldii. Gray, Philos. Magaz. tom. 2, pag. 56.

Pteropleura Horsfieldii. Gray, Zool. Journal, pag. 221 (1827), pag. 222.

Platydactylus homalocephalus. Cuv. Reg. anim. tom. 2, pag. 54.

Ptychozoon homalocephalum. Wagl. Amph. pag. 141.

Platydactylus homalocephalus. Griff. Anim. Kingd. tom. 9, pag. 145.

Pteropleura Horsfieldii. Gray, Synops. in Griffith's Anim. Kingd. tom. 9, pag. 49.

Ptychozoon homalocephalum. Wiegm. Herpet. Mexican, pag. 20.

22.

DESCRIPTION.

Formes. Ce Geckotien est sans contredit un des plus remarquables du genre Platydactyle. Il doit particulièrement cela aux membranes qui garnissent ses tempes, les parties latérales de son corps, les bords antérieurs et postérieurs de ses pattes et les côtés de sa queue. Aucune de ces membranes n'est soutenue dans son épaisseur par quelque pièce osseuse, comme cela se voit, par exemple, chez les dragons, pour les espèces d'ailes qu'ils portent le long des flancs, ou chez les Chlamydosaures pour cette large collerette plissée qui orne les parties latérales du cou. Celle des membranes du Platydactyle homalocéphale qui garnit le côté postérieur, à droite et à gauche, est située sous le trou auditif, s'étendant depuis l'angle de la bouche jusqu'au milieu du cou. Les deux membranes temporales donnent à la tête un tiers de plus en largeur que n'en a le crâne. Leur bord libre est très arqué. Les membranes garnissant le derrière du bras et le genou ont à peu près la même figure et la même étendue que la bordure membraneuse du dessous de l'oreille ; mais celles qui élargissent le devant des bras et le derrière des pattes postérieures sont plus longues : l'une, à bord libre rectiligne, s'étend depuis l'épaule jusqu'au pouce ; l'autre, à bord libre et bilobé, depuis la base de la queue jusqu'au cinquième doigt. Les membranes des flancs sont les plus développées de toutes ; elles règnent, le long de ceux-ci, de l'aisselle à l'aine ; leur bord externe est curviligne, et leur plus grand diamètre transversal n'est que moitié de celui du corps. En dehors, ces membranes sont très minces ; mais en se rapprochant du corps elles prennent une certaine épaisseur, laquelle est due à des faisceaux de muscles, qui, à la solidité près, ressemblent aux rayons mous des nageoires de certains poissons. Ces muscles se voient très bien au travers de la peau, qui est fort mince, lorsqu'on oppose au jour cette expansion. Toutes les membranes de la tête, du corps et des membres sont entières ; tandis que celles de la queue sont découpées en festons d'une manière si nette et si régulière, qu'on croirait que ce travail a été fait à l'emporte-pièce. Les dents arrondies de ces festons sont gaufrées, c'est-à-dire convexes en dessus et concaves en dessous. Elles sont au nombre de douze de chaque côté quand la queue est entière, car en arrière elle n'est pas découpée, mais seulement gauffrée dans une étendue qui équivaut tantôt au quart, tantôt au tiers de sa longueur. Cette queue est déprimée, mais non tout-à-fait plate. Le museau est court et obtus en avant. Sur le chanfrein on remarque un enfoncement rhomboïdal. Chaque mâchoire est armée d'environ soixante-dix dents. On voit sur le bout du nez deux plaques carrées qui sont soudées en avant à la rostrale, dont la figure est rectangulaire. Elles forment chacune de son côté, avec deux autres petites plaques et la première labiale, le contour ou les bords des narines. Celles-ci sont petites et circulaires. Les scutelles labiales sont au nombre de neuf à droite et à gauche de la rostrale, comme de chaque côté de l'écaille de figure triangulaire qui garnit le menton. Sous celui-ci sont situées, le long du maxillaire, huit plaques hexagones, dont les deux médianes sont oblongues. Le trou auditif est de grandeur médiocre et sans dentelures sur les bords. Les yeux sont grands et à paupière semblable à celle des autres Platydactyles. Les cinq doigts de chaque pied sont réunis jusqu'à leur extrémité par une très large membrane. Les individus mâles laissent voir au devant de l'anus une vingtaine de pores percés chacun dans une écaille qui est comme tubuleuse. Ces pores sont rangés sur deux lignes qui forment un V à branches légèrement renversées en dehors. Il n'en existe pas chez les femelles ; mais les écailles dans lesquelles ils devraient exister offrent une faible dépression sur leur centre. Le bord postérieur de l'anus présente deux autres pores ovales ; mais ceux-là sont percés dans la peau. Les mâles ont un gros tubercule de chaque côté de la racine de la queue. Le dessus du museau est couvert de gros grains, la plupart oblongs, à surface inégalement renflée : celui du crâne et du cou en offre de très fins et arrondis. Ce sont des petites écailles plates, pentagones et juxta-posées qui revêtent la partie supérieure du corps. Cette écaillure ressemble assez à celle des dragons. Les côtés du dos sont clair-semés de petits cones squammeux à sommet couché en arrière. Le dessus des membranes latérales du corps est recouvert d'écailles rectangulaires, disposées par lignes transversales ; en dessous il s'en montre de pentagones, plus petites et extrêmement minces.

La surface des appendices membraneux du dessous des oreilles est garnie d'écailles pentagonales et hexagonales en pavé dont le centre est légèrement convexe : les plus rapprochées du bord externe sont de moitié plus petites que les autres.

Des écailles ressemblant à celles des carpes garnissent les pattes de devant et les membranes qui les bordent ; seulement celles qui recouvrent ces dernières sont plus dilatées que les autres. Sur le dessus des pattes de derrière, il existe de petites écailles carrées ou pentagones, lisses, un peu épaisses et à peine imbriquées ; mais leur surface inférieure et leur bord antérieur en portent d'autres qui ne diffèrent pas de celles du dessus des bras.

L'écaillure de la région caudale supérieure ressemble à celle du corps, si ce n'est toutefois que les tubercules qui en font partie sont disposés en petits rangs transversaux, correspondant aux intersections que présentent les membranes de la queue. Ces membranes sont revêtues en dessus d'écailles plus grandes que celles de la queue elle-même, écailles dont le bord postérieur est arrondi et qui sont disposées comme les tuiles d'un toit et par rangs parallèles au sens longitudinal du corps. En dessous, les bordures caudales offrent un pavé de petites écailles carrées ou pentagones, et la queue en est garnie de même forme, mais plus grandes et imbriquées. Sur les branches du maxillaire inférieur se voient des écailles un peu renflées, de forme ovale ou hexagonale. De petits grains squammeux pentagones tapissent la surface de la gorge. La poitrine, le ventre et le dessous des pattes de devant sont protégés par des écailles rhomboïdales.

Coloration. Les parties supérieures de l'animal sont brunes ; pourtant la région dorsale, en général, est fauve et offre, de distance en distance, des lignes noires en chevrons, dont le sommet est dirigé en arrière. Un ruban noir ou brun très foncé part du bord postérieur de l'œil et vient aboutir en arrière de l'épaule, après avoir longé le cou. Au-dessus du ruban noir post-orbital dont nous venons de parler, on voit une tache blanchâtre ; c'est-à-dire de la même teinte que les membranes des flancs et de la tête, et que le dessous du corps. Les lèvres sont également blanchâtres. Tel est au moins l'arrangement des teintes qui nous est offert par des individus que leur séjour dans l'alcool a probablement décolorés.

Dimensions. *Longueur totale.* 16" 3'''. *Tête.* Long. 2" 7''' : haut. 8''' ; larg. 1" 7'''. *Cou.* Long. 8'''. *Corps.* Long. 5" 8'''. *Memb. ant.* Long. 3". *Memb. postér.* Long. 4". *Queue.* Long. 7".

Patrie. Nous n'avons jusqu'ici vu venir ce Platydactyle que de l'île de Java. Deux des quatre exemplaires que nous possédons ont été envoyés de cette île par M. Diard ; les deux autres proviennent d'un échange fait avec le musée de Leyde.

Observations. La connaissance de ce Platydactyle est due à Creveldt, qui en a publié, sous le nom de *Lacerta homalocephala*, une description et une figure dans le tome troisième des Actes des curieux de la nature, de Berlin. Plus tard, Kuhl établit, d'après cette espèce, dans l'Isis de 1822, un genre particulier qu'il nomma *Ptychozoon*, pendant que de son côté M. Gray en faisait également le type d'un genre qu'il nommait *Pteropleura*, et auquel il refusait des pores fémoraux. Il est aisé de voir que l'individu observé par ce naturaliste était une femelle; car, ainsi que nous l'avons dit plus haut, les individus de ce sexe n'offrent effectivement pas d'écailles crypteuses sous les cuisses.

En terminant la description de ce genre Platydactyle, nous croyons devoir faire remarquer que si, dans l'état actuel de nos connaissances acquises, nous avons ainsi réuni les espèces, c'est parce qu'elles sont encore en petit nombre. Il pourra bientôt arriver que ce groupe ait besoin d'être partagé, lorsque d'autres individus viendront à être reconnus comme devant faire partie de quelques-unes des divisions précédemment indiquées.

Il y a en effet des caractères suffisans pour adopter l'établissement de quelques-uns des genres précédemment proposés. Tel est celui qui comprendrait les espèces dont tous les doigts sont dépourvus d'ongles, comme celle que Wagler a établie sous le nom d'*Anoplopus*, et celle que M. Gray a indiquée comme devant former le genre *Phelsuma*. Peut-être aussi le genre Thécadactyle, fondé par Cuvier, pourrait-il être adopté, s'il réunissait plus d'une espèce, et en ne se bornant pas à la simple disposition des ongles, mais plutôt à leur existence réelle et complète, et à celle du sillon qui les reçoit ? Enfin les pattes palmées et la membrane cutanée qui borde le corps du Platydactyle de Leach serait aussi une sorte de jallon qui indiquerait un genre particulier, qui devrait être placé très près de celui des Ptychozoons.

IIe GENRE. HÉMIDACTYLE. — *HEMIDACTYLUS*. Cuvier, Gray, Wagler, Wiegmann.

Caractères. Base des quatre ou cinq doigts de chaque patte élargie en un disque du milieu duquel s'élèvent les deux dernières phalanges, qui sont grêles. Face inférieure de ce disque revêtue de feuillets entuilés, le plus souvent échancrés en chevron. Une bande longitudinale de grandes plaques sous la queue.

Le principal, nous pourrions même dire le seul véritable caractère générique des Hémidactyles réside dans l'élargissement de cette base de leurs doigts (quelquefois à l'exception des pouces), en un disque ovale ou oblong, au centre duquel se trouve, comme implantée en dessus, la portion du doigt qui se compose de la phalange onguéale, et de celle qui la précède, portion qui est toujours extrêmement grêle.

A l'aide de ce caractère, qui leur est tout-à-fait propre, ainsi que leur nom l'indique d'ailleurs, les Hémidactyles ne peuvent être confondus avec aucun des autres Geckotiens à doigts aplatis dans toute ou partie de leur longueur. D'une part, il les distingue des Ptyodactyles, des Phyllodactyles et des Sphériodactyles, dont la dilatation des doigts n'a lieu qu'à leur extrémité libre; d'autre part, chez les Platydactyles, cette dilatation existe sur toute ou presque toute l'étendue des doigts. Quant à l'échancrure en chevrons des lamelles sous-digitales, ainsi qu'à la présence sous la queue de grandes plaques imbriquées semblables à celles qui recouvrent le ventre des Serpens, ce sont deux caractères qui ont perdu un peu de leur valeur aujourd'hui et qui ne peuvent plus être considérés que comme secondaires ; parce que depuis l'époque où Cuvier a établi le genre Hémidactyle, de nouvelles observations ont fait connaître des espèces de Platydactyles chez lesquelles, ce premier caractère se retrouve ,en même temps que les plaques sous-caudales s'observent chez tous les Sphériodactyles, et que d'ailleurs cette échancrure des feuillets sous-digitaux ne se rencontre pas dans tous les Hémidactyles.

Il y a certaines espèces parmi les Hémidactyles chez lesquelles les pouces ne ressemblent pas aux autres doigts ; c'est-à-dire qu'ils n'offrent aucune portion grêle, étant dilatés transversalement sur toute leur longueur, comme ceux des Platydactyles, étant de plus dépourvus d'ongles. Cette particularité, sans avoir en elle-même rien d'important, nous a cependant semblé assez remarquable pour que nous ayons cru devoir partager ces Hémidactyles en deux sections, ce qui d'ailleurs a été déjà proposé par M. Wiegmann. En sorte que nous aurons une division des espèces à doigts bien complets ou des DACTYLOTÈLES (1) qui ont cette partie des pattes de même forme et largeur dans toute leur étendue, et celle des DACTYLOPÈRES (2) dont les pouces ont l'air d'être tronqués, n'étant pas terminés en avant, comme les autres doigts, par une portion grêle.

Il y a aussi des Hémidactyles dont les écailles, dans la partie supérieure du corps, sont égales entre elles ou uniformes, et d'autres qui les ont mélangées avec des tubercules arrondis ou taillés à facettes ; mais ces Homo- et Hétérolépidotes n'offrent pas d'autres différences entre eux, comme celles que nous avons trouvées dans les Platydactyles. Tous ont une physionomie, un ensemble de formes semblables. Ainsi leur tête et leur tronc sont légèrement déprimés, et le cou plus étroit que ces deux parties du corps qu'il réunit. Nous ne connaissons qu'une seule espèce d'Hémidactyles qui

(1) De δακτυλος, doigt, et de τελος, complet, parfait, terminé.
(2) De la même initiale, et de πηρος, manqué, mutilé, tronqué.

ait l'ouverture de la pupille arrondie ; toutes les autres l'ont elliptique. Tous, et sans aucune exception, ont le bord inférieur de la paupière rentré dans l'orbite. Certains d'entre eux manquent des écailles crypteuses ou garnies de pores sous les cuisses ; et, parmi les espèces qui en sont pourvues, on n'a reconnu que des individus mâles.

Nous ne connaissons encore que deux espèces du genre Hémidactyle dont les pattes soient palmées ou plutôt semi-palmées ; car la membrane ne réunit les doigts que dans la moitié de leur étendue. L'une de ces deux espèces a les côtés du corps garnis d'une membrane flottante et entière ; l'autre n'en offre pas de traces, mais elle a les bords de la queue aplatis et découpés en feston, ainsi que cela se trouve dans quelques autres Hémidactyles.

Tous les Erpétologistes ont admis le genre Hémidactyle établi par Cuvier. Nous en reconnaissons seize espèces, sur lesquelles il en est douze que nous avons étudiées sur un très grand nombre d'individus, pour la plupart. Les quatre autres ne nous sont connues que par des figures ou des descriptions. Le premier est notre Hémidactyle de Séba, ou la Salamandre d'Arabie, comme la nomme ce muséographe. C'est une espèce de Geckotien que quelques auteurs ont confondue avec la Salamandre noire de Feuillée, qui est un Ptyodactyle ; tandis que d'autres auteurs, tels que Wagler et M. Wiegmann, l'ont prise pour type d'un genre particulier qu'ils nomment *Crossurus*. La seconde et la troisième sont les Hémidactyles, que Wiegmann a nommés l'une Mutilé, et l'autre Péruvien, et ils nous semblent bien distincts de tous ceux que renferme notre Musée. Nous n'avons pas la même opinion sur le *Gecko argyropis* de Tilésius, que cet auteur a décrit et figuré dans les mémoires de l'Académie de Saint-Pétersbourg (1). Nous croyons cette espèce fort voisine

(1) Tome VII, pag. 354, pl. 2, fig. 1 et 2.

de celles que nous avons nommées Hémidactyles de Cocteau et de Leschenault, sans pouvoir assurer qu'elle appartienne à l'une ou à l'autre, ou qu'elle en soit tout-à-fait différente.

Enfin nous devons citer aussi une espèce dont M. Ruppel n'a encore publié que la figure dans un ouvrage paraissant par livraisons, qui a pour titre : Neue Wirbelthiere zu der Fauna von Abyssinien gehorig, etc. Cette espèce nous paraît être distincte de toutes celles du même genre qui se trouvent décrites dans le présent volume; la place qu'elle devrait y occuper serait à côté de l'Hémidactyle de Cocteau, car ce Saurien lui ressemble par la forme de ses doigts et de sa queue, aussi bien que par les écailles uniformes qui revêtent les parties supérieures de son corps. Sa couleur est d'un vert clair tirant sur le jaunâtre, ce qui, en particulier, lui a valu le nom de *Flaviviridis* de la part du savant voyageur auquel on en doit la découverte. Elle est originaire d'Abyssinie.

Le tableau suivant donnera une idée des caractères spécifiques les plus saillans que présentent les espèces du genre Hémidactyle.

TABLEAU SYNOPTIQUE

Pattes à pouces

DACTYLOPÈRES.

élargis sous toute leur longueur et à lames sous-digitales . . . .

DACTYLOTÈLES.

rétrécis à la pointe.

- non palmées : à pouces
  - allongés : queue à bords
    - ronds : dos à écailles
      - semées de tubercules. . . .
      - égales à peu près entre elles.
    - tranchans minces, denticulés. . . . . .
  - très courts : écailles du dos. . . . .
- à demi palmées : les côtés du tronc. . . . .

DU GENRE HÉMIDACTYLE.

entières.				1. H. OUALIEN.
échancrées ou en chevron : queue.	ronde : scutelles du menton	six.		2. H. DE PÉRON.
		quatre.		3. H. VARIÉ.
	déprimée, denticulée			4. H. MUTILÉ.
nombreux	trièdres : disques des doigts	larges ; dos à taches	noires	6. H. TACHETÉ.
			blanches.	5. H. ÉCAILLES-TRIÈDRES.
		étroits		7. H. VERRUCULEUX.
	coniques			8. H. MABOUIA.
en petit nombre et arrondis, mousses.				9. H. DE LESCHENAULT.
				10. H. DE COCTEAU.
				12. H. DE GARNOT.
égales entre elles				13. H. PÉRUVIEN.
semées de petits tubercules arrondis.				11. H. BRIDÉ.
garnis de membranes.				14. H. BORDÉ.
sans membranes ou arrondis.				15. H. DE SÉBA.

Ire SECTION. DACTYLOPÈRES,

OU A POUCES COMME TRONQUÉS.

(*Peropus*, Wiegmann.)

Ainsi que nous l'avons déjà dit en traitant du genre Hémidactyle, les pouces des espèces de cette division ne sont pas grêles dans leur portion libre, de sorte que les autres doigts ayant leurs deux dernières phalanges élevées au dessus d'un disque formé par la dilatation en travers de la base de ces mêmes doigts, font que les pattes paraissent comme mutilées. En outre, ces pouces manquent d'ongles, en même temps qu'ils sont élargis sur toute leur longueur.

On pourrait encore subdiviser, à la rigueur, cette section des Dactylopères suivant que les lamelles sous-digitales offrent des échancrures en chevrons ou à angles rentrans, comme cela peut être observé dans la plupart des espèces de ce genre Hémidactyle, ou suivant que ces lames sont entières, ainsi que cela se voit dans le plus grand nombre des Platydactyles.

A. *H. Dactylopères à lames sous-digitales entières.*

1. L'HÉMIDACTYLE DE L'ILE OUALAN. *Hemidactylus Oualensis.* Nobis.

(*Voyez* pl. 28, fig. 7.)

Caractères. Dessous du menton garni d'une rangée transversale de six scutelles, dont deux médianes hexagones oblongues et quatre latérales, petites et ovales. Queue forte, arrondie. Des pores préanaux chez les mâles.

Synonymie ?

DESCRIPTION.

Formes. La tête de cet Hémidactyle est un peu déprimée. Son museau est étroit et obtus au bout. Sur la ligne moyenne, on voit un sillon longitudinal qui est un moment interrompu en arrière des narines. Celles-ci sont médiocres, latérales, circulaires et percées chacune à l'un des angles supérieurs de la plaque rostrale, qui est rectangulaire et fort dilatée. Elles sont circonscrites dans le reste de leur contour par quatre plaques irrégulièrement quadrilatérales, si ce n'est pourtant une seule et plus grande, dont la figure est carrée. Il y a vingt-quatre scutelles sur la lèvre supérieure et vingt-six sur l'inférieure, sans compter celle qui garnit l'extrémité de la mâchoire inférieure. Deux plaques hexagonales oblongues sont appliquées sous le menton; et le long du bord de chaque branche du maxillaire, règnent deux rangées de petites écailles ovales. L'œil est grand et la pupille elliptique. Le bord de la paupière offre un double rang d'écailles coniques; mais cela dans les deux tiers seulement de sa circonférence, car le tiers inférieur en est dépouvu. On remarque aussi que les écailles de l'un de ces deux rangs sont plus petites que celles de l'autre.

Cet Hémidactyle est remarquable en ce que ses pouces ressemblent tout-à-fait à ceux des Platydactyles Tétronyx; c'est-à-dire, qu'ils sont élargis sur toute leur longueur, et de plus, dépourvus d'ongles. Les disques de ses autres doigts sont ovales et bien dilatés. Le dessus est garni sur ses bords de deux rangs de petites plaques carrées; et sur son centre, du milieu duquel s'élèvent les deux dernières phalanges, de petits grains squammeux disposés par lignes circulaires.

Chez cette espèce, les lamelles sous-digitales ne sont pas échancrées ou en chevrons comme chez la plupart des Hémidactyles, mais entières ou légèrement curvilignes. On voit au-devant de l'anus vingt-quatre ou vingt-six pores qui sont beaucoup plus prononcés chez les individus mâles que chez ceux de l'autre sexe. Chez les femelles, en effet, on n'aperçoit qu'un léger enfoncement sur la surface des écailles, tandis que chez les mâles, elles sont presque tubuleuses. La queue est longue, grêle, arrondie en dessus et plate en dessous. Elle porte une petite dentelure en scie sur ses côtés; sa région inférieure est garnie d'une bande de scutelles transversales, semblable à celles qui garnissent le ventre de la plupart des serpens. Quant à sa face supérieure, elle est revêtue de grains squammeux parfaitement semblables à ceux de toutes les autres parties supérieures du corps sans exception. Ces grains sont arrondis, extrêmement fins, égaux, serrés les uns contre les autres et disposés en quinconce. En dessous, il n'y a que la gorge qui n'offre point d'écailles imbriquées. Celles qui la revêtent sont arrondies, plates et en pavé. Les écailles qui garnissent les membres sont petites et semblables, pour la forme, à celles du corps. L'écaillure de la poitrine et du ventre se compose de petites pièces rhomboïdales entuilées.

Coloration. Le dessus du corps de ce Platydactyle Oualien est teint d'un brun chocolat plus ou moins clair, qui, chez quelques individus, paraît uniforme ; tandis que chez d'autres, il laisse apparaître quelques taches ou certaines lignes noirâtres, les unes sur les côtés du corps, les autres sur le cou, et en long, au nombre de trois ordinairement. Les régions inférieures de l'animal sont blanches.

Dimensions. *Longueur totale.* 13" 3"'. *Tête.* Long. 2" 1"' ; haut. 8"; larg. 1" 1"'. *Cou.* Long. 5"'. *Corps.* Long. 4" 2"'. *Memb. ant.* Long. 1" 8"'. *Memb. post.* Long. 2" 4"', *Queue.* Long. 6" 5"'.

Patrie. Oualan, Taïti, Vanicoro et Tongatabou, sont quatre îles où l'on a trouvé ce Platydactyle. Tous les individus que nous possédons y ont été recueillis par MM. Lesson et Garnot.

B. *H. Dactylopères à lames sous-digitales échancrées.*

2. L'HÉMIDACTYLE DE PÉRON. *Hémidactylus Peronii.* Nobis.
(*Voyez* pl. 30, fig. 1.)

Caractères. Six scutelles sous le menton ; des pores fémoraux chez les mâles ; queue déprimée, élargie à sa base ; pupille elliptique.

DESCRIPTION.

Formes. L'hémidactyle de Péron a le museau court et obtus, la pupille elliptique, l'ouverture auriculaire médiocre, simple et de forme presque ronde. Il laisse compter neuf paires de plaques sur chacune de ses lèvres, sans comprendre les deux qui garnissent, l'une le bout du nez, l'autre l'extrémité du menton. Celle-ci est en triangle et celle-là rectangulaire ; les autres plaques labiales ont une figure carrée.

Les narines sont situées aux angles supérieurs de la plaque rostrale, derrière laquelle en dessus se voient deux petites scutelles quadrilatérales. On remarque aussi deux très petites plaques un peu arrondies sur le bord postérieur de chaque ouverture nasale. Six plaques sont appliquées sur le menton où elles forment une rangée transversale. Les deux plus grandes de ces six plaques sont les médianes dont la figure est pentagone très oblongue. Les deux plus petites sont les externes, qui sont ovales.

Les quatre pouces sont dépourvus d'ongles; leur face inférieure est garnie de onze lamelles échancrées. Il en existe deux de plus sous chacun des autres doigts, dont la base est étroite et garnie de petites écailles granuleuses. La queue est très-déprimée et beaucoup plus large à sa base qu'à sa pointe. La région inférieure est protégée par une bande de plaques transversales qui cependant n'arrive pas tout-à fait jusqu'à son extrémité. De chaque côté de cette bande de scutelles, il existe de petites écailles imbriquées. Le dessus de la queue, le dessous du cou et toutes les parties supérieures du corps, sont revêtus de grains squammeux égaux et très-serrés. Ce sont des écailles lisses, imbriquées et à bord libre anguleux qui recouvrent la poitrine, le ventre et le dessous des membres. Le mâle seul, dans cette espèce, offre des pores fémoraux. On en compte trente-six, formant au devant de l'anus un angle très ouvert dont les côtés s'étendent sur toute la longueur des cuisses. Ces pores sont de simples trous dont le diamètre est presque aussi grand que celui des écailles dans lesquelles ils se trouvent percés.

Coloration. Les sujets adultes sont d'un gris cendré ou bien brunâtre. Les jeunes ont des taches de couleur marron, semées sur un fond jaunâtre.

Dimensions. *Longueur totale.* 8" 9'''. *Tête.* Long. 1" 6''' ; haut. 6''' ; larg. 1". *Cou.* Long. 4'''. *Corps.* Long. 3" 2'''. *Memb. ant.* Long. 1" 5'''. *Memb. post.* Long. 1" 9'''. *Queue.* Long. 3" 7'''.

Patrie. Cet Hémidactyle est originaire de l'Ile-de-France. Les individus que nous possédons ont été rapportés de ce pays par Péron et Lesueur.

3. L'HÉMIDACTYLE VARIÉ. *Hemidactylus Variegatus.* Nobis.

Caractères. Quatre scutelles sous le menton, des pores fémoraux chez les mâles seulement. Pupille arrondie. Dos fauve ou brun, varié de marron ou de noirâtre.

Synonymie ?

DESCRIPTION.

Formes. Cette espèce, quoique bien voisine de la précédente, s'en distingue cependant par la forme arrondie de sa pupille, par deux plaques de moins sous le menton, par le nombre de ses pores et par son système de coloration. En effet, au lieu d'offrir, comme l'Hémidactyle de Péron, six scutelles sous l'extrémité de la mâchoire inférieure, on ne lui en voit que quatre dont les deux médianes sont aussi beaucoup plus courtes. Il n'y a que les cinq ou six dernières lames sous-digitales qui soient divisées longitudinalement; les quatre ou cinq autres, celles qui sont à la base du doigt, qui est étroite, sont entières. Des pores, au nombre de treize, forment un petit angle obtus au devant de l'ouverture cloacale.

Coloration. Nous possédons trois individus qui offrent une teinte marron répandue en lignes et en taches confluentes sur les parties supérieures du corps dont le fond de la couleur est fauve. Ils montrent des taches subarrondies sur le crâne et quatre lignes longitudinales sur le museau. Deux de ces raies, qui sont situées au devant de l'œil, se continuent non-seulement sur le cou, mais aussi sur les côtés du corps. Le dessous de celui-ci est blanc jaunâtre. Nous avons un quatrième individu dont le fond de la couleur est gris, et qui offre quelques séries de taches blanchâtres situées en dedans et en dehors des deux raies noires qui sont sur les côtés du corps.

Dimensions. *Longueur totale.* . . . ? *Tête.* Long. 1" 2'"; haut. 5'"; larg. 8'". *Cou.* Long. 5'". *Corps.* Long. 2" 8'". *Memb. antér.* Long. 1" 2'". *Memb. postér.* 1" 5'". *Queue* ?

Patrie. Nos trois échantillons de couleur marron ont été rapportés de la terre de Vandiemen au Muséum par Péron et Lesueur; et celui de couleur grisâtre l'a été de la baie des Chiens-Marins par MM. Quoy et Gaimard.

4. L'HÉMIDACTYLE MUTILÉ. *Hemidactylus mutilatus.* Wiegmann.

Caractères. Queue déprimée, à côtés tranchans, denticulés. Écailles rachidiennes plus petites que celles des côtés du corps. Doigts médians des pattes postérieures réunis à leur base.

Synonymie. *Hemidactylus mutilatus.* Wiegm. Beitr. zur zool. act. Acad. Cæs. Leop. Carol. nat. curios. tom. 17, part. 1, p. 288.

DESCRIPTION.

Formes. Le dessus de la tête de cette espèce est revêtu d'écailles arrondies, uniformes. Sur le museau, l'intervalle qui sépare ses narines est revêtu de petites plaques. Celle qui garnit l'extrémité du menton est de médiocre étendue, à cinq pans, et contiguë en arrière à quatre autres petites plaques, dont les deux médianes sont pentagones oblongues, et les deux latérales sub-trapézoïdales. Il existe aussi quelques petites plaques derrière celles qui garnissent la lèvre inférieure. Les écailles de la partie supérieure du corps sont petites, lisses, convexes et polygones; on remarque que celles de la région rachidienne sont moins dilatées que celles du côté du tronc. On en voit d'arrondies sous la gorge et d'hexagonales sous le ventre et sur la poitrine. La queue est déprimée; mais cependant arrondie en dessus. Le dessous en est plat, et les côtés sont amincis ou tranchans, garnis dans toute leur longueur de petites pointes dirigées en arrière, ce qui les rend dentelés comme la lame d'une scie. Le pouce n'est pas divisé comme les autres doigts en une portion grêle et une portion élargie. Il est dilaté dans toute sa longueur, et manque complétement d'ongle.

Coloration. Les parties supérieures du corps se montrent d'une teinte grise, avec des taches brunes bien peu prononcées. En dessous l'animal est blanchâtre.

Patrie. Cette espèce a été trouvée à Manille.

Observations. Elle ne nous est connue que par la description de M. Wiegmann dont celle-ci est la traduction.

IIe SECTION. DACTYLOTÈLES,

OU A CINQ DOIGTS COMPLETS ET RÉTRÉCIS A LA POINTE.

Tous ceux-ci ont les cinq doigts de chaque pied terminés par une portion grêle et toujours armés d'un ongle. Mais, parmi eux, il en est qui offrent des membranes palmaires aux quatre pattes et d'autres qui en sont privés. De là les deux subdivisions que nous avons établies, ou celles des Dactylotèles fissipèdes et des Dactylotèles palmipèdes.

2e SECTION. — SUBDIVISION A. DACTYLOTÈLES FISSIPÈDES.

Les espèces d'Hémidactyles ayant des ongles à tous les doigts, et ces mêmes doigts complétement libres ou non réunis par une membrane, sont les plus nombreuses du genre. Aucune d'elles n'a non plus de franges, ni sur les côtés du corps, ni sur ceux de la queue, laquelle est tantôt arrondie, tantôt déprimée, et quelquefois alors à bords amincis et dentelés.

5. L'HÉMIDACTYLE A TUBERCULES TRIÈDRES. *Hemidactylus triedrus*. Daudin.

CARACTÈRES. Dessus du corps garni de nombreux et forts tubercules trièdres. Sept ou huit écailles crypteuses sur le haut de la face interne de chaque cuisse (chez les mâles). Queüe grosse, subarrondie; tempes brunes, bordées de taches blanches; d'autres taches blanches, distribuées sur des bandes brunes, en travers du dos.

SYNONYMIE. *Gecko triedrus*. Daud. Hist. Rept. tom. 4, pag. 155.

Gecko triedrus. Merr. Amph. pag. 41.

Gecko trièdre. Wolf. Abbild. und Beischr. merk naturg. Gegenst. tab. 20, fig. 2.

Hemidactylus triedrus. Less. Voy. Ind. orient. Bellang. Rept. pag. 311, pl. 5, fig. 1.

DESCRIPTION.

FORMES. Le museau de cet Hémidactyle est court, un peu élargi à son extrémité, de chaque côté de laquelle et un peu en dessus s'ouvrent les narines. Celles-ci sont petites, circulaires, bordées chacune en avant par un des côtés supérieurs de la plaque rostrale; en haut par une scutelle carrée; en arrière, par deux autres plus petites et arrondies, et en bas par la première labiale.

La plaque qui protége le bout du menton est très dilatée, pentagone et repliée en dessous, où elle forme un angle aigu qui s'avance entre deux paires de scutelles hexagonales placées sur une ligne transversale. Le bord inférieur de la paupière rentre sous le globe de l'œil, au devant duquel au contraire s'avance le bord supérieur, qui est garni d'une faible dentelure écailleuse.

Les oreilles sont bien ouvertes et de forme ovale. Il y a fort peu d'inégalité dans la longueur des doigts. Tous sont revêtus en dessous de huit lames imbriquées, à l'exception du pouce qui n'en offre que sept. On observe que la peau fait un léger pli le long du ventre. La queue est forte, subarrondie, longue comme le reste du corps, et hérissée en dessus de tubercules pareils à ceux du dos. Ces tubercules, qui sont plus forts que dans aucune autre espèce, ont une forme trièdre; ils offrent deux faces latérales et une face postérieure. On en compte huit séries longitudinales, s'étendant depuis le milieu du cou jusqu'à la naissance de la queue, sur laquelle on n'en aperçoit que six. Les flancs et le dessus des cuisses sont protégés par de semblables tubercules, mais ils n'y sont pas disposés avec ordre. La surface du crâne et celle de la nuque sont semées de tubercules arrondis. La peau de la gorge est granuleuse; celle du ventre revêtue d'écailles hexagonales, imbriquées comme on en voit sous les bras et sous les cuisses. Sur la surface interne de celles-ci, à droite et à gauche de la région préanale, il existe une série de sept à huit pores transverso-ovales, percés chacun dans une écaille ayant elle-même une forme ovalaire.

Coloration. Les doigts, le museau et la surface crânienne offrent une couleur de chair extrêmement pâle, qui passe au fauve sur le dos et les membres. Mais ceux-ci sont transversalement coupés par des bandes brun-marron relevées d'une série également transversale de cinq à six taches du blanc le plus pur. Les tempes sont aussi colorées en brun-marron, et bordées en haut et en bas d'une série de points blancs, qui quelquefois se confondent pour former une seule et même ligne. La queue est annelée de blanc et de brun marron. Une teinte blanchâtre règne sur les parties inférieures du corps.

Dimensions. *Longueur totale.* 13" 9'''. *Tête.* Long. 2" 5'''; haut. 1"; larg. 1" 6'''. *Cou.* Long. 6'''. *Corps.* Long. 4" 8'''. *Memb. antér.* Long. 2" 6'''. *Memb. post.* Long. 2" 9'''. *Queue.* Long. 6".

Jeune age. Le fond de la couleur des jeunes sujets est plus foncé. Leurs taches blanches sont plus dilatées; mais leurs tubercules sont à peine apparens.

Patrie. Cette charmante espèce d'Hémidactyle nous a été envoyée de Ceylan par M. Leschenault, et rapportée de la côte de Malabar par M. Dussumier. Nous possédons aussi l'exemplaire type de l'espèce, c'est-à-dire celui d'après lequel Daudin l'a décrite pour la première fois.

6. L'HÉMIDACTYLE TACHETÉ. *Hemidactylus maculatus*. Nobis.

Caractères. Dos gris, largement tacheté de noir et garni de tubercules subtrièdres, disposés en séries longitudinales. Une rangée de pores le long de chaque cuisse (chez les mâles).

DESCRIPTION.

Formes. Cette espèce devient plus grande qu'aucune des précédentes. Ses bords orbitaires supérieurs sont presque aussi relevés que ceux de l'Hémidactyle de Leschenault. Aussi son front, comme celui de ce dernier, forme-t-il la gouttière. Les narines n'offrent rien de particulier ni dans leur situation, ni dans leur figure. Une dentelure, composée d'un seul rang d'écailles, garnit le bord libre de la portion supérieure de la paupière. Les plaques labiales ressemblent à celles de l'espèce précédente. L'oreille est ovale et fort ouverte. Les doigts sont médiocrement élargis, et le pouce n'est que d'un tiers moins long que le second doigt. Les lamelles imbriquées qui revêtent leur face inférieure, n'ont pas cette forme en chevron qu'on remarque chez le plus grand nombre des autres espèces d'Hémidactyles. Elles sont rectangulaires, offrant une très faible échancrure triangulaire au milieu de leur bord antérieur. On compte neuf de ces lamelles sous chaque pouce, et de dix à treize sous les autres doigts antérieurs et postérieurs. La queue a un quart de plus en longueur que le reste de l'animal; elle est forte et légèrement déprimée à sa base, grêle et arrondie à sa pointe. Des tubercules arrondis sont répandus sur le crâne et sur la nuque. A partir de celle-ci jusqu'à l'extrémité du tronc, le dos en offre de subtrièdres, disposés par rangées longitudinales laissant peu d'espace entre elles. D'autres tubercules de même forme entourent circulairement, de distance en distance, le dessus et les côtés de la queue, dont la face inférieure est garnie de grandes plaques hexagonales. Le long de la région interne de chaque cuisse il y a chez les individus mâles une série de petits pores semi-subovales percés chacun assez près du bord antérieur d'une écaille pentagone.

Coloration. Un gris cendré colore les parties supérieures de cet Hémidactyle dont le dos et le dessus du cou sont marqués en travers de grandes taches anguleuses noires. Ces taches forment des bandes de trois ou quatre chacune, qui souvent se confondent les unes avec les autres. Autour de la queue se montrent de larges anneaux noirs, séparés par des intervalles de couleur blanche. Les régions inférieures de l'animal offrent une teinte blanchâtre. Une bande flexueuse de la même couleur que les taches du dos se voit au-dessus de chaque ouverture auriculaire, d'où elle s'étend jusqu'au bout du nez, en passant par dessus l'œil. Deux raies également noires, formant un grand V, sont imprimées sur le museau. Nous possédons plusieurs jeunes sujets, sur le dos desquels il n'y a pas la moindre apparence de taches noires.

Dimensions. *Longueur totale.* 24" 1'''. *Tête.* Long. 3" 1'''; haut. 1"; larg. 2". *Cou.* Long. 1". *Corps.* Long. 8". *Memb. antér.* Long. 4" 1'''. *Memb. post.* Long. 5" 2'''. *Queue.* Long. 12".

Patrie. Les Indes orientales, les Philippines et l'île Maurice produisent cette espèce. Nos plus grands échantillons viennent de Bombay. Nous en avons de jeunes sujets qui nous ont été envoyés des Philippines, de l'Ile-de-France, du Bengale et de Pondichéry par MM. Quoy, Gaimard, Dussumier, Duvancel, et Leschenault.

Observations. Les jeunes individus ayant leurs tubercules du dos un peu moins saillans que les sujets adultes, il en résulte qu'ils ont une certaine ressemblance avec l'Hémidactyle mabouya. C'est peut-être ce qui a fait dire à M. Cuvier (Règne animal, tom. 2) qu'il existe dans l'Inde des Hémidactyles si semblables au Mabouya, qu'on serait tenté de penser qu'ils y ont été transportés par des vaisseaux.

7. L'HÉMIDACTYLE VERRUCULEUX. *Hemidactylus Verruculatus.* Cuvier.

Caractères. Parties supérieures grisâtres marbrées de brun. Dos garni de tubercules subtrièdres. Disques digitaux étroits. Une rangée d'écailles crypteuses disposées en chevrons, au devant de l'anus.

SYNONYMIE. *Le petit lézard gris et moucheté.* Edw. Hist. natur. ois. rar. pl. 204.

Gecus Cyanodactylus. Rafin. Caratt. di alcuni e nuove, etc. pag. 9.

Hemidactylus Verruculatus. Cuv. Reg. anim. tom. 2, pag. 54.

Hemidactylus Granosus. Rüpp. Atl. Rept., tab. 5, fig. 1.

Gecko Verruculatus. Griff. Anim. Kingd., tom. 9, pag. 146.

Hemidactylus Verrucosus. Gray. Synops., in Griffith 's Anim, Kingd, tom. 9, pag. 50.

Hemidactylus Triedrus. Charl. Bonap. Faun. Ital., pl. sans n°, fig. 2.

Hemidactylus Verruculatus. Bor. et Bib. Expéd. scient. mor. Rept., pag. 68, tab. 11, fig. 2, a, b, 3me série.

DESCRIPTION.

FORMES. L'Hémidactyle Verruculeux a la tête courte, le museau fort obtus, et la surface du crâne légèrement convexe. Les narines et les plaques labiales ressemblent à celles des deux espèces précédentes. Les scutelles qui garnissent l'extrémité de la mâchoire inférieure sont grandes, triangulaires et repliées sous le menton, où, à sa droite et à sa gauche, il existe deux plaques subhexagonales.

L'ouverture des oreilles est ovalaire et médiocre. Le bord de la paupière inférieure est un peu rentré dans l'orbite. Les doigts sont moins élargis que dans toutes les espèces que nous avons étudiées jusqu'ici. Le pouce est assez allongé. On compte sept feuillets imbriqués sous sa face inférieure. Le nombre de ces feuillets varie pour les autres doigts de huit à douze. La queue fait un peu plus de la moitié de la longueur totale du corps. Elle est légèrement effilée, un peu déprimée à sa base et arrondie dans le reste de son étendue. Des tubercules ressemblant à des petits cônes bas et faiblement comprimés sont disposés en rangs longitudinaux fort rapprochés les uns des autres, depuis la nuque jusqu'à la naissance de la queue. Celle-ci offre de distance en distance des rangées transversales d'écailles épineuses; mais cela en dessus seulement, le dessous étant, comme à l'ordinaire, revêtu de plaques transversales entuilées. De simples petits tubercules arrondis sont semés sur le crâne et sur les tempes. Des grains squammeux excessivement fins revêtent la gorge, tandis que des écailles rhomboïdales se montrent sur la poitrine et sous le ventre. On voit, au devant de l'anus chez les individus mâles, sept ou huit, et quelquefois dix pores ovales percés chacun au milieu d'une écaille en losange.

Coloration. Le système de coloration des parties supérieures de cet Hémidactyle, se compose en général d'une teinte grise plus ou moins claire, parfois même roussâtre, sur laquelle sont répandues des marbrures brunes. Mais on rencontre aussi des individus chez lesquels ces couleurs sont très foncées, ce qui les fait paraître presque noirs. Alors, les régions inférieures, qui sont ordinairement blanches, prennent aussi une teinte sombre. Le plus souvent les côtés du museau, entre l'œil et la narine, sont marqués d'une bande noire.

Dimensions. *Longueur totale.* 12" 1'''. *Tête.* Long. 1" 6'''; haut. 5''': larg. 1". *Cou.* Long. 5'''. *Corps.* Long. 4" 2'''. *Memb. antér.* Long. 2" 1'''. *Memb. post.* Long. 2" 5'''. *Queue.* Long. 5" 8'''.

Ces dimensions sont celles d'un des plus grands individus que nous ayons observés.

Patrie. L'Hémidactyle Verruculeux habite, comme le Platydactyle Vulgaire tout autour de la Méditerranée. C'est la seule espèce de ce genre que produise l'Europe. La collection renferme des individus recueillis à Toulon par M. Reynaud, à Rome par M. Bailly, en Sicile par nous-mêmes, et en Grèce par les membres de l'expédition scientifique de Morée. Ce ne sont pas, au reste, les seuls pays qui produisent l'Hémidactyle Verruculeux; car M. Leprieur nous l'a envoyé du Sénégal, et M. Fontainier de Trébizonde. Il faut que cette espèce soit aussi d'origine américaine, car M. Dorbigny a rapporté du Chili un Hémidactyle entre lequel et le *Verruculatus* il nous a été impossible de trouver la plus légère différence.

Observations. C'est à tort que le prince de Musignano considère l'Hémidactyle à écailles trièdres de Daudin comme appartenant à l'espèce de l'Hémidactyle Verruculeux, auquel, à cause de cela sans doute, il a conservé la qualification de *Triedrus*. Ce qui nous en donne la certitude, c'est l'examen que nous avons pu faire de l'individu même observé par Daudin, lequel existe encore dans notre collection.

8. L'HÉMIDACTYLE MABOUIA. *Hemidactylus Mabouia.* Cuvier.

Caractères. Fauve clair en dessus, avec des taches pentagones brunes au travers du dos. Celui-ci semé de petits tubercules coniques. Des pores formant une ligne continue sous les deux cuisses.

Synonymie. *Gecko Mabouia*, Mor. de Jonn. monogr. Geck. mabouya des Antilles.

Gecko Aculeatus. Spix. spec. nov. Lacert. Bras. pag. 16, tab. 18, fig. 3.

Thecadactylus Pollicaris. Id. loc. cit. pag. 17, tab. 18, fig. 2. ?

Gecko Incanescens. Princ. neuw. Beitr. zur. naturg. Von Braz. Tom. 1, pag, 101 ; reise nach. Braz., B. 1, pag. 106 et recueils pl. col. d'anim. : pl. sans n°, fig. 2.

Gecko Armatus. Id. Beitr. zur naturg. Tom. 1, pag. 104 ; reize nach. B. 1, pag. 106 et rec. pl. col. d'anim. : pl. sans n°, fig. 3-6.

Hemidactylus Mabouia. Cuv. reg. anim. Tom. 2, pag. 54.

Gecko Mabouia. Griff. Anim. Kingd. Tome 9, pag. 146.

Gecko Mabouia. Gray. Synops. in Griffith 's Anim. Kingd. tom. 9, pag. 51.

DESCRIPTION.

Formes. L'Hémidactyle mabouia se distingue des espèces congénères dont la partie supérieure du corps est garnie de nombreux tubercules, en ce que les siens sont plus petits, plus espacés et répandus plus irrégulièrement. Au premier aspect, ces tubercules paraissent simplement coniques ; mais quand on les examine à la loupe, on s'aperçoit qu'ils offrent une forme trièdre, comme ceux de toutes les espèces qui précèdent. On remarque aussi que ces tubercules sont finement striés de haut en bas, à leur base. Il y en a de vraiment granuliformes sur le crâne et les tempes ; et, comme c'est le cas le plus ordinaire, ce sont des écailles hexagones qui revêtent les régions pectorale et abdominale : écailles qui, vues à la loupe, ont leur bord libre finement dentelé. Les lamelles sous-digitales sont fortement échancrées en cœur. Les quatre pouces en offrent chacun cinq ; les seconds et les troisièmes doigts antérieurs et postérieurs sept, et tous les autres huit. Il existe sous les cuisses des mâles trente à quarante écailles crypteuses, disposées sur une seule et même ligne, s'étendant d'un jarret à l'autre, en passant sur la région préanale. Ces écailles sont quadrilatérales et le trou dont chacune d'elles est percée a la forme d'un ovale très oblong. Le méat auditif est peu ouvert et comme semi-circulaire. Ni les plaques labiales, ni la rostrale n'ont rien de particulier dans leur figure. Les deux plus grandes des quatre scutelles appliquées sous le menton, ressemblent à des rhombes, et les deux autres sont très variables dans leur forme. La queue est effilée et hérissée, sur ses faces supérieures et latérales, de petites épines disposées en lignes longitudinales. Deux faibles tubercules sont implantés sur l'un comme sur l'autre côté de la racine de la queue des individus mâles.

Coloration. Le dessus du corps de l'Hémidactyle mabouia offre, placées les unes à la suite des autres, cinq ou six larges taches brunes à cinq côtés, dont les deux postérieures forment un angle aigu. La largeur de ces tâches est égale à celle du dos dont le fond de la couleur est le même que celui des autres parties de l'animal ; c'est-à-dire fauve-clair ou blanchâtre. Quelques bandes brunes effacées coupent le dessus des bras en travers. Des espèces de taches anguleuses, non mieux marquées, se voient sur la première moitié de la queue, qui est annelée de noir dans le reste de son étendue. Les tempes et le museau sont nuancés de brun.

Dimensions. *Longueur totale.* 12" 9"'. *Téte.* Long. 1" 7"' ; haut. 8"' ; larg. 1" 3"'. *Cou.* Long. 5"'. *Corps.* Long. 4". *Memb. antér.* Long. 2" 6"'. *Memb. post.* Long. 2" 5"'. *Queue.* Long. 6" 2"'.

Patrie. Cette espèce est extrêmement commune aux Antilles, où elle vit dans les maisons. On l'y nomme Mabouia des murailles, pour la distinguer du Platydactyle théconyx, qu'on appelle Mabouia des bananiers. Elle se trouve également à Cayenne et au Brésil, nous l'avons reçue du premier de ces deux pays par les soins de M. Poiteau, et du second par ceux de MM. Gallot, Vautier et Gaudichaud. M. Barrot l'a rapportée de Carthagène, et M. Plée et M. Droz l'ont envoyée de la Martinique.

Observations. Les *Gecko Incanescens* et *Armatus* du prince Maximilien, ainsi que celui nommé *Aculeatus* par Spix, sont trois espèces qu'il faut rapporter à l'Hémidactyle Mabouia. Il pourrait même se faire que le *Thecadactylus pollicaris* de ce dernier naturaliste n'en soit pas non plus différent. C'est au reste l'opinion de Cuvier.

9. L'HÉMIDACTYLE DE LESCHENAULT. *Hemidactylus Leschenaultii.* Nobis.

Caractères. Bords orbitaires saillans et prolongés sur le museau. Des petits tubercules épars au milieu des grains de la peau du dos. Celui-ci offrant une suite de grands cercles subrhomboïdaux. Pouce assez développé; queue très légèrement déprimée. Vingt-six pores fémoraux (chez les mâles). Ils sont ovales et percés fort près du bord antérieur des écailles.

DESCRIPTION.

Formes. Le bord orbitaire supérieur de cet Hémidactyle fait, au-dessus du crâne, une légère saillie qui se prolonge en avant, absolument de la même manière que chez le crocodile rhombifère; en sorte que le front offre une surface enfoncée, ayant la figure d'un losange ouvert à ses deux extrémités. Trois plaques subquadri-latérales, dont une, un peu plus dilatée que les deux autres, bordent en arrière chaque ouverture nasale qui, en avant, touche à la scutelle rostrale et à la première labiale. Le dessous du menton est garni de deux plaques hexagonales oblongues, à droite et à gauche desquelles il y en a une autre d'un plus petit diamètre. La paupière forme presque un cercle complet autour du globe de l'œil, tant le bord inférieur en est peu rentré dans l'orbite. Les trous auriculaires sont grands et ovales. Les pouces, de moitié moins longs que les seconds doigts, ont leur surface inférieure garnie de sept lamelles imbriquées. On en compte neuf sous chacun des autres doigts, à l'exception des troisièmes et quatrièmes postérieurs qui en offrent une de plus. Il y a sur la face interne de l'une et de l'autre cuisses un rang de treize écailles qui, tout près de leur bord antérieur, sont percées d'un pore ovale dont le plus grand diamètre est placé en travers. Ces deux lignes d'écailles crypteuses sont bien distinctes l'une de l'autre; c'est-à-dire qu'elles ne se prolongent pas sur la région préanale pour s'y réunir comme cela se voit chez d'autres espèces et chez la précédente en particulier. La queue est forte et légèrement déprimée dans sa première moitié; elle est au contraire très effilée et arrondie dans le reste de son étendue. Sa longueur totale fait environ la moitié de celle de l'animal. En dessus, elle présente de faibles plis transversaux; sur les côtés, deux ou trois séries longitudinales de petites épines, et en dessous, une longue et large bande de plaques entuilées. Le dos est clair-semé de petits tubercules coniques au milieu des grains extrêmement fins qui garnissent la peau qui l'enveloppe, ainsi que celle de la gorge, du dessus des membres et de la queue. Ce sont des écailles plates, sub-hexagonales et légèrement entuilées qui revêtent la poitrine, le ventre et la face inférieure des quatre pattes.

Coloration. Les régions inférieures de l'Hémidactyle de Leschenault sont blanches; les supérieures ont pour fond de couleur un gris clair sur lequel se montre une teinte brunâtre, formant des bandes transversales sur les membres, et circonscrivant, sur le dos, une série de grandes taches ardoisées. Ces taches ne ressemblent précisément, ni à des ovales, ni à des losanges, mais tiennent de l'une et de l'autre de ces figures. On en compte cinq ou six formant une espèce de chaîne qui règne depuis la nuque jusqu'à la racine de la queue. Les flancs offrent des raies brunes plus plus ou moins dilatées ou ramifiées.

Dimensions. *Long. tot.* 16" 4"'. *Tête.* Long. 3" ; haut. 1" 1"'; larg. 1" 7"'. *Cou.* Long. 5"'. *Corps.* Long. 5" 7"'. *Memb. antér.* Long. 3" 2"'. *Memb. post.* Long. 3" 7"'. *Queue.* Long. 7" 2"'.

Patrie. La collection ne renferme que deux échantillons de cette espèce de Platydactyle; l'un a été envoyé de Ceylan par M. Leschenault; l'autre est sans origine connue.

Observations. L'espèce d'Hémidactyle décrite et présentée par M. Tilésius, pag. 334, pl. 11 du 7me volume des Mémoires de l'Académie de St-Pétersbourg, est fort voisine de celle-ci. Peut-être même n'en est-elle pas différente. Il la nomme *Stellio argyropis*, et la dit originaire de l'île Nuckahiwa.

10. L'HÉMIDACTYLE DE COCTEAU. *Hemidactylus Coctæi.* Nobis.

Caractères. Pouce bien développé, peau du dos grisâtre et uniformément granuleuse. Six écailles crypteuses (chez les mâles) sous chaque cuisse. Queue élargie, épaisse, très légèrement déprimée à sa base, grêle, effilée, arrondie à sa pointe.

DESCRIPTION.

Formes. Cette espèce a la même habitude du corps que l'Hémi dactyle de Leschenault. Elle en diffère principalement en ce que ses bords orbitaires supérieurs ne forment point de saillies ; en ce qu'on ne voit point de tubercules mêlés aux grains de la peau ; enfin en ce qu'elle n'a que six pores à chaque cuisse ; pores qui n'existent que chez les individus mâles. Les lames entuilées qui constituent la face inférieure des doigts sont au nombre de neuf à chaque pouce, et de onze ou douze pour chacun des autres doigts.

Coloration. Un gris uniforme colore toute la partie supérieure du corps ; tandis que l'inférieure est blanche.

Dimensions. *Longueur totale*, 16" 7'''. *Tête*. Long. 2" 3'''; haut. 9'''; larg. 1" 6'''. *Cou*. Long. 6'''. *Corps*. Long. 5" 4'''. *Memb. antér*. Long. 2" 7'''. *Memb. post*. Long. 3" 5'''. *Queue*. Long. 4" 8'''.

Patrie. Cette espèce est, comme la précédente, originaire des Indes orientales. Nous l'avons reçue du Bengale par les soins de M. Duvaucel, et de Bombay par ceux de M. Dussumier.

11. L'HÉMIDACTYLE BRIDÉ. *Hemidactylus frenatus*. Schlegel.

Caractères. Écailles de la peau parsemées le long des côtés du dos de quelques petits tubercules granuliformes. Queue subarrondie, offrant en dessus des rangs transversaux de petites épines ; des écailles crypteuses, formant une seule et même ligne légèrement anguleuse au-devant de l'anus. Pouce court.

Synonymie. *Hemidactylus frenatus*. Schleg. Mus. Leyd.

DESCRIPTION.

Formes. Cet Hémidactyle est une petite espèce, que la forme presque arrondie de sa queue et la présence, sur les côtés du dos, de petits tubercules épars parmi les grains très fins de sa peau, suffiraient seules pour faire distinguer de la suivante ou de l'Hémidactyle de Garnot, de même que la brièveté du pouce et de la ligne continue que forment les pores des deux cuisses chez les mâles, doivent empêcher qu'on ne la confonde avec l'espèce précédente, chez laquelle on ne voit point d'écailles crypteuses au devant de l'anus, mais seulement sur les régions fémorales. Les narines et les plaques labiales ressemblent à celles des Hémidactyles Bordé et de Garnot. Le méat auditif est un tant soit peu plus petit. Il existe un très faible pli de la peau le long des côtés du ventre. Quatre petites scutelles soudées aux plaques labiales, deux d'un côté et deux de l'autre, garnissent le dessous de l'extrémité antérieure du maxillaire inférieur. Il arrive quelquefois qu'il y en a deux de plus. Les quatre pouces sont très courts; les lamelles qui les revêtent en dessous sont au nombre de cinq; on en compte une de plus aux seconds, aux troisièmes et aux quatrièmes doigts antérieurs; sept aux seconds et aux derniers postérieurs, de même qu'au petit doigt antérieur; enfin huit aux avant-derniers des pattes de derrière. Il y a vingt-six pores fémoraux disposés sur une seule ligne, s'étendant d'un jarret à l'autre en passant devant l'anus. Ces pores sont des trous subovales, dont l'ouverture occupe presque toute la surface des écailles dans lesquelles ils sont percés. La queue n'a pas précisément en longueur la moitié de celle de l'animal, mais peu s'en faut : elle est arrondie et offre en dessus des demi-cercles de petites épines.

Coloration. Parmi les individus que nous possédons, il s'en trouve qui sont d'un gris foncé, ou bien d'un gris clair; d'autres sont couleur de chair, piquetés de brun, avec des anneaux de cette dernière teinte autour de l'extrémité de la queue; et ils ont sur chaque côté de la tête, une raie brune traversant l'œil pour se continuer jusqu'à l'épaule. Enfin il en est qui sont comme marbrés de brun sur un fond fauve. Quelques-uns ont une bande brune qui s'étend du bout du museau jusqu'à l'oreille, en passant par l'œil.

Dimensions. Le plus grand des échantillons que nous avons examinés offre les mesures suivantes.

Longueur totale : 9" 4'". *Tête*. Long. 1" 5'"; haut. 5'"; larg. 9'". *Cou*. Long. 4'". *Corps*. Long. 3" 3'". *Memb. antér*. Long. 1" 8'". *Memb. postér*. Long. 2". *Queue* Long. 4" 2'".

Patrie. Cette espèce habite l'Afrique australe, et paraît être répandue dans tout l'archipel des grandes Indes. Delalande nous l'a rapportée du Cap; MM. Quoy et Gaimard l'ont trouvée à Madagascar. M. Desjardins l'a envoyée de l'Ile-de-France, et M. Reynaud de Ceylan. On l'a reçue d'Amboine par les soins de MM. Lesson et Garnot; et de Java et de Timor, par l'intermédiaire du Musée de Leyde. Nous en avons plusieurs échantillons recueillis aux îles Mariannes par M. Gaudichaud ; et d'autres envoyés du Bengale, par MM. Diard et Duvaucel.

Observations. Le nom de *Frenatus*, qui nous a servi pour désigner cette espèce, est celui sous lequel elle nous a été envoyée du Musée de Leyde.

12. L'HÉMIDACTYLE DE GARNOT. *Hemidactylus Garnotii.* Nobis.

Caractères. Queue aplatie, amincie et denticulée sur ses bords. Grains de la peau très fins et égaux. Sous le menton, quatre petites plaques formant un carré qui ne touche, à droite ni à gauche, aux scutelles labiales.

Synonymie ?

DESCRIPTION.

Formes. La physionomie de cette espèce a beaucoup de ressemblance avec celle de l'Hémidactyle bordé. Sa queue a la même forme, quoiqu'elle soit cependant moins aplatie et plus longue à proportion. Ses côtés, au lieu d'être frangés, sont légèrement dentelés. On n'aperçoit sur les côtés du ventre et sur le bord postérieur des cuisses qu'un faible pli de la peau au lieu d'une membrane flottante. Le museau est un peu moins obtus. Il y a bien aussi, comme chez l'Hémidactyle bordé, quatre scutelles sous le menton ; mais, outre qu'elles ne sont pas dilatées, leurs bords latéraux ne se soudent pas avec ceux des plaques labiales. Les doigts de l'Hémidactyle de Garnot sont libres dans toute leur longueur. Ils sont aussi plus effilés que ceux de l'Hémidactyle bordé, et offrent en dessus un plus grand nombre de lames en chevrons. On en compte six aux pouces, sept aux orteils, neuf aux seconds doigts des quatre pattes, dix aux troisièmes, douze aux quatrièmes antérieurs, quatorze aux quatrièmes postérieurs et onze à chacun des derniers. Des écailles grenues, plus fines que celles de l'Hémidactyle bordé, revêtent la gorge et le dessus du corps, dont les tégumens inférieurs ressemblent à ceux des mêmes parties chez cette dernière espèce. Nous ignorons si les mâles sont pourvus de pores fémoraux ; attendu que les deux individus que nous avons examinés sont deux femelles qui n'en offrent pas la moindre trace.

Coloration. Une teinte couleur de chair, salie de grisâtre, est répandue sur la surface supérieure du corps qui laisse apercevoir quelques indices de taches blanches fort distantes les unes des autres. Les régions inférieures sont de la même couleur que ces taches.

Dimensions. *Longueur totale.* 10" 1'''. *Tête.* Long. 1" 5''' ; haut. 2" ; larg. 4". *Cou.* Long. 4'''. *Corps.* Long. 3" 2'''. *Memb. antér.* Long. 1" 8'''. *Memb. postér.* Long. 2" 4'''. *Queue.* Long. 5" 2'''.

Patrie. On doit la découverte de cet Hémidactyle à MM. Garnot et Lesson qui en ont rapporté de l'île de Taïti deux exemplaires, les seuls que nous ayons encore été dans le cas d'observer.

13. L'HÉMIDACTYLE PÉRUVIEN. *Hemidactylus Peruvianus.*

Caractères. Écailles du dos égales, presque circulaires. Queue déprimée, à tranchans arrondis, garnis de quelques épines.

Synonymie. *Hemidactylus Peruvianus.* Wiegm. Beitr. zur zool. act. acad. Cæs. Leop. Carol. nat. cur. tom. 17, part. 1, pag. 240.

DESCRIPTION.

Formes. Le dos et les côtés du corps sont revêtus d'écailles polygones, arrondies et lisses, aussi peu dilatées les unes que les autres. La plaque du menton est de moyenne grandeur ; sa figure est celle d'un triangle. Derrière elle, sont placées en carré, quatre plaques dont les deux antérieures sont pentagones oblongues et les deux postérieures petites et circulaires. La queue offre une longueur à peine égale à celle du reste de l'animal. Elle est déprimée, mais moins sur sa région moyenne que sur ses bords, qui forment chacun un tranchant arrondi, garni de quelques épines, dirigées en arrière. En dessus elle est revêtue de petites écailles élargies, en dessous de grandes plaques ou scutelles imbriquées au nombre de quarante-six. Les doigts sont libres et tous conformés de la même manière ; mais le pouce est beaucoup plus court que les quatre autres, et néanmoins onguiculé comme eux. Les disques de ces doigts sont fort étroits.

Coloration. Le dos, ou mieux toutes les parties supérieures

sont grises, offrant des taches blanches arrondies, mêlées à des marbrures noirâtres. Le dessous du corps est d'un blanc pâle.

DIMENSIONS. *Corps*. Long. 1" 1"'. *Queue*. Long. 2".

PATRIE. Cet Hémidactyle se trouve au Pérou.

Observations. On en doit la découverte à M. Meyen, et l'inscription sur les registres de la science à M. Wiegmann, qui en a publié la description dans le tom. VII des Mémoires des Curieux de la nature de Berlin. C'est cette même description que nous reproduisons ici, n'ayant pas encore eu l'occasion d'observer aucun échantillon appartenant à cette espèce.

2e SECTION. — SUBDIVISION B. DACTYLOTÈLES PALMIPÈDES.

L'une des deux espèces qui composent cette subdivision porte le long de chaque flanc une membrane flottante : c'est l'Hémidactyle Bordé, dont la queue est simplement amincie et denticulée sur ses bords; tandis que l'autre espèce, ou l'Hémidactyle de Séba, a la queue latéralement garnie de larges festons, mais n'offre point sur les côtés de son corps la moindre apparence d'un développement cutané en forme de frange ou de bordure.

Ce petit groupe est parmi les Hémidactyles le pendant des Hétérolépidotes palmipèdes parmi les Platydactyles.

14. L'HÉMIDACTYLE BORDÉ. *Hemidactylus Marginatus*. Cuvier.

(*Voyez* pl. 30, fig. 2.)

CARACTÈRES. Flancs et cuisses garnis d'une membrane; queue aplatie, à bords amincis et frangés; doigts palmés.

SYNONYMIE. *Stellio platyurus*. Schneid. amph. Physiol., pag 30, spec. f. et Denkscchriften der Münchener akademie. 1811. tab 1, fig. 3.

Lacerta Schneideriana. Shaw. Gener. Zool. tom. 3, p. 278.

Gecko platyurus. Merrem. Amph. p. 41.

Hemidactylus platyurus. Wiegm. Beitr. zur. zoolog. act. acad. Cæs. Leop. Carol. nat. cur. tom. 17, part. 1, p. 288.

Hemidactylus marginatus. Wiegm. amph. pag. 145.

Hemidactylus marginatus. Cuv. Regn. anim. tom. 2, pag. 54.

Gecko marginatus. Griff. Anim. Kingd. tom. 9, pag. 147.

Hemidactylus marginatus. Gray. Synops. in Griffith's Anim. Kingd. tom. 9, p. 51.

DESCRIPTION.

Formes. En arrière, les narines de l'*Hemidactylus Marginatus* sont bordées par trois petites écailles carrées; et en avant par une portion de la plaque rostrale et le pan supérieur de la labiale qui touche à celle-ci. Cette plaque rostrale est grande, carrée et légèrement repliée sur le bout du museau, où elle offre un petit enfoncement vers le milieu de son bord. On compte onze paires de scutelles labiales supérieures de forme rectangulaire, et huit inférieures seulement, ressemblant, les trois premières et les plus grandes, à des carrés et les autres à des quadrilatères oblongs. La plaque qui garnit l'extrémité de la mâchoire inférieure est très dilatée et triangulaire. Son sommet s'avance sous le menton entre deux scutelles rhomboïdales, touchant aux plaques labiales ainsi que les suivantes, dont la figure est presque triangulaire. Les ouvertures auriculaires sont deux petits trous arrondis. La paupière ne forme pas un cercle complet autour de l'orbite; c'est-à-dire, que le bord inférieur en est rentré sous le globe de l'œil. Le corps est plus déprimé que dans la plupart des autres espèces, et se trouve élargi de chaque côté, ainsi que le bord postérieur des pattes de derrière par une membrane de peau mince, large de quelques lignes. Sous l'oreille, la peau forme un petit pli qui est néanmoins plus épais que les membranes latérales du corps. Les doigts sont excessivement aplatis et réunis à leurs bords par une membrane courte, mais cependant bien apparente. Les lamelles en chevrons qui en garnissent la surface inférieure, sont parfaitement distinctes les unes des autres. Elles ont une figure cordiforme. Il y en a cinq sous chaque pouce, neuf sous le doigt médian antérieur et sous les trois derniers postérieurs; mais sept seulement sous les autres. Le pouce est assez court. Chez les mâles, il règne sur la partie interne de chaque cuisse une suite de pores qui forment une ligne continue passant devant l'ouverture anale. Ces pores, au nombre de trente-six, offrent un orifice subovale assez grand. La queue, large à sa base, se rétrécit à mesure qu'elle s'éloigne du corps. Elle est déprimée, et a ses bords tranchans et frangés. Sa longueur ne fait pas tout à-fait la moitié de celle de la totalité de l'animal. De petits grains squammeux fins, égaux et serrés recouvrent les régions supérieures. Les inférieures offrent des écailles plates. Il y en a de petites, polygones et en pavé sous la gorge, de sub-rhomboïdales et imbriquées sur le ventre et sous les membres. La ligne médio-longitudinale du dessous de la queue est protégée par une suite de larges scutelles imbriquées, de chaque côté desquelles se montrent de petites écailles ovales, également imbriquées.

Coloration. Un gris ardoisé colore le dessus du corps, sur chacun des côtés duquel est imprimée une bande noirâtre plus ou moins apparente qui s'étend depuis le bord postérieur de l'œil jusqu'à la racine de la queue. Les parties inférieures de l'animal sont blanches.

Dimensions. *Longueur totale.* 10". *Tête.* Long. 1" 6'"; haut. 6'"; larg. 1" 2'". *Cou.* Long. 4'". *Corps.* Long. 4"; haut. 6'"; larg. 1" 6'". *Memb. antér.* Long. 2". *Memb. postér.* Long. 2" 5'". *Queue.* Long. 4'".

Patrie. L'Hémidactyle Bordé se trouve au Bengale et dans l'île de Java. Nous avons des individus venant de ces deux pays.

Observations. Cette espèce était depuis long-temps décrite et figurée par Schneider sous le nom de *Stellio platyurus*, lorsque Cuvier la mentionna comme nouvelle, sous celui de *Marginatus*, dans la seconde édition de son Règne animal.

C'est à tort que notre grand naturaliste refuse des membranes palmaires aux pieds de cet Hémidactyle; il en offre, au contraire, de très sensibles qui réunissent ses doigts dans la première moitié de leur longueur. Ceci est cause que M. Wiegmann accuse Wagler d'avoir commis une erreur en rapportant l'*Hemidactylus marginatus* de Cuvier au *Stellio platyurus* de Schneider, parce qu'il a, dit-il, les pieds semi-palmés. Schneider, il est vrai, ne parle pas de cette conformation, mais on a la preuve de l'existence de cette palmure dans l'individu même qui, après avoir servi à sa description, a passé de la collection de Bloch dans celle du musée de Berlin, où M. Wiegmann l'a examiné.

15. L'HÉMIDACTYLE DE SÉBA. *Hemidactylus Sebæ.* Nobis.

Caractères. Point de plis latéraux, ni sur le corps, ni sur les membres. Queue très longue, ayant ses côtés garnis d'une frange festonnée.

Synonymie. *Salamandra aquatica ex Arabiâ, seu Salamandra cordylus Ægyptiaca.* Séba, tom. 2, pag. 109, tab. 103, fig. 2.

Lacerta caudiverbera. Linn. pag. 359, nº 2.

Caudiverbera Ægyptiaca. Laur. Synops. Rept. pag. 43.

Lacerta caudiverbera Ægyptiaca. Gmel. Syst. nat. tom. 1, pag. 1058.

Scallop-Tailed Gecko. Shaw. Gener. Zool. tom. 3, pag. 276, tab. 78, fig. 1.

Gecko caudiverbera. Merr. Amph. pag. 40.

Crossurus caudiverbera. Wagl. Syst. amph. pag. 141.

DESCRIPTION.

Formes. Si le portrait de cette espèce, publié par Séba, est exact, elle a la tête en forme de pyramide subquadrangulaire. Son cou, son corps ni ses membres ne portent pas de franges sur leurs parties latérales. Le ventre est large et arrondi. La queue de l'Hémidactyle de Séba est d'un tiers plus longue que le reste de l'animal. Elle est assez grêle et garnie latéralement d'une membrane découpée en festons, qui s'élargissent davantage à mesure qu'ils s'éloignent du corps. Les doigts portent tous des ongles ; ceux des mains sont presque entièrement palmés ; ceux des pieds ne le sont qu'à moitié. La tête est recouverte de petites écailles ; celles du museau sont d'un diamètre un peu plus grand que les autres. Séba dit bien que la peau du corps en est dépourvue ; mais de cela, il ne faut pas conclure qu'elle soit nue, mais seulement garnie de grains extrêmement fins. Il paraît qu'elle est semée de petits tubercules, qui sont entourés d'écailles également peu dilatées. Les membres offrent des tégumens squammeux disposés en pavé.

Coloration. Il règne sur le dessus du corps une teinte d'un jaune sale, semé de taches stelliformes blanchâtres, ayant leur centre rouge. Des pointes de cette dernière couleur se voient sur le milieu de la queue, qui est colorée en jaune clair, tandis que les parties latérales de ses membranes festonnées sont d'un rouge vif.

DIMENSIONS. L'individu qui a servi de modèle à la gravure de Séba avait à peu près les dimensions suivantes : *Longueur totale*. 39" 4'''. *Tête*. Long. 5" 5'''. *Cou*. Long. 1" 4'''. *Corps*. Long. 10" 5'''. *Memb. antér*. Long. 8". *Memb. post*. Long. 12". *Queue*. Long. 22".

PATRIE. Séba s'est si souvent trompé sur l'habitation des animaux qu'il a représentés, que nous nous garderions bien d'affirmer, d'après lui, que ce Platydactyle est originaire d'Arabie. Dans tous les cas, c'est une espèce fort rare qui ne se trouve aujourd'hui dans aucune collection d'Europe, à moins pourtant que l'individu même de Séba, que celui-ci dit avoir donné à l'empereur de Russie, n'existe encore conservé dans quelque musée de cet empire.

Observations. Le seul témoignage que l'on possède de l'existence de cet Hémidactyle, c'est la figure qu'en a publiée Séba. Néanmoins, nous n'hésitons pas à le considérer comme appartenant à une espèce distincte de toutes celles qui sont aujourd'hui inscrites sur les catalogues erpétologiques, et particulièrement du Geckotien que Linné a confondu avec elle sous le nom de *Lacerta caudiverbera*. Nous voulons parler de la Salamandre aquatique et noire, décrite et représentée par Feuillée dans son Journal d'observations physiques, mathématiques et botaniques. Pour se convaincre de cela, il suffit de comparer les figures de cette dernière avec celle de la Salamandre d'Arabie de Séba ; on reconnaîtra alors qu'elles ont été faites d'après deux Geckos très différens ; car la Salamandre de Feuillée appartient très certainement au genre Ptyodactyle, et la Salamandre de Séba à celui des Hémidactyles, à en juger par la manière dont les pattes sont représentées. Notre Hémidactyle de Séba est devenu pour Wagler le type d'un genre particulier, qu'il a appelé *Crossurus*, et auquel il assigne comme caractères essentiels : les doigts à demi palmés, tous onguiculés. Merrem, dans la synonymie du Gecko fouette-queue (*caudiverbera*), a évidemment confondu cette espèce avec d'autres, et principalement avec le Ptyodactyle de Feuillée.

IIIe GENRE. PTYODACTYLE. — *PTYODACTYLUS*. Cuvier.

Caractères. Extrémités des doigts dilatées en un disque offrant une échancrure en avant, et en dessous des lamelles imbriquées disposées comme les touches d'un éventail ouvert. Cinq ongles à toutes les pattes, placés chacun au fond d'une fissure pratiquée en long sous la portion élargie du doigt.

Tels sont les caractères essentiels des Ptyodactyles, caractères à l'aide desquels on peut facilement les distinguer des quatre autres genres qui composent avec eux la famille des Geckotiens.

D'abord cette circonstance de n'avoir les doigts élargis qu'à leur extrémité terminale, les isole de suite des Hémidactyles, qui ont, au contraire, cette même extrémité très grêle, et des Platydactyles dont les doigts sont dilatés en travers sur toute leur longueur.

D'un autre côté, la présence d'ongles et de feuillets en éventail sous leurs disques digitaux empêche qu'on ne les confonde avec les Sphériodactyles qui manquent des uns et des autres. Il ne reste plus, par conséquent, que les Phyllodactyles, qui offrent aussi, il est vrai, des ongles et une fissure longitudinale pour les recevoir ; mais la surface du disque dans laquelle est creusée cette fissure est lisse, unie ; c'est-à-dire sans lamelles imbriquées disposées en éventail.

Tous les Ptyodactyles ont l'ouverture pupillaire plus haute que large et frangée sur ses côtés. Le bord inférieur de leur paupière ne saille point en dehors de l'orbite, tandis que le supérieur est assez développé, présentant en outre des petites pointes molles, simulant jusqu'à un certain point, des cils.

La partie postérieure de la tête étant assez élargie, et le cou au contraire un peu plus étroit, il en résulte que celui-ci paraît comme étranglé.

Les Ptyodactyles, en général, ont les pattes fort grêles. Aucun d'eux ne nous a offert d'écailles crypteuses sous les cuisses, ni sur la région préanale; mais on remarque toujours deux pores percés dans la portion de la peau qui avoisine le bord postérieur de l'ouverture du cloaque.

Chez quelques espèces, les écailles qui revêtent les parties supérieures du corps sont égales ou uniformes entre elles; chez d'autres, elles sont semées de tubercules arrondis. L'écaillure de la queue est la même dessous que dessus.

Les Ptyodactyles qui, ainsi qu'on vient de le voir, se ressemblent par un grand nombre de points de leur organisation, peuvent néanmoins, si l'on a égard à la conformation de leurs pattes, qui sont palmées ou non palmées, et de leur queue, qui est arrondie ou bien déprimée, peuvent, disons-nous, se partager assez naturellement en deux groupes que quelques erpétologistes ont considérés comme devant former deux genres particuliers. Nous, nous ne les regarderons pas comme tels, mais comme de simples divisions analogues à celles que nous avons établies parmi les Platydactyles et les Hémidactyles.

La première, ou celle des Urotornes (1), comprendra les espèces, ou plutôt la seule encore connue aujourd'hui, qui a les doigts libres et la queue arrondie.

La seconde, que depuis long-temps nous avons désignée par le nom d'Uroplate (2), renfermera les Ptyodactyles

---

(1) De οὐρά, queue, et de τορνος, rendu ronde, fait ronde, tourné en rond.

(2) De οὐρά, queue, et de πλατυς, élargie, plate.

dont les doigts sont réunis par une membrane palmaire, et dont la queue est très élargie en travers.

A cela près, notre genre Ptyodactyle demeure tel qu'il a été établi par Cuvier.

Le tableau suivant indique la manière dont nous avons rangé les espèces qui le composent.

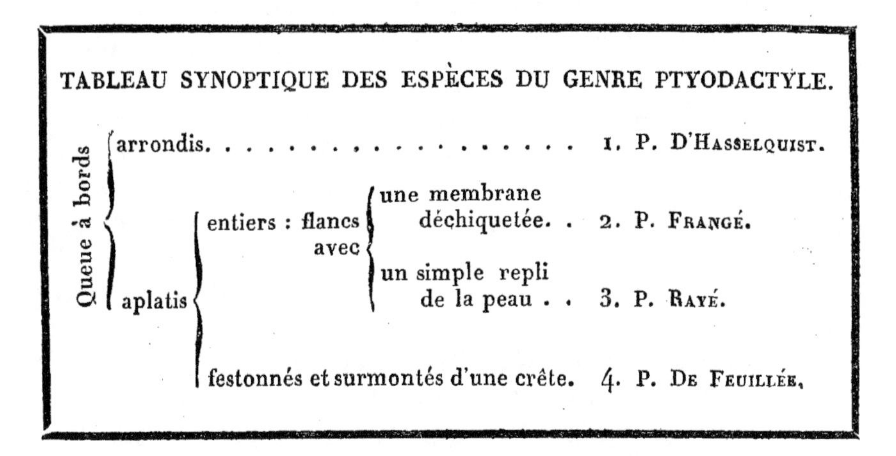

TABLEAU SYNOPTIQUE DES ESPÈCES DU GENRE PTYODACTYLE.

Queue à bords	arrondis			1. P. D'Hasselquist.
	aplatis	entiers : flancs avec	une membrane déchiquetée.	2. P. Frangé.
			un simple repli de la peau	3. P. Rayé.
		festonnés et surmontés d'une crête.		4. P. De Feuillée.

Ire Division. LES UROTORNES.
(Genre *Ptyodactylus* de Wagler et de Wiegmann.)

Aux deux principaux caractères des Urotornes, qui sont d'avoir la queue arrondie et les mains et les pieds garnis de membranes palmaires, on peut encore ajouter les suivans : 1° les doigts, dans leur portion non dilatée, sont grêles, arrondis et garnis en dessous de petites écailles transversales comme on en voit chez les Gymnodactyles. 2° Il existe, sous le menton, des plaques plus dilatées que celles qui garnissent les lèvres. 3o Les narines sont tubuleuses et positivement situées sur le dessus du museau, chacune à l'un des deux angles supérieurs de la plaque rostrale.

C'est aux Ptyodactyles ainsi conformés que Wagler et par suite M. Wiegmann ont réservé le nom de Ptyodactyle proprement dit, les ayant génériquement séparés des Uroplates que le second de ces auteurs, à l'exemple du premier, a nommés *Rhacoessa*, comme pour dire : *Déguenillés*.

1. LE PTYODACTYLE D'HASSELQUIST. *Ptyodactylus Hasselquistii.* Nobis.
(*Voyez* pl. 33, fig. 3.)

Caractères. Doigts libres; queue arrondie; dos brun-roussâtre, tacheté de blanc.

Synonymie. *Lacerta Gecko.* Hasselq. Reis. pag. 356.

Stellio Hasselquistii. Schneid. Amph. Phys. part. 2, pag. 13.

Gecko ascalabotes. Merr. Amph. pag. 40.

Gecko Lobatus. Geoff. Rept. Egypt. tab. 5, fig. 5.

Gecko. . . . . Savigny. Rept. Egypt. (Suppl.) tab. 1, fig. 2.

Le Gecko des maisons. Bory de Saint-Vincent, Dict. class. d'hist. natur. tom. 7. pag. 182.

Ptyodactylus guttatus. Rüpp. atl. der Reis. nordl. Afrik. Rept. pag. 13, tab. 4.

Le Gecko des maisons. Cuv. Règ. anim. tom. 2, pag. 56.

The house Gecko. Griff. Anim. Kingd. tom. 9, pag. 148.

Gecko lobatus. Schinz. Naturg. Abbid. Rept. pag. 74, tab. 17.

Gecko maculatus. Idem, tab. 16.

DESCRIPTION.

Formes. Le museau de ce Platydactyle est court, épais et incliné en avant, le bout en est large et arrondi. Le front offre un enfoncement, dont les bords donnent la figure d'un losange ouvert en arrière. L'angle antérieur de ce losange se prolonge jusqu'aux narines en saillie arrondie, de chaque côté de laquelle on remarque un creux bien prononcé. Les ouvertures nasales sont tuberculeuses et situées sur le museau. Elles sont circonscrites par la plaque rostrale, la première labiale et trois autres scutelles particulières. La rostrale est quadrilatérale, avec ses deux angles supérieurs très aigus. Au bord inférieur des plaques labiales d'en bas est soudé un autre rang d'écailles, pour la plupart ovales et d'un petit diamètre. La scutelle garnissant le bout du menton est peu développée : sa figure est celle d'un triangle isocèle. Les dents sont légèrement courbées en arrière, nombreuses, peu fortes et pointues. L'œil est grand, et son ouverture pupillaire elliptique et frangée. Sur la portion postéro-supérieure du bord de la paupière, on voit des petites écailles molles et pointues simulant des cils. Le bord inférieur ne fait pas de saillie en dehors. Le méat auditif a une forme semi-circulaire ou en croissant.

Les membres sont longs et maigres : couchés le long du corps, les postérieurs atteignent l'oreille, et les antérieurs la naissance de la cuisse. Les doigts sont également très grêles ; leur extrémité seule est dilatée en un petit disque transverso-rhomboïdal, échancré antérieurement, dont la face inférieure est garnie de petites lamelles, disposées comme les touches d'un éventail ouvert. Ces lamelles sont au nombre de dix ou douze paires. En dessous, le reste de l'étendue des doigts est revêtu d'une bande longitudinale de petites plaques rectangulaires ; en dessus, on voit des écailles sub-rhomboïdales disposées comme les tuiles d'un toit. Chaque doigt est armé d'un ongle crochu enfoncé dans une gaîne, dont l'ouverture est située au fond de l'échancrure que nous avons dit exister en avant de la portion dilatée du doigt. La queue, arrondie dans sa forme, est très grêle, comparativement à celle des autres Geckotiens. Elle présente à sa base un fort renflement, sur lequel, à droite et à gauche, on remarque une paire de tubercules. Des grains squammeux très fins garnissent les parties supérieures du corps ; et, à ceux du dos et des cuisses, se mêlent de petits tubercules coniques disposés d'une manière peu régulière. De fines squammelles arrondies ou ovales adhèrent à la peau de la gorge ; tandis qu'on en voit de sub-rhomboïdales sous la poitrine et sous le ventre.

Les mâles n'ont pas plus que les individus de l'autre sexe, d'écailles crypteuses le long des cuisses ou sur la région préanale.

Coloration. Des taches d'un brun pâle, entremêlées de taches blanches, sont jetées sur la couleur roussâtre des parties supérieures du corps, à l'exception de la queue cependant, qui est coupée transversalement par de larges bandes alternes, brunes et roussâtres. Une teinte blanche règne sur toute la surface inférieure de l'animal.

Dimensions. *Longueur totale.* 14" 1'''. *Tête.* Long. 2" 2'''; haut. 1"; larg. 1" 6'''. *Cou.* Long. 6''. *Corps.* Long. 5''. *Memb. antér.* Long. 3" 6'''. *Memb. post.* Long. 5''. *Queue.* Long. 6" 3'''.

Patrie. C'est en Égypte qu'on trouve le Ptyodactyle d'Hasselquist. Les échantillons que renferme notre musée, ont été apportés de ce pays, les uns par M. Geoffroy, les autres par MM. Bové et Rüppel.

Observations. Cette espèce est bien évidemment le *Lacerta*

Gecko, dont Hasselquist parle dans la relation de son voyage, et que Linné n'a évidemment pas reconnu, car le *Lacerta Gecko* de l'auteur du *Systema Naturæ* a pour synonyme notre *Platydactylus guttatus*. C'est aussi cette espèce que M. Geoffroy a appelée *Gecko lobé*, et dont il existe deux excellentes figures dans le grand ouvrage sur l'Égypte. M. Rüppel l'a également fait représenter dans son ouvrage portant pour titre, *Atlas der Riese ün nordlichen Africa*, comme une espèce particulière à laquelle il a donné le nom de *Guttatus*.

IIe Division. PTYODACTYLES UROPLATES.

(Genres *Uroplatus*, Fitzinger; *Rhacoessa*, Wagler et Wiegmann.)

Les doigts de ces Ptyodactyles sont sensiblement élargis, même dans leur portion non dilatée en disque. Ils sont réunis par une membrane dans la moitié basilaire de leur longueur, ce qui rend les pattes demi-palmées. A l'exception de la portion qui offre des lamelles disposées en éventail, la face inférieure des doigts est garnie d'un pavé de petites écailles carrées et convexes; mais c'est surtout par la configuration de la queue que les Uroplates se font remarquer, forme dont aucun Saurien, d'une famille autre que celle des Ascalabotes, n'offre d'exemple. Cette queue est élargie latéralement de manière à ressembler quelquefois à une feuille fort mince, entière ou festonnée sur les bords. La portion saillante de la paupière, ou la supérieure, est gaufrée. Les narines, dont l'ouverture est dirigée en arrière, sont situées, une de chaque côté, derrière la plaque rostrale, et les écailles qui les entourent n'offrent pas un plus grand diamètre que celles des régions voisines. Le bout du menton n'est pas non plus protégé par des scutelles plus développées que les plaques labiales.

Cette seconde division de nos Ptyodactyles correspond au genre *Uroplatus* de Fitzinger, et à celui de *Rhacoessa* de Wagler et de M. Wiegmann.

2. LE PTYODACTYLE FRANGÉ. *Ptyodactylus fimbriatus.* Cuvier.

(*Voyez* pl. 33, fig. 4.)

CARACTÈRES. Pattes demi-palmées, corps garni horizontalement d'une bordure déchiquetée ; queue déprimée, élargie par une large membrane entière, arrondie à son extrémité terminale.

SYNONYMIE. *Famocantrata.* Flacourt. Hist. Madag. pag. 155.

La Tête plate. Lacép. Hist. Quad. ovip. tom. 1, p. 425, pl. 30.

Stellio fimbriatus. Schn. Amph. Phys. part. 2, pag. 32.

Lacerta fimbriata. Donnd. Zool. Beitr. tom. 3, pag. 138.

Gecko fimbriatus. Latr. Rept. tom. 2, pag. 54.

Fimbriated Gecko. Shaw. Gener. Zoolog. tom. 3, pag. 272, tab. 78, fig. 2.

Gecko fimbriatus. Daud. Hist. Rept. tom. 4, pag. 160, tab. 52.

Gecko fimbriatus. Bosc. Nouv. Dict. d'Hist. natur. tom. 12, pag. 513.

Gecko fimbriatus. Merr. Amph. pag. 40.

Le Gecko frangé. Bory de Saint-Vincent, Dict. class. d'Hist. nat. tom. 7, pag. 183.

Le Gecko frangé. Cuv. Règ. anim. tom. 2, pag. 56.

The fringed Gecko. Griff. Anim. Kingd. tom. 9, pag. 149.

Gecko fimbriatus. Schinz. natur. Abbild. Rept. pag. 74, tab. 17.

DESCRIPTION.

FORMES. La tête d'aucune espèce de Geckotien n'est aussi déprimée que celle du Platydactyle frangé. Son contour horizontal représente la figure d'un triangle isocèle, dont le sommet serait faiblement arrondi. Les tempes sont renflées et les yeux énormes. L'espace interoculaire forme la gouttière ; le front est parfaitement plan, bordé de chaque côté d'une faible carène rectiligne qui se prolonge, en se courbant, jusqu'au-dessus de l'ouverture nasale. En dehors de cette carène, qui est la continuation de la crête formée par le bord orbitaire supérieur, la surface du museau offre un plan très incliné, et en dedans de sa portion arquée une surface horizontale, surmontée d'une double saillie médiocrement longitudinale, séparant deux enfoncemens ovalaires. Les ouvertures externes des narines regardent en arrière ; elles sont situées latéralement, et sous une espèce de voûte recouverte par une portion du pavé d'écailles polygones et plates qu'on remarque sur le bout du museau, qui est légèrement creusé. La plaque rostrale est quadrilatérale, plus large que haute, ayant son bord postérieur curviligne. On compte trente-quatre scutelles labiales à sa droite, et un égal nombre à sa gauche. Il y en a soixante-douze tout autour de la mâchoire inférieure. Le nombre des dents est de plus de cent dix à chaque mâchoire. Elles sont courtes, fortes, serrées et à pointe obtuse. L'orifice externe du conduit auditif est médiocre, simple et sub-ovale. La longueur des membres est moins considérable que chez le Ptyodactyle d'Hasselquist : elle égale la totalité de celle du tronc pour les pattes de derrière, et les trois quarts seulement pour les pattes de devant. Les doigts sont déprimés sur toute leur étendue; mais ils ne sont dilatés en disque qu'à leur extrémité terminale. Ce disque a la forme d'un ovale court, échancré antérieurement. Les lamelles en éventail qui en garnissent la surface inférieure sont au nombre de dix paires. Le dessous des doigts, en arrière de leur disque, est garni de petites écailles carrées, disposées en pavé. Ces mêmes doigts antérieurs et postérieurs sont réunis, dans la moitié de leur longueur, par une membrane large et élastique. Chacun d'eux est pourvu d'un ongle crochu et très rétractile que l'animal a la faculté de retirer complétement dans une gaîne dont l'ouverture est située sous l'extrémité digitale, au fond de l'échancrure qui y existe. La queue, qui n'entre guère que pour les deux cinquièmes dans la longueur totale du corps, a quelque ressemblance, pour la forme, avec celle du Castor. C'est comme une feuille allongée, s'élargissant davantage à mesure qu'elle se rapproche de son extrémité. Elle est par conséquent déprimée, mais néanmoins pas tout-à-fait plate. Cet élargissement de la queue du Ptyodactyle frangé est dû à la présence sur ses côtés d'une membrane trés dilatée dont les surfaces supérieure et inférieure sont revêtues, ainsi que le corps de la queue lui-même, de petites écailles carrées, plates et lisses. Cette queue n'est pas la seule partie du corps qui offre une semblable bordure; toutes les autres, sans même en excepter les membres, sont élargies de la même manière, c'est-à-dire que le contour horizontal de l'animal est garni d'une frange moins grande que la membrane caudale, et ses bords ne sont pas entiers, mais déchiquetés, ou offrant des dentelures irrégulières, qui elles-mêmes sont denticulées. La portion supérieure de la paupière, laquelle est légèrement gaufrée, se trouve aussi avoir son bord libre un tant soit peu découpé. Des écailles en pavé, carrées, polygones, en un mot semblables à celles de la queue, se montrent sur toutes les autres parties du corps. Au milieu de ces écailles sont épars, sur les régions dorsales et fémorales, de petits tubercules arrondis qui, lorsque l'animal est jeune, sont répandus jusque sur la tête et la totalité de la surface supérieure des membres.

Coloration. En dessus, il règne une teinte fauve ou roussâtre, quelquefois uniforme, d'autres fois offrant, soit des veinures, soit des marbrures, ou bien des raies ou même des bandes transversales brunes. Nous avons un individu dont la tête est nuancée de fauve et de marron. Un jeune sujet nous montre ses parties supérieures veinées de noir, sur un fond blanchâtre. La première de ces deux couleurs forme, sur les fesses, des vermiculations comme on en voit sur les mêmes parties de presque toutes les espèces de grenouilles et de rainettes. Ces différens modes de coloration viennent en quelque sorte confirmer ce que les voyageurs ont rapporté touchant cette espèce, qu'elle a la faculté de chauger de couleur comme les Caméléons.

Dimensions. *Longueur totale*. 30" 2'". *Tête*. Long. 5" 5'"; haut. 2"; larg. 4". *Cou*. Long. 1" 7'". *Corps*. Long. 11" 5'". *Memb. antér*. Long. 7". *Memb. postér*. Long. 10". *Queue*. Long, 11" 5'".

Patrie. Cette espèce paraît être particulière à l'île de Madagascar. Notre collection en renferme une belle suite d'échantillons de tous âges, de la plus grande partie desquels on est redevable à deux savans médecins naturalistes, MM. Quoy et Gaimard. MM. Sganzin et Bernier ont aussi, chacun de leur côté, beaucoup contribué à compléter cette suite.

Nous ne voudrions pas assurer que le Ptyodactyle frangé vive aussi au Sénégal, ainsi que l'ont avancé Lacépède et Daudin, d'après, disent-ils, le témoignage d'Adanson; mais ils ne citent rien à l'appui de ce témoignage; et nous n'avons nous-mêmes rien trouvé, ni dans les écrits de ce voyageur, ni dans les objets de notre Musée provenant de sa collection, qui puisse nous le faire admettre.

Observations. Le premier livre dans lequel cette remarquable espèce de Geckotiens se trouve mentionnée, est l'histoire de Madagascar, publiée par Flacourt en 1658. La description qu'en donne ce voyageur, bien que fort incomplète, suffit néanmoins pour faire reconnaître l'animal dont il a voulu parler. Il nous apprend que les Madécasses le nomment *Famocantrata*, et qu'il se nourrit exclusivement d'insectes. C'est, du reste, ce que confirment les observations faites également à Madagascar, et communiquées à Lacépède par Bruguières, qui s'accorde à dire, avec Flacourt, que ce Saurien a l'habitude de se tenir appliqué contre l'écorce des arbres. Il ajoute même que pendant la pluie on le voit sauter de branche en branche. Ceci, il faut bien l'avouer, a lieu d'étonner de la part d'un lézard dont presque toute l'organisation extérieure, c'est-à-dire la palmure des pattes, la forme aplatie de la queue, et jusqu'aux membranes qui le bordent, dénotent au contraire des habitudes aquatiques. Lacépède a fait graver, dans son histoire des Quadrupèdes ovipares, une figure de ce Geckotien, laquelle n'a d'autre mérite que de donner une idée de l'ensemble de ses formes. Au reste, c'est encore le seul dessin original que nous ayons à citer. Daudin, Shaw et plusieurs autres auteurs l'ont reproduit dans leurs ouvrages.

3. LE PTYODACTYLE RAYÉ. *Ptyodactylus lineatus*. Nobis.

(*Voyez* pl. 31, fig. 1-3.)

Caractères. Pattes demi-palmées; un simple pli de la peau le long de chaque flanc. Queue arrondie, bordée latéralement d'une membrane qui se termine en pointe.

DESCRIPTION.

Formes. La tête du Ptyodactyle rayé est moins élargie, et par conséquent plus effilée que celle du Ptyodactyle frangé. La face n'est pas non plus tout-à-fait aussi déprimée. L'espace inter-oculaire ne forme point la gouttière comme dans cette dernière espèce; mais le museau présente aussi, seulement d'une manière moins prononcée, deux arêtes latérales qui prennent naissance au bord antérieur de l'œil, et qui sont légèrement arquées en dehors, dans une portion de leur étendue. De chaque côté de cette double saillie médio-longitudinale et en arrière des narines, il existe un faible enfoncement de figure ovale. Les orifices nasaux ressemblent exactement à ceux de l'espèce précédente; mais la plaque rostrale est rectangulaire, moins haute ou plus dilatée en travers. A sa droite comme à sa gauche, on compte vingt-cinq scutelles labiales de figure quadrilatérale oblongue, de même que celle de la lèvre inférieure sur le contour de laquelle il en adhère cinquante. Les dents, ainsi que les ouvertures auriculaires, ne diffèrent pas de celles du Ptyodactyle frangé. La portion supérieure du cercle palpébral est la seule qui saille en dehors de l'orbite. Elle est remarquable en ce qu'elle est faiblement gaufrée, et que son bord donne naissance à quelques petites pointes molles, parmi lesquelles on en observe une beaucoup plus longue que les autres, et qui est en outre revêtue d'écailles semblables à celles du reste de la paupière. Les membres sont extrêmement grêles et relativement plus courts que dans les deux espèces que nous avons décrites précédemment. Couchées le long des flancs, les pattes de derrière n'atteignent pas aux aisselles, et c'est à peine si celles de devant arrivent aux deux tiers de la longueur du tronc.

Les doigts n'ont rien qui les distingue de ceux du Ptyodactyle frangé, si ce n'est cependant leur échancrure terminale, qui est peut-être un peu plus prononcée. La queue offre à peu près la même longueur, mais non la même forme. Elle est réellement arrondie au lieu d'être déprimée, et rétrécie en arrière au lieu de l'être en avant. La membrane flottante et entière qui la borde latéralement est aussi moins dilatée. C'est la seule qu'on remarque sur les parties du corps du Ptyodactyle rayé. Un simple repli de la peau paraît cependant en tenir lieu le long des flancs, sur la ligne qui conduit directement de l'aisselle à la région inguinale. Une seule sorte d'écailles revêt toutes les parties du corps, autres que les doigts et le tour de la bouche. Ces écailles sont fort petites, polygones, plates, juxta-posées ou en pavé. Les côtés extérieurs des disques digitaux offrent de petites dentelures penchées en avant. Il y a deux pores contigus sur le bord postérieur du cloaque ; mais on n'en voit ni sur la région anale, ni sous les cuisses.

Coloration. Les couleurs du seul individu appartenant à cette espèce que nous ayons été dans le cas d'observer, paraissent avoir été détruites par suite de son séjour dans l'alcool. Il est tout entier d'un blanc jaunâtre, offrant sur ses parties supérieures cinq ou six lignes brunâtres qui s'étendent parallèlement à peu d'intervalle les unes des autres, depuis la tête jusqu'à la naissance de la queue.

Dimensions. *Longueur totale*. 22" 9'". *Tête*. Long. 3" 7'"; haut. 1" 4'" ; larg. 2" 3'". *Cou*. Long. 1" 2'". *Corps*. Long. 9". *Memb. antér*. Long. 5". *Memb. postér*. Long. 7". *Queue*. Long. 9".

Patrie. Nous ignorons quelle est la patrie du Ptyodactyle rayé; car l'étiquette de l'exemplaire déposé depuis long-temps dans notre Musée n'indique en aucune manière le pays d'où il a été envoyé.

Observations. Cette espèce, bien distincte de la précédente, l'est certainement aussi de la suivante, ou du Ptyodactyle de Feuillée, sur la queue duquel règne une crête verticale, qui se prolonge en avant sur le dos. Nous ne faisons cette remarque que parce que M. Cuvier avait étiqueté l'individu que nous venons de décrire comme étant de la même espèce que le Ptyodactyle de Feuillée,

4. LE PTYODACTYLE DE FEUILLÉE. *Ptyodactylus Feuillæi.* Nobis.

Caractères. Pattes demi-palmées. Flancs non garnis de membranes. Une bordure festonnée de chaque côté de la queue, laquelle est, ainsi que le dos, surmontée d'une crête membraneuse.

Synonymie. *Salamandre aquatique et noire.* Feuill. Journ. des Observ. phys. mathém. etc. tom. 1, pag. 319.

Lacerta caudiverbera. Linn. Syst. Natur. pag. 359, n° 2.

Caudiverbera Peruviana. Laurent. Synops. Rept. pag. 43.

Lacerta caudiverbera. Gmel. Syst. Nat. pag. 1058, n° 2.

Caudiverbera Peruviana. Shaw. Gener. Zool. tom. 3, pag. 277.

Gecko cristatus. Daud. Hist. Rept. tom. 4, pag. 167.

Gecko caudiverbera. Merr. Amph. pag. 40.

Le Fouette-Queue Bory de Saint-Vinc. Dict. class. d'Hist. nat. tom. 7, pag. 183.

Le Fouette-Queue ou *Gecko du Pérou.* Cuv. Règ. anim. tom. 2, pag. 52.

The Peruvian Gecko. Griff. Anim. Kingd. tom. 9, pag. 149.

DESCRIPTION.

Formes. La tête est épaisse et le museau pointu. Fort ouvertes et placées l'une à droite, l'autre à gauche de ce dernier, les narines sont bordées chacune par un grand cercle charnu, que l'animal ouvre et ferme de temps à autre, de même que si c'était deux paupières. Les mâchoires sont ornées chacune d'une rangée de petites dents pointues et un peu crochues. La langue est épaisse, large, vermeille, et entièrement attachée au plancher inférieur de la bouche. Ce Ptyodactyle peut gonfler sa gorge de manière à la faire ressembler extérieurement à un gros goître. Les yeux sont grands, plus longs que larges, et couverts par deux paupières aussi très developpées. De même que chez les grenouilles, les membres antérieurs sont beaucoup plus courts que ceux de derrière. Ils se terminent tous quatre par cinq doigts qu'une membrane réunit entre eux dans les deux tiers de leur longueur; l'extrémité de chacun de ces doigts est dilatée en un large disque arrondi et surmonté d'une crête qui tient lieu d'ongle, dit Feuillée, mais qni probablement est une saillie produite par l'ongle lui-même, placé au fond d'une fissure existant sous le bout du doigt, ainsi que cela se remarque chez plusieurs Geckotiens, et particulièrement chez les Ptyodactyles. Le corps est étroit vers la poitrine, et au contraire élargi et comme renflé vers sa partie moyenne. On compte quatorze ou quinze paires de côtes. La queue entre pour la moitié à peu près dans la longueur totale du corps; elle est étroite et ronde à sa naissance, s'élargissant ensuite peu à peu, de manière à présenter une forme assez semblable à celle d'un aviron arrondi à son extrémité. Cet élargissement de la queue est produit par le développement, sur chacun de ses bords, d'une membrane offrant des festons ou des dentelures arrondies. Cette même queue se trouve surmontée d'une crête membraneuse, qui prenant naissance sur le front et se continuant sur le dos, se prolonge jusqu'à son extrémité, en augmentant graduellement de hauteur. La peau est revêtue de petits grains squammeux qui la rendent chagrinée, comme celle du Caméléon vulgaire.

Coloration. Ce Geckotien est peint d'un noir tirant sur le bleu d'indigo, excepté cependant sur les paupières et sous le ventre, où ce noir, en devenant plus clair, prend une teinte ardoisée. L'iris est jaune safran et la pupille d'un bleu foncé.

Dimensions. *Longueur totale.* 45" 5"'.

Patrie. Cette espèce est originaire du Chili, où elle a été découverte par le père Feuillée, dans une source d'eau vive, à peu de distance de la ville de la Conception.

Observations. Elle est, à ce qu'il paraît, fort rare, car elle n'a été rencontrée depuis par aucun voyageur, pas même par Molina, qui en parle comme s'il l'avait vue, mais qui n'a point assez changé les termes de sa description, pour qu'on ne s'aperçoive

25.

de suite que c'est une simple copie de celle de Feuillée, que nous avons nous-mêmes reproduite ici. Cette description, sans être très détaillée, suffit néanmoins, ainsi que la figure qui l'accompagne, laquelle n'est pas non plus très bonne, pour faire reconnaître, non-seulement que le Saurien qui en est le sujet appartient au genre Ptyodactyle, mais encore qu'il est bien distinct des deux autres espèces à queue plate, que nous avons pu observer en nature. Nous devons répéter ici ce que nous avons déjà dit à l'article de l'Hémidactyle de Séba, que plusieurs auteurs, au nombre desquels se trouvent Linné et Daudin en particulier, ont eu le tort de citer sous le même nom, c'est-à-dire comme étant de la même espèce que la Salamandre noire de Feuillée, ou notre *Ptyodactylus Feuillœi*, tandis que la Salamandre d'Arabie de Séba est notre *Hemidactylus Sebæ*, qu'à la seule inspection des doigts on reconnaît pour être génériquement différens.

IVe GENRE. PHYLLODACTYLE. — *PHYLLODACTYLUS*. Gray.

(*Phyllodactylus* et *Diplodactylus* de Gray et de Wiegmann; *Spheriodactylus* de Cuvier et de Wagler, au moins en partie.)

Caractères. Tous les doigts garnis d'ongles, dilatés à leur extrémité libre en un disque subtriangulaire, offrant en dessous une surface unie, plane ou convexe; mais toujours creusée sur la longueur par un sillon médian au fond duquel l'ongle est logé et paraît être enfoncé.

Le genre Phyllodactyle a été établi par M. Gray pour y ranger toutes les espèces de Geckotiens dont les doigts sont dilatés à leur extrémité et offrent là en dessous une face plate, lisse, partagée longitudinalement par une ligne enfoncée au devant de laquelle l'ongle est caché. Nous y avons réuni les Diplodactyles du même auteur qui ne diffèrent des Phyllodactyles qu'en ce que la face inférieure de la portion dilatée du doigt, au lieu d'être plane, semble garnie de deux petits tubercules, placés, l'un à droite, l'autre à gauche de la fissure ou du sillon dont nous venons de parler (1).

On ne peut confondre les Phyllodactyles, qui ont les doigts élargis dans toute leur longueur, ni avec les Hémidactyles qui n'offrent cette dilatation que dans la portion basilaire ou radicale. Ils se distinguent aussi très bien des Ptyodactyles par cela seul qu'ils manquent, sous le bout des doigts, de feuillets imbriqués, disposés comme les touches d'un éventail étalé ; et des Sphériodactyles en ce qu'ils ont de plus qu'eux des ongles et une fissure sous le disque élargi qni termine leurs doigts.

Les Phyllodactyles, au moins ceux que nous avons pu observer, ont tous l'ouverture de la pupille verticale, le bord inférieur de la paupière rentré dans l'orbite et les narines situées, l'une à droite, l'autre à gauche de l'extrémité du museau. Aucun d'eux n'a de pores fémoraux, ni un second rang de plaques derrière celui que forment les labiales inférieures. Ces Geckotiens ont des écailles carrées ou arrondies disposées par anneaux ou en verticilles autour de la queue. Tous, un seul excepté dont le cou est légèrement étranglé, ont cette partie du corps arrondie et confondue avec la tête et le tronc. Il résulte de cette conformation que leur physionomie est la même que celle des Platydactyles Homolépidotes. La plupart ont les écailles qui garnissent la superficie du corps uniformes ou égales entre elles, quelques-uns offrent des tubercules carénés.

La partie dilatée de leurs doigts constitue une sorte de disque ou d'élargissement triangulaire en arrière duquel on remarque en dessous une suite de petites lames transver-

(1) *Voyez* dans l'atlas de cet ouvrage la planche 33, n° 5.

sales entières et non imbriquées chez le plus grand nombre des espèces ; mais qui, chez quelques-unes, sont entuilées et échancrées en chevrons sur le bord antérieur.

Un de ces Phyllodactyles que nous avons nommé *Strophure*, a la faculté de rouler en dessous l'extrémité de sa queue, à peu près comme le font les Caméléons. C'est une particularité qui n'a été jusqu'ici observée dans aucune espèce de Geckotiens, et qui probablement sert à l'animal comme d'une cinquième patte pour se soutenir suspendu aux branches des arbres sur lesquels il grimpe.

Notre genre Phyllodactyle comprend une partie des Sphériodactyles de Cuvier et de Wagler (1) ; les Phyllodactyles et les Diplodactyles de Gray : deux genres qui ont été adoptés et augmentés chacun d'une espèce qui y a été inscrite par M. Wiegmann. Le nombre de celles que nous allons faire connaître est de huit ; c'est-à-dire trois de plus que n'en ont décrit les erpétologistes. En voici le tableau synoptique.

---

(1) Puisque l'occasion s'en présente, nous croyons devoir faire remarquer ici que Wagler, tout en adoptant le genre proposé par Cuvier et en lui assignant les mêmes caractères, a changé sans motif valable, le nom qu'il cite, et selon nous fort à tort. Il l'appelle *Sphœrodactylus* : ce qui d'après l'étymologie signifierait doigt globuleux; tandis que le créateur du mot *Spheriodactyle* a eu certainement l'intention d'exprimer que le doigt est coupé en rond ; qu'il a son pourtour arrondi : ce qu'expriment en effet les deux mots grecs : Σφαìρίον un disque plat et Δάκτυλος le doigt. C'est un léger reproche auquel Wagler s'est au reste moins souvent exposé que Merrem et plusieurs autres erpétologistes.

TABLEAU SYNOPTIQUE DES ESPÈCES DU GENRE PHYLLODACTYLE.

Disques des doigts					
plats en dessous, à lames	échancrées en chevrons				1. P. De Lesueur.
	entières : corps à écailles	égales ; en avant du cloaque	des écailles		2. P. Porphyré.
			une place nue		3. P. Gymnopyge.
		inégales : extrémité de la queue	droite : tubercules	ovales, carénés.	4. P. Tuberculeux.
				triangulaires.	5. P. Gentil.
			roulée en dessous		6. P. Strophure.
convexes en dessous : cloaque précédé d'	une grande plaque en cœur.				7. P. Gerrhopyge.
	écailles semblables aux autres.				8. P. A bande.

1. PHYLLODACTYLE DE LESUEUR. *Phyllodactylus Lesueurii.* Nobis.

Caractères. Lames sous-digitales en chevrons. Une suite de rhombes bruns sur le dos.

DESCRIPTION.

Formes. Cette espèce a les tempes légèrement renflées, le cou gros, arrondi et la queue sub-fusiforme, c'est-à-dire pointue au bout et plus grosse au milieu qu'à sa base. Quoique déprimée, elle est fort épaisse et arrondie latéralement. La longueur des pattes postérieures est égale aux deux tiers de l'étendue longitudinale du tronc; celle des antérieures, à la moitié seulement. Les pouces sont d'un tiers plus courts que les seconds doigts; le cinquième est aussi moins long que le quatrième; mais les trois autres ont à peu près la même longueur. En dessous, tous les doigts offrent trois ou quatre lames en chevrons, fort épaisses, situées entre celles de la portion basilaire, qui sont rectangulaires, et les deux petites plaques qui garnissent la face inférieure de l'extrémité digitale. En dessus comme en dessous, la queue, qui varie de longueur, est garnie de petites écailles carrées, disposées par verticilles. Ce sont des lamelles écailleuses hexagonales et plates, qui revêtent le ventre et le dessous des membres; mais la peau de la gorge est couverte de petits grains qui deviennent plus gros à mesure qu'ils approchent du menton. On peut observer des grains en quinconces qui tapissent les régions supérieures des autres parties du corps.

Les ouvertures nasales sont situées aux deux angles supérieurs de la plaque rostrale. En bas, elles touchent au bord supérieur de la première labiale; en haut, à une des deux plaques carrées qui couvrent le museau; en arrière, elles sont bornées par deux écailles convexes, un peu moins petites que celles qui les suivent. On voit deux pores percés dans la peau sur le bord postérieur du cloaque.

Coloration. Les parties supérieures sont fauves avec quelques traits bruns sur les membres; mais ce qui caractérise surtout cette espèce, c'est d'offrir la figure d'une chaîne formée par des losanges bruns, placés les uns à la suite des autres, et cela depuis le dessus de la tête jusqu'à l'extrémité de la queue. Les jeunes sujets ont une bande fauve le long du rachis, laquelle est bordée d'une ligne anguleuse brune. Les côtés du dos et les flancs sont brun-marron, semés de points blancs.

DIMENSIONS. *Longueur totale.* 9" 6'''. *Tête.* Long. 1" 5'''; haut. 5'''; larg. 1". *Cou.* Long. 8'''. *Corps.* Long. 3" 5'''. *Membr. antér.* Long. 1" 5'''. *Membr. post.* Long. 2". *Queue.* Long. 3" 8'''.

PATRIE. Ce Phyllodactyle vit à la Nouvelle-Guinée et à la Nouvelle-Hollande. La collection en renferme depuis long-temps des échantillons rapportés de ce dernier pays par Péron et Lesueur, où il en a été recueilli d'autres, ainsi que dans le premier, par MM. Quoy et Gaymard.

2. LE PHYLLODACTYLE PORPHYRÉ. *Phyllodactylus porphyreus.* Nobis.

(*Voyez* pl. 33, n° 5.)

CARACTÈRES. Lamelles sous-digitales transverso-rectangulaires, plaque mentonnière aussi peu dilatée que les labiales; de figure triangulaire et à sommet tronqué. Dos à écailles granuleuses, marbré ou piqueté de brun sur un fond fauve.

SYNONYMIE. *Gecko porphyreus.* Daud. Hist. Rept. tom. 4, pag. 130.

Gecko phorphyreus. Merr. Amph. pag. 43.

Le Gecko porphyré. Cuv. Reg. anim. tom. 2, pag. 57.

Sphærodactylus porphyreus. Wagl. Amph. pag. 143.

DESCRIPTION.

FORMES. Cette espèce ressemble à la précédente par l'ensemble de ses formes. Ce qui l'en distingue particulièrement, c'est de n'avoir point de lamelles sous-digitales en chevrons. Toutes celles qu'on y voit sont quadrangulaires. Les narines sont situées et entourées de la même manière que celles du Phyllodactyle de Lesueur. L'écaillure du corps ne diffère pas non plus de celle de ce dernier.

COLORATION. Il n'existe donc plus entre eux d'autres différences que dans le mode de leur coloration. Chez l'espèce qui fait le sujet de cette description, il se compose à peu près des mêmes couleurs que chez le Phyllodactyle de Lesueur, seulement les teintes sont autrement distribuées. Le brun y domine davantage, et s'y montre sous la forme de marbrures ou de vermiculations assez dilatées, ou bien il n'y est distribué que par petits points.

Dimensions. *Longueur totale.* 10". *Tête.* Long. 1" 3'"; haut. 5'"; larg. 8'". *Cou.* Long. 8'". *Corps.* Long. 3". *Memb. antér.* Long. 1" 5'". *Memb. post.* Long. 1" 8'". *Queue.* Long. 5" 2'".

Patrie. Il faut que cette espèce appartienne à la fois à l'Afrique et à la Nouvelle-Hollande ; car il nous a été impossible de trouver la moindre différence entre des individus recueillis au Cap par Delalande, ou à Madagascar par MM. Quoy et Gaymard, et d'autres rapportés de Port-Jackson par Péron et Lesueur. Daudin a signalé cette espèce comme venant d'Amérique, mais c'est certainement par erreur ; car le seul individu qu'il a observé fait encore aujourd'hui partie de notre collection, et rien sur l'étiquette que porte le bocal n'indique qu'il ait été envoyé de ce pays.

Observations. Cette espèce, décrite pour la première fois par Daudin, sous le nom de *Gecko porphyreus,* avait été placée par Cuvier dans son genre Sphériodactyle, d'où nous avons nécessairement dû la retirer pour la ranger parmi les Phyllodactyles, sa véritable place. C'est à tort que M. Gray cite ce même *Gecko porphyreus* de Daudin comme étant de la même espèce que son *Phyllodactylus pulcher;* car celui-ci est couvert de tubercules, tandis que celui-là n'en offre pas un seul.

3. LE PHYLLODACTYLE GYMNOPYGE. *Phyllodactylus gymnopygus.* Nobis.

Caractères. Doigts grêles, à plaques sous-digitales rectangulaires. Une surface triangulaire dénuée d'écailles au devant de l'anus.

Synonymie ?

DESCRIPTION.

Formes. Cette espèce a quelque chose de plus svelte, de plus élancé que les deux précédentes. Sous ce rapport, elle tient un peu des Gymnodactyles. Ce qui la caractérise le mieux, c'est l'absence complète d'écailles sur une surface triangulaire, comprise entre le bord anal et les cuisses. A cet endroit, la peau est tout-à-fait nue. La tête se présente sous la forme d'un triangle isocèle allongé. Le museau, arrondi en dessus, et légèrement déprimé à son extrémité, de chaque côté de laquelle sont situées les narines. Celles-ci sont ovales et circonscrites en avant par une partie de la plaque rostrale et de la première labiale, et en arrière par deux scutelles anguleuses. La plaque rostrale est très dilatée, repliée sur le museau, et pentagone dans sa forme. Un sillon longitudinal la partage par le milieu, et l'on voit que la partie la plus avancée sur le museau forme un angle, dont le sommet est faiblement échancré. On ne compte que huit plaques labiales de chaque côté de la rostrale, celle d'entre elles qui touche à cette plaque est rectangulaire, de même que les six dernières; mais elle est plus basse que la seconde, qui est pentagonale. Il n'y a non plus que seize labiales inférieures, huit à droite et huit à gauche de la lame écailleuse qui se trouve appliquée sur le bout de la mâchoire. Cette plaque de figure ovo-subtriangulaire occupe sous le menton un espace plus long que large. L'ouverture du conduit auditif est simple et ovale. Le bord inférieur de la paupière est rentré dans l'orbite. Les doigts sont grêles et garnis en dessous de petites lames transverses, depuis leur base jusqu'à la plaque échancrée qui les termine. La queue est arrondie dans toute son étendue; elle finit en pointe extrêmement fine. De petites écailles granuleuses recouvrent la tête et le cou. Il y en a d'ovales et plates sur le dos; de carrées, disposées en verticilles autour de la queue, et d'imbriquées, ayant une forme rhomboïdale sous le ventre et sur les membres. Celles qui revêtent la gorge sont sub-circulaires et en pavé. On ne voit de pores ni sur les cuisses ni au devant de l'anus.

Coloration. Le dessous de l'animal est entièrement blanc; mais ses parties supérieures offrent une teinte fauve ou couleur de chair vermiculée de brun sur la tête, nuagé de la même couleur sur le dos et les membres, et piqueté de brunâtre sur la queue. Cette couleur forme encore quatre bandes appliquées en long, deux sur le milieu et une sur chaque côté du museau. La paupière est blanche. Nous avons un jeune sujet sur le dos dnquel le brun forme comme des bandes transversales, de même que sur la région supérieure de la queue.

Dimensions. *Longueur totale*. 8" 9'". *Tête*. Long. 1" 3'"; haut. 4'"; larg. 8'". *Cou*. Long. 4'". *Corps*. Long. 3'". *Memb. antér*. Long. 1" 5'". *Memb. postér*. Long. 2'". *Queue*. Long. 4" 2'".

Patrie. Ce Phyllodactyle est encore la seule espèce américaine que nous connaissions. La collection en renferme deux individus qui ont été recueillis au Chili par M. Dorbigny.

4. LE PHYLLODACTYLE TUBERCULEUX. *Phyllodactylus tuberculosus.* Wiegmann.

Caractères. Dessus du corps garni de douze ou quatorze rangées longitudinales de tubercules ovales et carénés. Plaque du dessous du menton pentagone, très dilatée.

Synonymie. *Phyllodactylus tuberculosus.* Wiegm. Beitr. zur Zool. Act. Acad. Cæs. Leop. Carol. Nat. Cur. tom. 17, part. 1, pag. 241, tab. 18, fig. 2.

DESCRIPTION.

Formes. Cette espèce a le crâne et le museau recouverts d'écailles arrondies, convexes, uniformes et disposées en pavé. Sur l'occiput on en voit de semblables pour la forme, mais d'un plus petit diamètre, et entremêlées de quelques autres un peu plus dilatées, de figure ovale et carénées. Les ouvertures externes des narines sont ovalaires, et situées aux deux angles supérieurs d'une grande plaque rostrale. Quelques petites scutelles subquadrilatérales garnissent le dessus du museau. La plaque qui se trouve appliquée sur le bout du maxillaire inférieur est ovo-pentagonale et repliée sous le menton. A sa droite et à sa gauche, se voit une scutelle à cinq pans, derrière laquelle il en existe quatre ou cinq autres plus petites, disposées sur une ligne transversale. On compte neuf plaques labiales de chaque côté en haut, et huit aussi de chaque côté en bas. Ce sont de petites écailles circulaires et lisses qui revêtent le dessus du dos, sur lequel se montrent douze ou quatorze rangées longitudinales de tubercules ovales fortement carénés. Les petites plaques écailleuses qui protégent le ventre sont hexagonales, affectant néanmoins une figure circulaire; celles des parties latérales de la queue ressemblent à des ovales tronqués. Elles sont carénées, et parmi elles s'en mêlent quelques-unes de plus petites, qui ont l'air de former des bandes transversales. La queue est arrondie et terminée en pointe assez grêle. Sous la région inférieure, sont appliquées des plaques polygones ovales, dilatées en travers, formant une bande longitudinale. Il n'existe point de pores fémoraux.

Coloration. Un gris clair, tacheté de gris noirâtre, règne sur les parties supérieures, tandis que les régions inférieures sont blanchâtres, La queue offre des anneaux dc la même couleur que les taches du dos.

Dimensions. Nous ne pouvons pas les indiquer d'une manière positive, n'ayant pas eu ce Saurien sous les yeux.

Patrie. Ce Phyllodactyle est originaire de Californie.

Observations. Nous ne le connaissons point en nature. La description qu'on vient de lire est une traduction de celle que M. Wiegmann a publiée dans un mémoire inséré dans les Actes des Curieux de la nature, de Berlin, et où il a fait l'histoire des Reptiles recueillis par M. Meyen, pendant le cours d'un voyage autour du monde.

5. PHYLLODACTYLE GENTIL. *Phyllodactylus pulcher*. Gray.

(*Voyez* pl. 33, n° 7.)

Caractères. Dos garni de tubercules triangulaires.

Synonymie. *Phyllodactylus pulcher*. Gray, Spicilegia Zool. part. 1, pag. 3, tab. 3, fig. 1, *a* et *b*.

DESCRIPTION.

Formes. La partie supérieure du corps et des membres est revêtue de larges tubercules à trois faces. La poitrine et l'abdomen offrent des écailles élargies, triangulaires, lisses et imbriquées. La gorge est couverte de petits grains squammeux.

Les membres sont courts, mais robustes, et les plaques labiales assez grandes. La rostrale est très dilatée en travers.

Coloration. Ce Geckotien offre des marbrures brunes sur un fond blanchâtre.

Dimensions. *Tête.* Long. 2" 5"'. *Corps.* Long. 4" 8"'. *Queue?*

Observations. Ces détails, empruntés à M. Gray, sont les seuls que nous soyons dans le cas de donner sur cette espèce, qui ne nous est pas connue en nature.

6. LE PHYLLODACTYLE STROPHURE. *Phyllodactylus strophurus*. Nobis.

(*Voyez* pl. 32, fig. 1.)

Caractères. Parties supérieures grises, clair-semées de tubercules blancs. Queue arrondie ayant l'extrémité enroulée en dessous.

DESCRIPTION.

Formes. La tête est épaisse. L'on peut dire de son contour horizontal qu'il est plutôt ovale que triangulaire. Le museau est court, convexe, arrondi en avant et presque aussi large que l'occiput. Les narines sont percées chacune à l'un des angles supérieurs et latéraux de la plaque rostrale. Cette plaque constitue donc une partie de leur contour, lequel est complété par la première labiale et trois petites plaques carrées. La plaque rostrale, plus dilatée dans son sens transversal que dans le vertical, offre cinq côtés, dont deux forment sur le dessus du museau un angle à sommet échancré. Douze plaques carrées adhèrent aux lèvres de chaque côté. Il en existe une de forme triangulaire et d'un très petit diamètre, à l'extrémité de la mâchoire inférieure. Les yeux sont très ouverts. La partie de la paupière qui est la continuation de la voûte orbitaire, a son bord garni de légers tubercules dont quelques-uns ressemblent à de petits cônes très pointus. Les doigts sont fort aplatis, et garnis en dessous de lamelles transversales minces et échancrées en cœur en avant. La queue n'a guère en longueur que les deux tiers de celle du reste du corps. Elle est arrondie, et se termine brusquement en une pointe, qui peut se recourber ou s'enrouler en dessous, comme cela se voit chez une espèce d'Agame, et plus évidemment encore chez les Caméléons. Cette queue, du reste, paraît très flexible et bien moins susceptible de se casser que celle des autres Geckotiens. La peau de ce Phyllodactyle est revêtue de très petites écailles, égales et plates sur les régions inférieures du corps; écailles qui sont hexagonales sous les membres, et subcirculaires sous le ventre et sous la gorge, où le long du bord des branches du maxillaire on n'en voit pas de plus dilatées que les autres, ainsi que cela se remarque souvent chez les Geckotiens. Quelques-unes des écailles garnissant la surface de la tête sont légèrement convexes. Celles du dessus et des côtés du corps sont plates, clair-semées de petits tubercules peu élevés, ou bien d'écailles circulaires d'un diamètre trois fois plus grand que celui des autres. Sur le dessus de la queue, on voit successivement, depuis sa racine jusqu'aux deux tiers de sa longueur, deux rangs transversaux de tubercules, et deux rangs de très petits grains squammeux; mais à partir de cet endroit les rangs de grains augmentent de plus en plus jusqu'à la pointe caudale. La paume des mains et la plante des pieds sont granuleuses.

Coloration. Tout le dessus du corps offre un gris cendré, relevé par le blanc qui colore les petits tubercules du dos. Des piquetures noires se laissent apercevoir sur les membres et sur les parties latérales de la queue, aussi bien que sous toutes les régions inférieures de l'animal, qui sont blanches. Sous la queue et sur le bout du museau, il existe de petites lignes flexueuses de couleur noire. Le tour de la paupière est blanc.

Dimensions. *Longueur totale.* 9" 1"'. *Tête.* Long. 1" 2"'; haut. 5"'; larg. 8"'. *Cou.* Long. 3"'. *Corps.* Long. 2" 3"'. *Memb. antér.* Long. 1" 4"'. *Memb. post.* Long. 1" 5"'. *Queue.* Long. 2" 6"'.

Patrie. Ce Phyllodactyle est une espèce Australasienne, que MM. Quoy et Gaymard ont trouvée à la baie des Chiens marins, à la Nouvelle-Hollande.

7. LE PHYLLODACTYLE GERRHOPYGE. *Phyllodactylus Gerrhopygus.* Wiegmann.

Caractères. Deux petites pelotes ovales sous le bout de chaque doigt. Région préanale protégée par une grande plaque cordiforme.

Synonymie. *Diplodactylus Gerrhopygus.* Wiegmann. Beitr. zur Zool. Act. Acad. Cæs. Leop. Carol. Cur. tom. 17, part. 1, pag. 242.

DESCRIPTION.

Formes. La surface supérieure de la tête est revêtue d'écailles arrondies d'égale grandeur, serrées et lisses. Celles du dos sont de même forme, d'un plus petit diamètre. Il existe, tout-à-fait à l'extrémité du museau, deux plaques rostrales de figure pentagone. Les ouvertures des narines sont situées, l'une à droite, l'autre à gauche, immédiatement au-dessus des deux premières scutelles labiales. En arrière, elles sont limitées par trois petites plaques particulières. Dix lames écailleuses adhèrent à la lèvre supérieure, et huit seulement à l'inférieure. La plaque qui enveloppe la pointe du maxillaire inférieur est presque campanuliforme. Des écailles circulaires se voient sous la gorge; celles d'entre elles qui avoisinent le menton sont un peu plus dilatées que les autres.

Les squamelles abdominales sont arrondies. La région préanale est protégée par une large plaque écailleuse divisée en deux, et dont l'ensemble du contour offre la figure d'un cœur renversé. Des anneaux d'écailles uniformes, sub-hexagonales et lisses entourent la queue dans toute son étendue.

Les doigts sout grêles et recouverts, dans leur moitié inférieure, d'écailles scutiformes élargies. Le dessous de leur extrémité, c'est-à-dire de leur portion dilatée, est garni de deux petites pelotes ou verrues cornées, ovales, épaisses, entre lesquelles l'ongle peut complétement se retirer.

Coloration. La couleur de ce Phyllodactyle est d'un gris clair avec des bandes transversales brunes ou noirâtres sur le dos et sur la queue.

Dimensions. *Corps*. Long. 2". *Queue*. Long. 2" 2"'.

Patrie. Cette espèce est originaire du Pérou.

Observations. Elle ne nous est connue que par cette description, qui est la traduction de celle qu'en a publiée M. Wiegmann dans un mémoire inséré dans les Actes des Curieux de la nature, de Berlin.

8. LE PHYLLODACTYLE A BANDE. *Phyllodactylus vittatus*.

Caractères. Brun, avec une bande dorsale plus foncée. Des taches jaunes sur les membres et la queue.

Synonymie. *Diplodactylus vittatus*. Gray. Proceed. of the committ. of sc. and corresp. of the Zool. Societ. of Lond. part. 2 (1832), pag. 40.

DESCRIPTION.

Formes. Les doigts sont sub-cylindriques, si ce n'est à leur extrémité antérieure qui est dilatée, offrant en dessous, de chaque côté de la fente longitudinale qui y est pratiquée, un petit renflement ovale et uni. Les écailles du dos sont petites et lisses. Celles du ventre sont un peu plus grandes. Les cuisses sont privées de pores.

Coloration. Il y a de chaque côté du corps deux rangées de petites taches qui deviennent plus larges sur la région supérieure de la queue.

Dimensions. *Longueur de la tête et du corps*. 5" 5"'. *Queue*. Long. 3" 5"'.

Patrie. Ce Phyllodactyle vit à la Nouvelle-Hollande.

Observations. Il ne nous est connu que par les détails descriptifs qui précèdent ; détails que nous avons empruntés à M. Gray.

Ve GENRE. SPHÉRIODACTYLE. — *SPHÆRIODACTYLUS*. Cuvier.

(*Sphæriodactylus* de Gray, Wiegmann et Wagler.)

Caractères. Doigts sub-cylindriques, sans ongles, offrant sous leur extrémité antérieure un petit disque circulaire entier.

Les Sphériodactyles sont des Geckotiens de fort petite taille, qui se distinguent des deux genres précédens, en ce qu'ils sont complétement privés d'ongles, et que le dessous de l'extrémité de leurs doigts est lisse et entier, c'est-à-dire sans fissure longitudinale, ni lamelles entuilées disposées en éventail. Les doigts des Sphériodactyles sont presque arrondis ou cylindriques, excepté à leur extrémité libre, où ils offrent sous leur face inférieure de petites lames transversales à peine imbriquées.

L'ensemble de leur conformation est le même que chez les Scincoïdiens, ou que chez les Platydactyles Homolépidotes. La tête de ces petits Ascalabotes s'unit tellement au cou qu'elle semble s'y confondre, tant cette région est courte, grosse et arrondie. Leur museau court, triangulaire et aplati fait que la tête offre une certaine ressemblance avec celle des jeunes Autruches.

Les Sphériodactyles ont une pupille arrondie, et leurs paupières forment aussi un cercle complet autour de l'œil. Ils ont sur le dos de petites écailles égales partout et assez épaisses. Sous le ventre il y a des scutelles minces, plates et imbriquées, et sous la queue une bande longitudinale de lamelles écailleuses dilatées en travers. Ce dernier caractère leur est commun avec les Hémidactyles. Aucune espèce ne nous a offert de pores fémoraux.

Tel que nous l'adoptons, le genre Sphériodactyle n'est

pas absolument le même que celui qui a été établi par Cuvier ; nous avons cru devoir adopter les modifications que lui a fait subir M. Gray, qui en a distrait les espèces pourvues d'ongles, et qui ont une fente sous le bout des doigts ; c'est avec ces espèces que ce dernier auteur a formé le genre Phyllodactyle, que nous décrirons plus tard.

Voici le tableau synoptique des trois seules espèces, qui composent aujourd'hui le genre des Sphériodactyles.

TABLEAU SYNOPTIQUE DES ESPÈCES DU GENRE SPHÉRIODACTYLE.

Dos à écailles médianes	plus petites que les latérales. . .		3. S. Bizarre.
	semblables : corps	à bandes transverses.	1. S. Sputateur.
		piqueté de blanc. . .	2. S. A petits points.

1. LE SPHÉRIODACTYLE SPUTATEUR. *Sphæriodactylus sputator.* Cuvier.

Caractères. Museau pointu. Des bandes transversales alternes, les unes noires ou brunes, les autres fauves ou blanchâtres tout le long du corps.

Synonymie. *Lacerta sputator.* Sparm. Nov. Act. Stockh. tom. 5, pag. 164, tab. 4, fig. 1-3.

Lacerta sputator. Gmel. Syst. Nat. pag. 1076, n° 72.

Le Sputateur. Lacép. Quad. ovip. tom. 1, pag. 409, pl. 28, fig. 1 et 2.

Stellio sputator. Schneid. Amph. Phys. part. 2, pag. 29.

Anolis sputator. Daud. Hist. Rept. tom. 4, pag. 99.

Gecko sputator. Bosc. Dict. d'Hist. nat. tom. 12, pag. 514.

Gecko sputator. Merrem. Amph. pag. 43.

Le Gecko sputateur à bandes. Cuv. Reg. anim. tom. 2, pag. 57.

Sphærodactylus sputator. Wagl. Syst. Amph. pag. 143.

The spitting Gecko. Griff. Anim. Kingd. tom. 9, pag. 150.

Sphæriodactylus sputator. Gray. Synops. in Griffith's. Anim. Kingd. tom. 9, pag. 52.

Gecko sputator. Schinz. Naturgesch Ahbild. pag. 75, tab. 17.

DESCRIPTION.

FORMES. La partie antérieure de la tête, ou le museau, vue en dessus, offre deux lignes réunies en angle aigu. Elle diminue sensiblement d'épaisseur en s'avançant vers sa pointe. Sa longueur est d'un tiers plus grande que la largeur du front. Ce museau offre quatre angles, et par conséquent quatre faces distinctes et planes. Les deux latérales sont penchées en dedans, en raison de ce que le diamètre transversal de la supérieure est moindre que celui de l'inférieure. La paupière, dont le bord est garni d'un cordon granuleux, forme un cercle complet autour du globe de l'œil. Celui-ci n'est pas d'un grand diamètre, et a son ouverture pupillaire arrondie. Le bout du museau est enveloppé, ou mieux, se trouve emboîté dans une grande plaque triangulaire, articulée en arrière et en dedans avec trois autres plaques : une médiane, pentagone et fort petite, qu'elle reçoit dans une échancrure, et deux latérales à celles-ci, de moyenne grandeur, affectant une figure triangulaire. C'est par le bord d'une de ses plaques, par celui de derrière de la rostrale, et le supérieur de la première labiale, que se trouve circonscrite chaque ouverture nasale, laquelle est petite, subcirculaire, et située tout-à-fait sur le côté du museau. La plaque rostrale est partagée dans presque toute sa longueur par un sillon assez profond. Il y a cinq scutelles quadrilatérales, oblongues, sur chaque côté de la lèvre supérieure; et deux seulement sur l'inférieure, dont la première offre une surface triple de celle de la seconde. La plaque qui protége l'extrémité du maxillaire inférieur est aussi très dilatée; sa figure tient de celle du triangle. Tout le long du dos la peau forme un petit pli qui correspond à la colonne vertébrale. Les membres antérieurs ont en longueur la moitié, et les postérieurs les trois quarts de celle du tronc. Les doigts sont grêles, presque ronds, et les petits disques qui les terminent antérieurement et en dessous sont lisses et à peu près circulaires. Sur le reste de leur surface inférieure on compte de neuf à douze lamelles transversales, légèrement imbriquées.

26.

La queue est arrondie, forte à sa base et très pointue à son extrémité. A l'exception d'une bande de scutelles transversales qui en garnit la région médio-longitudinale inférieure, on ne voit sur toute la surface que de petites écailles sub-arrondies et disposées comme les tuiles d'un toit. Nous n'avons pas aperçu de pores sous les cuisses des individus que nous avons examinés. Des écailles arrondies, convexes, juxta-posées, recouvrent toutes les parties supérieures du corps. Le ventre en offre de rhomboïdales et entuilées. Sous la gorge il y en a de granulées, excepté tout près du menton, où l'on aperçoit quelques petites plaques ovales.

Coloration. Le corps est entouré de dix larges anneaux blancs, séparés par autant de cercles noirs. Le premier est situé entre l'œil et l'oreille, le second vers la nuque, le troisième au niveau des épaules ; il y en a deux qui entourent l'abdomen et les cinq autres restent pour la queue. La face est noire, mais relevée par deux raies blanches, s'étendant de l'œil au bout du nez. Chez les jeunes sujets, les bandes noires sont remplacées par des brunes, et il y en a de roussâtres qui couvrent les blanches, de manière à ne laisser voir que les bords de celles-ci.

Dimensions. *Longueur totale.* 5" 8'''. *Tête.* Long. 9'''; haut. 3''', larg. 4'''. *Cou.* Long. 3'''. *Corps.* Long. 2". *Memb. antér.* Long. 7'''. *Memb. post.* Long. 1". *Queue.* Long. 2" 6'''.

Patrie. On trouve ce Sphériodactyle dans toutes les Antilles, et particulièrement à Saint-Domingue, d'où il nous a été envoyé en grand nombre par M. Alexandre Ricord.

Ce nom de Sputateur ou Cracheur aura été donné probablement à ce Saurien, parce que son cri aura été comparé au bruit que ferait l'animal s'il crachait, ou s'il voulait, à l'aide de l'air chassé rapidement de ses poumons, produire l'expulsion de sa salive. C'est peut-être par suite de cette opinion qu'on a, dit-on, le préjugé dans le pays, qu'il faut éviter de l'approcher et de l'irriter, parce qu'il lance une sorte de salive ou de crachat noir, qui fait venir des ampoules sur les parties du corps où cette humeur vient à tomber.

Observations. Le portrait de cette espèce, fait d'une manière très reconnaissable, se trouve dans un des manuscrits du père Plumier, qui sont déposés à la bibliothèque de notre établissement. Daudin l'avait reconnu comme nous ; car il le cite à l'article de son Anolis sputateur, qui n'est autre que l'espèce que nous venons de faire connaître. Sparmann et Lacépède ont aussi, chacun de leur côté, décrit et représenté le Sphériodactyle sputateur, et nous pensons comme eux, que l'on doit considérer comme n'en étant que de simples variétés les individus gris, ondés de noirâtre, dont ils parlent. M. Cuvier aurait alors eu tort de citer la figure de Lacépède, qui représente cette variété du Sphériodactyle sputateur comme une espèce particulière, qu'il qualifie de grise. Mais nous croyons plutôt que lorsqu'après avoir parlé du Sphériodactyle à bandes, l'illustre auteur du Règne animal ajoute qu'il en existe une autre espèce d'un cendré uniforme, il avait en vue de désigner l'espèce suivante, notre Sphériodactyle à très petits points, qu'il a certainement observé dans notre collection, et qui, au premier abord, lui parut se rapporter à la variété grise du Sputateur de Lacépède.

2. LE SPHÉRIODACTYLE A TRÈS PETITS POINTS. *Sphœriodactylus punctatissimus.* Nobis.

Caractères. Parties supérieures du corps roussâtres, piquetées de blanc.

DESCRIPTION.

Formes. Nous n'avons trouvé, dans l'organisation extérieure de cette espèce, rien autre chose qui pût la faire distinguer de la précédente que son système de coloration.

Coloration. Loin d'offrir des bandes transversales comme le Sphériodactyle sputateur, notre *Sphœriodactylus punctatissimus* est en dessus, tout piqueté de blanc sur un fond roussâtre. Chez la plupart des individus que nous avons observés, ces piquetures blanches s'étendent depuis le bout du museau jusqu'à l'extrémité de la queue; tandis que chez quelques-uns, elles sont remplacées, sur les régions céphaliques, par des raies flexueuses de la même couleur. Les parties inférieures présentent une teinte blanchâtre, uniforme sous le ventre et la queue, vermiculée de roussâtre sous la gorge.

Dimensions. *Longueur totale.* 7" 8'''. *Tête.* Long. 1"; haut. 3'''; larg. 5'''. *Cou.* Long. 3'''. *Corps.* Long. 2" 5'''. *Memb. antér.* Long. 8'''. *Memb. postér.* Long. 1". *Queue.* Long. 4'''.

Patrie. La patrie de cette espèce est la même que celle du Sphériodactyle sputateur. C'est également à M. Alexandre Ricord que le Muséum est redevable des échantillons qu'il possède.

3. LE SPHÉRIODACTYLE BIZARRE. *Sphæriodactylus fantasticus.* Cuvier.

Caractères. Corps fauve; tête noire, vermiculée de blanc; écailles rachidiennes plus petites que celles des autres parties du dos.

Synonymie. *Sphæriodactylus fantasticus*. Cuv. Coll. du Mus.

DESCRIPTION.

Formes. Le museau de ce Sphériodactyle est de même forme, mais plus court que celui de l'espèce précédente. L'extrémité ou toute la partie située à l'avant des narines semble comme emboîtée dans la plaque rostrale, dont le bord postérieur est rectiligne. Immédiatement derrière ce bord se trouve une rangée transversale de huit écailles ou petites plaques, dont les quatre médianes s'articulent avec lui; tandis que les quatre autres, deux à droite et deux à gauche, en sont séparées par l'ouverture nasale. Cette plaque est circulaire et tout-à-fait latérale. Il y a de chaque côté trois scutelles labiales inférieures et trois supérieures : celles-ci sont rectangulaires et à peu près de même dimension; mais celles-là sont sub-trapézoïdales et d'un diamètre différent, puisque la première est trois fois plus grande que les deux dernières ensemble. La lame écailleuse, qui enveloppe le menton, est très dilatée et de figure sub-rhomboïdale. La paupière forme un cercle complet autour de l'œil, dont l'ouverture pupillaire est arrondie. L'entrée du conduit auditif a la même forme. Le cou n'offre pas d'étranglement. La longueur des pattes antérieures est à peine égale à celle de la moitié du tronc. Les pieds de derrière sont un peu moins courts. Les doigts sont grêles, ayant le petit épatement de leur extrémité lisse et circulaire. Leur face inférieure est transversalement garnie de cinq à six petites lames écailleuses. La queue entre pour un peu plus de la moitié dans la longueur totale du corps. Elle est arrondie, très forte à sa naissance, et très effilée dans le reste de son étendue. En dessus, ce sont des écailles ovales, imbriquées et lisses qui la recouvrent; en dessous c'est une seule bande de scutelles rhomboïdales très dilatées en travers. Un pavé de grains squammeux uniformes se montre sur toutes les parties de la tête, ainsi que sur le cou. Le dessus du corps est revêtu d'écailles fort épaisses, subrhomboïdales, légèrement carénées et disposées comme les tuiles d'un toit. Cependant il n'en existe pas de cette sorte sur la région rachidienne; celles qu'on y remarque sont beaucoup plus petites et granuleuses. Les écailles pectorales et les abdominales sont minces, en losanges et imbriquées. On n'aperçoit de pores, ni le long des cuisses, ni au devant de l'anus.

Coloration. Ce petit Saurien a toutes les parties du corps d'un fauve grisâtre, excepté la tête, qui est d'un noir profond, finement vermiculé de blanc très pur.

Variété. Nous n'avons pas osé proposer comme espèces déterminées des individus, auxquels la description qu'on vient de lire conviendrait en tous points, si ce n'était le système de coloration de la tête, semblable à celle du reste du corps, offrant de chaque côté, en arrière des yeux, une bande blonde qui va se terminer à l'occiput et sur le crâne, où l'on voit un dessin également de couleur blonde, représentant la figure d'un cœur.

Dimensions. *Longueur totale*. 6" 4'". *Tête*. Long. 8'"; haut. 3'"; larg. 5'". *Cou*. Long. 3'". *Corps*. Long. 1" 8'". *Memb. antér*. Long. 8'". *Memb. postér*. Long. 1". *Queue*. Long. 3" 5'".

Patrie. Ce Sphériodactyle se trouve à la Martinique. Le Muséum en a reçu de M. Plée plusieurs beaux échantillons.

Observations. Nous avons conservé à cette espèce le nom de *Fantasticus*, sous lequel nous l'avons trouvée étiquetée par M. Cuvier, probablement à cause de la singulière physionomie que présentent les individus, dont la couleur noire de la tête est rehaussée par les lignes du blanc le plus pur qui la parcourent en tous sens.

VIe GENRE. GYMNODACTYLE. — *GYMNODACTYLUS*. Spix.

(*Stenodactylus* de Fitzinger (en partie); *Gymnodactylus* de Cuvier, Wagler et Wiegmann; *Cyrtodactylus* de Gray, ou *Gonyodactylus* de Kuhl et de Wagler; *Phyllurus* de Cuvier; *Pristurus* de Rüppel.)

Caractères. Cinq ongles non rétractiles à tous les pieds; doigts non dilatés en travers, ni dentelés sur les bords; le cinquième des pattes postérieures versatile ou pouvant s'écarter des autres à angle droit.

Sous ce nom de Gymnodactyle, que Spix a créé pour désigner un genre de Geckotien, dans lequel il n'a rangé qu'une seule espèce, le *Gymnodactylus geckoides* (1), nous réunissons tous les Ascalabotes à doigts étroits, dont les bords sont dépourvus de dentelures, le dessous garni de lames transversales au lieu d'écailles granuleuses, et le cinquième doigt des pattes postérieures susceptible de s'écarter assez des autres doigts pour former un angle droit.

C'est en particulier ce qui distingue les Gymnodactyles du genre Sténodactyle, le seul qui, comme eux, parmi la

(1) La figure de ce *Gymnodactylus geckoides* de Spix ressemble tellement au *Gymnodactylus scaber*, que, dans notre opinion, c'est réellement cette dernière espèce qu'elle représente, espèce que ce voyageur aura recueillie sur les côtes septentrionales de l'Afrique, et donnée comme originaire d'Amérique, ainsi que cela lui est arrivé pour plusieurs autres Reptiles. (*Voyez* à la page 421, n° 8 du présent volume.)

famille des Geckotiens, n'ait ni les ongles rétractiles ni aucune partie des doigts dilatée en travers.

Il y a peu de Gymnodactyles qui aient les doigts presque arrondis. Chez eux, en général, ces parties terminales des pattes sont allongées, grêles et plus ou moins comprimées. Cet aplatissement de droite à gauche est moins prononcé à la base du doigt qu'à sa partie antérieure, qui, presque toujours, est légèrement arquée.

Les doigts de la plupart des Gymnodactyles paraissent comme brisés; cela vient de ce que la troisième phalange, qui ordinairement est assez courte, peut se relever de manière à former un angle droit avec la seconde, ainsi qu'avec la quatrième, qui conserve sa position horizontale.

C'est même sur ce caractère que Kulh s'est fondé pour établir le genre Goniodactyle, adopté par Wagler et Wiegmann, et M. Gray celui de *Cyrtodactylus*, auquel plus tard, avec raison, il a réuni les Gymnodactyles de Spix et les Phyllures de Cuvier.

On peut partager les Gymnodactyles en deux divisions tout-à-fait analogues à celles que nous avons établies parmi les Platydactyles, c'est-à-dire en Homolépidotes et en Hétérolépidotes; mais nous les appellerons ici, à cause de la différence que présentent les écailles du dos, les uns *Homonotes*, ou à dos semblable à lui-même; et les autres *Hétéronotes*, parce que les écailles sont de formes et de grosseurs différentes sur le dos.

Nous présentons dans le tableau synoptique qui va suivre, la marche analytique à l'aide de laquelle on arrivera sans peine à la détermination des douze espèces réunies jusqu'ici dans ce genre. Nous n'avons indiqué, parmi les caractères naturels, que ceux qui sont le plus évidens, ou du moins les plus faciles à comparer; car il en est d'autres auxquels on pourrait attacher beaucoup plus d'importance; mais nous n'avons pu les mettre en opposition.

TABLEAU SYNOPTIQUE DES ESPÈCES DU GENRE GYMNODACTYLE.

A dos	à queue				Espèce
HOMONOTES. Homolépidote : à queue	ronde : plaques de la lèvre inférieure	dix : écailles sous-gulaires	polygones		2. G. De Gaudichaud.
			triangulaires		3. G. Mauritanique.
		moins de dix	six		1. G. De Timor.
			huit		4. G. A gorge blanche.
	comprimée				5. G. A points jaunes.
HÉTÉRONOTES. Hétérolépidote : à queue	arrondie : pores	distincts	au devant de l'anus		8. G. Rude.
			sous les cuisses : à bandes	rougeâtres	9. G. Gentil.
				noirâtres	10. G. Marbré.
		nuls : des tubercules	arrondis		6. G. De Dorbigny.
			triangulaires		7. G. A bandes.
	déprimée	très élargie et très mince			11. G. Phyllure.
		mais épaisse			12. G. De Milius.

Ire Division. GYMNODACTYLES HOMONOTES.

A ce caractère d'avoir les écailles du dos égales entre elles, ces Gymnodactyles joignent encore ceux d'avoir la pupille arrondie et la paupière entière ; c'est-à-dire formant un cercle complet autour de l'œil, qui est aussi moins grand que chez les espèces de la seconde division. Aucun de ces Gymnodactyles Homolépidotes n'offre de pores sous les cuisses, ni au devant du cloaque. Nous n'en avons non plus jamais observé un seul chez lequel la peau formât un pli le long de chaque flanc. Ils sont tous de fort petite taille.

On peut les partager en deux groupes, d'après la conformation de leur queue, qui est ou arrondie et sans crête, ou comprimée latéralement, et surmontée d'un rang de petites écailles redressées.

1. LE GYMNODACTYLE DE TIMOR. *Gymnodactylus Timoriensis.* Nobis.

Caractères. Extrémité de la mâchoire inférieure garnie d'une trèsgrande plaque s'articulant en arrière par un angle très ouvert à deux scutelles hexagones ; six écailles labiales inférieures seulement.

DESCRIPTION.

Formes. La tête de ce Gymnodactyle est fort épaisse. Sa forme est celle d'une pyramide à quatre faces. Le museau est court, mais néanmoins pointu ; la plaque dite rostrale, qui en protége l'extrémité, est pentagone et un peu plus dilatée dans son sens transversal que dans son diamètre vertical. En haut, elle s'articule avec une paire de plaques hexagones qui sont situées tout-à-fait sur le museau, et que séparent deux très petites écailles placées l'une devant l'autre. C'est entre l'une de ces plaques hexagones et l'angle latéro-supérieur de la plaque rostrale que se trouve percée la narine, dont l'ouverture est fort petite et parfaitement circulaire. On compte cinq paires de plaques labiales, toutes rectangulaires. mais diminuant de longueur à mesure qu'elles se rapprochent de l'angle de la bouche. La lèvre inférieure ne présente que trois plaques, dont une fort petite de chaque côté de celle qui garnit le menton. Cette scutelle mentonnière, qui est très développée, ressemble à un losange. Elle est immédiatement suivie d'une rangée transversale de quatre écailles polygones. Les yeux ne sont pas très grands. La paupière qui les protége forme un cercle complet autour de l'œil, sans offrir de pli circulaire bien sensible. La prunelle est arrondie, et le méat auditif très petit et ovale.

Les doigts sont longs et grêles et se terminent par des ongles assez courts. Ils offrent plutôt un léger aplatissement latéral qu'une forme arrondie. Leur face inférieure est protégée par une bande longitudinale de lamelles écailleuses, élargies et sub-imbriquées. Un pavé de petites écailles hexagonales arrondies et faiblement bombées revêt la surface du museau. Le crâne, les joues, aussi bien que le dessus et les côtés du corps, offrent des grains squammeux, égaux, serrés les uns contre les autres. De très petites écailles circulaires, à surfaces légèrement convexes, garnissent la peau de la gorge. Il en existe de plus dilatées, plates, subimbriquées, et affectant une forme hexagonale, sous le cou, sur la poitrine et sur l'abdomen. Cette espèce de Gymnodactyle n'a ni pores préanaux, ni pores fémoraux.

Coloration. Un brun grisâtre est répandu sur les parties latérales du corps; tandis que le dessus de la tête et le dos présentent une teinte roussâtre. Quelques petites taches brunes se montrent sur le crâne; on en voit de plus dilatées et peu distinctes les unes des autres de chaque côté de la région rachidienne. Une raie noire, interrompue de distance en distance, règne le long des flancs. Toutes les parties inférieures de l'animal offrent un gris roussâtre.

Dimensions. *Longueur totale* . . ? *Tête*. 1" 1"'. *Cou*. Long. 3"'. *Corps*. Long. 2" 1"'. *Memb. ant*. Long. 1" 2"'. *Memb. post*. Long. 1" 3"'. *Queue*. Long. ?

Patrie. Ce Gymnodactyle vient de l'île de Timor.

Observations. C'est une espèce encore inédite dont on doit la découverte à M. Gaudichaud.

2. LE GYMNODACTYLE DE GAUDICHAUD. *Gymnodactylus Gaudichaudii.* Nobis.

Caractères. Une plaque mentonnière médiocrement dilatée. Cinq paires d'écailles labiales inférieures.

DESCRIPTION.

Formes. Cette espèce a les plus grands rapports avec le Gymnodactyle de Timor. Cependant elle s'en distingue particulièrement par deux plaques de plus de chaque côté de celle qui enveloppe le bout du menton. Elle a donc cinq paires de plaques labiales inférieures, plaques qui sont quadrilatères, oblongues, et qui diminuent graduellement de grandeur en s'avançant vers l'angle de la bouche. L'écaille mentonnière offre une figure subrhomboïdale. Elle est médiocrement dilatée, et s'articule en arrière avec deux petites plaques polygones. La plaque rostrale a peu de hauteur, mais est assez étendue dans son sens transversal. Elle offre cinq côtés : deux latéraux fort petits, un inférieur très large, et deux supérieurs assez grands, qui forment un angle aigu, de chaque côté duquel sont situées les narines. Chacune d'elles se trouve placée entre un des bords de la rostrale et trois petites écailles à plusieurs pans. La lèvre supérieure est garnie de six paires d'écailles quadrilatères, oblongues, fort étroites. La prunelle a une figure arrondie, et le bord palpébral forme un cercle complet autour du globe de l'œil. Le méat auditif ressemble à celui de l'espèce précédente.

Les doigts sont droits, grêles, sub-arrondis, et de longueur moyenne. Leur face inférieure est protégée par une bande d'écailles quadrilatères et imbriquées. Les ongles sont courts, mais néanmoins crochus. La queue, qui se termine brusquement en pointe, est arrondie et plus forte vers sa région moyenne qu'à sa base. Sous ce rapport, elle ressemble à celle des Sphériodactyles et de beaucoup de Phyllodactyles. La surface entière de cette partie terminale du corps est revêtue de nombreuses petites écailles imbriquées, ayant leur bord libre arrondi. On ne voit de pores ni le long des cuisses, ni au devant du cloaque. De petites plaques lisses et plates, qui à la première vue paraissent ovalaires, mais qui ont réellement plusieurs pans, recouvrent le dessus et les côtés du museau. Le crâne en offre de granuleuses et égales entre elles ; c'est-à-dire complétement semblables à celles qui garnissent le cou, le dos et les flancs. La poitrine et l'abdomen sont protégés par des lames écailleuses, plates et lisses, ressemblant à des losanges.

Coloration. Ce petit Geckotien est diversement peint de fauve, de brun et de noirâtre. Néanmoins on remarque que cette dernière couleur forme des marbrures supportées par les deux autres, qui règnent, la première sur la tête, la seconde sur le corps, la queue et les membres.

Dimensions. *Longueur totale.* 5" 8'''. *Tête.* Long. 9'''. *Cou.* Long. 4'''. *Corps.* Long. 2". *Memb. antér.* Long. 9'''. *Memb. postér.* Long. 1" 2'''. *Queue.* Long. 2" 5'''.

Patrie. Le Gymnodactyle de Gaudichaud est originaire du Chili. Le seul individu que renferme la collection a été rapporté de Coquimbo, par le savant voyageur dont il porte le nom.

3. LE GYMNODACTYLE MAURITANIQUE. *Gymnodactylus Mauritanicus.* Nobis.

Caractères. Une plaque en losange sous le menton, suivie de deux autres plus petites et de forme triangulaire. Cinq paires de scutelles labiales inférieures.

DESCRIPTION.

Formes. Cette espèce a la tête légèrement déprimée. En avant, elle se termine en pointe obtuse et arrondie. Les narines, parfaitement circulaires, sont ouvertes de chaque côté du museau, et entourées par la plaque rostrale, la première labiale et trois scutelles polygones. La figure de la plaque rostrale est celle d'un pentagone. A sa droite, il existe cinq écailles labiales, et un semblable nombre à sa gauche. La lèvre inférieure est garnie de cinq plaques de chaque côté de celle qui protége le menton, laquelle est fort grande et de forme rhomboïdale. Derrière elle, il existe deux plaques triangulaires. L'ouverture pupillaire est arrondie, et la paupière entière, c'est-à-dire formant un angle complet autour de l'œil. Les doigts sont d'une extrême gracilité, allongés, arrondis et armés d'ongles fort courts et peu crochus. On n'observe ni d'écailles crypteuses ni le long des cuisses, ni sur la région préanale. La queue a en longueur la moitié environ de celle de l'animal. Elle est médiocrement forte et cylindrique jusque vers le dernier quart de son étendue, lequel forme une pointe assez grêle. Des écailles épaisses, circulaires, juxta-posées, revêtent toutes les parties supérieures du corps; les régions inférieures en offrent de plus grandes ayant une forme rhomboïdale. Il faut toutefois en excepter la gorge, dont la peau est granuleuse.

Coloration. En dessus, ce petit Geckotien présente une teinte ardoisée, semée d'un grand nombre de petits points bruns, auxquels se mêlent quelques taches blanches cerclées de noir.

Le dessous du corps est uniformément blanchâtre, excepté la gorge qui est piquetée de brun.

Dimensions. *Longueur totale.* 2" 9'''. *Tête.* Long. 8'''. *Cou.* Long. 3'''. *Corps.* Long. 1" 5'''. *Memb. antér.* Long. 9'''. *Memb. postér.* Long. 1" 1'''. *Queue.* Long. 3'''.

Patrie. Cette espèce a été donnée au Muséum d'histoire naturelle par un professeur de cet établissement, M. Flourens, qui l'avait reçue d'Alger avec quelques autres Reptiles.

4. LE GYMNODACTYLE A GORGE BLANCHE. *Gymnodactylus albogularis.* Nobis.

Caractères. Une très grande plaque mentonnière, suivie de quatre scutelles placées sur une ligne transversale, et ayant à sa droite, comme à sa gauche, quatre écailles labiales, dont deux excessivement petites. Gorge blanche.

DESCRIPTION.

Formes. Ce Gymnodactyle a des formes sveltes et élancées. En arrière des yeux, la tête est presque aussi haute que large. Le museau est court et arrondi au bout. La plaque rostrale est grande, et plus étendue dans le sens transversal que dans son sens vertical. Elle offre cinq pans, un inférieur, deux latéraux et deux supérieurs qui forment un angle assez ouvert, de chaque côté duquel s'ouvrent les narines. De cette manière, chacune de celles-ci se trouve bornée, en avant, par la plaque rostrale; en haut, par une des deux scutelles rhomboïdales placées sur le museau, en arrière par une autre plaque d'un moindre diamètre, et inférieurement par une quatrième encore plus petite.

Une très grande écaille protége le bout de la mâchoire inférieure. Sa figure est à peu près celle d'un losange. Derrière cette écaille, tout-à-fait sous le menton, on en voit, sur une même ligne transversale, quatre très petites ayant plusieurs pans. La lèvré supérieure supporte, de chaque côté de la plaque rostrale, cinq lames écailleuses quadrilatères-oblongues. La lèvre inférieure n'en offre que quatre paires, les deux premières fort dilatées, les deux dernières au contraire fort petites. Nous comptons cinquante dents environ à la mâchoire supérieure, et quelques-unes de moins à l'inférieure. Elles sont toutes à peu près de même longueur, mais les antérieures laissent un peu plus d'intervalles entre elles que les latérales. La paupière forme un cercle complet autour de l'œil, dont l'ouverture pupillaire est arrondie. Les trous des oreilles sont ovales. Les doigts de cette espèce sont encore plus grêles que ceux de la précédente. Ils offrent tous un léger aplatissement de droite à gauche, et des petites écailles transversales sous leur face inférieure. Le premier, ou le pouce, est faiblement arqué dans le sens de sa longueur ; tandis que les quatre autres n'ont que la dernière phalange qui présente cette forme, les précédentes s'articulent entre elles à angles droits et opposés, ce qui fait que les doigts paraissent comme brisés à trois endroits différens. Les ongles sont assez forts et très crochus. La queue, qui est arrondie et excessivement effilée, entre pour beaucoup plus de la moitié dans la longueur totale du corps. Un pavé d'écailles polygones, les unes plates, les autres coniques ou simplement convexes, se montre sur le museau. Toutes les parties supérieures du corps, autres que les membres et la queue, qui porte des petites écailles imbriquées plates, sont revêtues de grains squammeux, égaux entre eux, affectant parfois une forme rhomboïdale. La peau de la gorge est granuleuse ; mais celle du ventre et de la poitrine se trouve garnie d'écailles en losange, plates et placées en recouvrement les unes sur les autres. Le dessous de la queue offre une bande de grandes plaques sur sa région médio-longitudinale. Les cuisses ne sont point percées de pores ; on n'en voit point non plus au devant de l'anus.

Coloration. Nous avons donné à ce Gymnodactyle la qualification d'*Albogularis*, parce qu'en effet le dessous de la tête, et même celui du cou, offre un blanc extrêmement pur. Cette couleur se montre aussi sur le bas-ventre, sous les cuisses et la queue. Un noir profond colore les flancs et les parties latérales du corps,

Toutes les régions supérieures de l'animal présentant une teinte ardoisée. La poitrine est d'un gris blanchâtre.

Dimensions. *Longueur totale.* 8". *Tête.* Long. 1". *Cou.* Long. 4'''. *Corps.* Long. 2" 1'''. *Memb. antér.* Long. 1" 3'''. *Memb. post.* Long. 1" 6'''. *Queue.* Long. 4" 5'''.

Patrie. Nous avons reçu ce Gymnodactyle de l'île de la Martinique par les soins de M. Plée. Il se trouve aussi à Cuba ; car nous en avons vu plusieurs individus parmi les objets d'histoire naturelle recueillis dans cette île par M. Ramon de la Sagra.

5. LE GYMNODACTYLE A POINTS JAUNES. *Gymnodactylus flavipunctatus.* Ruppel.

Caractères. Dos surmonté d'une très petite crête dentelée, qui se prolonge sur la queue. Celle-ci aplatie latéralement. Dessus du corps vert, ponctué de jaune.

Synonymie. *Pristurus flavipunctatus.* Rupp. Neue Wirbelth. zu der Faun. von Abyss. Rept. tab. 6, fig. 3.

Pristurus flavipunctatus. Théod. Coct. Dict. pittor. d'hist. nat. tom. 3, pag. 360.

DESCRIPTION.

Formes. Cette espèce est la seule de toute la famille à laquelle elle appartient, dont le dos soit surmonté d'une crête. Cette crête, formée de petites écailles comprimées, est à la vérité fort basse ; mais elle se prononce davantage sur la queue, où elle se continue. La queue elle-même offre un caractère encore unique parmi les Geckotiens ; c'est l'aplatissement qu'elle présente de droite à gauche, comme cela se voit chez beaucoup d'Iguaniens. L'ensemble de la conformation de ce Gymnodactyle est d'ailleurs le même que celui des quatre espèces précédentes. L'écaillure de son dos se compose de petits grains squammeux uniformes. Il a les doigts grêles et sub-arrondis, l'ouverture de la pupille circulaire et sa paupière forme un cercle complet autour de l'œil. On ne lui voit point de pores aux cuisses.

Coloration. Le dessus du corps présente un gris olivâtre, finement ponctué de jaune. Le dessous est blanc.

Dimensions. *Longueur totale.* 7" 9'''. *Tête.* Long. 9'''. *Cou.* Long.

3'''. *Corps*. Long. 2''. *Memb. antér.* Long. 1'' 5'''. *Memb. postér.* Long. 1'' 7'''. *Queue*. Long. 4'' 7'''.

Patrie. Ce Gymnodactyle vient de l'Abyssinie.

Observations. On en doit la découverte à M. Ruppel, qui en a fait le type d'un genre particulier, nommé *Pristure*, que nous n'avons pas cru devoir adopter. La description qui précède est la reproduction de celle qu'a publiée le savant naturaliste que nous venons de nommer; car nous n'avons pas encore eu l'occasion d'observer un seul exemplaire de l'espèce dont elle est le sujet.

2e Division. GYMNODACTYLES HÉTÉRONOTES.

Toutes les espèces appartenant à cette division ont les parties supérieures du corps semées de tubercules plus ou moins développés. Toutes également ont l'ouverture pupillaire elliptique et le bord inférieur de la paupière ne faisant point de saillie en dehors de l'orbite. On n'en remarque non plus aucune qui n'ait le cou légèrement rétréci. Cette conformation particulière semble établir une sorte d'analogie de ces espèces avec les Hétérolépidotes parmi les Platydactyles. Parmi ces Gymnodactyles Hétéronotes, il en est dont la face inférieure des cuisses ou bien la région préanale est garnie d'un rang d'écailles crypteuses, tandis que d'autres en sont complétement dépourvus. Enfin, les uns ont la queue arrondie et les écailles du dessous du corps rhomboïdales et imbriquées, et les autres la queue aplatie et toutes leurs régions inférieures revêtues de grains squammeux extrêmement fins. Ces derniers en particulier manquent de pores.

6. LE GYMNODACTYLE DE DORBIGNY. *Gymnodactylus Dorbignii.* Nobis.

Caractères. Des petits tubercules lenticulaires mêlés aux grains de la peau des parties supérieures du corps. Huit paires de lames écailleuses sur la lèvre inférieure. Plaque mentonnière médiocre et de forme hexagone, de même que deux autres petites plaques qui la suivent immédiatement.

DESCRIPTION.

Formes. Le Gymnodactyle de Dorbigny a la tête assez allongée, et proportionnellement plus aplatie que les espèces précédentes. Le bord supérieur de la plaque rostrale forme deux angles aigus. Les ouvertures nasales, autour desquelles la peau est légèrement gonflée, sont situées, l'une à droite, l'autre à gauche, positivement au-dessus de la ligne de jonction de cette dernière plaque avec la première labiale. En sorte que chacune de ces ouvertures se trouve circonscrite par la rostrale, la première labiale et trois autres plaques à plusieurs angles. Huit paires d'écailles oblongues garnissent chacune des deux lèvres; mais celles de la supérieure sont quadrilatérales, tandis que celles de la seconde sont pentagones.

La plaque qui recouvre le bout du maxillaire inférieur est d'un fort petit diamètre. Sa figure est hexagonale, ainsi que celle des deux scutelles placées l'une à côté de l'autre, immédiatement derrière elle. Le dessous de la tête et même celui du cou offrent des grains squammeux arrondis. Un pavé de petites écailles polygones, plates et lisses, revêt la surface entière du museau. L'œil est plus grand que chez aucune des espèces du groupe précédent, et le bord inférieur de la paupière fort mince qui l'entoure est, sinon tout-à-fait rentré dans l'orbite, au moins fort peu saillant en dehors. La pupille a une forme vertico-elliptique, et ses côtés frangés. Le trou auditif est ovale, très peu ouvert et placé à l'arrière de la tête, à peu près sur la même ligne que l'angle de la bouche.

Longs, droits et grêles, les doigts sont aussi très faiblement comprimés et garnis en dessous, sur toute leur longueur, de petites écailles quadrilatères, imbriquées, disposées sur une seule et même ligne. La queue a, en étendue, la moitié environ de celle de la totalité de l'animal. Elle est arrondie et assez effilée, diminuant graduellement de grosseur à mesure qu'elle s'éloigne du corps. Les écailles qui la revêtent sont sub-quadrilatères, plates, lisses et imbriquées. Le dos et le dessus du cou offrent de petits tubercules lenticulaires mêlés à des grains squammeux extrêmement fins. La peau de la gorge est granuleuse ; les écailles de la poitrine et du ventre ressemblent à des losanges.

Coloration. Un blanc tant soit peu grisâtre est répandu sur

27.

toutes les parties inférieures de ce Gymnodactyle. Ses régions supérieures sont grises, marquées d'un grand nombre de petits points, également d'une teinte grise, mais plus foncée. Le bord de la paupière est d'un blanc pur.

Dimensions. *Longueur totale.* 8" 7'''. *Tête.* Long. 1" 3'''. *Cou.* Long. 4'''. *Corps.* Long. 3". *Memb. antér.* Long. 1" 5'''. *Memb. postér.* Long. 2". *Queue.* Long. 4".

Patrie. Cette espèce habite le Chili. Nous en avons un exemplaire recueilli dans la province de la Laguna, par M. d'Orbigny, et trois autres que M. Gaudichaud a rapportés de Valparaiso.

7. LE GYMNODACTYLE A BANDES. *Gymnodactylus fasciatus.* Nobis.

Caractères. Des tubercules sub-trièdres sur le dessus du corps. Doigts arrondis, médiocrement allongés, un peu arqués à leur extrémité terminale. Une plaque mentonnière en triangle, suivie de deux écailles rhomboïdales. Sept paires de scutelles sur la lèvre inférieure.

DESCRIPTION.

Formes. Ce Gymnodactyle a le museau large et arrondi, une plaque rostrale quadrilatère, plus dilatée transversalement que verticalement, et derrière cette plaque deux autres plus petites, de figure carrée. Les narines sont arrondies ; chacune d'elles se trouve située à l'un des deux angles supérieurs de l'écaille rostrale. Le dessus et les côtés du museau sont protégés par un pavé d'écailles polygones aplaties. La lèvre inférieure, de même que la supérieure, est garnie de sept paires de lames écailleuses, ayant une forme quadrilatérale oblongue. Le bout du maxillaire inférieur offre une scutelle en triangle, derrière laquelle ou sous le menton on en voit deux autres de moindre diamètre et en losange. Le bord inférieur de la paupière rentre dans l'orbite, et la pupille est vertico-oblongue. Quant aux trous auriculaires, ils sont petits et ovales. Les doigts ont proportionnellement moins de longueur que ceux du Gymnodactyle de d'Orbigny. Ils sont aussi un peu plus forts, arrondis et droits jusqu'à la dernière phalange, qui est légèrement arquée. Leur face inférieure offre une rangée longitudinale d'écailles quadrilatères oblongues, un peu entuilées. Les ongles sont excessivement courts. La queue est arrondie, présentant en dessous, comme celle des Hémidactyles, une bande de scutelles élargies dont la forme est hexagonale. Le crâne est chagriné de grains squammeux, arrondis, inégaux en grosseur. Sous la gorge, il existe de petites écailles circulaires, légèrement convexes. On compte, sur le dessus et les côtés du corps, douze séries longitudinales environ de tubercules triangulaires, relevés d'une carène, et plus épais en arrière qu'en avant. Entre ces tubercules, très rapprochés les uns des autres, sont de petites écailles granuleuses. On en voit d'assez dilatées, plates et en losanges sur le ventre et la poitrine. Il n'y a point de pores fémoraux, ni de pli de la peau le long de chaque flanc.

Coloration. Des bandes transversales brunes sur un fond grisâtre, sont ce qui constitue le mode de coloration de la partie supérieure du corps de ce Gymnodactyle. La tête, également grisâtre en dessus, offre quelques-uns de ses tubercules colorés en brun, et une raie de la même couleur qui s'étend, en passant sur l'œil, du bout du museau au-dessus de l'oreille. Toutes les régions inférieures sont blanches.

Dimensions. *Longueur totale...* ? *Tête.* Long. 1" 3'''. *Cou.* Long. 3'''. *Corps.* Long. 3". *Memb. antér.* Long. 1" 5'''. *Memb. postér.* Long. 2". *Queue.* Long.... ?

Patrie. Le seul exemplaire appartenant à cette espèce que nous ayons encore été dans le cas d'observer, a été envoyé de la Martinique au Muséum d'Histoire naturelle, par M. Plée.

8. LE GYMNODACTYLE RUDE. *Gymnodactylus scaber*. Nobis.

Caractères. Des tubercules trièdres sur le dos. Doigts allongés, grêles, comprimés, brisés à angles droits. Plaque du bout du maxillaire inférieur ayant une forme triangulaire. Quatre scutelles sous le menton. Une rangée transversale de pores préanaux.

Synonymie. *Gymnodactylus Geckoïdes* Spix, Lacert. Bras. p. 17, tab. 18, fig. 1 ?

Stenodactylus scaber. Ruppel, Atl. zu der. Reis in Nordl. Afrik. Rept. pag. 15, tab. 4, fig. 2.

Gymnodactylus Geckoïdes. Cuv. Rég. anim. tom. 2, pag. 58 ?

Gymnodactylus Geckoïdes. Griff. Anim. Kingd. tom. 9, p. 151 ?

Cyrtodactylus Spixii. Gray. Synops. in Griffith's. Anim. Kingd. tom. 9, pag. 52 ?

Gecko scaber. Schinz naturgesch Abbilb. Rept. pag. 75, tab. 16. et *Gecko Gymnodactylus*, pag. 75, tab. 16.

DESCRIPTION.

Formes. Ce Gymnodactyle a des formes sveltes et élancées. Ses membres sont longs et grêles ; sa queue est ronde et très effilée. La plaque rostrale est grande et a quatre pans presque égaux. Les narines, dont la forme est ovalaire, sont situées l'une à droite, l'autre à gauche, entre l'angle supérieur de cette plaque et trois écailles polygones. On compte neuf ou dix paires de scutelles sur chaque lèvre. La lame écailleuse qui garnit l'extrémité de la mâchoire inférieure offre une figure triangulaire. En arrière, elle s'articule avec deux plaques hexagonales, qui sont suivies de deux autres dont la forme est trapézoïde : en sorte qu'il existe quatre plaques sous le menton. La pupille est plus haute que large ; ses côtés sont anguleux. Le bord inférieur de la paupière ne fait point de saillie en dehors de l'orbite. L'ouverture de l'oreille est grande et ovale.

Les doigts paraissent comme brisés à plusieurs endroits, attendu que les phalanges qui les composent s'articulent, à angle droit, l'une avec l'autre. La dernière est légèrement arquée. Les doigts sont légèrement comprimés, et garnis en dessous d'un rang de petites plaques quadrilatérales imbriquées, dilatées en travers. Les ongles sont grands et crochus. La peau des flancs fait un pli qui, de chaque côté, s'étend de l'aine à l'aisselle.

Le dessous de la tête, c'est-à-dire la gorge, est revêtu de petites écailles plates, lisses et circulaires. Il en existe sur la poitrine et l'abdomen, qui non-seulement sont plus dilatées, mais dont la figure est hexagone. La peau des fesses est granuleuse. On voit au devant de l'anus une rangée transversale de quatre à huit écailles quadrilatérales, percées chacune d'un pore ovale. Des verticilles de grandes écailles quadrilatérales, oblongues, surmontées d'une carène qui se termine en pointe en arrière, entourent les deux tiers supérieurs du contour de la queue. Ces verticilles sont séparés l'un de l'autre par un demi-anneau de petites écailles imbriquées. La région caudale inférieure est garnie d'une bande de larges scutelles hexagonales. Un pavé d'écailles polygones revêt le dessus et les côtés du museau. Des grains squammeux, convexes, mêlés à d'autres grains beaucoup plus petits, recouvrent le crâne. Le dos offre une espèce de cuirasse formée de gros tubercules trièdres, disposés en séries longitudinales, au nombre de dix ou douze. Ces tubercules ne sont séparés les uns des autres que par un ou deux rangs de petites écailles plates et imbriquées qui les entourent.

Coloration. Une teinte d'un gris pâle est répandue sur les parties supérieures de ce Gymnodactyle, dont le dessous du corps est blanc. Quelques petites taches brunes se montrent sur les lèvres. Le dos en offre d'assez dilatées, qui semblent y être disposées sur trois lignes longitudinales. Le dessus de la queue est coupé transversalement par des bandes brunâtres.

Dimensions. *Longueur totale.* 7" 7'''. *Tête.* Long. 1" 3'''. *Cou.* Long. 4'''. *Corps.* Long. 2" 9'''. *Memb. antér.* Long. 2". *Memb. postér.* Long. 2" 6'''. *Queue.* Long. 4" 5'''.

Patrie. Le *Gymnodactylus scaber* est originaire de l'Afrique septentrionale; mais, ainsi que plusieurs autres reptiles de cette partie de l'Afrique, on le trouve également en Grèce. La collection en renferme des exemplaires recueillis dans ces deux pays, les uns en Égypte, par M. Ruppel; les autres en Morée, par MM. les membres de la commission scientifique, dirigée par M. le colonel Bory de Saint-Vincent.

Observations. Le Gymnodactyle rude est l'espèce que M. Ruppel a représentée dans l'Atlas de son Voyage dans le nord de l'Afrique, sous le nom de *Stenodactylus scaber.* Nous soupçonnons fortement le *Gymnodactylus Geckoïdes* de Spix de n'en être pas différent. Et il n'y aurait en cela rien qui dût étonner, puisque nous savons positivement que ce voyageur a décrit et représenté dans son ouvrage, comme américaines, des espèces qu'il avait recueillies à Gibraltar. Telles sont en particulier l'*Emys Caspica* et le *Psammophis lacertina*, qu'il a appelées *Emys Picta* et *Natrix lacertina.*

9. LE GYMNODACTYLE GENTIL. *Gymnodactylus Pulchellus.* Nobis.

Caractères. Dessus du corps offrant de gros tubercules trièdres mêlés à de petites écailles aplaties. Trois larges bandes de couleur marron en travers du dos. Une figure en fer à cheval, de la même couleur, au-dessus des épaules. Une autre sur l'occiput.

Synonymie. *Cyrtodactylus pulchellus*. Gray. Philosoph. Magaz. tom. 2, pag. 56; Zool. Journ. (1828), pag. 224, et Illust. of Ind. Zool. by Gener. Hardw. part. 7, tab. 7.

Gonyodactylus pulchellus. Wagl. Amphib. pag. 144.

Cyrtodactylus pulchellus. Gray. Synops. in Griffith's Anim. Kingd. tom. 9, pag. 51.

DESCRIPTION.

Formes. Le contour horizontal de la tête de ce Gymnodactyle a la figure d'un triangle isocèle. La ligne médio-longitudinale du museau est creusée d'un sillon peu profond. Les bords orbitaires supérieurs font chacun une légère saillie. Les yeux sont énormes. La pupille est elliptique. La portion inférieure de la paupière est rentrée dans l'orbite; mais la portion supérieure s'avance beaucoup au-dessus du globe de l'œil. Elle est remarquable en ce que son bord libre est protégé par deux rangs superposés d'écailles ayant la forme des tuiles dont on se sert pour garnir la partie la plus élevée du toit d'une maison. Ces écailles, par conséquent convexes d'un côté et concaves de l'autre, sont placées les unes en dessus, les autres en dessous du bord de la paupière, de manière que dans la partie concave d'une plaque se trouvent reçus les côtés contigus de deux autres plaques. La scutelle rostrale est pentagone. Les lèvres sont garnies chacune de dix paires de lames écailleuses, qui ressemblent à des quadrilatères oblongs. La plaque qui protége le bout du maxillaire inférieur représente un triangle rectangle. Un de ses angles se trouve engagé entre deux écailles rhomboïdales qui revêtent le dessous du menton, avec les deux autres plaques sous-latérales à celles-ci. L'ouverture auriculaire est grande et de figure ovale. Les doigts sont fort allongés; la seconde moitié en est beaucoup plus comprimée que la première; la dernière phalange est assez arquée. Cette espèce est une de celles, parmi les Gymnodactyles, chez lesquelles les angles que forment les phalanges, par la manière dont elles s'articulent entre elles, sont les plus prononcés. Les ongles sont forts et crochus. La face inférieure des doigts est revêtue d'un rang d'écailles imbriquées, plus larges que longues.

La queue entre tout au plus pour la moitié dans la longueur otale de l'animal; elle est ronde et grêle. Une bande de scutelles élargies protége sa face inférieure; la supérieure et les deux latérales offrent des écailles quadrilatérales formant des verticiles. Sous toute la longueur de chaque cuisse, il règne une rangée d'écailles carrées, à l'un des angles desquelles on remarque un petit pore arrondi. Ces deux lignes d'écailles se prolongent un peu en avant du cloaque. L'espace qui les sépare alors est très étroit et comme enfoncé. Le dessus des cuisses et la surface entière du dos sont hérissés de petits tubercules pointus, qui sont semés au milieu de fines écailles aplaties et juxta-posées et adhérentes à la peau de cette partie du corps. On voit aussi sur le crâne quelques autres petits tubercules semblables. Sous la gorge, il existe des écailles granuleuses, et sur la poitrine et l'abdomen, on en observe de plates et imbriquées, ressemblant à des losanges.

Coloration. Une teinte fauve est répandue sur le dessus du corps. Une bande brun-marron, liserée de blanc, s'étend, en contournant l'occiput, du bord posterieur d'un orbite à l'autre. Une seconde bande de même couleur, et ayant à peu prés la même figure, c'est-à-dire celle d'un fer à cheval, couvre les épaules. On en compte successivement trois autres, mais simplement transversales, depuis le premier tiers de la longueur du dos environ jusqu'aux reins. Enfin la base de la queue en supporte une sixième. Les quatre dernières sont, comme les deux premières, de couleur brun marron et liserées de blanc.

Dimensions. *Longueur totale.* 20" 6'". *Tête.* Long. 3" 1'". *Cou.* Long. 1". *Corps.* Long. 6" 5'". *Memb. antér.* Long. 4". *Memb. postér.* Long. 5" 5'". *Queue.* Long. 10".

Patrie. Cette belle espèce de Gymnodactyle est originaire du Bengale. Le Muséum en possède un seul exemplaire, qui lui a été donné par le savant erpétologiste, M. Thomas Bell, de Londres.

Observations. M. Gray, qui a le premier décrit cette espèce, l'a signalée comme manquant de pores fémoraux; c'est une erreur qui provient sans doute de ce que l'individu ou les individus observés par ce naturaliste étaient des femelles; car chez l'exemplaire mâle dont nous venons de donner la description, ces pores sont très apparens. Le *Gymnodactylus pulcher*, que M. Gray ainsi que M. Wiegmann rangent parmi leurs Gonyodactyles, est fort bien représenté dans les Illustrations de la Zoologie indienne publiées par le général Hardwick, sous la direction de M. Gray.

10. LE GYMNODACTYLE MARBRÉ. *Gymnodactylus marmoratus.* Nobis.

Caractères. Des petits tubercules coniques épars au milieu des écailles granuleuses des parties supérieures du corps. De larges marbrures noirâtres sur le dos.

Synonymie. *Gonyodactylus marmoratus.* Kuhl.

Cyrtodactylus marmoratus. Gray, Synops. in Griffith's Anim. Kingd. tom. 9, pag. 51.

DESCRIPTION.

Formes. La tête est fortement déprimée. Vue en dessus, elle représente un triangle isocèle à sommet légèrement obtus. Les tempes sont assez renflées. Le ventre ne l'est pas du tout ; il est, au contraire, tout d'une venue avec le cou qui est à peine un peu plus étroit que lui. La peau des flancs fait un pli bien prononcé qui s'étend directement de chaque côté de l'aisselle à l'aine. Les membres sont proportionnellement plus forts et plus épais que ceux de l'espèce précédente ; mais les doigts ont exactement la même forme. Le premier ou le pouce est légèrement arqué dans toute sa longueur ; les quatre autres ne le sont qu'à leur extrémité. Leur troisième phalange, qui est très courte, forme, avec la seconde, en se relevant d'une manière presque verticale, un angle droit dont le sommet est dirigé en bas, et avec la quatrième, qui reste située horizontalement, un autre angle droit dont le sommet se trouve être au-dessus du doigt. Les ongles sont robustes, crochus et très comprimés, de même que les deux dernières phalanges. Les ouvertures nasales sont médiocres. Aucune plaque particulière ne les borde en arrière, où l'on ne voit que de fines écailles granuleuses parfaitement semblables à celles qui revêtent la surface entière de la tête. Leur position est latérale. Elles occupent chacune un des angles supérieurs de la plaque rostrale dont la figure est quadrangulaire. On compte vingt-deux écailles labiales supérieures et dix-huit inférieures seulement. La plaque mentonnière est, de même que chez l'espèce précédente, en triangle rectangle, offrant d'un côté comme de l'autre, sous le menton, une écaille rhomboïdale, en dehors de laquelle on en remarque une autre beaucoup plus petite de figure à peu près circulaire.

Le bord libre de la portion supérieure de la paupière offre deux rangées d'écailles présentant la même forme et la même disposition que chez le Gymnodactyle Gentil. La pupille est vertico-oblongue et le trou auditif a la figure d'un ovale penché en arrière. Des grains de forme conique, en grand nombre, sont semés au milieu des écailles granuleuses qui revêtent toutes les parties supérieures du corps, sans même en excepter les bras. Ce sont aussi des écailles granuleuses, mais excessivement fines, qui tapissent le dessous de la tête et celui du cou. A partir de la poitrine, jusqu'à la racine de la queue, l'écaillure de la partie inférieure du corps se compose de petites lames minces, unies, ovales ou presque circulaires et disposées comme les tuiles d un toit. On fait la même remarque à l'égard du dessous des cuisses. Celui des bras est chagriné. Les fesses sont granuleuses. Sur la région préanale le long des bords d'un enfoncement en forme de V à branches renversées, on remarque une dizaine de pores largement ouverts dans des écailles de figure presque circulaire. La queue est de la même longueur que le reste du corps, arrondie et aussi effilée que celle d'un rat. Elle présente, en dessus comme en dessous, de petites écailles polygones extrêmement serrées, faiblement imbriquées, et se dilatant un tant soit peu davantage à mesure qu'elles se rapprochent de la région inférieure.

Coloration. Des bandes, ou plutôt de larges marbrures transversales de couleur brune sur un fond fauve, constituent le mode de coloration du dos et du dessus du cou du Gymnodactyle auquel, à cause de cela, on a appliqué l'épithète de *marbré*. La surface des membres est également marbrée de brun et celle de la tête piquetée de la même couleur. Il existe une bande brunâtre derrière chaque œil. Une teinte d'un gris fauve règne sur les régions inférieures; et la queue, dans toute son étendue, est alternativement annelée de noir et de blanc.

Dimensions. *Longueur totale*, 8" 5'''. *Tête*. Long. 2" 2'''. *Cou*. Long. 6'''. *Corps*. Long. 5". *Memb. antér*. Long. 3". *Memb. postér*. Long. 45". *Queue*. Long. 8" 5'''.

Patrie. On trouve le Gymnodactyle marbré dans l'île de Java. Nous en possédons deux exemplaires originaires de cette île, qui ont été envoyés du Musée de Leyde à notre établissement.

Observations. Cette espèce est précisément celle d'après laquelle Kuhl a établi son genre Gonyodactyle. Elle fait partie des Cyrtodactyles de M. Gray.

11. LE GYMNODACTYLE PHYLLURE. *Gymnodactylus phyllurus.* Nobis.

Caractères. Queue aplatie en forme de feuille. Dessus du corps tout hérissé de petites épines.

Synonymie. *Lacerta platura.* White. Journ. new South Wales, pag. 246, tab. 3, fig. 2.

Stellio phyllurus. Schneid. Amph. Phys. part. 2, pag. 31.

Lacerta platura. Shaw, Gener. Zool. tom. 3, pag. 247, et Nat. Misc. tom. 2, tab. 65.

Stellio platurus. Daud. Hist. Rept. tom. 4, pag. 24.

Lézard discosure. Lacép. Ann. Mus. d'Hist. nat. tom. 4, pag. 191.

Agama platyura. Merr. Amph. pag. 51.

Agama discosura. Idem.

Phyllurus Cuvierii. Bory de Saint-Vincent. Dict. class. d'Hist. nat. tom. 7, pag. 183, pl. sans numéro.

Phyllurus platurus. Cuv. Règ. anim. tom. 2, pag. 58.

Phyllurus platurus. Guér. Icon. Règ. anim. tab. 14, fig. 1.

Gymnodactylus platurus. Wagl. Amph. pag. 144.

Phyllurus platurus. Griff. Anim. Kingd. tom. 9, pag. 151.

Cyrtodactylus platurus. Gray. Sinops. in Griffith's Anim. Kingd tom. 9, pag. 52.

Gecko platicaudus. Schinz. naturgesch. Abbild. Rept. pag. 75, tab. 17.

DESCRIPTION.

Formes. Aucun Gymnodactyle n'a la tête plus aplatie que celui-ci. Elle est triangulaire, et fort élargie en arrière, où, de chaque côté, elle offre une pointe sous laquelle se trouve précisément située l'ouverture médiocre et ovale de l'oreille. La peau adhère intimement aux os du crâne, dont la surface est excessivement raboteuse. Les narines sont latérales, peu ouvertes et circulaires. Il existe une petite plaque quadrangulaire entre chacune d'elles et la rostrale. Celle-ci, très dilatée en travers, se compose aussi de quatre côtés, dont le supérieur est échancré. Les écailles labiales sont d'un petit diamètre ; la lèvre supérieure en supporte quatorze paires, et l'inférieure douze environ. La plaque qui garnit l'extrémité de la mâchoire inférieure a quatre côtés, et est une fois plus large en avant qu'en arrière. On ne voit point de scutelles sous le menton. La portion de la paupière qui s'avance sur le globe de l'œil forme un pli parallèle au bord de l'orbite, pli sur lequel on remarque une série de petites écailles épineuses. Son bord libre est simplement granuleux. L'ouverture pupillaire a une forme elliptique. Les membres sont longs et maigres, et les doigts qui les terminent à peu près égaux entre eux. Le pouce est légèrement courbé, les autres doigts offrent aussi deux espèces de brisures anguleuses, de même que chez les deux espèces précédentes; mais cependant elles sont beaucoup moins sensibles. Tous les doigts ont à peu près le même degré d'aplatissement latéral dans toute leur étendue. Leur face inférieure présente un rang d'écailles quadrilatères, plus larges que longues. Les ongles sont courts et fort recourbés. L'étroitesse du cou paraît plus considérable qu'elle n'est réellement, à cause de la largeur de l'occiput. Les flancs sont légèrement cintrés en dehors; ils offrent de chaque côté un pli rectiligne qui en parcourt toute l'étendue, depuis le bras jusqu'à la cuisse. La queue, dont la longueur est à peu de chose près la même que celle du tronc, se fait principalement remarquer par sa forme, qu'on peut jusqu'à un certain point comparer à celle d'une feuille de lilas un peu allongée. Quoique fort aplatie, elle conserve néanmoins une certaine épaisseur dans sa région moyenne; mais ses bords sont extrêmement minces. Ses deux faces offrent un pavé de petites écailles polygones, aplaties, excepté cependant vers sa partie la plus éloignée, où l'on remarque de petites pointes extrêmement serrées les unes contre les autres. Les individus femelles, aussi bien que ceux du sexe mâle, portent un petit groupe d'épines de chaque côté de la racine de la queue, qui est étranglée à cet endroit.

On n'observe ni pores fémoraux, ni pores préanaux. Le dessus de la tête, celui des membres, la poitrine et le ventre, sont revêtus d'écailles arrondies, plates, disposées en pavé. Des tubercules coniques, et si pointus qu'ils ressemblent à de véritables épines, hérissent toutes les parties supérieures du corps, à l'exception cependant de la tête, des doigts et de la queue. Ces tubercules, dont la surface est légèrement striée de bas en haut, sont entremêlés de petites écailles plates et à plusieurs pans.

Coloration. En dessous, le Gymnodactyle phyllure offre une

teinte blanchâtre uniforme. En dessus, il est marbré de noirâtre sur un fond gris plus ou moins foncé.

Dimensions. *Longueur totale.* 22" 6'". *Tête.* Long. 2" 8'". *Cou.* Long. 1". *Corps.* Long. 9" 3'". *Memb. antér.* Long. 3" 8'". *Memb. post.* Long. 4" 8'". *Queue.* Long. 9" 5'".

Patrie. Le Gymnodactyle phyllure est originaire de la Nouvelle-Hollande. La collection en renferme une belle suite d'échantillons dont on est redevable à Péron et Lesueur, à M. Busseuil, et à MM. Quoy et Gaymard.

Observations. Nous n'avons pas cru devoir, comme M. Cuvier, placer dans un genre particulier le Gymnodactyle phyllure, qui ne diffère bien réellement de ceux avec lesquels nous le rangeons que par la forme de sa queue. Or, cette dépression de la queue ne nous semble pas être un caractère assez important pour qu'on doive établir un genre d'après lui seul. Au reste, nous ne sommes pas les seuls erpétologistes de cet avis, puisqu'il est vrai que Wagler, M. Gray et M. Wiegmann avaient déjà réuni les Phyllures de Cuvier aux Gymnodactyles de Spix.

12. LE GYMNODACTYLE DE MILIUS. *Gymnodactylus Miliusii.* Nobis.

(*Voyez* pl. 33, fig. 1.)

Caractères. Dessus du corps de couleur marron, avec des raies blanches en travers, et parsemé de tubercules coniques. Doigts courts, droits, arrondis. Une petite plaque mentonnière quadrilatère. Queue déprimée. Ni pores fémoraux, ni préanaux.

Synonymie. *Phyllurus Miliusii.* Bory de Saint-Vincent, Dict. class. d'hist. nat. tom. 7, pag. 183, pl. sans numéro.

Cyrtodactylus Miliusii. Gray, Synops. in Griffith's Anim. Kingd. tom. 9, pag. 52.

DESCRIPTION.

Formes. Cette espèce a la tête courte et épaisse. Son cou et son corps sont proportionnellement assez étroits. On remarque sur le front un enfoncement ayant la figure d'un ovale ouvert en arrière.

Les narines sont parfaitement circulaires et situées l'une à droite, l'autre à gauche du museau, sur le bord d'une petite plaque arrondie qui s'articule avec un des angles supérieurs de la rostrale. Celle-ci est presque quadrilatérale et plus dilatée en largeur qu'en hauteur. Les lèvres supportent chacune douze paires de lames écailleuses. L'extrémité du maxillaire inférieur est protégée par une scutelle à quatre pans, dont les deux latéraux sont arqués en dedans, et l'inférieur et le postérieur en dehors. Il n'y a de plaques ni sous le menton, ni derrière les ouvertures nasales. La portion inférieure de la paupière est extrêmement courte; mais la supérieure est très développée : elle forme deux plis parallèles au contour de l'orbite. La pupille a une forme elliptique, et le trou de l'oreille, qui est assez ouvert, ressemble à un ovale. Les membres sont minces et les doigts médiocrement allongés. Ces derniers sont presque cylindriques, c'est-à-dire arrondis et à peu près de même grosseur dans toute leur longueur. Leur extrémité terminale es légèrement arquée, tandis que le reste de leur étendue est droit. Les ongles sont extrêmement courts. La face inférieure des doigts est garnie d'une bande de petites lames transversales à peine imbriquées. Le long de chaque flanc, la peau forme un pli qui s'étend directement du bras à la cuisse. Il n'existe de pores ni le le long des cuisses, ni sur la région préanale. Le bord de l'espèce de lèvre qui ferme l'ouverture du cloaque est légèrement anguleux. La queue, fort étroite à sa racine, se trouve subitement élargie de chaque côté jusque vers la moitié de sa longueur par un développement fort épais de la peau qui l'enveloppe. En sorte qu'elle paraît déprimée dans cette portion de son étendue; tandis que la seconde portion, qui se termine en pointe très fine, est simplement arrondie.

L'écaillure des parties supérieures du corps, c'est-à-dire du cou, du dos, des membres et de la région élargie de la queue, se compose d'écailles arrondies, plates et d'une extrême finesse. A ces écailles se mêlent beaucoup de petits tubercules coniques souvent très pointus, ainsi que cela se voit sur la queue, par exemple. Sur le crâne, ces tubercules coniques sont remplacés par d'autres tubercules moins forts et lenticulaires. Le dessus du museau est revêtu d'un pavé de petites plaques polygones. Quant à ses côtés, ils présentent, de même que le bout de la queue et tout le dessous de l'animal, une surface très finement chagrinée.

Coloration. Deux teintes, l'une blanche, l'autre brun-marron, se montrent sur le corps du Gymnodactyle de Milius. La première non-seulement règne sur toutes les régions inférieures, mais reparaît sous forme de taches et de raies transversales sur les parties supérieures où la seconde est répandue depuis le bout du museau jusqu'à l'extrémité de la queue. Les régions qui offrent des raies blanches sont le cou, où il en existe deux fort étroites, et la queue, où l'on en compte quatre ou cinq assez larges. Les taches blanches sont semées sur le museau, sur les tempes et sur les membres; sur le dessus du corps, elles forment des bandes transversales au nombre de cinq ou six environ.

Dimensions. *Longueur totale.* 13" 9'''. *Tête.* Long. 2" 2'''. *Cou.* Long. 6'''. *Corps.* Long. 4" 6'''. *Memb. antér.* Long. 2" 9'''. *Memb. post.* Long. 3" 6'''. *Queue.* Long. 6" 5'''.

Patrie. Ce Gymnodactyle vit à la Nouvelle-Hollande. Le Muséum en possède deux échantillons dont il est redevable à MM. Quoy et Gaymard.

Observations. Pour compléter l'histoire de notre genre Gymnodactyle, nous ajouterons qu'il correspond, avec quelques légères particularités, à celui que M. Gray a indiqué sous le nom de Cyrtodactyle dans un de ses derniers travaux sur l'Erpétologie. En effet, les seules différences qui existent entre ces deux genres consistent en ce que, d'une part, M. Gray range avec ses Cyrtodactyles les Sphériodactyles, qui pour nous constituent un petit groupe générique particulier appartenant à la division des Geckotiens à doigts dilatés; et que, de l'autre part, nous avons réuni à nos Gymnodactyles le genre Pristure de M. Rüppel, établi sur ce simple caractère d'avoir la queue comprimée et surmontée d'une faible crête écailleuse.

VIIe GENRE. STÉNODACTYLE. — *STENODACTYLUS.* Fitzinger.

(*Ascalabotes* de Lichtenstein et de Wagler ; *Stenodactylus* de Cuvier, *Gymnodactylus* de Wiegmann (en partie).

CARACTÈRES. Doigts cylindriques pointus au bout, à bords dentelés et à face inférieure granuleuse.

Les pattes des Sténodactyles ont une apparence tout-à-fait différente de celle des Gymnodactyles. Cela tient, d'une part, à la forme droite et arrondie de leurs doigts, et d'une autre, à ce que ni le pouce, ni le cinquième doigt des pieds de derrière ne peuvent que très peu s'écarter en dehors. En dessous, ces doigts, qui se terminent en pointe aiguë, sont garnis de petites écailles granuleuses, et de chaque côté de petites dentelures. C'est par cela même en particulier qu'ils sont faciles à distinguer des Gymnodactyles qui manquent de dentelures aux doigts, et qui, au lieu de grains squammeux, offrent des petites lames écailleuses imbriquées et dilatées en travers. On peut ajouter qu'ils n'ont point de pores fémoraux, ni de plis le long des côtés du corps; que leur pupille est elliptique, que les écailles qui garnissent leur dos sont toutes semblables; qu'ils ont le bord supérieur de la paupière bien développé, et l'inférieur, au contraire, excessivement court. Enfin que leur queue, très renflée à sa racine, est excessivement grêle dans le reste de son étendue.

M. Fitzinger qui a établi ce genre, y rangeait le *Gymnodactylus Geckoides* de Spix, l'*Ascalabotes Stenodac-*

tylus de Lichtenstein, et le *Lacerta pipiens* de Pallas. Mais de ces trois espèces nous ne conservons que la seconde; attendu que nous avons dû placer la première avec nos Gymnodactyles, où l'appelait la conformation de ses doigts, et que nous avouons ne pas savoir si la troisième mérite réellement d'être admise dans le genre Sténodactyle, n'ayant pu nous en faire une idée assez précise d'après la description qu'en a publiée le célèbre voyageur que nous venons de nommer.

Notre genre Sténodactyle ne se composera donc, quant à présent, que d'une seule espèce, le Sténodactyle tacheté, dont la description va suivre.

1. LE STÉNODACTYLE TACHETÉ. *Stenodactylus guttatus.* Cuvier.

(*Voyez* pl. 34, n° 2.)

Caractères. Dos gris tacheté de blanc.

Synonymie. L'*Agame ponctué*. Is. Geoff. Rept. d'Égypte, tab. 5, fig. 2.

Trapelus Savignyi. Audouin. Reptiles d'Egypte, Suppl. pl. 1, fig. 3 et 4.

Ascalabotes Stenodactylus. Lichtenst., Verz. der Dubl. des Berl. Mus. 1823, S. 102.

Stenodactylus guttatus. Cuv. Règ. anim. tom. 2, pag. 58.

Ascalabotes Stenodactylus. Wagl. Amph. pag. 143.

Stenodactylus guttatus. Griff. Anim. Kingd. tom. 9, pag. 151.

Eublepharis guttatus. Gray. Synops. in Griffith's. Anim. Kingd. tom. 9, pag. 49.

DESCRIPTION.

Formes. La tête est très aplatie; son contour horizontal a la figure d'un triangle isocèle. Les narines sont latérales, petites et ovalaires; chacune d'elles est bornée au haut et en arrière par trois plaques anguleuses, et en avant et en bas, par la première labiale et la rostrale. Celle-ci est un quadrilatère plus large que haut. Son bord supérieur s'articule avec deux des écailles nasales et une troisième écaille située tout-à-fait sur le milieu du museau. On compte douze paires de scutelles sur l'une comme sur l'autre lèvre. La plaque mentonnière est grande et à peu près carrée. L'œil est énorme, la pupille elliptique et le bord inférieur de la paupière rentré dans l'orbite. On n'observe pas que le cou soit beaucoup plus étroit que la tête. Les côtés du corps sont renflés. Les membres sont grêles et tout d'une venue; c'est-à-dire que, de même que chez les Caméléons, les bras ne sont pas plus forts que les avant-bras, et les cuisses plus grosses que les jambes. Les doigts sont droits, cylindriques, terminés par des ongles allongés, pointus et peu arqués. Ceux des pattes de derrière sont plus grêles que ceux des pattes de devant. Le cinquième doigt est très court et inséré sur le tarse, beaucoup plus en arrière que les autres. Les côtés de ces doigts sont garnis de petites dentelures, et leur face inférieure offre un pavé de petites écailles granuleuses. La queue entre pour la moitié dans la longueur totale de l'animal; elle est arrondie et excessivement grêle. Chez les individus mâles, la base en est très renflée et hérissée de chaque côté de douze ou quinze tubercules épineux, constituant un groupe de figure à peu près carrée. Cette queue offre sur toute son étendue, en dessus comme en dessous, des petites écailles polygones, plates et juxta-posées. Un pavé de petites plaques à plusieurs pans revêt le dessus de la tête. Ce sont des grains squammeux, extrêmement fins, qui garnissent la gorge. Sous le corps et sous les membres on voit de petites écailles aplaties comme celles qui tapissent le dos et la région supérieure des pattes; mais elles sont d'un moindre diamètre.

Coloration. Des gouttelettes blanches répandues sur un fond gris est ce qui constitue le mode de coloration du dessus du corps de ce petit Geckotien. Le dessous en est entièrement blanc. Des demi-anneaux noirs se voient de distance en distance sur la région supérieure de la queue. Le tour des narines et les bords de paupières sont blancs.

Dimensions. *Long. tot.* 10" 5"'. *Tête.* Long. 1" 8"'. *Cou.* Long. 4"'. *Corps.* Long. 3" 3"'. *Memb. ant.* Long. 2" 4"'. *Memb. post.* Long. 3" 1"'. *Queue.* Long. 5".

Patrie. Le Sténodactyle tacheté se trouve en Égypte.

M. Isidore Geoffroy, qui en a fait la description dans le grand

28.

ouvrage publié aux frais du gouvernement, n'a pu malheureusement donner que très peu de détails sur ce Saurien, dont il n'a vu qu'un dessin colorié, mais parfaitement exécuté. Voici comment il en décrit les couleurs, qui doivent avoir bien changé dans les individus que nous avons trouvés conservés dans la liqueur : « Corps brun, avec de petites taches noirâtres, peu distinctes, assez régulièrement disposées sur le dos. Les flancs sont d'un lilas bleuâtre, mais d'une nuance très claire. »

M. Isidore Geoffroy s'était déja aperçu que ce Saurien, qu'il plaçait avec doute parmi les Agames, avait cependant plus de rapports avec les Geckotiens par les formes générales, la conformation de la langue, et surtout par la disposition des petites écailles qui recouvrent le corps.

Quant à M. Audouin, comme il n'avait pas sous les yeux les pièces originales d'après lesquelles M. Savigny avait fait peindre et graver les planches, il s'est contenté, dans les explications sommaires de ces gravures du supplément, d'en déterminer les espèces. Il a cru devoir rapporter celle-ci au genre *Trapelus* ou *Changeant* de Cuvier, puisque ce grand naturaliste, dans la deuxième édition du Règne animal, avait lui-même indiqué cette figure comme celle d'un jeune individu dont le corps était lisse.

Observations. Cette espèce, l'*Ascalabotes Stenodactylus* de Lichtenstein, est une de celles que Fitzinger a placées dans son genre Sténodactyle. Elle est le type de celui de Cuvier, et la seule que nous ayons trouvé à placer dans le groupe dont nous traitons ici. Elle compose également à elle seule le genre *Ascalabotes* de Wagler, fait partie des Gymnodactyles de M. Wiegmann, et se trouve être un *Eublepharis* pour M. Gray.

CHAPITRE VII.

FAMILLE DES VARANIENS OU PLATYNOTES (1).

§ I. CONSIDÉRATIONS GÉNÉRALES SUR CETTE FAMILLE.

Quoique nous ayons précédemment fait connaître les modifications générales et essentielles que les Sauriens de ce groupe présentent dans leur conformation, nous croyons cependant devoir les rappeler ici, afin d'établir d'abord et de faire contraster ensuite les notables différences qui caractérisent cette famille, et qui ont autorisé son isolement pour l'étudier séparément. Voici ces caractères :

1° Corps fort allongé, arrondi et sans crête dorsale; soulevé sur deux pattes fortes, à doigts distincts, très longs, mais inégaux; tous armés d'ongles forts. Queue légèrement comprimée, deux fois au moins plus longue que le tronc.

2° Peau garnie d'écailles enchâssées, tuberculeuses, saillantes, arrondies tant sur la tête que sur le dos et les flancs; constamment distribuées par anneaux ou bandes circulaires, parallèles sous le ventre et autour de la queue.

3° Langue protractile, charnue, semblable à celle des

(1) Nous croyons devoir reproduire ici l'étymologie de ce nom tout-à-fait grec πλατυνατος, qui a le dos plat, large. *Latum dorsum habens*

Serpens, c'est-à-dire allongeable, rentrant dans un fourreau, étroite et aplatie à la base, profondément fendue et séparée en deux pointes qui peuvent s'écarter comme dans les Ophidiens.

Ces trois principaux caractères suffisent, comme nous allons l'exposer, pour faire distinguer les Varaniens des sept autres familles comprises dans l'ordre des Sauriens. Cependant il en est encore plusieurs autres que nous exposerons par la suite, et qui sont tirés de la forme et de la disposition des dents, des narines, des conduits auditifs. Afin que les particularités en soient mieux saisies ou appréciées, nous allons passer en revue les diverses familles, en nous bornant à indiquer les différences principales dont l'absence pourra être regardée comme indiquant autant de caractères négatifs pour les Varaniens.

1° Les Crocodiliens ont constamment, aux pattes postérieures, les doigts réunis à leur base par des membranes, et quelques-uns sont toujours privés d'ongles. Leur peau est protégée par des écussons à arêtes saillantes, et leur ventre recouvert de plaques carrées. Leur queue est garnie de crêtes simples ou doubles; enfin leur langue est adhérente et non protractile. Nous ne tenons pas compte des autres caractères sur lesquels nous aurons occasion de revenir, tels que la forme, le nombre et le mode d'implantation des dents; la disposition de la pupille, le rapprochement des orifices extérieurs des narines, de leur prolongement dans l'épaisseur des os de la face, des opercules osseux des oreilles, de la conformation de l'organe mâle, qui est toujours simple, etc.

2° Les Caméléoniens ont, il est vrai, la langue très extensible et reçue dans un fourreau; mais elle est vermiforme et terminée par un tubercule mousse. Leurs doigts ne sont pas séparés, puisqu'ils forment une pince composée de deux paquets inégaux et opposables. Leur queue est à peu près de la longueur du tronc; elle est prenante, se recourbe en dessous, et elle sert à l'animal pour s'accrocher. Le corps est comprimé et caréné. L'œil, très gros, n'a qu'une paupière très développée et circulaire; il n'y a pas de conduit auditif externe apparent.

3° Les Geckotiens ont la langue large, plate, à peine échancrée à son extrémité libre; leur corps est trapu, court; les doigts sont larges, plats, à peu près d'égale longueur. Les yeux sont gros, avec des paupières excessivement courtes.

4° Les Iguaniens diffèrent surtout par la structure de la langue sans fourreau à la base, dont la pointe est seulement échancrée. Ils ont le plus souvent une crête ou une arête dorsale, un goître; les écailles qui recouvrent leur peau sont libres en partie et placées les unes sur les autres, comme des tuiles; plusieurs ont des dents au palais, et les maxillaires sont d'une toute autre forme.

5° Les Lacertiens se distinguent des Varaniens, avec lesquels ils ont cependant, il faut l'avouer, de très grands rapports : 1° par la présence des plaques polygones qui recouvrent leur tête; 2° par la forme des écailles du dos et du ventre, et par leur queue qui n'est pas comprimée; 3° par la forme et la disposition des dents qui ne sont pas espacées, obtuses et coniques, mais placées sur une même ligne et tranchantes à leur sommet dans le sens antéro-postérieur.

6° Les Chalcidiens sont faciles à distinguer de prime abord, en ce que leur peau est recouverte entièrement d'écailles toujours semblables les unes aux autres, régulièrement distribuées par anneaux ou par verticilles; parce que leur tronc est tellement allongé qu'il se confond souvent avec l'origine de la queue, et parce qu'il offre fort souvent un pli ou une rainure longitudinale sur les flancs.

7° Enfin les Scincoïdiens diffèrent des Varaniens, parce qu'ils ont aussi des écailles semblables sur toutes les parties du corps, et que constamment elles sont superposées à peu près comme celles des poissons ou comme les tuiles d'un toit.

A ces caractères généraux, purement différentiels, il s'en joint un grand nombre d'autres tirés des formes de l'organisation et des mœurs, ainsi que nous aurons occasion de le démontrer par la suite; cependant il faut remarquer qu'il résulte de cet examen, que les Varaniens diffèrent absolument de toutes les espèces distribuées dans les sept autres familles par des particularités évidentes et faciles à dénoter, comme nous l'exposons ici.

Savoir, des *Crocodiliens*, par les doigts qui sont tous munis d'ongles, et jamais palmés à la base : par les tubercules cutanés, qui ne sont ni carrés, ni garnis d'arêtes saillantes; par la langue protractile; enfin par la forme des dents, des pupilles, des conduits auditifs, et surtout par les organes génitaux mâles qui sont doubles. Des *Caméléoniens*, parce que leur langue est fourchue à la pointe; les yeux à deux paupières distinctes, ainsi que les conduits auditifs. Le corps plutôt déprimé que comprimé; par la longueur relative de la queue, qui n'est jamais préhensile. Des *Geckotiens*, par la forme et l'inégalité de la longueur des doigts, les mouvemens de la langue, la présence des paupières mobiles. Des *Iguaniens*, par les écailles du tronc, l'absence d'une crête dorsale, la conformation vaginale de la langue. Des *Lacertiens*, par la différence des tégumens de la tête et du corps, et par la forme des dents. Enfin des *Chalcidiens* et des *Scincoïdiens*, par la forme du tronc non arrondie, et par l'origine de la queue bien distincte; par la structure de la langue, et surtout par la forme et la disposition des écailles.

Les noms sous lesquels on a désigné cette famille sont tout-à-fait singuliers, et nous pouvons dire tous très fautifs par leur origine. Cependant, comme ils sont adoptés, ils exigent de notre part une explication qui trouvera sa place dans l'abrégé historique que nous allons présenter ici.

Il est nécessaire de savoir d'abord que Linné et la plupart des naturalistes méthodiques avaient placé ces Sauriens dans le grand genre Lézard (*Lacerta*). Daudin est le premier qui ait distingué la plupart des espèces pour les réunir sous le nom générique de *Tupinambis*, dénomination qui avait été employée par Lacépède pour désigner l'individu dont mademoiselle de Mérian avait parlé sous ce même nom, par suite d'une méprise dont voici l'occasion. Marcgrave, dans son Histoire du Brésil, qui est écrite en latin, avait dit, livre 6, chapitre 11, en parlant d'une espèce de Monitor, que les Brésiliens l'appelaient *Téju-Guazu*, et les habitans du Topinamboux, *Témapara*. (*Brasiliensibus Tejuguazu et Temapara Tupinambis.*) Le nom d'un peuple a été pris pour celui de l'animal, et la méprise est devenue d'autant plus singulière, que, par une faute d'impression qui se trouve répétée dans quelques ouvrages, ce dernier terme est ainsi défiguré, *Tupinambisou*, sauve-garde d'Amérique, la conjonction *ou* ayant été réunie au premier nom.

Cuvier, tout en laissant ce genre dans celui qu'il nomme Lézard, en fit cependant un premier groupe sous la dénomination de *Monitors* proprement dits; mais par malheur il se trouve que le véritable Monitor avertisseur, ou Sauve-garde d'Amérique, est maintenant rangé dans un autre groupe, parce qu'il est en effet plus voisin des Lézards.

Oppel adopta, comme nous l'avions fait nous-mêmes dans la Zoologie analytique, le genre Tupinambis de Daudin; mais, d'après les caractères qu'il lui assigna, il dut en éloigner avec raison plusieurs espèces que ce premier auteur y avait introduites.

Merrem, en admettant aussi dans son système des Amphibies ce genre de Daudin avec toutes ses espèces, en changea le nom et traduisit, en lui donnant la terminaison latine, la désignation arabe de *Ouaran* en *Varanus*, et ce dernier nom restera très probablement, parce qu'il indique pour type l'espèce d'Egypte.

Fitzinger est à peu près le premier auteur qui ait considéré ces Sauriens comme constituant une famille distincte, qu'il nomma les *Améivoïdes*, parce qu'en effet, à la plupart des véritables Varaniens, il joignit les Monitors, les Améivas et les Téjous, avec plusieurs autres genres dont on ne connaît que des débris fossiles.

M. Gray, dans la Synoptique des genres de Sauriens qu'il a consignée, en 1827, dans le 7e numéro du tome II du Philosophical Magazin, a rangé dans une première famille, sous le nom de Varanides, les genres *Varanus* et *Dracæna* de Merrem, et les a fort bien caractérisés.

Enfin Wagler les a véritablement séparés, en les plaçant tout-à-fait à la fin de l'ordre des Sauriens, très près de celui des Ophidiens, auxquels ils ressemblent en effet par la forme des os du crâne et de la face, et surtout par la configuration et la structure de la langue; mais, par une analogie forcée, tirée de cette dernière partie, il les place à la suite des Caméléons, qu'il range dans une quatrième famille. Nos Varaniens sont pour Wagler des Lézards Thécoglosses Pleurodontes, et il les distribue en quatre genres, qu'il nomme : 1° *Héloderme*, d'après Wiegmann; 2° *Hydrosaure*; 3° *Polydédale*; et 4° *Psammosaure*, d'après Fitzinger, et voici comment il exprime les caractères de chacun d'eux.

1° Le genre *Heloderma*, établi et désigné sous ce nom par Wiegmann en 1829, dans l'Isis, est ainsi caractérisé par Wagler. Narines situées sur les côtés de la pointe du museau, entre trois grandes écailles; la peau du dos couverte de plaques tuberculeuses, osseuses, homogènes; le ventre garni d'écussons carrés, oblongs et plats. On n'en connaît encore qu'une espèce, provenant de la Nouvelle-Espagne ou du Mexique.

2° Le genre *Hydrosaure*, nommé ainsi par Wagler, a pour caractères : Narines latérales situées dans l'angle antérieur du museau, près de son extrémité; écailles du dos petites, menues, chagrinées; queue annelée, comprimée latéralement; dents grêles à bords en scie. Ce sont des espèces d'Asie et de la Nouvelle-Hollande.

3° Sous le nom de *Polydédale*, notre auteur établit un genre qu'il dénote de la manière suivante : Narines situées entre les yeux et la pointe du museau : placées très haut et immédiatement sous l'angle externe du museau, leur orifice est allongé, oblique, à demi fermé en avant par la peau; écailles du dos disposées par bandes; elles sont très serrées; leur forme est ovale-oblongue, saillantes au milieu et comme bossues, entourées d'un limbe granulé. Les dents maxillaires postérieures sont fort droites. Les pattes de derrière sont robustes, droites et entières. Ce genre comprend des espèces d'Afrique et des Indes occidentales.

4° Le *Psammosaure* a été aussi séparé des autres Sauriens, sous le nom composé du grec, et qui signifie Lézard des sables. C'est M. Fitzinger qui l'a désigné ainsi. Il aurait pour caractères : Narines situées au devant des yeux, présentant des orifices allongés, obliques; écailles du dos semblables à celles des Polydédales; queue arrondie, mais sub-triangulaire vers la pointe ou extrémité libre.

On verra par la suite, dans les articles consacrés aux descriptions d'espèces, et par la synonymie que nous en donnerons, combien Wagler a dû faire violence aux lois généralement admises dans les méthodes naturelles pour distribuer ainsi en quatre genres les sept espèces qu'il a rapportées à cette division des Thécoglosses. En effet les Varaniens ne nous semblent pas susceptibles d'être partagés en plus de deux genres naturels, ceux de Varan et d'Héloderme. On a bien proposé d'établir des distinctions parmi les espèces qui composent le premier; mais les caractères sur lesquels elles reposent, caractères qui sont tirés de la conformation de la queue, de la position plus ou moins avancée des narines sur les côtés du museau, ou bien de quelques légères différences dans la forme des dents, ne nous paraissent pas offrir assez d'importance, assez de valeur pour servir à faire séparer des animaux qui se ressemblent tant d'ailleurs.

Car, il faut bien le dire, cette rondeur que présente la queue de quelques espèces est loin d'être parfaite. Il existe toujours un certain aplatissement dans cette queue, qui n'est pas non plus absolument dépourvue de la crête ou carène plus ou moins développée dans les Varans qui ont cette partie terminale du corps comprimée. Si maintenant nous considérons les dents, nous voyons qu'elles changent de forme avec l'âge; que le Varan du Nil, par exemple, avant de les avoir tuberculeuses les a comprimées, comme celles du Varan Bigarré, ou quelque autre, que l'on a placé dans un genre différent. Enfin, peut-on raisonnablement séparer d'une manière méthodique deux espèces, parce que l'une a les narines situées au bout du museau, et l'autre à égale distance de l'œil et du bout du nez, quand surtout il en existe une troisième chez laquelle ces narines ne sont situées ni au milieu ni au bout des côtés du museau, mais positivement entre ces deux points?

Contentons-nous d'indiquer ces différences, mais ne nous en servons pas pour établir des divisions, et par cela même créer de nouveaux noms. Ce serait augmenter sans nécessité les difficultés déjà trop nombreuses dont la science est hérissée.

§ II. ORGANISATION DES VARANIENS.

La structure des Sauriens de cette famille n'exigerait pas de nous une étude particulière, si leur squelette et surtout la portion correspondante à la tête n'avait offert des dispositions singulières, auxquelles l'anatomie comparée a dû mettre une grande importance, parce qu'elle y a indiqué un véritable passage naturel de l'ordre des Lézards à celui des Serpens. C'est principalement encore parce que, parmi les ossemens des Reptiles fossiles de la plus grande dimension, découverts à Maëstreicht et dans d'autres localités, Cuvier a reconnu et le premier démontré les plus grands rapports entre les squelettes de ces animaux perdus et ceux des Varaniens encore existans aujourd'hui. Aussi dans son grand ouvrage, ce savant naturaliste a-t-il fait figurer avec soin et pris essentiellement pour types de ses descriptions anatomiques des Sauriens de la division des Lézards, les squelettes de trois espèces de Monitors qui correspondent réellement à nos Varaniens.

Ne pouvant faire aussi bien que lui, nous extrairons de ses recherches la plupart des détails ostéologiques qui nous seront nécessaires (1).

Les os qui composent la tête dans le Varan du Nil forment un cône allongé, déprimé, à pointe mousse, à région frontale et pariétale planes. Les orbites sont rondes et en occupent la partie moyenne ; les narines s'ouvrent au palais presqu'à la hauteur des orbites. Il

---

(1) Cuvier, Ossemens fossiles, tom. 5, 2e partie, pag. 255 et suiv. pl. 16 et 17.

n'y a qu'un intermaxillaire qui porte quatre dents de chaque côté. Il remonte par une apophyse comprimée jusque vers le milieu des narines pour s'unir à une saillie semblable de l'os nasal, qui est impair, et qui, s'élargissant dans le haut, s'y bifurque pour s'unir aux deux frontaux. Ceux-ci, placés entre les orbites, ont en dessous une lame qui, se rapprochant réciproquement, complète le canal des nerfs olfactifs. Les os maxillaires reçoivent en avant la partie élargie de l'intermaxillaire, laquelle a en dessous, derrière les dents, une apophyse saillante par laquelle elle s'unit, au moyen d'une rainure, aux os vomériens qui occupent le milieu du palais. Ces mêmes os maxillaires forment aussi les côtés du museau ou les joues. L'os frontal antérieur et le lacrymal n'offrent rien de particulier; mais le jugal n'est qu'un stylet arqué et pointu qui n'atteint ni le frontal postérieur ni le temporal, en sorte que l'orbite est incomplète comme dans les Geckos.

Cuvier décrit sous le nom d'os *surcilier* une pièce particulière s'unissant à la partie élargie du bord orbitaire du frontal antérieur qui protége le dessus de l'œil et qui se retrouve dans les oiseaux. La suture fronto-pariétale est presque droite et transversale, c'est sur les limites externes de cette ligne que s'articulent sur les deux os les frontaux postérieurs qui, prolongés en arrière en une apophyse grêle, s'unissent obliquement au temporal pour former l'arcade zygomatique L'os pariétal est impair, en forme de bouclier élargi antérieurement; sur ses côtés sont creusées les fosses temporales; en arrière il est fourchu. Vers le milieu de ce pariétal on remarque un trou qui correspond au centre du crâne. Dans l'échancrure postérieure du pariétal est logé l'occipital supérieur, qui a tout-à-fait la forme de la portion annulaire d'une vertèbre. L'os que Cuvier nomme tympanique et qui sert à l'articulation de la mâchoire, est solide, presque droit et de forme prismatique.

Le plancher du crâne est concave. Il est creusé sur le basilaire et le sphénoïde. La fosse pituitaire est grande et séparée de celle du cerveau par une lame saillante de ce dernier os.

Les palatins sont courts ; ils s'unissent aux vomers, aux frontaux antérieurs, aux maxillaires, aux transverses et aux ptérygoïdiens, mais point entre eux, et cependant ils forment de chaque côté une partie du plancher de l'orbite et les lames ptérygoïdiennes semblent en faire la suite ; ils restent également écartés entre eux. Ils s'appuient sur l'apophyse latérale du sphénoïde, et ils vont se terminer en arrière en une pointe. Sur le milieu de la partie supérieure des ptérygoïdiens s'articule une verge osseuse, grêle et droite, que Cuvier a nommée la *columelle*.

Les vomers, qui correspondent au milieu du palais, s'étendent de l'intermaxillaire aux palatins ; ils sont creusés en avant en un petit canal.

On voit à la partie antérieure de chaque narine en bas un os excavé en forme de cuiller. Cuvier les regarde comme des cornets inférieurs.

Dans le Varan du Nil il y a onze dents à chaque maxillaire outre les huit intermaxillaires, les antérieures sont coniques et pointues ; les postérieures mousses ou en massue. D'autres Varaniens ont les dents tranchantes, en nombre variable, et leurs cornets inférieurs ont une autre forme (1).

---

(1) M. Geoffroy Saint-Hilaire, dans le grand ouvrage sur l'Egypte, a donné des figures de ces têtes osseuses de Varans ; et Camper fils, dans les Annales du Muséum, tom. 19, pl. 11, fig. 5.

C'est avec intention que nous nous sommes livrés à cette étude approfondie et détaillée de la forme et des connexions des os de la tête dont nous avons revu la description et vérifié les particularités sur les squelettes de trois espèces différentes rapportées à trois genres divers. En effet, d'une part Cuvier n'aurait pu, sans cet examen, donner à ses recherches sur les ossemens fossiles ce degré de précision qui l'a porté à reconnaître combien sont nombreux les rapports de conformation entre les Varaniens existans aujourd'hui et les Sauriens perdus dont les os et surtout ceux de la tête, ont été retrouvés dans les carrières de Maëstreicht, dans les schistes de la Thuringe, à Manheim en Franconie, dans les environs d'Oxford en Angleterre. Cuvier lui-même avait indiqué comment ces os de la tête des Varaniens avaient des rapports avec ceux qui leur correspondent dans les Reptiles de l'ordre des Serpens, ce que Wagler a si bien développé dans son ouvrage (1). Il insiste particulièrement sur la manière dont les os de la face semblent être suspendus au crâne, et peuvent, jusqu'à un certain point, se mouvoir et s'écarter transversalement; sur l'orbite dont le cercle est incomplet; sur la faible jonction de la symphyse des branches de la mâchoire inférieure.

En continuant cette étude, nous dirons que les dents des Varaniens sont toujours aplaties à la racine, qui est logée dans la longueur d'un sillon, lequel constitue une alvéole commune et qui n'aurait pas de bord interne. Leurs couronnes, ou parties libres, sont le plus ordinairement pointues, courbées en arrière. Il n'y a jamais de dents au palais. L'os hyoïde est formé

(1) Wagler, Natürliches System der Amphibien, pag. 261.

de parties grêles, allongées, dont la médiane ou l'impaire, qui en constitue le corps ou l'os lingual, est plus court que les cornes, au nombre de quatre, deux en avant et deux derrière, formées chacune de deux pièces articulées, et dont les antérieures présentent un élargissement notable dans le point où elles se contournent pour se mouvoir l'une sur l'autre.

L'échine offre plusieurs particularités. D'abord la région du col, quoique formée de sept vertèbres au plus, est cependant proportionnellement plus allongée que chez les autres Sauriens, ce qui donne à l'animal une physionomie toute particulière. Cuvier (1) en a représenté toutes les pièces importantes. Les dernières vertèbres cervicales portent des côtes asternales ou des apophyses transverses articulées qui ne se joignent pas au sternum. Il n'y a véritablement que quatre côtes de chaque côté qui lui envoient des prolongemens pour s'y articuler réellement. Les autres, au nombre de quinze ou seize, sont tout-à-fait libres et soutiennent les parois abdominales. A peine peut-on compter deux vertèbres lombaires. Il n'y en a également que deux pelviennes ou sacrées, remarquables par la grosseur et la solidité de leurs apophyses transverses. Au reste, ces dernières éminences vont en s'élargissant considérablement dans les premières vertèbres de la queue, et puis en diminuant successivement de manière à s'oblitérer tout-à-fait dans la série nombreuse de ces os caudaux, qui sont au delà de quatre-vingt dans quelques individus, quand la queue n'a pas été mutilée, car alors les pièces qui

(1) CUVIER, Ossemens fossiles, tom. 5, 2e partie, pl. 187, p. 283.

les remplacent restent cartilagineuses et peu distinctes les unes des autres.

Le sternum est joint et corroboré par les os antérieurs ou inférieurs de l'épaule. Il est formé antérieurement d'une pièce allongée, unique et très solide, qui se dilate en avant en deux branches latérales prolongées considérablement et un peu recourbées en arrière. L'extrémité postérieure de cet os moyen se porte en arrière pour pénétrer dans une sorte de plastron cartilagineux de forme rhomboïdale ou de carré dont deux des côtés sont dirigés en avant pour recevoir les clavicules ou les os que Cuvier nomme Coracoïdiens. C'est sur les bords postérieurs que vont se joindre les deux paires de côtes. C'est aussi vers la pointe postérieure de ce rhombe que viennent aboutir, par une pièce commune, la troisième paire de côtes sternales (1).

L'épaule des Varaniens est forte et solide. Le scapulum est solidement uni et confondu avec les clavicules et l'os coracoïdien, et c'est dans le point de leur réunion qu'est formée la cavité ou l'échancrure articulaire dans laquelle se meut la tète de l'os du bras.

Le bassin n'offre rien de particulier à cette famille : les trois pièces qui la forment concourent à la production de la cavité cotyloïde. L'ilium est allongé et se porte en arrière pour s'articuler avec les deux vertèbres sacrées ou pelviennes. Les pubis et les ischions sont très évasés, fort distincts, et, comme ils ne se joignent pas, ils laissent entre eux un trou unique qui est considérable, de sorte qu'il semble y avoir

(1) Geoffroy Saint-Hilaire, Philosophie anatomique, Pl. 11, fig. 20.

deux symphyses pubiennes, l'une en avant et l'autre derrière. Ce grand intervalle dans l'état frais est rempli par un ligament aponévrotique qui donne attache aux muscles de la cuisse.

L'os du bras ressemble un peu à celui des oiseaux; mais il n'offre pas le trou par lequel pénètre chez ces derniers l'air qui provient du poumon. Les deux os de l'avant-bras ni ceux des pattes ne présentent aucune particularité digne de remarque ou différente de ce qu'on observe chez les autres Sauriens.

L'os de la cuisse n'a pas de rapports avec celui des oiseaux. Il a, comme le remarque Cuvier, la plus grande analogie de forme et de position avec celui du Crocodile, ce qui tient à la manière dont la patte postérieure se meut sur le tronc et à la direction du pied. Il s'articule en même temps avec le péroné et avec le tibia, et il y a une rotule qui roule sur une poulie moyenne. Dans les Varaniens, le péroné est très élargi et aplati à son extrémité tarsienne.

Tel est en abrégé la description de l'ostéologie des Varaniens sur laquelle nous n'avons tant insisté, nous le répétons, que parce que les particularités qui la distinguent se retrouvent dans les débris fossiles de plusieurs Sauriens dont les espèces paraissent avoir été anéanties, ou avoir appartenu à une autre et plus ancienne disposition du globe que nous habitons.

Nous ne croyons pas que les muscles des espèces de cette famille puissent offrir le même intérêt sous ce rapport. Au reste, le lecteur trouvera à cet égard des détails dans les ouvrages d'anatomie comparée de Cuvier, de Meckel et de Carus.

Quant aux mouvemens généraux, ils sont absolument ceux de la plupart des Sauriens. Cependant, d'après les renseigmens obtenus des voyageurs, il paraît que ces Reptiles ne grimpent guère; ils ne vivent pas sur les arbres, ni dans les rochers. Quelques-uns habitent les plages sablonneuses des pays les plus chauds. Ceux-là ont la queue arrondie et conique; ils sont essentiellement terrestres, aussi les a-t-on quelquefois désignés sous le nom de Crocodiles terrestres, soit à cause de leur forme générale, soit par rapport à leurs grandes dimensions. D'autres fréquentent les bords des rivières et des lacs qu'ils traversent à la nage, et dans lesquels même ils entraînent leur proie vivante en se réunissant en commun pour l'attaquer dans l'eau et la faire noyer. Ceux-là ont la queue plus comprimée et paraissent s'en aider dans l'action de nager.

Nous parcourrons rapidement les organes de la sensibilité dans les Sauriens de cette famille, parce qu'ils n'offrent véritablement de différences bien notables que celles qui sont sous la dépendance des organes des sens et même uniquement dans les appareils extérieurs, et c'est sous ce point de vue que nous allons les faire connaître.

Les tégumens offrent une disposition toute particulière dans ce que les Allemands ont désigné sous le nom grec latinisé de Pholidosis, ce que nous avons plusieurs fois appelé l'*Ecaillure*, c'est-à-dire l'arrangement ou la distribution des écailles. D'abord, chez les Varaniens, toute la surface de la peau est recouverte de tubercules non imbriqués, le plus souvent arrangés par séries transversales; cependant celles du dessous du corps, quoiqu'à peu près égales entre elles, diffèrent un peu suivant les régions où on les observe. En général elles sont légèrement tuberculeuses ou arrondies; mais avec le centre plus élevé que le disque, et chacune d'elles se trouve quelquefois comme cernée par une série annulaire de petits points saillans très réguliers, et dont la symétrie est telle qu'elle semble être une sorte d'ornement. Aussi Wagler a-t-il donné à l'un des genres qu'il a établis dans cette famille une dénomination qui indique cette particularité (1). Le dessous du corps présente des séries transversales plus régulières; mais les petites plaques en sont planes, allongées, presque hexagones. Les écailles qui recouvrent le crâne ne sont pas semblables à celles du dos, mais plates et à plusieurs pans : c'est le contraire de ce qui se voit dans l'espèce que M. Wiegmann a fait connaître sous le nom d'*Heloderma*. Les tubercules qui garnissent le dessous de la mâchoire varient par leur étendue. Les plus extérieurs, ceux qui recouvrent les bords des lèvres, sont plus grands, irrégulièrement arrondis et distribués; mais ceux de la région moyenne forment des séries longitudinales parallèles qui vont en décroissant depuis le bout de la mâchoire jusqu'au cou. Vers la ligne médiane, il semble qu'il y ait un sillon longitudinal qui permettrait l'écartement des deux branches de la mâchoire inférieure, ainsi que cela s'opère dans les Serpens. Il n'existe pas de collier ou de grandes écailles formant un demi-cercle en dessous et au devant de la poitrine, comme dans nos Lézards; mais il y a là un pli transversal de la peau, et les granulations qui lui correspondent sont alors plus petites. Tout le dessous du corps et des membres est en général d'une teinte plus pâle et garni de plaques lisses, régulières, qui sont même distribuées en

---

(1) Πολυδαίδαλος, *Polydædalus*; *affabrè, multo artificio factus.*

quinconce sous les cuisses. Le dessus des pattes est revêtu d'écailles semblables à celles du dos, et le plus souvent piquetées ou colorées de la même manière. La queue participe aussi de la disposition des écailles, tant en dessus qu'inférieurement; mais ici elles sont généralement disposées par bandes transversales ou annulaires, avec cette particularité, que les bandes inférieures sont si larges qu'elles correspondent à trois ou quatre rangs des supérieures. Jamais il n'y a de pores aux cuisses, et le cloaque offre une fente transversale, dont les bords ou les lèvres antérieure et postérieure ne sont pas recouvertes d'écailles de forme particulière.

Les doigts arrondis, allongés, sont au nombre de cinq à chaque patte. Ils sont tout-à-fait distincts et séparés dès leur base, de longueur inégale et constamment garnis d'ongles. Aux pattes antérieures, c'est le pouce ou le doigt interne qui est le plus court; cependant il atteint l'avant-dernière phalange du deuxième doigt. Pour la longueur, le doigt externe vient ensuite; puis le second doigt, et enfin le troisième et le quatrième sont les plus allongés, surtout le troisième; mais l'inégalité est encore plus notable aux pattes de derrière : car les quatre doigts internes vont successivement en augmentant de longueur. Le quatrième est trois fois plus long que le pouce; tandis que le cinquième est intermédiaire en longueur aux deux premiers, et beaucoup plus libre ou indépendant dans ses mouvemens, surtout pour l'écartement. Au reste, sous ce rapport, les pattes des Varaniens ont la plus grande analogie avec celles des Lézards proprement dits ou les Autosaures.

Les couleurs de la peau varient du noir au vert plus

ou moins foncé, avec des taches qui paraissent dépendre des tubercules, dont les teintes, diversement groupées, offrent des dessins plus ou moins réguliers, et représentent des mosaïques admirablement serties. De sorte qu'on pourrait employer avec succès dans l'industrie la peau de ces Sauriens, convenablement préparée, pour en recouvrir de petits ustensiles ou des bijoux, comme on le fait avec le Galuchat. Elle est en effet composée d'un derme fibreux très solide, et les granulations de matière cornée, quelquefois même calcaire, qui s'y trouvent disséminés avec la plus grande symétrie, comme de petites pierres serties ou enchâssées, permettrait d'en revêtir les étuis de certains meubles ou de bijoux qui résisteraient très bien aux frottemens.

Les *narines*, quant à leur orifice extérieur, varient un peu dans les diverses espèces; cependant elles sont toujours latérales, mais plus ou moins rapprochées du museau. Leur trajet est court; elles s'ouvrent dans la bouche par deux fentes longitudinales qui se voient dans la concavité du palais, au devant de la région correspondante du plancher des orbites. Les espèces qui vont souvent dans l'eau offrent une sorte de poche ou de cavité servant à l'entrée des fosses nasales; tandis que, chez les espèces tout-à-fait terrestres, la fente est plus large, plus allongée, et plus rapprochée de l'orbite. Il est cependant très probable que les narines et les conduits qui y aboutissent servent plutôt à l'acte de la respiration qu'à la perception des odeurs dont ces animaux ne doivent pas éprouver le besoin, leur respiration étant d'ailleurs lente et arbitraire.

La *langue* des Varaniens présente, comme nous

l'avons déjà dit, un caractère particulier : elle est charnue, très extensible, et peut offrir alors une longueur à peu près double de celle de la tête; elle est de forme cylindrique dans les trois quarts de son étendue, et son autre quart forme deux pointes coniques, dépourvues de papilles, recouvertes d'un épiderme corné, mince, flexible; ces parties peuvent s'écarter l'une de l'autre comme si la langue était fendue régulièrement dans sa longueur. On voit en effet en dessous un sillon longitudinal dans la région papilleuse et charnue, ce qui a fait même donner, par quelques auteurs, à cette famille de Sauriens, le nom de *Fissilingues*. Cette langue peut rentrer à sa base de plus de moitié de sa longueur, dans une sorte de fourreau ou de gaîne, et elle est le plus souvent colorée dans la partie qui reste hors de l'étui, où on la distingue par la teinte, même lorque le Reptile ne l'a pas poussée au dehors.

Les *yeux* sont grands : par leur situation ils correspondent à peu près à la partie moyenne de la tête et sur la même ligne que les narines. Les paupières mobiles sont minces, et les tégumens en sont très finement granulés; leur commissure se trouve sur une ligne tout-à-fait horizontale et fort allongée. L'inférieure est beaucoup plus grande, elle paraît aussi plus mobile que la supérieure, qui reste presque toujours baissée. Il paraît que l'œil ne présente d'ailleurs aucune différence notable d'avec celui des autres Lézards.

Les *conduits auditifs* sont très apparens, situés fort bas, et pour ainsi dire derrière le crâne. On les voit à la région postérieure de la commissure des mâchoires; ils offrent une sorte de déchirure obliquement transversale ; ils sont peu profonds, et laissent distinguer la membrane tympanique dirigée obliquement de dehors en dedans et en arrière. D'après les recherches anatomiques qui ont été faites dans quelques espèces, sur la disposition des parties intérieures de l'organe de l'ouïe, il paraît que les Varaniens ne présentent sous ce rapport aucune différence importante.

On voit par ce qui précéde combien sont nombreuses les modifications offertes par les organes du mouvement, surtout pour les parties solides ou osseuses de la tête et du tronc ; les organes des sens, en particulier la langue et les tégumens, en ont également présenté qui sont très propres à fournir des caractères accessoires à ceux qui distinguent extérieurement les Sauriens de cette famille.

Nous ne croyons donc pas devoir entrer dans d'autres détails sur les organes de la nutrition et de la reproduction chez les Varaniens. Ils ne nous offriraient réellement aucune particularité bien importante. D'ailleurs, nous en avons traité d'une manière générale dans les considérations par lesquelles nous avons fait précéder l'histoire des Sauriens, en parlant, dans le volume précédent, de leur structure et de leurs fonctions (1).

---

(1) Voyez dans le tome 2, aux pages 635 à 659, les articles III et IV.

§ III. HABITUDES ET MOEURS ; DISTRIBUTION GÉOGRAPHIQUE.

Les Varans sont ceux de tous les Sauriens qui, après les Crocodiles, atteignent les plus grandes dimensions; de sorte que les premiers historiens naturalistes, tels qu'Hérodote et Ælien, en les désignant par le même nom, les ont regardés comme des espèces terrestres. Il y a parmi ces Reptiles, qui ont tous la queue fort longue, deux races assez distinctes par leur conformation, nécessairement en rapport avec leurs mœurs. Les uns sont éminemment terrestres, et vivent loin des eaux dans les lieux déserts et sablonneux, les autres sont aquatiques, et habitent les bords des rivières et des lacs. Chez les premiers, la queue est tout-à-fait conique et presque arrondie, et semble devoir être entièrement inutile et même fort gênante, à moins qu'elle ne soit destinée à faire contre-poids au reste du tronc, comme le pense Wagler; tandis que chez les seconds qui ont aussi, comme nous l'avons fait remarquer, un très grand nombre de vertèbres caudales d'une forme particulière, on peut en concevoir facilement l'usage. En effet, les os qui forment la base de cette queue sont très développés, surtout dans le sens des apophyses transverses, et elles offrent là de très fortes attaches aux muscles; ensuite on voit que les apophyses ou épines dites supérieures et inférieures, ont pris un fort grand accroissement, de manière à offrir la plus grande étendue dans le sens vertical, aux dépens de la ligne qui s'étend de droite à gauche. Comprimée dans tout le reste de sa longueur, cette queue devient un organe du mouvement très puissant lorque l'animal est plongé dans l'eau, d'autant mieux qu'elle est le plus souvent surmontée d'une crête formée par une ou deux séries d'écailles aplaties ; aussi le Varan aquatique s'en sert-il comme d'une véritable rame destinée, par des ondulations rapides et répétées, à faciliter ses mouvements à la surface de l'eau. Là son tronc, rendu plus léger à l'aide de l'air dont les poumons se sont remplis, reste émergé, et semble être dirigé comme par cet immense gouvernail, qui remplit en même temps l'office d'un aviron.

Quant au mode de progression sur la terre, quoique les membres des Varaniens soient bien développés, que leurs pattes soient profondément divisées en doigts allongés et armés d'ongles crochus, il ne paraît pas, d'après ce qu'en ont rapporté les voyageurs qui ont observé ces Reptiles vivans, qu'ils s'en servent pour grimper sur les arbres ou sur les rochers. La plupart habitent les plaines désertes ou les rivages, ils courent avec vitesse ; mais leur allure est toujours sinueuse, et se rapproche de celle des serpens, à cause de leur longue queue, qui, en s'appuyant sur le terrain à droite et à gauche, pousse le corps en avant, et peut, dans quelques cas, faciliter leurs sauts ou leur projection sur la proie qu'ils poursuivent, quand ils en sont assez rapprochés.

Aucun de leurs organes des sens ne paraît d'ailleurs plus développé que les autres. Cependant, après les Crocodiles, ce sont les Sauriens dont les fosses nasales présentent le plus d'étendue en longueur. Nous avons déjà dit que le mode de leur respiration et la position élevée des orifices extérieurs des narines ne semblaient pas devoir les faire jouir du sens de l'odorat d'une manière plus parfaite. Plusieurs espèces vont, dit-on, pendant la nuit pourvoir à leur nourriture, en se livrant à la recherche des insectes nocturnes, cependant leur œil ne présente pas de disposition particulière propre à leur donner ainsi la faculté de voir dans l'obscurité, car il a peu de volume, et la pupille nous a paru arrondie dans toutes les espèces que nous avons examinées.

Comme tous les Sauriens, les Varans se nourrissent de matières animales et surtout de gros insectes, tels que les blattes, les sauterelles, les grillons, les scarabées; les grandes espèces attaquent aussi les animaux vertébrés. Les voyageurs rapportent qu'ils recherchent les œufs des oiseaux aquatiques et des Crocodiles; que souvent on a trouvé dans leur estomac des Caméléons, de petites Tortues, des Poissons. M. Leschenault de Latour nous a laissé à cet égard des notes intéressantes, dans lesquelles il raconte que ces Varans se réunissent sur les bords des rivières et des lacs, pour attaquer les animaux quadrupèdes qui viennent s'y désaltérer, qu'il les a vus attaquer un jeune cerf lorsqu'il cherchait à traverser une rivière à la nage, afin de l'y faire noyer. Il dit même avoir trouvé l'os de la cuisse d'un mouton dans l'estomac d'un individu qu'il disséquait.

Distribution géographique. A l'exception de l'Europe, on a observé des espèces de Varaniens dans toutes les autres parties du monde. Il est cependant notable que l'Amérique n'en possède qu'une seule, la même qui a servi à établir le genre Héloderme par Wiegmann, en 1829; car l'*Heloderma horrida* provient du Mexique. Les autres Varaniens ou mieux les Varans, proprement dits, semblent avoir été répartis dans les régions suivantes : quatre en Asie, trois en

Afrique et quatre dans l'Océanie. De ces quatre dernières, deux ont été observées à la Nouvelle-Hollande : ce sont les Varans désignés sous les noms spécifiques de Poell et de Varié ; un autre, celui qui est appelé *Chlorostigma*, se trouve dans les îles des Papous, et la quatrième, ou le Varan de Timor, dans l'île dont il porte le nom.

En Asie il existe quatre espèces : celles dites jaunâtre, du Bengale, de Diard et à deux bandes. Toutes quatre vivent également sur le continent de l'Inde et dans les îles qui en dépendent.

L'Afrique ne nourrit que trois Varans : il y en a deux en Égypte, l'aquatique dit du Nil et le Terrestre ou du désert ; le troisième, nommé de Picquot a été recueilli au Sénégal.

Il reste une dernière espèce de Varanien, dont on ne connaît pas encore très bien la patrie, c'est le Varan à gorge blanche.

Ainsi, en résumé, voici l'indication des régions de la terre dans lesquelles on a reconnu les treize espèces de Varaniens qui sont bien connues. Une seule en Amérique, c'est l'Héloderme ; pas en Europe ; quatre en Asie ; trois en Afrique ; quatre en Océanie, et une dont on ignore l'origine.

§ IV. DES AUTEURS QUI ONT ÉCRIT SUR LES VARANIENS, ET INDICATIONS DU TITRE DE LEURS OUVRAGES.

Comme la famille des Varaniens est peu nombreuse en espèces, puisqu'elle n'en réunit aujourd'hui que treize pour la totalité; nous aurions pu nous dispenser de faire connaître dans un article particulier les auteurs qui ont publié des détails sur ces Reptiles, soit dans les ouvrages généraux, soit dans des mémoires spéciaux. Pour les citations, il était important d'indiquer dans l'ordre chronologique les écrits qui ont eu pour objet les espèces de cette famille et nous en donnons ici la date. La plupart de ces auteurs ayant été déjà nommés dans les deux premiers volumes de cette Erpétologie, avec l'indication du titre de leurs ouvrages, nous nous contenterons d'y renvoyer le lecteur, en énonçant seulement les particularités qui sont relatives aux Varaniens.

1651. HERNANDEZ (*Voyez* tom. 1, pag. 321) a mentionné dans son ouvrage sur les animaux du Mexique, l'espèce de Vara-nien dont on a fait depuis le genre Héloderme.

1655. WORMIUS (*Voy.* tom. 1, pag. 344), dans son Muséum, a représenté, pag. 113, sous le nom de *Lacertus indicus*, un Varan qui est probablement le même qu'on a nommé depuis *Bengalensis*.

1716. LOCHNER, dans le Musée de Besler, cité tom. 1, pag. 326, a donné la figure du *Varanus bivittatus*, sous le nom de *Lacertus indicus*.

1734. SÉBA, dans son Trésor, cité tom. 1, pag. 338, a représenté beaucoup d'espèces de Varans, savoir : Tome 1, le *Bengalensis*, pl. 185, fig. 2, 3 et 4; pl. 186, fig. 4 et 5; pl. 98, fig. 3; pl. 101, fig. 1; pl. 105, fig. 1 et 2.

Tom. II, pl. 32, fig. 6; pl. 49, fig. 2. Le *V. niloticus*.

Tom. I, pl. 94, fig. I et 2; pl. 100, fig. 3; et tom. II, pl. 105, fig. I. Le *V. bivittatus*.

Tom. I, pl. 94, fig. 3; pl. 97, fig. 2; pl. 99, fig, 2.

Tom. II, pl. 30, fig. 2; pl. 48, fig. 2; pl. 86, fig. 2.

1757. HASSELQUITZ (*Voyez* tom. I, pag. 320) a parlé du Varan du Nil, pag. 361.

1775. FORSKAEL (tom. I, pag. 315), cite, pag. 13, n° 2, l'espèce précédente.

1787. SPARMANN (*Voyez* tom. II, pag. 672) a donné des détails sur un Varan que nous présumons être celui du Nil (tom. III, pag. 260 de la traduction française).

1788. LACÉPÈDE (déjà cité tom. I, pag. 243, et tom. II, pag. 668), à la pl. 18, 1er vol., a fait connaître le Tupinambis; mais il a confondu ce Varan avec le Monitor ou Sauve-garde d'Amérique. Cette erreur a été cause que la plupart des Varans ont reçu depuis le nom de Tupinambis, qui certainement, d'après sa bizarre étymologie, ne pouvait s'appliquer qu'au Téjuguaçu d'Amérique.

1790. WHITE (*Voyez* tom. I, pag. 343, et tom. II, pag. 675) a fait connaître, dans le journal de son Voyage, pag. 286, pl. 3, fig. 2, le *Varanus varius*.

—SHAW, cité tom. I, pag. 339, a décrit et figuré dans ses Mélanges, tom. III, pag. 83, le *Varanus varius;* et dans sa Zoologie générale, il a reproduit les figures de Séba, qui représentent les Varans à deux bandes et celui du Bengale.

1802. DAUDIN (*Voyez* tom. I, pag. 250, et tom. II, pag. 663) a désigné les Varans sous le nom de Tupinambis; il en décrit treize comme espèces; mais il n'y en a réellement que quatre qui soient des Varans distincts. Ainsi le *Monitor* est un Lacertien. Le *Maculatus* est un Améiva. Le *Lacertinus* est une dragonne. L'*Indicus* est le *Bengalensis*, de même que le *Cepedianus*. L'*Elegans*, l'*Ornatus*, l'*Exanthematicus* et le *Stellatus* sont de la même espèce que le *Niloticus*. Les deux espèces qui n'ont pas donné lieu à de doubles emplois sont les Tupinambis *bigarré* et *à gorge blanche*.

1804. HERMANN (tom. I, pag. 321) a décrit à la page 264, sous le nom de *Lacerta monitor*, le *Varanus bivittatus*.

1820. MERREM (tom. I, pag. 262) a établi sous le nom de *Varanus*, pag. 58 à 60, le genre qui conserve ce nom. Il y a inscrit onze espèces, qui sont : le *Varius*, l'*Elegans*, le *Guttatus*, *Punctatus*, *Taraguira*, *Scincus* (notre *V. arenarius*), l'*Ornatus*, *Dracœna*, l'*Exanthematicus*, l'*Argus* et le *Bilineatus*. Cependant ces onze espèces sont réduites à quatre dans le présent ouvrage, savoir : *Varanus Arenarius*, *Bengalensis*, et ses variétés *Guttatus*, *Punctatus* et *Argus*; *Niloticus*. (Les variétés du même sous les noms d'*Ornatus*, *Dracœna* et *Elegans*.) L'espèce qu'il nomme *Taraguira* est la Sauve-Garde, le *Bilineatus* un véritable Scinque et l'*Exanthematicus* est d'une autre famille. La quatrième espèce est l'*Albogularis*, qu'il ne cite que comme une variété β de l'*Ornatus*.

1820. Kuhl (*Voyez* tom. I, pag. 323, et tom. II, pag. 668) mentionne à la page 124 le *Tupinambis Cepedianus* (notre *Bengalensis*), ainsi que celui qu'il a nommé *Indicus*. Le *Maculatus* est un Améiva. Le *Griseus* (que Daudin a cité dans son Catalogue méthodique sous le n° 5 du genre Varan, tom. VIII, qui nous parait être celui du désert). Le *Niloticus*, qui est le même que celui qu'il a nommé *Ornatus*. Le *Lacertinus* (qui est une Dragonne). Le *Monitor* (qui est une Sauve-Garde). Enfin le *Bivittatus*, que Kuhl a fait le premier connaître.

1826. Fitzinger, cité tom. I, pag. 276, a établi le genre *Psammosaurus* pour le Varan du désert, celui que nous avons nommé *Arenarius*.

— RUPPEL (*Voyez* tom. I, pag. 335) a fait représenter, sous le nom d'Ocellé, un Varan voisin de celui qui a été décrit comme *Albogularis*, à gorge blanche.

1827. GRAY (tom. pag. 317, et tom. II, pag. 665), dans la Relation du Voyage de King en Australie pour la partie des Reptiles, p. 427, y a décrit le *Varanus varius*.

— GEOFFROY (Isidore) (*Voyez* tom. I, pag. 317, et tom. II, pag. 665) a décrit dans l'ouvrage d'Egypte les Varans du Nil et le Terrestre, qui sont représentés dans la planche 3, fig. 1 et 2.

1829. LESSON (*Voyez* tome I, page 325, et tome II, page 668) a décrit, dans le Voyage de Bellanger, notre *Varanus Bengalensis* sous deux noms différens, le *Guttatus* et le *Punctatus*, en les considérant comme deux espèces distinctes; et celui qu'il a nommé *Vittatus* est notre *Varanus bivittatus*.

— CUVIER (*Voyez* tome I, page 252, et tome II, page 663) place dans le genre des Tupinambis, le Monitor du Nil, le Monitor terrestre (*Arenarius*), et le Monitor à deux rubans, notre *Varanus bivittatus*.

— WIEGMANN (*Voyez* tome I, page 344, et tome II, page 673). Dans l'Isis de l'année indiquée on trouve, à la page 627, la description de l'*Heloderma horridum*; et l'année suivante il l'a fait représenter dans son *Herpetologia Mexicana*.

Guérin a fait graver, dans sen Iconographie du Règne animal de Cuvier, pl. 3, fig. 1, un jeune Varan du Bengale, qu'il a nommé *Monitor gemmatus*.

1831. GRIFFITH et PIDGEONS, dans la traduction en anglais du Règne animal de Cuvier, ont représenté un jeune Varan du Nil, qu'ils ont appelé, d'après Leach, *Monitor pulcher*.

— GRAY (*Voyez* tome I, page 267, et tome II, page 665), dans le *Synopsis Reptilium* du volume précédent, a indiqué par des phrases caractéristiques les Varans dits *Monitor bivittatus*, *Varius*, *Flavescens*, *ocellatus*, *Chlorostigma*, *Timorensis*, *viridis* (nous ne savons à quelle espèce rapporter ce dernier), *Exanthematicus*, d'après Daudin, *Bengalensis*, *ornatus*, qui est le même que le *Niloticus*, le *Nebulosus* (qui est notre Varan de Diard), l'*Heraldicus*, qui nous paraît être une variété du *Bengalensis*; le *Monitor pulcher* (qui est un jeune *Niloticus*), le *Monitor Scincus* (c'est notre *Varanus Arenarius*), le *Monitor Albogularis*; et l'*Heloderma*. Tous ces détails se trouvent consignés entre les pages 25 à 28.

— SCHINZ (*Voyez* tome I, page 337, et tome II, page 671) a donné des copies lithographiées et colorées des Varans du Nil, du Terrestre, d'après l'ouvrage sur l'Égypte, de l'*Heloderma horridum*, d'après la figure de Wagler, et du *Varanus ocellatus*, d'après Ruppel.

Ier GENRE. VARAN. — *VARANUS*. Merrem.

(*Tupinambis* de Daudin et d'Oppel ; *Varanus* et *Psammosaurus* de Fitzinger ; *Monitor* de Cuvier et de Gray ; *Psammosaurus*, *Hydrosaurus* et *Polydædalus* de Wagler et de Wiegmann.)

Caractères. Des écailles enchâssées à côté les unes des autres dans la peau, et entourées d'une série annulaire de très petits tubercules. Dos de la queue plus ou moins tranchant. Un pli sous le cou en avant de la poitrine.

Les Varans composent un des genres les plus naturels et les plus faciles à distinguer de l'ordre des Sauriens. Ce sont, en général, de grandes espèces de tailles élancées, à tête ayant la figure d'une pyramide à quatre faces, à cou allongé et arrondi, à queue très développée et de forme plus ou moins triangulaire.

La tête des Varans est recouverte de plaques polygones très rarement bombées. Presque toujours il en existe une circulaire et un peu plus dilatée sur le milieu du crâne. Telles espèces ont les régions sus-orbitaires garnies de petites écailles égales entre elles ; telles autres offrent sur ces mêmes régions une rangée curviligne de scutelles beaucoup plus larges que longues.

Quoi qu'en ait dit Wagler, aucun Varan n'a d'écailles imbriquées sur le corps ; les seules qui soient disposées de cette manière sont celles qui revêtent le dessus des doigts. Ces dernières sont aussi les seules qui, avec les petites plaques de la surface et des côtés de la tête, n'aient pas leur contour garni de tubercules granuleux. Toutes les écailles des Varans sont percées d'un ou plusieurs pores. Si l'on fait attention à leur forme, on voit que sur la queue, sur les doigts et sur les régions abdominales, elles sont quadrilatérales, et que sur toutes les autres parties du corps, en exceptant cependant le dessus et les côtés de la tête, elles offrent une figure ovale plus ou moins rétrécie. Ces écailles peuvent être planes, convexes ou carénées.

La position qu'occupent les narines sur les côtés du museau varie suivant les espèces. Ainsi, tantôt elles sont fort rapprochées des yeux, tantôt elles sont situées presque au bout du nez, ou bien entre ces deux points, un peu plus en avant, un peu plus en arrière. Quelquefois elles ressemblent à de simples fentes linéaires; chez d'autres elles sont ovales, ou bien tout-à-fait arrondies.

De la position des ouvertures nasales dépend celle des poches ou des espèces d'évents, dont nous avons dit que les Varans sont pourvus. Si ces ouvertures nasales sont plus près des yeux que du bout du nez, les évents sont placés devant elles; si, au contraire, elles sont plus rapprochées de l'extrémité du museau que des yeux, elles sont placées derrière.

La forme des dents n'est pas non plus constante. En général, elles sont très comprimées, simplement tranchantes, ou finement dentelées sur leurs bords. Mais chez quelques espèces elles le sont si peu qu'elles paraissent coniques, particulièrement les postérieures, qui, avec l'âge, deviennent même tuberculeuses. Leur nombre est de vingt à vingt-quatre en bas, et de vingt-huit à trente en haut, où l'on compte huit petites intermaxillaires.

La peau du cou des Varans forme un léger pli transversal en avant de la poitrine. Aucun d'eux n'a de pores sous les cuisses. Les doigts, généralement très developpés, sont dans quelques cas assez courts.

La queue est toujours très longue; elle a une forme

triangulaire, c'est-à-dire que le dessous en est plat, et que ses côtés se compriment de manière à en rendre tranchante la partie supérieure, qui, en outre, est surmontée d'une double carène dentelée en scie. Mais, dans quelques espèces, cette partie terminale du corps perd à la fois et sa double carène et sa forme triangulaire, sinon dans toute son étendue, au moins dans la première moitié de sa longueur, qui est alors presque arrondie.

Cette différence dans la conformation de la queue des Varans, différence qui, comme on le comprend aisément, se trouve en rapport avec l'habitude qu'ont les uns de vivre sur les bords des eaux, et celle qu'ont les autres de ne fréquenter que les lieux arides et déserts, nous a permis de les partager en deux sections, qui seront celle des *Varans terrestres* et celle des *Varans aquatiques*.

Le tableau systématique qui suit, indique d'un seul coup d'œil le nombre des espèces que renferme chacune de ces deux sections. Comme il ne comprend que les genres Varan et Héloderme, dont le dernier n'est formé lui-même que d'une seule espèce, nous avons cru devoir indiquer de suite les caractères essentiels et comparatifs des douze Varans; d'abord d'après la forme de la queue et des doigts, et ensuite suivant les diverses situations des narines et la configuration particulière des écailles, surtout de celles qui sont placées au-dessus de l'orbite, parce qu'elles diffèrent beaucoup entre elles par leur étendue respective.

TABLEAU SYNOPTIQUE DES ESPÈCES DE VARANIENS,

DISTRIBUÉES EN DEUX GENRES

Dos à tubercules

- **GENRE VARAN.** enchâssés et entourés de granulations : queue
  - arrondie : ouvertures des narines
    - en fentes, placées près de l'œil. . . . . . . 1. V. Du désert.
    - arrondies, situées près du bout du museau. 2. V. De Timor.
  - comprimée : doigts
    - longs : narines
      - médianes
        - en fentes : écailles sus-orbitaires
          - égales : à la nuque
            - des lignes en V . . 3. V. Du Nil.
            - pas de lignes en V. 4. V. Du Bengale.
          - inégales. . . . . 5. V. Nébuleux.
        - arrondies . . . . 8. V. Chlorostigme.
      - près du bout du museau : écailles sus-orbitaires
        - inégales. . . . . 7. V. A deux bandes.
        - égales
          - fort petites. . . . 9. V. Bigarré.
          - dilatées. . . . . . 10. V. De Bell.
    - courts : tubercules du dos
      - fortement carénés. . . . . 6. V. De Picquot.
      - convexes arrondis : plaques céphaliques
        - plates. . . . . 11. V. A gorge blanche.
        - tuberculeuses. 12. V. Ocellé.
- **GENRE HÉLODERME.** fort saillans, sans écailles granuleuses : dessus du corps brun, varié de taches jaunes. . . . . 13. H. Hérissé.

Ire SECTION. VARANS TERRESTRES.

1. LE VARAN DU DÉSERT. (*Varanus Arenarius.*) Nobis.

Caractères. Queue presque ronde, non carénée. Narines ouvertes en fentes obliques près des yeux. De chaque côté, derrière ceux-ci, une ligne noire s'étendant sur le cou.

Synonymie. *Ouaran el-hard* des Arabes.

Le *Crocodile terrestre* d'Hérodote.

Animal Lacertosum terrestre. Crocodilo simile, etc. Prosp. Alp. Hist. nat. Ægypt. pag. 217, tab. 11.

Ouaran. Forsk. Descript. Anim. Ægypt.

Varanus Scincus. Merr. pag. 59, n° 6.

Psammosaurus griseus. Fitzing. Neue Classif. der Rept., etc. pag. 50.

Tupinambis Arenarius (Ouaran de Forskal). Isid. Geoff. Rept. d'Égypt. tom. 1, pag. 123, tab. 3, fig. 2.

Le Monitor terrestre d'Égypte. Cuv. Rég. anim. tom. 2, pag. 26.

Tupinambis griseus. Daud. Hist. Rept. tom. 8, pag. 352.

Psammosaurus scincus. Wagl. Syst. Amph. pag. 165.

Tupinambis Arenarius. Bory de Saint-Vinc. Dict. class. d'Hist. nat. tom. 16, pag. 432.

The land Monitor of Egypt. Griff. Anim. Kingd. t. 9, pag. 110.

Monitor scincus. Gray. Synops. in Griffith's Anim. Kingd. tom. 9, pag. 27.

Varanus terrestris. Schinz. Naturgesch. Abbild. Rept. pag. 94, tab. 32, fig. 2.

DESCRIPTION.

Formes. La tête du Varan du Désert a la forme d'une pyramide à quatre faces. Les ouvertures externes des narines sont deux fentes obliques, situées une de chaque côté du museau, un peu en avant de l'œil. Les dents sont médiocres, aiguës, légèrement comprimées et un peu recourbées en arrière. L'oreille est ovale; le dessus de la tête offre un pavé composé de petites écailles aplaties, et à plusieurs pans. Celles de ces écailles qui recouvrent les régions suprà-orbitaires sont plus petites que les autres. On en remarque une seule de forme circulaire : elle est aussi la plus grande de toutes, et située sur le milieu du vertex. Les doigts sont peut-être proportionnellement un peu moins allongés que ceux des espèces qui viennent immédiatement après celles-ci. Leur face inférieure est garnie de petits tubercules arrondis, entourés d'une série annulaire d'écailles granuleuses. Ces tubercules se trouvent disposés par rangées transversales de quatre ou cinq pour chacune. Le dessus des doigts est recouvert d'écailles quadrilatérales oblongues, formant aussi des rangs transversaux légèrement entuilés. Les ongles sont très longs, très comprimés, pointus et faiblement arqués. La queue, à peu près arrondie dans le premier tiers de son étendue, se montre légèrement aplatie de droite à gauche dans le reste de sa longueur, qui est d'un quart plus considérable que celle du corps, du cou et de la tête, mesurés ensemble. Si parfois le dessus de la moitié postérieure de la queue est surmonté d'une carène formée d'écailles trièdres, comme cela se voit chez le plus grand nombre des Varans, cette carène est très peu prononcée. Les écailles de toutes les parties du corps, autres que celles du dessus de la tête et des doigts, quelle que soit leur forme, sont entourées chacune d'un rang de petits grains squammeux. Ces écailles sont simplement ovales sous le cou et les quatre membres, également ovales, mais un peu en dos d'âne sur la région supérieure et les côtés du corps, coniques sur le dessus du cou, circulaires sur les bras et quadrilatérales oblongues sous le ventre et sur toute l'étendue de la queue, autour de laquelle elles forment des verticilles.

Coloration. La collection renferme trois individus de l'espèce du Varan du désert, qui tous trois offrent un mode de coloration différent. Le plus grand, celui que M. Geoffroy a rapporté d'Égypte et le modèle de la figure de l'Ouaran de Forskal, qui est représenté dans le grand ouvrage sur cette partie de l'Afrique, est d'un brun clair sur le dos, avec quelques taches carrées d'un jaune verdâtre et pâle. Il offre d'autres taches, ou plutôt des bandes transversales de la même teinte sur le dessus de la queue. Notre second et notre troisième exemplaires sont jaunâtres; mais celui-là l'est uniformément, tandis que chez l'autre, à la couleur jaunâtre se mêle une teinte brune, dessinant des bandes transversales, au nombre de plus de douze sur la queue et de cinq seulement sur le dos, où l'on voit de plus, dans les intervalles que laissent les bandes entre elles, des points bruns, comme il y en a de semés sur le dessus des quatre membres. Il existe aussi de chaque côté du cou deux rubans bruns, qui prennent naissance, l'un à l'angle postérieur de l'œil, l'autre sur le bord de l'oreille. Les ongles sont jaunes.

Dimensions. *Longueur totale*, 94". *Tête*. Long. 8". *Cou*. Long. 8". *Corps*. Long. 30". *Memb. ant.* Long. 14". *Memb. post.* Long. 17". *Queue*. Long. 48".

Patrie. Le Varan du désert est originaire d'Égypte. M. Isidore Geoffroy, qui en a donné, dans le grand ouvrage sur cette partie de l'Afrique, la première et la seule description détaillée qui existe encore aujourd'hui, nous apprend que sa manière de vivre est tout-à-fait différente de celle des autres Varans, et du Varan du Nil en particulier. En effet, loin de fréquenter le bord du fleuve, il vit dans les lieux secs et arides, habitudes qui se trouvent être en rapport avec la conformation de sa queue, dont la forme arrondie n'est pas propre à la natation. Il paraît aussi que le Varan du désert est moins carnassier que celui du Nil; car, lorsqu'on le retient en captivité, au lieu de se jeter sur sa proie avec avidité, comme le fait ce dernier, on ne parvient à le nourrir qu'en lui mettant dans la bouche des morceaux de chair, et en employant la violence pour les lui faire avaler.

Observations. Cette espèce est celle dont parle Hérodote, sous le nom de Crocodile terrestre. C'est très probablement aussi le Lézard que les anciens désignaient par le nom de Scinque, qu'on a depuis appliqué d'une manière générique à d'autres Sauriens qui diffèrent à beaucoup d'égards des Varans. C'est sans doute pour cela que Merrem appelle notre *Varanus Arenarius*, *Varanus scincus*. Fitzinger en a fait le type d'un genre particulier, nommé Psammosaure, ou Lézard des Sables; genre que Wagler et Wiegmann ont adopté; ce que nous n'avons pas cru devoir faire, par les motifs que nous avons fait valoir plus haut, lorsque nous avons traité de la famille des Varaniens en général.

2. LE VARAN DE TIMOR. *Varanus Timoriensis*. Nobis.

Caractères. Queue presque cylindrique, sans arête écailleuse bien prononcée; narines arrondies, situées un peu plus près de l'extrémité du museau que de l'œil. Dos d'un brun olivâtre semé d'ocelles jaunes.

Synonymie. *Monitor Timoriensis*. Gray. Synops. in Griffith's anim. Kingd. tom. 9, pag. 26, exclus. synon. *Tupinambis maculatus*. Daud. tom. 3, pag. 48. (Ameiva.... ?)

DESCRIPTION.

Formes. On compte trente dents environ, adhérentes au bord interne de la mâchoire supérieure de ce Varan et vingt ou vingt-deux à l'inférieure. Elles sont assez écartées les unes des autres, comprimées, pointues, légèrement arquées, un peu tranchantes, mais non dentelées. La tête, par sa forme, ne diffère en rien de celle de l'espèce précédente ; c'est dire qu'elle ressemble à une pyramide à quatre faces. Percées, comme à l'ordinaire, sur les parties latérales du museau, les ouvertures nasales sont parfaitement rondes, et un peu plus rapprochées de l'extrémité de celui-ci que de l'angle antérieur des paupières. Les plaques qui garnissent le bord des lèvres ont excessivement peu de hauteur, si ce n'est pourtant les trois ou quatre qui, de chaque côté, avoisinent en haut la plaque rostrale, et en bas celle dite mentonnière. Ces deux plaques, qui ont chacune cinq pans, sont plus dilatées en hauteur qu'en largeur. De petites scutelles polygones, plates et juxtà-posées, revêtent le dessus et les côtés du museau. D'autres, semblables pour la figure, mais d'un moindre diamètre, et peut-être un peu bombées, garnissent la surface du crâne ; enfin, il y en a de plus petites que celles-là sur les tempes et sur les régions sus-orbitaires. La membrane du tympan est un peu enfoncée dans le trou auriculaire, lequel ressemble à une fente vertico-oblongue, dont les deux bords paraissent pouvoir se rapprocher l'un de l'autre comme deux sortes de lèvres. Les membres sont forts, et les doigts qui les terminent bien développés. Ces derniers sont armés d'ongles crochus et très acérés. La queue a près d'une fois et demie la longueur du reste du corps. Tout-à-fait à sa racine, elle est plutôt quadrilatère que ronde ; mais immédiatement après elle s'arrondit en dessus sans diminuer beaucoup de largeur jusque vers le second tiers de son étendue ; puis à partir de ce point jusqu'à son extrémité on la voit peu à peu se comprimer et perdre à la fois de son épaisseur. Néanmoins, elle est loin d'être aussi mince que celle d'aucune des espèces qui vont suivre. Elle offre de plus un caractère qui lui est commun avec le Varan du désert, et qui, par cela même, la distingue de tous ses autres congénères ; c'est d'avoir les écailles de ses deux rangées médio-longitudinales supérieures assez basses pour qu'elles ne forment point de carène bien apparente. Les squamelles des parties supérieures de ce

Varan sont en général peu dilatées, relativement à la largeur du cercle granuleux qui les entoure; car il se compose souvent de deux et même de trois rangs de petits tubercules. Ceci se voit en particulier sur le dos et sur le cou; ces écailles, dont la forme est ovale, ne sont pas positivement carénées, mais ce qu'on peut appeler en dos d'âne. Celles qui revêtent les régions inférieures du cou et des membres ont aussi une figure ovale, mais la surface en est très légèrement convexe. Elles n'offrent d'ailleurs qu'un seul rang de petits grains autour d'elles. Les scutelles pectorales sont plates, de même que les abdominales, mais la figure de celles-là est ovalaire; tandis que celles-ci sont quadrangulaires oblongues. Ni les unes ni les autres n'ont de petits grains le long de leurs bords latéraux. Une forte carène surmonte chacune des écailles quadrilatères qui forment des verticilles autour de la queue. Des tubercules presque sphériques, bien distincts les uns des autres, garnissent la paume et la plante des pieds, ainsi que le dessous des doigts, où ils sont disposés par séries transversales, de trois ou quatre pour chacune.

Coloration. Toutes les parties supérieures du corps de ce Varan présentent une teinte d'un brun olivâtre. Le dessus du cou et le dos sont assez régulièrement marqués en travers de petits cercles noirs, au milieu desquels se montrent quatre ou cinq écailles colorées en jaune. Les membres et la queue offrent des piqûres de cette dernière couleur; mais le dessus de la tête est unicolore. On voit un trait jaune en arrière de l'œil qui, quelquefois, s'étend jusque sur le cou, en passant au-dessus de l'oreille. Chez les individus adultes, il se mêle tout au plus quelques points bruns à la teinte fauve du dessous du corps; tandis que chez les jeunes sujets non-seulement on en voit un grand nombre, mais il existe de plus des lignes en zigzags en travers de la poitrine et de l'abdomen, et d'autres lignes figurant une sorte de réseau sous les cuisses

Dimensions. *Longueur totale.* 59". *Tête.* Long. 5". *Cou.* Long. 6". *Corps.* Long. 14". *Memb. antér.* Long. 6" 11"'. *Memb. post.* Long. 9". *Queue.* Long. 34".

On voit par ces dimensions, qui sont celles d'un individu que nous avons tout lieu de croire adulte, que cette espèce n'atteint pas une aussi grande taille que ses congénères.

Patrie. Nous n'avons jusqu'ici encore vu venir ce Varan que de l'île de Timor. Notre collection renferme une belle suite d'échantillons, dont une partie provient des récoltes faites en commun par Péron et Lesueur, et l'autre d'un riche envoi de Reptiles qui nous ont été récemment adressés du musée de Leyde.

Observations. M. Gray, qui a eu occasion d'observer ce Saurien dans notre musée, le cite dans son Synopsis, imprimé à la suite du neuvième volume de la traduction anglaise du Règne animal, sous le nom par lequel nous le désignons nous-mêmes; mais nous devons relever l'erreur qu'il a commise en rapportant à ce *Varanus Timoriensis* le *Tupinambis maculatus* de Daudin, qui n'appartient pas même au genre Varan. Il ne doit point rester le moindre doute à cet égard, attendu que Daudin dit positivement dans sa description que son *Tupinambis maculatus* a des plaques sur la tête comme les Sauve-Gardes, et des écailles crypteuses sous les cuisses. Or, ni l'un ni l'autre de ces caractères n'appartiennent aux Varans. Ils indiquent plutôt que c'est parmi les Améivas ou les Lézards qu'il faut chercher l'espèce à laquelle Daudin les attribue.

IIe SECTION. VARANS AQUATIQUES.

3. LE VARAN DU NIL. *Varanus niloticus.* Nobis.

Caractères. Queue comprimée, surmontée d'une haute carène; narines ovales, situées entre l'œil et le bout du museau; des chevrons jaunâtres sur la nuque; des bandes d'ocelles de la même couleur en travers du dos.

Synonymie. *Lacerta Amboinensis elegantissima.* Séba, tom. 1, pag. 147, tab. 94, fig. 1 et 2.

Lacerta ceilonica visu jucunda. Séba, tom. 1, pag. 157, tab. 100, fig. 3.

Lacerta ceilonica. Id. pag. 165, tab. 105, fig. 1.

Lacerta eximia ceilonica tigridis instar maculata. Séba, tom. 2, pag. 49, tab. 49, fig. 2.

Lacerta major, Tilcuetzpallin in Nova Hispania dicta. Id. tom. 1, pag. 152, tab. 97, fig. 2.

Lacertus tejuguacu oculeus, seu Saurus dictus ceilonicus. Séba, tom. 3, pag. 111, tab. 105, fig. 1.

Lacerta Nilotica. Hasselq. Iter. Ægypt. Palest. pag. 361.

Lacerta Nilotica. Linn. Syst. Nat. pag. 369.

Stellio Saurus. Laur. Specim. Amph. pag. 56.

Lacerta Nilotica. Forsk. Descript. Anim. Ægypt. pag. 13, n° 2.

Lacerta Capensis. Sparmann, Voy. au cap Bonn.-Esp. trad. franç. tom. 3, pag. 260.

Lacerta Nilotica Gmel. Syst. Nat. pag. 1075.

Scincus Niloticus. Schneid. Hist. Amphib. Fasc. secund. p. 195.

Lézard du Nil. Lat. Hist. Rept. tom. 1, pag. 246.

Tupinambis Niloticus. Daud. Hist. Rept. tom. 3, pag. 51.

Tupinambis elegans. Daud. III, p. 37. Exclus. Synon. Séb. tom. 1, tab. 86, fig. 1 et 2. (Varanus Bengalensis jeune), tom. 2, tab. 30, fig. 2, et tab. 68, et Stellio salvator, Laur. (Varanus bivittatus.)

Tupinambis stellatus. Daud. Hist. Rept. tom. 3, pag. 59, tab. 31. Exclus. Synon. Séba, tom. 1, tab. 99, fig. 2. (Varanus bivittatus.)

Tupinambis ornatus. Id. tom. 8, pag. 352, et Ann. Mus. Hist. Nat. tom. 2, pag. 240, tab. 48.

Varanus elegans. Merr. Amph. pag. 58. Exclus. Synon. Séba, tom. 1, tab. 99, fig. 2; tom. 2, tab. 30, fig. 2, et tab. 86, fig. 2. (Varanus bivittatus.)

Varanus ornatus. Merr. Amph. pag. 59. Exclus. Var. B. (Varanus albogularis.)

Tupinambis Niloticus. Kuhl. Beitr. pag. 124.

Tupinambis stellatus. Id. pag. 125.

Tupinambis ornatus. Id. pag. 125.

Le grand Monitor du Nil. Cuv. Ossem. foss. tom. 5, part. 2, pag. 255.

Varanus Niloticus. Fitzing. Neue Classif. der Rept. pag. 50.

Monitor Niloticus. Isid. Geoff. ouv. Égypt. tom. 1, pag. 121, tab. 3, fig. 1.

Le Monitor du Nil. Cuv. Règ. anim. tom. 2, pag. 25.

Polydædalus Niloticus. Wagl. Syst. Amph. pag. 164.

Tupinambis Niloticus. Bory de Saint-Vincent, Dict. class. d'Hist. nat. tom. 16, pag. 432.

The Monitor of the Nile. Griff. Anim. Kingd. tom. 9, pag. 109.

Monitor Niloticus. Gray. Synops. in Griffith's Anim. Kingd. tom. 9, pag. 27.

Monitor Niloticus. Schinz. naturgesch. Abbild. Rept. pag. 94, tab. 31, fi2. 1.

DESCRIPTION.

Formes. La tête a la forme ordinaire, c'est-à-dire celle d'une pyramide à quatre faces. Les dents sont courtes, au nombre de vingt-deux à la mâchoire inférieure, et de trente à la supérieure, parmi lesquelles on compte huit intermaxillaires fort petites. Les cinq ou six premières maxillaires sont très peu comprimées, ou presque coniques, et les postérieures tuberculeuses ou à couronne tout-à-fait arrondie. Il est vrai de dire cependant que ceci ne s'observe que chez les sujets adultes, car les jeunes individus ont toutes leurs dents maxillaires un peu aplaties sur les côtés. Les narines ressemblent à des trous ovales; elles sont placées en long, l'une à droite, l'autre à gauche du museau, positivement entre l'extrémité de celui-ci et le bord antérieur de l'œil. La surface et les côtés de la tête sont revêtus de petites plaques polygones aplaties; mais on remarque que celles de ces plaques qui garnissent les régions sus-orbitaires et les tempes sont un peu moins dilatées que les autres. Le Varan du Nil a les membres bien développés. Ses doigts sont longs et ses ongles crochus, comprimés et très acérés. La queue est une demi-fois plus longue que le restant du corps. Elle est fortement aplatie de droite à gauche dans la presque totalité de son étendue, et la carène, ou plutôt la crête qui la surmonte, est plus haute que chez aucune autre espèce du genre Varan. Le dos et les régions supérieures du cou et des membres présentent des écailles ovales, convexes, ou en dos d'âne, qui sont entourées chacune de deux rangs de petits tubercules granuleux (1). Celles du dessous du cou et des pattes ont également une forme ovale, mais elles sont aplaties. Les écailles rostrales et les caudales sont quadrangulaires, les unes lisses, et les autres légèrement carénées. Sous les doigts, on remarque des lignes transversales entourées de petites écailles granuleuses.

Coloration. La couleur générale des parties supérieures des individus qui ont déjà acquis une certaine taille, est d'un gris verdâtre, piqueté de noir. Sur la nuque, ils offrent quatre ou cinq chevrons jaunes, emboîtés les uns dans les autres, ayant leur sommet dirigé en arrière. A partir des épaules jusqu'à la racine de la queue, l'on voit sept ou huit rangs transversaux d'o-

---

(1) Voyez Pl. 35, n° 4.

celles d'un jaune verdâtre. La queue présente dans sa première moitié des bandes circulaires, composées d'ocelles semblables à ceux du dos, et dans le reste de son étendue, des anneaux de la même couleur que ces ocelles. Le dessus des membres est semé de points également jaunes-verdâtres, qui quelquefois se réunissent en petits groupes de quatre ou cinq chacun. Le devant de l'épaule est marqué d'un large ruban noir. Il en existe un assez étroit et liseré de vert pâle, sur chaque tempe. Le dessous du corps est blanchâtre, avec des bandes brunes en travers du ventre, et un dessin réticulaire de la même couleur sous les cuisses. Les ongles sont noirs.

Jeune age. Le mode de coloration des jeunes sujets se fait particulièrement remarquer par des nuances beaucoup plus foncées. Cependant on voit en travers du crâne des lignes jaunes, qui disparaissent avec l'âge. Leur présence en particulier peut servir à faire distinguer les jeunes Varans du Nil des jeunes Varans du Bengale, qui n'en offrent jamais. Sur chaque tempe, qui est de la même couleur que ces lignes, se trouve imprimée en long une bande noire. La teinte jaune pâle, qui est répandue sur les parties inférieures, est coupée transversalement de raies d'un noir foncé, couleur qui est aussi celle du dessin réticulaire qui existe sous les cuisses. Les lignes jaunes en chevrons de la nuque sont surtout très apparentes; on en compte ordinairement quatre ou cinq. C'est d'après un individu dans cet état que Daudin a établi son *Tupinambis elegans*.

Dimensions. *Longueur totale*. 1" 38. *Tête*. Long. 12". *Cou*. Long. 15". *Corps*. Long. 4". *Memb. antér*. Long. 25". *Memb. postér*. Long. 29". *Queue*. Long. 71".

Patrie. Il est très probable que cette espèce vit dans la plupart, si ce n'est dans tous les fleuves de l'Afrique. On sait qu'elle est très commune dans le Nil, qu'elle se trouve dans le Sénégal, dans les rivières du cap de Bonne-Espérance, où en particulier elle a été vue par Sparmann et Levaillant. M. Sandré de Bordeaux a donné au Muséum un jeune individu qui avait été péché près de Sierra Leone, dans une rivière nommée le grand Galbar. Daudin a certainement été induit en erreur lorsqu'il a dit que son *Tupinambis elegans* était d'origine américaine, car le Varan du Nil, dont il est tout simplement le jeune âge, ne se rencontre pas ailleurs qu'en Afrique.

Observations. Ce Varan, que Hasselquitz, Linné, Forskal et Gmelin ont appelé *Lacerta Nilotica*, se trouve gravé plusieurs fois et en différens âges, dans l'ouvrage de Séba. Il a été décrit par Daudin sous quatre noms différens. Ainsi le *Tupinambis elegans* a été établi sur un très jeune sujet de son *Tupinambis Niloticus*; son *Tupinambis stellatus* d'après un individu un peu plus âgé, et l'espèce qu'il a appelée ornée a eu pour type un exemplaire adulte qui existe encore aujourd'hui au Musée, et dont les couleurs étaient parfaitement conservées.

4. LE VARAN DU BENGALE. *Varanus Bengalensis.* Nobis.

Caractères. Queue comprimée ou triangulaire, surmontée d'une carène fortement dentelée. Narines en fentes obliques, placées positivement entre l'œil et le bout du museau. Corps brun ou brun-fauve, parfois piqueté de noir chez les adultes, orné d'ocelles jaunes chez les jeunes, un trait noir derrière chaque œil.

Synonymie. *Lacertus Indicus.* Worm. Mus. pag. 313.

Lacerta Americana maculata. Seb. tom. 1, pag. 136, tab. 85, fig. 2 et 3.

Lacerta Americana Argus dicta. Id. fig. 4.

Lacertus Stellatus Mauritanus. Id. pag. 138, tab. 86, fig. 4 et 5.

Lacerta Brasiliensis Taraguica Aycuraba dicta. Id. pag. 154, tab. 98, fig. 3.

Lacerta Americana, maxima, Cordylus et caudiverbera dicta. Id. tom. 1, pag. 158, tab. 101.

Lacerta Alia Ceilonica. Id. pag. 166, tab. 105, fig. 2.

Lacerta Ceilonica maculis albis et nigris notata. Id. tom. 2, p. 32, tab. 32, fig. 3.

Lacerta Americana, jucundè maculata, seu oculata. Id. tom. 2, pag. 69, tab. 68, fig. 2.

Lacerta dracæna. Linn. Syst. Nat. pag. 360, n° 3.

Stellio Salvaguardia. Laur. Synops. Rept. pag. 57, n° 92.

Lacerta dracæna. Gmel. Syst. Nat. pag. 1059.

Dracæna Lizard. Shaw. Gener. Zool. tom. 3, p. 218, tab. 67

Tupinambis Bengalensis. Daud. Hist. Rept. tom. 3, pag. 67 Exclus. Synonym. Séba, tom. 1, tab. 105, fig. 1. (Varanus Niloticus.)

Tupinambis Indicus. Daud. Loc. cit. pag. 46, tab. 30.

Tupinambis Cepedianus. Daud. Loc. cit. pag. 43, tab. 29.

Varanus guttatus. Merrem. Amph. pag. 58, n° 3.

Varanus punctatus. Merr. Loc. cit. pag. 59, n° 4.

Varanus Argus. Merr. Loc. cit. pag. 60, n° 10.

Tupinambis Cepedianus. Kuhl. Beitr. zur zool. pag. 124, n° 2.

Tupinambis Indicus. Kuhl. loc. cit.

Tupinambis Bengalensis. Kuhl. loc. cit. pag. 125.

Varanus guttatus. Less. Voy. Ind. orient. Bell. Rept. pag. 308.

Varanus punctatus. Less. loc. cit. pag. 309.

Monitor gemmatus. Guér. Icon. Regn. anim. tab. 3, fig. 1.

Monitor Bengalensis. Gray, Synops. in Griffith's Anim. Kingd. tom. 9, pag. 26.

DESCRIPTION.

Formes. La tête ressemble à une pyramide à quatre faces fort allongées. Le dessus du crâne est plan, mais celui du museau offre, d'avant en arrière, un renflement qui est coupé longitudinalement par un sillon peu profond. Les narines sont deux fentes obliques ouvertes, l'une à droite, l'autre à gauche du museau, positivement au milieu de l'espace existant entre l'angle antérieur de l'œil et le bout du nez. Des petites plaques aplaties et à plusieurs pans garnissent le dessus de la tête. Parmi ces plaques, on remarque celles qui revêtent l'espace inter-oculaire, et le dessus et les côtés de la partie antérieure de la tête, comme étant les plus grandes, et celles des tempes, de l'occiput et des régions sus-orbitaires, comme étant les plus petites. Trente dents sont implantées sur la mâchoire supérieure, et vingt-quatre sur l'inférieure; quoique courtes et robustes, elles sont légèrement comprimées, mais non tranchantes ni dentelées. Celles qui sont le plus avancées dans la bouche sont aussi les plus fortes; mais nous ne croyons pas qu'avec l'âge, elles deviennent tuberculeuses comme chez le Varan d'Égypte. Des écailles ovales et bombées, entourées de petits grains tuberculeux, règnent sur toutes les parties supérieures, excepté sur la queue où l'on en voit de quadrangulaires oblongues et fortement carénées. Ce sont aussi des écailles à quatre pans plus longues que larges, qui revêtent les régions abdominales et le dessous de la queue; mais ces écailles sont plates et lisses. Il y en a d'ovales et unies sous le cou et sous les quatre membres. Des ongles extrêmement forts arment les doigts, qui eux-mêmes sont assez gros. La queue a la forme d'un trois-quarts, aplatie qu'elle est en dessous, et comprimée de chaque côté vers sa partie supérieure, qui présente un tranchant dentelé en scie, à cause de la double carène écailleuse qui la surmonte. Cette forme de la queue du Varan du Bengale est en particulier un des caractères qui servent à le distinguer du Varan du Nil, dont cette partie du corps est plus aplatie latéralement et surmontée d'une haute carène.

COLORATION. Les individus adultes que renferment nos collections sont en dessus piquetés de noir, les uns sur une teinte d'un brun grisâtre, les autres sur une couleur roussâtre. En dessous il y en a qui offrent une teinte plus claire, uniforme, tandis que d'autres ont le dessous du cou et de la gorge couverts de points noirs, souvent très dilatés. Chez tous ces individus, on remarque un trait noir derrière chaque œil et une ligne jaune en long sur tous les doigts. Dans cet état, le V. du Bengale se rapporte au *Tup. Indien* de Daudin. Des sujets moins âgés nous offrent un mode de coloration un peu différent. Ainsi, leurs parties supérieures sont semées, sur un fond grisâtre, de petites taches noires; marquées d'un point blanc au milieu. Ceux-là ont quelques lignes noires en chevrons sur la nuque, le ventre uniformément blanchâtre, le dessous du cou piqueté de brun, et celui de la tête marqué en travers de trois à quatre raies d'un brun extrêmement pâle. C'est alors le *Tupinambis Bengalensis* de Daudin. D'autres individus, encore plus jeunes que ces derniers, nous montrent épars sur toute la surface du corps un nombre considérable de petites taches jaunes, environnées d'un cercle noir, et sur leurs membres de fines piquetures jaunes. Quant à leurs régions inférieures, elles présentent depuis le bout du menton jusqu'à l'origine de la queue une suite de bandes transversales brunes, assez dilatées et fort rapprochées les unes des autres. Leurs tempes sont chacune marquées d'un trait noir. Enfin les très jeunes Varans du Bengale ont bien, sur le même fond de couleur que les précédens, des espèces d'ocelles ou d'yeux jaunes; mais ils sont en moindre nombre et ont l'air d'être disposés avec quelque symétrie, c'est-à-dire par bandes transversales, au nombre de quinze ou seize sur toute la longueur du dos. Les bords supérieurs du crâne sont jaunes et leurs tempes sont plus largement marquées de noir. C'est sur un individu ainsi coloré que Daudin a établi son Tupinambis Cépédien.

DIMENSIONS. *Longueur totale.* 1' 42". *Tête.* Long. 10". *Cou.* Long. 14". *Corps.* Long. 38". *Memb. antér.* Long. 20". *Memb. postér.* Long. 23". *Queue.* Long. 80".

PATRIE. La collection renferme une suite nombreuse d'individus de tous âges, appartenant à l'espèce du Varan du Bengale. Plusieurs nous ont été adressés de ce pays par MM. Duvaucel et Bellanger. D'autres ont été envoyés de Pondichéry par M. Leschenault, ou de Trinomalée dans l'Hindoustan, par M. Reynaud.

Observations. C'est à cette espèce que se rapporte le *Lacerta Dracœna* de Linné, et par conséquent la figure d'après laquelle il l'a établi, nous voulons dire le *Lacerta maxima caudiverbera* de Séba (tom. 1, tab. 101), que Cuvier avait d'abord cru le même que le Varan du Nil, mais que plus tard il a reconnu pour appartenir réellement au *Varanus Bengalensis.* Il ne peut y avoir le moindre doute à cet égard, puisque nous possédons dans la collection l'individu même qui a servi de modèle à la gravure de Séba. C'est à tort que Lacépède a rapporté cette même gravure à sa Dragonne, qui n'est pas même un Varan, mais un Saurien de la famille des Lézards proprement dits, ou des Lacertiens.

5. LE VARAN NÉBULEUX. *Varanus nebulosus.* Nobis.

(*Voyez* pl. 35, n° 2, pour la tête, et n° 3, pour les écailles.)

Caractères. Museau très allongé. Narines en fentes situées entre le bout du museau et l'angle des paupières. Une rangée de plaques sus-orbitaires hexagones plus grandes que les autres.

Synonymie. *Tupinambis nebulosus.* Cuv. Coll. du Mus.

Monitor nebulosus. Gray. Synops. in Griffith's Anim. Kingd. tom. 9, pag. 27.

DESCRIPTION.

Formes. Cette espèce est une de celles du genre Varan dont le museau est le plus pointu. Les orifices externes des narines qui ressemblent à des fentes obliques sont situées de chaque côté de ce museau positivement entre le bout du nez et le bord antérieur de l'œil. Nous avons compté, à chaque mâchoire, trente et une dents pointues, comprimées, tranchantes, mais non dentelées, et sur chaque lèvre cinquante petites plaques pentagones, non compris l'écaille rostrale, ni la mentonnière, qui sont l'une à cinq pans, et l'autre triangulaire. L'écaillure de la surface de la tête se compose de petites plaques polygones aplaties, en général

31.

disposées assez irrégulièrement. Pourtant, sur chaque région sus-orbitaire, on en remarque six ou huit de figure hexagonale formant une série longitudinale légèrement curviligne. L'ouverture de l'oreille est grande et de forme ovale. Les membres, ainsi que les doigts, sont bien développés, et les ongles qui arment ceux-ci sont longs, très pointus et légèrement arqués. La queue a en longueur un quart de plus que celle de la tête, du cou et du corps mesurés ensemble. Elle est arrondie à sa racine, et triangulaire dans tout le reste de son étendue, en raison de l'aplatissement latéral que présente sa partie supérieure, qui est surmontée d'une double arête écailleuse dentelée de scie. Les écailles qui revêtent le dessus du corps du Varan nébuleux sont à proportion plus petites que dans le Varan du Bengale. Elles sont toutes à peu près du même diamètre, ovales et bombées sur le cou et le derrière des bras, carénées sur le dos et les cuisses, et plates sur les régions brachiales antérieures. Des petits tubercules arrondis, entourés d'un cercle de grains excessivement fins, garnissent la paume et la plante des pieds, ainsi que le dessous des doigts, où on les voit former des lignes transversales de quatre ou cinq pour chacune. Les plaques écailleuses du ventre sont carrées et lisses; celles de la queue ont la même figure; mais elles offrent une carène sur leur ligne médio-longitudinale.

Coloration. Tout le dessus du corps présente un brun olivâtre pointillé de jaunâtre. Cette dernière teinte paraît dominer sur la queue, dont la première moitié est semée de petits carrés bruns, et la portion terminale annelée de la même couleur. Le dessus de chaque doigt est marqué d'une ligne jaune, couleur qui est aussi celle qui règne sous les membres et la qúeue; mais ici elle est uniforme, tandis que là elle présente des raies d'un brun pâle qui y dessinent une sorte de réseau. Les régions abdominales sont nuancées de brun et de jaunâtre. Le dessous du cou offre des marbrures, et celui de la tête des bandes transversales de ces deux couleurs.

Dimensions. *Longueur totale.* 63". *Tête.* Long. 6". *Cou.* Long. 7". *Corps.* Long. 17". *Memb. antér.* Long. 10". *Memb. postér.* Long. 13". *Queue.* Long. 43".

Patrie. Cette espèce de Varan habite les Indes orientales. Nous en possédons trois individus qui ont été envoyés au Muséum, l'un de Siam, par Diard; l'autre du Bengale, par M. Belanger, et le troisième de Java, par M. Leschenault.

6. LE VARAN DE PICQUOT. *Varanus Picquotii.* Nobis.
(*Voyez* pl. 35, n° 5, pour les écailles.)

Caractères. Museau obtus, offrant de chaque côté, un peu plus près de son extrémité que du bord de l'œil, une ouverture nasale ovale-oblongue. Une série d'écailles sus-orbitaires, plus dilatées que les autres. Parties supérieures du corps qui sont jaunâtres, avec des bandes plus sombres en travers, sont revêtues de tubercules épars, fortement carénées.

Synonymie. *Monitor flavescens.* Gray, Zool. Journ. tom. 3, pag. 225, Illustrat. of Indian, Zoolog. by gener. Hardw. part. 13 et 14, tab. 15, et Synops. in Griffith's Anim. Kingd. tom. 9.

DESCRIPTION.

Formes. Le Varan de Picquot a quelque chose de moins svelte dans ses formes que les Varans du Nil, du Bengale et Nébuleux. Sa tête est proportionnellement plus courte que celle de ces espèces, et le triangle que représente son contour horizontal est aussi moins formé. Les ouvertures externes des narines, dont la forme est ovale, sont placées sur les côtés du museau, un peu plus près de son extrémité que de l'angle antérieur des paupières. C'est aussi, comme chez les trois espèces précédentes, en avant de ces ouvertures, sur le bout même du museau, que se trouvent situées les poches nasales, qui en particulier sont assez courtes. La mâchoire supérieure est armée de trente dents, huit petites en avant et onze de chaque côté; mais nous n'en avons compté que neuf ou dix sur chaque branche du maxillaire inférieur. Toutes les dents latérales de ce Varan sont robustes, arrondies à leur base, comprimées à leur pointe, qui est légèrement courbée en arrière. Nous avons compté vingt paires de plaques labiales supérieures et dix-huit inférieures. Ces plaques sont petites et pentagones. L'écaille rostrale et la mentonnière, qui ont la même figure, sont un peu plus dilatées. Parmi les scutelles polygones et aplaties qui revêtent la surface de la tête, on en remarque sur chaque région sus-orbitaire, cinq ou six qui forment une série curviligne. Les écailles du dessus du cou et du dos sont ovales, étroites et relevées d'une très forte carène. On remarque que les grains squammeux qui les entourent sont d'une extrême finesse, et qu'elles ne sont pas assez rapprochées les unes des autres pour empêcher la peau à laquelle elles adhèrent, de former dans leurs intervalles de petits plis anguleux. Sous le cou et les bras il existe des écailles circulaires; la poitrine et la partie inférieure des cuisses en offrent d'ovales, et les régions abdominales de quadrangulaires. Celles de la queue ont la même forme, mais elles sont carénées. Les membres sont forts, les doigts courts, les ongles grêles, pointus et peu arqués.

Coloration. En dessus, ce Varan offre un fauve roussâtre auquel se mêlent des teintes brunes, dessinant sur le dos et la queue, soit des espèces de bandes transversales, soit une sorte de réseau à mailles anguleuses. En dessous il est uniformément peint de jaunâtre, excepté sous le cou, où l'on compte sept à huit rubans transversaux en zigzags d'un brun excessivement pâle. Les ongles sont jaunes.

Dimensions. *Longueur totale.* 69". *Tête.* Long. 6". *Cou.* Long. 6". *Corps.* Long. 20". *Memb. antér.* Long. 9". *Memb. post.* Long. 12". *Queue.* Long. 37".

Patrie. Cette espèce vit au Bengale, où ont été recueillis par MM. Lamarre-Picquot et A. Duvaucel, les exemplaires qui font partie de nos collections.

Observations. Nous avons tout lieu de croire que c'est notre Varan de Picquot qui se trouve figuré sous le nom de *Monitor flavescens*, dans les Illustrations de la zoologie de l'Inde, du général Hardwick. Cependant nous n'osons pas l'assurer définitivement, car cette figure du *Monitor flavescens* le représente avec des écailles non carénées, ce qui est contraire chez notre espèce; mais cela pourrait être une faute du dessinateur.

7. LE VARAN A DEUX BANDES. *Varanus bivittatus.* Nobis.

Caractères. Narines ovales situées vers le tiers antérieur de la longueur du museau. Une série curviligne de grandes écailles susorbitaires. Un ruban noir sur chaque tempe. Des ocelles jaunes disposées par bandes transversales sur le dos. Dents tranchantes à bords dentelés.

Synonymie. *Lacertus Indicus*? Loch. Mus. Besl. pag. 42, tab. 11, fig. 3.

Lacerta Mexicana. Seb. tom. 2, pag. 31, tab. 30, fig. 2.

Lacertus Americanus, amphibius Tupinambis dictus. Id. tom. 2, pag. 91, tab. 86, fig. 2.

Stellio salvator. Laur. Synops. Rept. pag. 56, n° 90.

Monitor Lizard, Shaw. Gener. Zool. tom. 3, pag. 214, tab. 66 (cop. Seb.).

Lacerta monitor? Herm. Observ. Zoolog. pag. 254.

Tupinambis bivittatus. Kuhl. Beitr. zur Zool. pag. 125, n° 15.

Tupinambis bivittatus. Boié. Isis, tom. 18, pag. 205.

Monitor elegans. Gray. Zool. Journ. tom. 3, pag. 225.

Varanus vittatus. Less. Voy. Ind. Orient. Bell. Rept. pag. 307.

Le Monitor à deux rubans. Cuv. Règ. Anim. tom. 2, pag. 26.

Hydrosaurus bivittatus. Wagl. Natur. Syst. Amph. pag. 164.

The double-banded Monitor. Griff. Anim. Kingd. tom. 9 pag. 110.

Monitor bivittatus. Gray. Synops. in Griffith's Anim. Kingd. tom. 9, pag. 25.

DESCRIPTION.

Formes. La tête du Varan à deux bandes est fort allongée. Sa partie antérieure forme une longue pointe arrondie, de chaque côté de laquelle, et presqu'au bout, se trouvent situés les trous nasaux, dont la figure est ovale. Les poches nasales ne s'étendent pas en avant sur le museau comme chez les espèces précédentes; mais en arrière, et jusqu'au niveau du bord antérieur de l'orbite. La bouche est armée de cinquante-quatre dents, vingt-quatre en bas et trente en haut. Parmi les supérieures il y en a huit, les inter maxillaires, qui sont fort petites; les vingt-deux autres, de même que les inférieures, sont longues, légèrement courbées, comprimées, à bords tranchans, et finement dentelées. Ces dents sont assez écartées les unes des autres. Le bord de la lèvre supérieure est garni de trente paires d'écailles, et celui de l'inférieure de vingt-cinq seulement. Sur chacune des régions sus-orbitaires on voit, comme chez le Varan chlorostigme, une bande curviligne de plaques hexagonales deux fois moins dilatées en long qu'en travers. Le reste de la surface de la tête offre un pavé d'écailles polygones à peu près de même diamètre entre elles. Pourtant celles qui revêtent le crâne paraissent un peu plus petites. Le méat auditif, à l'entrée duquel se montre tendue la membrane tympanique, est très large et de forme presque circulaire. Les tégumens du dos sont absolument les mêmes que ceux du Varan de Picquot, si ce n'est que les écailles qui les recouvrent sont un peu plus petites.

Ces écailles ont effectivement une forme ovale très étroite ; elles sont surmontées d'une haute carène, et laissent voir entre elles, lorsque la peau n'est pas distendue, les petits plis anguleux que celle-ci y forme. Le dessus des membres offre des écailles semblables à celles du dos ; mais le dessous en porte qui sont ovales légèrement bombées et lisses. Sur la poitrine, on en voit de polygones, et sur l'abdomen il y en a de carrées, longitudinalement coupées par une faible carène. Bien qu'assez longs, les doigts sont forts et armés d'ongles puissans. La queue varie de longueur, mais elle entre toujours pour beaucoup plus de la moitié dans la longueur totale du corps. Relativement à la forme, elle ressemble à celle de tous les Varans aquatiques. Quant à son écaillure, elle se compose de petites pièces carénées et non carénées formant de nombreux verticilles.

Coloration. Le dessus du corps des Varans adultes à deux bandes est brun ou noir. On y voit une belle teinte jaune dessiner de chaque côté du cou un long ruban qui se prolonge jusqu'à l'œil, sur le dos six ou sept séries transversales de petits anneaux bien distincts les uns des autres, et sur le museau et la queue des bandes également transversales, dont le nombre et la largeur sont très variables. Les pattes et le dessus du cou sont piquetés ou ponctués de jaune. Cette couleur règne à peu près seule sur les régions inférieures de l'animal, puisqu'il est vrai qu'il n'existe que quelques raies noires coupant en travers le dessous du cou et celui des mâchoires. Pourtant on aperçoit aussi quelquefois la teinte foncée des flancs formant une ligne de dentelures aiguës de chaque côté de la région abdominale. Non-seulement les couleurs des jeunes sujets sont plus vives, mais les dessins qu'elles forment sont plus distincts. Sur le dos ils ont des taches jaunes au lieu d'anneaux.

Variété. Quelquefois on rencontre des individus complétement noirs. C'est en particulier le cas de l'un de ceux de notre collection, et qu'à cause de cela M. Cuvier avait considéré comme une espèce particulière, qu'il a décrite sous le nom de *Nigricans*, dans la seconde édition du Règne animal.

Dimensions. *Longueur totale*. 1' 57". *Tête*. Long. 12". *Cou*. Long. 17". *Corps*. Long. 44". *Memb. antér*. Long. 22". *Memb. postér*. Long. 28". *Queue*. Long. 84".

Patrie. On trouve le Varan à deux bandes à Java, dans les îles Philippines et aux Moluques. Plusieurs des échantillons que nous possédons ont été recueillis à Java par M. Leschenault et MM. Quoy et Gaymard. D'autres ont été envoyés de Manille par MM. Philibert, Busseuil et Godefroy ; enfin nous en avons un d'Amboine qui a été donné par M. Lesson.

Observations. Séba a représenté cette espèce d'une manière très reconnaissable dans son jeune âge et dans son état adulte. C'est une de ces figures en particulier que Shaw a reproduite dans sa Zoologie générale, sous le nom de *Lacerta monitor*, et à laquelle il rapporte à tort trois autres figures de Séba (n°s 1 et 2 du tom. 1, pl. 94, et n° 2, pl. 97), qui sont les portraits de deux jeunes Varans du Nil, et d'un troisième individu de la même espèce qu'on peut regarder comme étant adulte. Ce Varan à deux bandes, type du genre Hydrosaure de Wagler, n'a nullement les écailles imbriquées, ainsi que l'a avancé ce savant erpétologiste.

8. LE VARAN CHLOROSTIGME. *Varanus chlorostigma*. Nobis.

Caractères. Narines circulaires placées sur les côtés du museau, un peu plus près de son extrémité que de l'angle antérieur des paupières. Une série curviligne de sept ou huit plaques plus larges que longues sur chaque région sus-orbitale. Dents tranchantes finement dentelées sur leurs bords. Dessus du corps noir, semé de points jaunes.

Synonymie. *Monitor chlorostigma*. Cuv. Coll. Mus.

Monitor chlorostigma. Gray, Synops. in Griffith's Anim. Kingd. tom. 9, pag.

DESCRIPTION.

Formes. La tête du Varan chlorostigme, quoique bien effilée, ne l'est pas tout-à-fait autant que celle du Varan à deux bandes. Le museau est moins long que celui de ce dernier. Les narines, au lieu d'être ovales, sont circulaires et moins grandes. Elles ne sont pas non plus si rapprochées du bout du nez, c'est-à-dire que la place qu'elles occupent, chacune de leur côté, se trouve située à peu près au milieu de l'espace qui existe entre l'œil et l'extrémité du museau, mais néanmoins plus près de ce dernier point que de l'autre. Les poches nasales sont oblongues, elles produisent chacune un léger renflement sur le museau, au-dessus et un peu en arrière des orifices externes des narines. Nous n'avons compté que six petites dents intermaxillaires, en haut comme en bas.

Celles-ci, qui ont une certaine longueur, sont très comprimées, tranchantes, dentelées sur leurs bords et légèrement arquées en arrière. Le bord de la lèvre supérieure est garni de cinquante-trois plaques, y compris la rostrale, et celui de la lèvre inférieure de quarante-neuf, en comptant aussi l'écaille mentonnière. Les scutelles polygones, qui revêtent la surface de la tête, forment des bandes longitudinales sur le museau et des séries circulaires sur le crâne. Les régions sus-orbitaires supportent chacune sept ou huit grandes écailles quadrilatères oblongues, placées à la suite les unes des autres sur une ligne légèrement courbée. Sous le rapport de la forme, la queue et les membres du Varan chlorostigme ressemblent tout-à-fait à ceux du Varan à deux rubans. Mais les tubercules de son dos, du dessus de son cou et de ses pattes ne sont ni si étroits ni si fortement carénés que ceux de ce dernier. Leur figure est ovale, et leur surface présente sur sa ligne médio-longitudinale une arête à peine sensible. De même que chez la plupart des espèces du même genre la queue est entourée de verticilles, composés de petites écailles à quatre pans, plus longues que larges, surmontées d'une faible carène longitudinale. On en voit de même forme sous le ventre, mais elles sont lisses.

Coloration. Toutes les parties supérieures du Varan chlorostigme sont semées sur un fond brun qui, chez certains individus, se réunissent par petits groupes, au nombre de quatre à sept quelquefois, mais rarement plus. Le dessous du corps est coloré de jaune clair; tantôt d'une manière uniforme, tantôt offrant des piquetures brunes sur la poitrine et les parties latérales de l'abdomen, ou bien ayant le ventre, la gorge et le dessous des membres, ensemble ou séparément, parcourus par des lignes en zigzags aussi de couleur brune, s'anastomosant les unes avec les autres. Quelques sujets ont le dessous des mâchoires barré de noir.

Dimensions. *Longueur totale.* 1' 21". *Tête.* Long. 10". *Cou.* Long. 17". *Corps.* Long. 35". *Memb. antér.* Long. 20". *Memb. post.* Long. 24". *Queue.* Long. 59".

Patrie. Le Varan chlorostigme a pour patrie la Nouvelle-Guinée, la Nouvelle-Irlande, la Terre des Papous et les îles qui en sont voisines, telles que celles de Rawack, Waigiou, etc. La collection renferme des individus qui ont été recueillis dans ces différens pays par MM. Quoy et Gaymard.

9. LE VARAN BIGARRÉ. *Varanus varius.* Merrem.

Caractères. Narines circulaires situées sur les côtés du museau, plus près de son extrémité que du bord antérieur de l'orbite. Plaques sus-orbitaires petites, égales entre elles. Dents extrêmement comprimées, garnies de fines dentelures sur leurs bords. Dos brun, piqueté de jaune, coupé transversalement par des bandes noires alternant quelquefois avec des séries de taches jaunes. Écailles du corps fort petites.

Synonymie. *Lacerta varia.* Shaw. Journ. of a Voy. to new south Wales, p. 246, tab. 3, fig. 2.

The variegated Lizard. Shaw. Nat. Miscell. tom. 3, pag. 83.

The variegated Lizard. Shaw. Gener. Zool. tom. 3, pag. 215.

Tupinambis variegatus. Daud. Hist. Rept. tom. 3, pag. 76.

Varanus varius. Merr. Amph. pag. 58.

Tupinambis variegatus. Kuhl. Beitr. zur. Zool. pag. 125, nº 10.

Varanus varius. Gray. In King's Voy. to Austral, tom. 2. pag. 427.

Hydrosaurus variegatus. Wagl. Natur. Syst. Amph. pag. 164.

Monitor varius. Gray. Synops. in Griffith's Anim. Kingd. tom. 9, pag. 25.

DESCRIPTION.

Formes. La forme de la tête du Varan bigarré est la même que celle du Varan à deux bandes. Ses trous nasaux, comme ceux de ce dernier, s'ouvrent jusqu'à l'extrémité du museau, mais ils sont circulaires au lieu d'être ovales. La poche nasale, dans laquelle chacun d'eux donne entrée, occupe sur le museau l'espace compris entre leur bord supérieur et le bord antérieur de l'œil. Ces deux poches se manifestent extérieurement par deux renflemens oblongs, séparés l'un de l'autre par un sillon longitudinal. Les plaques qui recouvrent la surface de la tête sont polygones, un peu convexes, et toutes à peu près de même grandeur, excepté celles des deux régions sus-orbitaires, dont le diamètre est un peu plus petit. Aucune des espèces que nous avons étudiées jusqu'ici ne nous a offert des dents maxillaires aussi comprimées et aussi tranchantes. Leur minceur est telle qu'elles sont transparentes. Elles sont finement dentelées devant et derrière. On en compte onze ou douze à chaque mâchoire. Comme c'est l'ordinaire, les dents intermaxillaires sont petites, presque arrondies, pointues et au nombre de huit. Les plaques marginales des lèvres ne se distinguent des autres ni par leur grandeur, ni même par leur figure. Les membres ni la queue n'ont rien de particulier dans leur forme. Mais ce qui peut servir à faire distinguer le Varan bigarré de la plupart de ses congénères, c'est la petitesse des écailles qui protégent ses parties supérieures. Ces écailles, dont la largeur est plus d'une fois moindre que la longueur, sont carénées ou en dos d'âne et entourées chacune d'une série ovalaire composée de deux ou de plusieurs rangs de grains squammeux extrêmement fins. C'est au moins ainsi qu'elles se présentent sur le cou, le corps et les membres. Sur la queue elles sont encore plus étroites, affectant une forme quadrilatérale, et n'ont pas de petits grains le long de leurs bords latéraux. Les écailles des régions inférieures sont lisses. Parmi elles, il y en a de carrées, telles que les abdominales, et d'ovales, comme celles du cou et de la poitrine; mais les unes sont convexes et les autres planes. Sous les membres, il en existe de deux sortes. Les tubercules squammeux qui garnissent la face inférieure des doigts sont si petits qu'ils se perdent au milieu du cercle granuleux qui les entoure. On en compte jusqu'à dix sur chacune des quinze à vingt lignes transversales qu'ils constituent suivant la longueur des doigts.

Coloration. En général, le cou, le dos et la queue du Varan bigarré offrent une teinte brune très finement piquetée de jaune que coupent en travers des bandes rectilignes bien nettement tracées d'un noir profond. Dans ce cas, le dessus des membres est pointillé de jaune, et le dessous du corps offre, sur un fond fauve ou roussâtre, un réseau noir composé de mailles en losanges. D'autres individus présentent des séries de gros points jaunes qui alternent avec les bandes noires de leurs régions dorsales. Ceux-là ont d'autres points jaunes sur le dessus des cuisses, et quelques bandes noires transversales sur leurs régions inférieures, depuis le bout du menton jusqu'à l'extrémité de la queue. On observe aussi quelques chevrons noirs sur leur cou et des anneaux jaunes autour de leurs bras. Enfin, il en est dont le mode de coloration diffère de celui que nous venons d'indiquer en dernier lieu, en ce qu'on ne voit point de raies anguleuses sur leur cou, et que les bandes transversales noires du dessous du corps sont remplacées par un semé de gouttelettes de la même couleur.

Dimensions. *Longueur totale.* 1" 35"'. *Tête.* Long. 10"'. *Cou.*

Long. 14". *Corps*. Long. 27". ***Memb. antér.*** Long. 19". ***Memb. post.*** Long. 22". *Queue*. Long. 84".

Patrie. Cette espèce de Varan est particulière à la Nouvelle-Hollande. Les échantillons qui figurent dans notre Musée ont été rapportés de ce pays par MM. Quoy, Gaymard et Busseuil.

Observations. Cette espèce est une de celles que Wagler a rangées dans son genre Hydrosaure, établi sur ces caractères d'avoir les narines situées près de l'extrémité du museau, les bords des dents dentelés, et les écailles simples et imbriquées, c'est-à-dire sans petits tubercules granuleux à l'entour, et placées en recouvrement les unes sur les autres. Pour ce qui est de la position des narines et de la forme des dents, nous avons trouvé l'observation de cet erpétologiste très exacte ; mais il n'en est pas de même de ce qu'il dit des écailles, qui chez ce Varan, pas plus que chez aucun autre, ne sont imbriquées, ni dépourvues de granulations squammeuses sur le bord de leur contour.

10. LE VARAN DE BELL. *Varanus Bellii.* Nobis.

(*Voyez* pl. 35, n° 1.)

Caractères. Narines arrondies, situées près de l'extrémité du museau. Corps, membres et queue coupés en travers par de larges bandes noires, alternant avec des bandes également larges, mais jaunâtres, le plus souvent pointillées de noir.

DESCRIPTION.

Formes. L'ensemble des formes du Varan de Bell est le même que celui du Varan bigarré. Sa tête, également fort allongée, ressemble aussi à une pyramide à quatre faces. Les dents sont longues, grêles, comprimées, pointues, un peu courbées et très finement dentelées sur leurs bords. On en compte au plus vingt-quatre à chaque mâchoire. Les ouvertures externes des narines sont deux trous arrondis que l'on observe de chaque côté du museau, tout près de son extrémité. Des plaques polygones aplaties et juxtà-posées garnissent la surface entière de la tête. Il y en a de deux grandeurs : les moins dilatées se voient sur les régions suprà - orbitaires et sur les côtés du crâne ; celles qui le sont le plus recouvrent le milieu du vertex, l'espace inter-oculaire et le dessus du museau, dont les côtés offrent, à peu de chose près, la même écaillure. Les tempes sont protégées par un pavé de petites écailles circulaires. Sur la nuque, il existe des tubercules ovales entourés chacun d'un cercle granuleux, comme toutes les écailles des autres parties du corps, celles de la tête et du dessus des doigts exceptées. Bien que fort allongés, les doigts sont robustes et armés de grands ongles crochus, acérés et très comprimés. Leur face inférieure offre des rangs transversaux de groupes carrés, composés chacun d'une vingtaine de petits tubercules granuleux. Leur surface est protégée par des écailles lisses, quadrilatères, oblongues, formant des séries transversales légèrement entuilées. La queue entre pour beaucoup plus de la moitié dans la longueur totale de l'animal. Elle ne commence à prendre une forme aplatie de droite à gauche que vers le second tiers de son étendue; mais la double carène écailleuse qui la surmonte se manifeste beaucoup plus tôt. Des groupes de petits tubercules granuleux, semblables à ceux du dessous des doigts garnissent la paume et la plante des pieds. Ce sont des écailles ovales et légèrement bombées qui revêtent les régions inférieures du cou et des membres; il en existe de quadrilatères, et plates au-dessus des poignets, et d'ovales très étroites et fortement carénées sur le cou, le dos et les quatre membres. Les écailles pectorales sont ovales et lisses, celles de l'abdomen et de la queue quadrangulaires oblongues et relevées d'une carène dans le sens de leur longueur. En général, l'écaillure du Varan de Bell, comme celui du Varan bigarré, se compose de pièces beaucoup plus petites que celles de la plupart des Varans que nous avons fait connaître ou dont il nous reste à parler.

Coloration. Deux teintes bien différentes, l'une d'un noir profond, l'autre d'un jaune pâle ou blanchâtre, sont répandues sur la surface du corps de cette espèce de Varan. La première règne sur toutes les parties inférieures, et se montre sur les supérieures en presqu'aussi grande quantité que la seconde. On la voit d'abord former sur le dessus de la tête cinq taches arrondies, placées de la même manière que les cinq points dont est marqué l'un des côtés d'un dé à jouer; puis elle a une sixième tache en arrière de celles-ci sur le milieu de la région postérieure du crâne; ensuite une septième assez dilatée pour couvrir une partie de l'occiput; enfin elle dessine une figure en croissant sur la nuque. En avant des épaules, cette même couleur jaune, mais alors ponctuée de noir, représente la figure d'un fer à cheval, dont les branches un peu resserrées, s'étendent, l'une à droite, l'autre à gauche, le long du cou. Elle se montre ensuite, toujours ponctuée de noir, sur toutes les autres parties de l'animal, sous forme de larges bandes transversales alternant avec d'autres bandes, qui n'en diffèrent que par leur belle teinte noire. Les ongles sont de cette dernière couleur.

Dimensions. *Longueur totale.* 1' 4". *Tête.* Long. 8". *Cou.* Long. 10". *Corps.* Long. 26". *Memb. ant.* Long. 15". *Memb. post.* Long. 18". *Queue.* Long. 60".

Patrie. Le Varan de Bell habite la Nouvelle-Hollande. Nous n'en avons encore observé que deux exemplaires, un dans la collection de M. Bell, l'autre dans celle de notre établissement.

11. LE VARAN A GORGE BLANCHE. *Varanus Albogularis.*

Caractères. Narines en fentes obliques, situées près des yeux. Doigts gros et courts. Écailles du dos petites, ovales, convexes, sans carènes, mais entourées d'un large cercle granuleux. Dos brun fauve, offrant en travers des bandes en zigzags, composées d'ocelles ou d'anneaux jaunâtres.

Synonymie. *Tupinambis albigularis.* Daud. Hist. Rept. tom. 3, pag. 72, tab. 32.

Varanus ornatus. Var. Merr. Amph. pag. 59.

Tupinambis albogularis. Kuhl. Beitr. zur Zool. pag. 125, n° 9.

Polydædalus albogularis. Wagler. Natur. Syst. Amph. pag. 164.

Monitor albogularis. Gray, Synops. in Griffith's Anim. Kingd. tom. 9, pag. 28.

DESCRIPTION.

Formes. Ce Varan se distingue de suite de toutes les espèces précédentes, par des formes plus ramassées, par ses doigts plus courts et plus gros. Son museau est aussi moins allongé. Ses narines, qui ressemblent à des trous oblongs, sont situées obliquement tout près du bord antérieur de chaque orbite. Toutes les petites plaques polygones qui revêtent le dessus et les parties latérales de la tête sont aplaties et de même diamètre. Nous ignorons quelle est la forme des dents, attendu que la tête osseuse de l'individu qui sert à notre description a été enlevée. Les membres sont gros et les doigts courts; mais les ongles sont très longs, épais, arqués, et à pointes mousses. La queue ne présente rien de particulier dans sa forme.

Le cou, le dos et les membres offrent la même écaillure; elle se compose de petites pièces ovales, légèrement bombées, autour de chacune desquelles on voit trois et même quatre séries circulaires de très petits grains squammeux.

Les écailles du ventre et de la queue sont des quadrilatères oblongs à angles arrondis. La surface des unes est lisse, mais celle des autres offre une faible carène sur la ligne médio-longitudinale.

Coloration. L'exemplaire que nous avons sous les yeux a toutes les parties inférieures d'une teinte jaunâtre. En dessus, depuis la tête jusqu'au bout de la queue, il offre un brun clair qui se répand sur les flancs et sur les côtés de la queue, en formant de larges, mais très courts rubans verticaux.

Les parties latérales du cou sont de la même couleur que le dessous du corps, et se trouvent marquées chacune tout près de l'épaule d'une grande tache brune. Deux lignes jaunâtres et parallèles se montrent sur le dessus du cou, tandis que, sur le dos, des anneaux de la même couleur constituent cinq ou six séries de chaînes transversales, placées à peu près à la même distance les unes des autres. Les ongles sont jaunâtres, les membres offrent des nuances de la même couleur, sur un fond brun.

Dimensions. *Longueur totale.* 1' 7". *Tête.* Long. 11". *Cou.* Long. 8". *Corps.* Long. 40". *Membr. antér.* Long. 7". *Membr. postér.* Long. 28". *Queue.* Long. 48".

Patrie. Nous ignorons quelle est la patrie de cette espèce, qui ne nous est connue que par un seul individu, le même dont Daudin a donné la description dans son Histoire naturelle des Reptiles, dans l'article que nous avons cité.

12. LE VARAN OCELLÉ. *Varanus ocellatus.* Rüppel.

Caractères. Tête courte; doigts peu allongés; queue comprimée, carénée; narines en fentes, situées entre l'œil et l'extrémité du museau. De grandes écailles sur le corps, et particulièrement sur le cou; celles du crâne tuberculeuses.

Synonymie. *Varanus ocellatus.* Rüppel. Atl. zu der Reis. in Nordl. Afrik. Rept. pag. 21, tab. 6.

Monitor ocellatus. Gray, Synops. in Griffith's Anim. Kingd. tom. 9, pag. 25.

Varanus ocellatus. Schinz. Naturg. Abbild. der Rept. pag. 94, tab. 33, fig. 2.

DESCRIPTION.

Formes. Ce Varan, de même que celui appelé à gorge blanche, est plus épais, plus ramassé dans ses formes que ses congénères. Sa tête est aussi plus courte, et ses doigts sont plus gros et moins allongés. Les écailles qui le revêtent étant d'un plus grand diamètre que celles de l'espèce précédente, c'est un caractère qui peut servir à l'en faire distinguer. Les dents du Varan ocellé sont courtes et presque coniques, ou même tuberculeuses, au moins les postérieures; car celles qui sont rapprochées du bout des mâchoires ont encore une forme un peu comprimée et légèrement courbée en arrière. Nous en avons compté vingt-quatre en haut et vingt-quatre en bas, augmentant successivement de grosseur à mesure qu'elles se rapprochent du gosier. Une fente oblique, placée positivement entre l'œil et le bout du nez, est ce qui constitue de chaque côté du museau l'ouverture nasale. Les écailles qui garnissent le dessus de la tête en arrière de la ligne correspondante au bord antérieur des yeux, ressemblent à des tubercules. La surface du museau est revêtue de petites plaques à plusieurs pans. La brièveté des doigts de cette espèce, relativement à ceux de la plupart de ses congénères, les fait paraître plus gros. Les ongles sont réellement un peu moins longs, mais toutefois crochus et bien acérés. La queue entre pour la moitié environ dans la longueur totale de l'animal. Elle commence à se comprimer à très peu de distance de sa base, immédiatement en arrière de laquelle apparaît la double carène dentelée qui surmonte cette partie du corps dans tout le reste de son étendue. Sur le ventre, sous la queue et sur le devant des bras, il existe des écailles quadrangulaires, oblongues, aplaties. Partout ailleurs, excepté sur la tête, où nous avons dit que ces écailles étaient polygones, on en voit d'ovales, légèrement convexes, et largement entourées de petits grains squammeux. Il est à remarquer que celles du dessus du cou sont plus grandes et plus épaisses que celles du dos.

Coloration. Nous ne possédons de cette espèce de Varan que deux exemplaires empaillés. Le dessus de leur corps est d'un gris fauve uniforme, et le dessous d'une teinte plus claire, également uniforme. Mais il paraît que, dans l'état de vie, le Varan ocellé a ses parties inférieures colorées en jaune clair, les supérieures en jaune roussâtre, et le dos orné de taches blanches cerclées de brun. C'est du moins ainsi que, dans son Atlas, M. Rüppel a représenté un Varan auquel, sauf la différence de coloration, les deux exemplaires dont nous venons de parler ressemblent exactement.

Dimensions. *Longueur totale.* 82". *Tête.* Long. 7". *Cou.* Long. 8". *Corps.* Long. 28". *Memb. antér.* Long. 13". *Memb. postér.* Long. 14" 1'". *Queue.* Long. 39".

Patrie. Le Varan ocellé est d'origine africaine. M. Rüppel l'a trouvé en Abyssinie, et les deux individus de notre Musée viennent du Sénégal.

Observations. Cette espèce a tant de rapports avec la précédente qu'il pourrait se faire que les individus décrits ainsi, comme deux espèces distinctes, ne soient que des variétés dépendantes de la différence apportée par l'âge ou par le sexe.

IIe GENRE. HÉLODERME. — *HELODERMA*. Wiegmann.

(*Heloderma* de Wagler et de Gray.)

CARACTÈRES. Ecailles ou tubercules du corps simples ou non entourés de petits grains squammeux. Queue arrondie. Le cinquième doigt des pieds postérieurs inséré sur la même ligne que les quatre autres.

Les Hélodermes n'ont pas, comme les Varans, les écailles ou les tubercules qui les revêtent entourés de petits grains squammeux. Les cinq doigts de chacune des pattes postéri. ures sont insérés sur une même ligne transversale, tandis que dans les espèces de l'autre genre des Varaniens, le cinquième est attaché sur le tarse plus en arrière que les autres. Les dents diffèrent aussi, à ce qu'il paraît, de celles des Varans, en ce qu'elles ne sont pas comprimées. Enfin, un autre caractère des Hélodermes, c'est d'avoir la queue véritablement arrondie dans toute son étendue, ce qu'on n'observe chez aucune des espèces de Varans.

Le genre Héloderme, dont on doit l'établissement à M. Wiegmann, ne renferme encore qu'une seule espèce, l'Héloderme hérissé, dont la description va suivre.

1. L'HÉLODERME HÉRISSÉ. *Heloderma horridum*. Wiegmann.

(*Voyez* pl. 36.)

CARACTÈRES. Dessus du corps brun, offrant de larges taches rousses, semées de points jaunâtres. Cinq anneaux de cette dernière couleur autour de la queue.

SYNONYMIE. *De Caltetepon seu monoxillo mucronato, quod privatìm Temacuilcahaya vocant, Lacerta Novæ Hispaniæ.* Hernan. Hist. Nov. Hispan. cap. 2, pag. 315.

32.

Heloderma horridum. Wiegm. Isis. 1829, pag. 627.

Heloderma horridum. Wagl. Amph. pag. 164, et Descript. et Icon. Amph. Fasc. 2, tab. 18.

Heloderma horridum. Gray, Synops. in Griffith's Anim. Kingd. tom. 9, pag. 28.

Heloderma horridum. Schinz. Naturgesch. Abbild. Rept. pag. 95, tab. 33, fig. 1.

DESCRIPTION.

Formes. Les dents de l'Héloderme hérissé sont grêles, presque droites, très pointues et creusées d'un sillon profond. La tête a la forme d'une pyramide tétraèdre ; elle est aplatie de haut en bas, et obtusément arrondie à son extrémité antérieure, de chaque côté de laquelle sont situées les narines. Celles-ci, dont la forme est à peu près ovale, sont circonscrites par trois plaques. Le dessus du bout du nez est garni de quatre scutelles ayant la forme, les premières, de pentagones rétrécis en arrière, et les secondes de rhombes étroits.On compte vingt scutelles labiales supérieures. La surface de la tête comprenant le front, le vertex et l'occiput, est hérissée de grandes plaques, ou plutôt de gros tubercules osseux, dont le contour, bien qu'à plusieurs pans, affecte cependant une figure circulaire. Ces tubercules sont disposés par séries annulaires, s'emboîtant les unes dans les autres. Ce sont aussi des tubercules, mais ayant une forme conique, qui recouvrent la surface du dos, où on les voit rangés par lignes transversales. De petites écailles plates et lisses occupent la poitrine et la région abdominale. Sur la région antérieure de l'une, elles sont arrondies et disposées sans ordre, tandis que, plus en arrière et sur la surface entière de l'autre, elles offrent une forme triangulaire, et constituent des séries transversales.

Les quatre membres ont à peu près la même longueur. Les bras sont couverts de plaques osseuses, convexes, presque polygones, et les avant-bras ont de grandes écailles planes et circulaires. Il règne peu d'inégalité dans la longueur des doigts antérieurs. Le médian est le plus long ; après lui viennent le second et le quatrième, qui sont un peu moins courts que les deux externes. Aux pattes de derrière, on remarque que c'est le troisième et le quatrième, dont la grandeur est la même, qui sont les plus longs, et le cinquième le plus petit. La face externe des cuisses et des jambes est protégée par des tubercules hémisphériques, et leur face interne par de grandes écailles sub-arrondies et planes. Tous les doigts sont recouverts de scutelles presque semi-lunaires, dilatées en travers. Les ongles sont arqués, comprimés et très aigus.

La queue, dont la forme est arrondie et la longueur à près égale à celle du tronc, offre des verticilles composés en dessus de gros tubercules, et en dessous d'écailles planes quadrangulaires.

Coloration. Ce Saurien est en dessus d'un brun noir, qui passe au brun pâle sur les régions inférieures. La tête est unicolore, mais le cou et le dos présentent des taches rousses, semées de points jaunâtres ou blanchâtres. Le ventre est lavé de fauve, sur un fond brun. Le noir brun du dos se montre aussi sur la queue, qui est annelée de roussâtre.

Dimensions. *Longueur totale.* 77". *Tête.* Long. 7". 5'". *Queue.* Long. 33".

Patrie. Ce Varanien est originaire du Mexique, où l'on croit à tort que sa morsure peut occasionner la mort.

Observations. Nous n'avons pas encore eu l'occasion d'observer nous-mêmes aucun individu de l'Héloderme hérissé. La description qu'on vient de lire est, en grande partie, la reproduction de celle que M. Wiegmann a publiée dans son Erpétologie du Mexique, d'après un exemplaire envoyé de ce pays au Musée de Berlin, par M. Deppe.

§ V. DES VARANIENS FOSSILES ET DE QUELQUES AUTRES ESPÈCES PERDUES DES GENRES VOISINS.

Nous avons fait pressentir, en exposant avec quelques détails l'ostéologie des Varaniens, combien les modifications éprouvées par les os de la face et du crâne, chez ces animaux, étaient importantes à connaître. En effet, c'est par suite de cet examen particulier, que Cuvier est parvenu à assigner la véritable place que devaient occuper, dans l'ordre des Reptiles, les débris fossiles de quelques espèces gigantesques trouvées dans le sein de la terre, et sur lesquels les géologistes avaient dû commettre les plus grandes erreurs, par défaut de notions positives en anatomie comparative. Cette première circonstance reconnue de l'analogie dans les os de la tête, qui se rapprochent un peu de ceux des Serpens, a mis bientôt sur la voie pour retrouver, dans les autres parties du squelette, des rapports et des concordances avec les Varaniens, qu'on était alors bien éloigné de soupçonner.

Cependant il faut avouer qu'à l'époque où Cuvier se livrait à ses recherches sur les ossemens fossiles, il n'avait pas encore suffisamment distingué les Varaniens des Iguaniens, à tel point même qu'il avait laissé le nom de Tupinambis, par lequel il désignait, comme l'avait fait Daudin, le genre des Varans, le Monitor ou Sauve-Garde d'Amérique, qui est d'une autre famille, et par conséquent d'un autre genre, puisqu'il a des plaques anguleuses sur la tête. Aussi dans son grand ouvrage, a-t-il rapproché les fossiles de la famille qui nous occupe, de ceux qui ont évidemment appartenu à des animaux de la division des Iguanes.

Dans la seconde partie du tome cinquième de ses Recherches sur les ossemens fossiles, Cuvier a donné les plus grands détails sur cette division importante de l'Oryctologie, puisque ces débris semblent avoir appartenu à des animaux d'un monde primitif. Il a consacré autant d'articles séparés à quatre principales espèces. Nous allons présenter une analyse de chacun de ces petits mémoires, en indiquant les recherches nouvelles auxquelles ses premiers travaux ont donné lieu depuis, parce qu'ils ont excité un grand intérêt parmi les géologistes, surtout en Angleterre, en Allemagne, et même aux États-Unis d'Amérique.

1° *Des Sauriens du genre des Monitors, trouvés dans les schistes pyriteux de la Thuringe et dans d'autres contrées de l'Allemagne.*

C'est en 1710, dans les Mélanges de la Société royale de Berlin, que Spener a fait connaître le premier ces débris fossiles, regardés d'abord comme provenant d'une sorte de Crocodile, et auxquels dans ces derniers temps Meyer a donné le nom de *Protorosaurus* (1), qu'il aurait peut-être mieux désignés par le terme de *Protosaurus*, πρωτοσαύρος, ce qui aurait signifié le premier Lézard engendré, *primogenitus*.

Cuvier, dans cet article, fait connaître le gisement des mines de sulfure de cuivre argentifère où se rencontrent ces ossemens, unis à d'autres qui proviennent

(1) Hermann von Meyer, *Palæologica*, 1832, pag. 208

évidemment de poissons. D'après les dessins et les gravures des quatre échantillons principaux, notre célèbre géologue a pu reconstruire ou se faire l'idée d'un individu complet, en rattachant au tronc les parties séparées dans chaque morceau. Avec la tête, la patte antérieure et presque toute la queue, fournies par la gravure de Spener (1), la patte postérieure et une grande partie du tronc données par Link (2); les côtes, la queue, les deux membres postérieurs bien complets et plusieurs parties de ceux de devant, figurés par Swedenborg (3); enfin par le bassin que Cuvier (4) a fait reproduire, ainsi que la patte postérieure, la première d'après un dessin de M. Wachsmann. La tête a seule suffi dans la détermination du genre de ce Saurien, parce que la mâchoire supérieure, en particulier, n'est garnie que de onze dents, dont la série s'arrête sous l'angle antérieur des orbites, ce qui est un des caractères du genre Tupinambis; et, comme l'a dit Cuvier, ce premier trait une fois saisi, tous les autres le confirment. Cinq doigts très inégaux en longueur aux pattes de derrière, dont le quatrième est le plus long. Or, ce nombre et cette proportion des doigts ne conviennent nullement aux Crocodiles. Cinq autres doigts presque égaux aux pattes de devant, et dans le dernier des genres que nous venons de nommer, le petit doigt est sensiblement moindre et plus court en proportion.

---

(1) Spener, *Miscellanea Berolinensia*, 1710, tom. 1, pag. 92, fig. 24 et 25.

(2) Link (Henry), *Acta eruditorum*, 1718, pag. 188, pl. 2.

(3) Swedenborg, *Principia rerum naturalium*, pag. 168, pl. 2, 1734, in-fol.

(4) Cuvier, Ossemens fossiles, tom. 5, 2e partie, pl. 9, fig. 1 et 2.

La longueur totale du squelette paraît avoir été de trois pieds. Une des plus notables différences avec les squelettes des Tupinambis ou Varans se voit dans les apophyses épineuses des vertèbres du dos, qui sont beaucoup plus élevées, et dans la longueur relative des os de la jambe à proportion de la cuisse et du pied.

2° *Du grand Saurien fossile de Maestricht, auquel M. Conybeare a donné le nom de Mosasaurus.*

C'était, à ce qu'il paraît, une sorte de Lézard monstrueux pour la taille, qui atteignait celle des grands Crocodiles. Il différait des Varans parce qu'il avait des dents fixées aux os ptérygoïdiens comme les iguanes. Il a été d'abord recueilli dans les carrières creusées au pied des collines calcaires de la vallée de la Meuse près de Maestricht. Sa découverte a donné lieu à beaucoup de controverses. On a regardé ces débris fossiles comme provenant d'un Cétacé, d'un Crocodile, d'un Poisson ou d'un grand Serpent, et enfin pour un Saurien de quelque genre particulier. Cette dernière opinion a été d'abord émise par Adrien Camper (1), confirmée ensuite et mieux établie par Cuvier, dans l'article que nous analysons.

Après l'exposition des diverses manières dont les auteurs qui l'ont précédé avaient cherché à reconnaître les analogies indiquées ci-dessus, notre savant naturaliste ayant fait dessiner et graver la plupart

(1) Journal de Physique, vendémiaire an IX, Lettre à G. Cuvier.

des ossemens les plus importans, tels que la tête trouvée en 1780, et conservée aujourd'hui dans notre Musée national, il établit de la manière la plus positive que cette tête fixe irrévocablement cet animal entre les Monitors et les Iguanes; mais, ajoute-t-il, quelle énorme taille! Aucune des espèces des deux genres précédens n'a peut-être pas la tête longue de plus de cinq pouces, tandis que la sienne approchait de quatre pieds. La tête, et surtout les dents et les mâchoires étant données, tout le reste est bien près de l'être, au moins pour ce qui regarde les caractères essentiels. Les vertèbres du col, du tronc, de la queue, sont venus corroborer sa première opinion, et lui ont permis de reconnaître que l'animal devait être aquatique, et nageur à la manière des Crocodiles, en faisant agir la queue de droite à gauche, et non de haut en bas comme les Cétacés. Cependant l'os en chevron des vertèbres de la queue est soudé avec le corps de la vertèbre, et c'est un caractère de ces os dans les Poissons. Le nombre total des vertèbres paraît avoir été de cent trente-trois. Quelques Monitors en ont offert cent quarante-sept, et le plus grand nombre qu'on ait trouvé dans les Crocodiles a été de soixante huit. Cuvier a fait la remarque que la queue de cet animal, d'après la forme des vertèbres qui la forment, devait très vraisemblablement être cylindrique à la base, et élargie dans le sens vertical, en même temps qu'elle était aplatie sur les côtés, et plus encore que celle des Crocodiles, ressemblant à une véritable rame. Cuvier termine son résumé en disant qu'il reste constant que le grand animal de Maestricht a dû former un genre intermédiaire entre la tribu des Sauriens sans dents au palais, qui sont nos Varaniens, et celle qui comprend les espèces à dents palatines ou plutôt ptérygoïdiennes, tels que les Iguanes, qui diffèrent beaucoup d'ailleurs de la famille des Crocodiliens.

3° *Du Geosaurus, grand reptile fossile des environs de Manheim, nommé par Soemmering* Lacerta gigantea *et* Halilimnosaurus, *par Ritgen.*

Les débris de ce Saurien ont été recueillis dans une mine de fer en grains, dans un banc plus marneux, dans le canton de Meulenhardt. Ils ont été décrits en 1816, dans les mémoires de l'Académie de Munich, par Soemmering (1), avec des figures dont Cuvier (2) a donné des copies réduites. D'après l'examen détaillé auquel il s'est livré, il se croit autorisé à considérer cet animal comme devant appartenir à un nouveau genre de l'ordre des Sauriens; mais aucune des parties n'étant entière, on ne peut donner les dimensions précises du corps de cet animal. La configuration de la tête et celle des dents le rapprochent des Monitors; il y a dans l'orbite des lames osseuses qui appartenaient à la paupière supérieure, ou à celles qu'on retrouve dans la sclérotique de ces mêmes Monitors, et qui n'existent pas dans les Crocodiles. Celle des vertèbres qu'on a pu observer, ainsi que les pubis et les fémurs, se rapprochent cependant un peu des os qui leur correspondent dans les Crocodiles. Cuvier présume que l'individu auquel les os ont appartenu pouvait être long de 12 à 13 pieds environ.

---

(1) Densch, de Academ. zu München, tom, 6, pag. 37, fig. 1 à 10.

(2) Tom. 5, 2e partie, pag. 338, pl. 21, fig. 2 à 8.

4° *Du Mégalosaure, très grande espèce de Saurien, découverte près d'Oxford par M. Buckland.*

Les os de ce Saurien ont été découverts à l'état fossile à Stonesfield, dans le comté d'Oxford et à douze milles de cette ville. Leur gisement est un banc de schiste et d'argile feuilleté. Les principaux morceaux qui ont été recueillis sont un fragment de mâchoire, avec une dent développée et plusieurs germes, ainsi qu'un os de la cuisse (1), cinq vertèbres, un os de l'épaule, et plusieurs autres fragmens qui semblaient avoir été roulés ou usés par le frottement, de manière à ne pas permettre leur détermination.

Les dents paraissent analogues à celles du Géosaure de Manheim ; elles sont comprimées, aiguës, arquées vers l'arrière et à deux tranchans, finement dentelées, plus épaisses en devant, où les crénelures semblent avoir été usées ; leurs germes de remplacement, reçus dans des alvéoles distincts, percent la mâchoire au côté interne des dents en place. Elles ont par conséquent la plus grande ressemblance avec celles des Varaniens. A juger de la longueur de ces dents et du fémur, comparée avec ces mêmes parties dans les Varans, Cuvier estime que l'animal pouvait avoir près de cinquante pieds de longueur et même de soixante-dix pieds, proportion vraiment effrayante.

Il paraît, d'après M. Mantell, que des débris de ce même Saurien fossile se retrouvent dans un sable

(1) Cuvier, Ossemens fossiles, tom. 5, part. 2, pag. 344, pl. 21, fig. 9-10 et 18-19.

ferrugineux de la forêt de Tilgate, dans le comté de Sussex. Il a été décrit sous le nom d'*Iguanodon*, dans un ouvrage anglais particulier, qui a pour titre: Illustrations de la géologie de Sussex.

Jaeger, dans son ouvrage sur les os fossiles de Reptiles du Wurtemberg, imprimé en allemand, en 1828, à Stuttgard, in-4°, a décrit d'autres ossemens de Sauriens, qui paraissent aussi être fort voisins des Varaniens, entre autres deux espèces d'un genre qu'il nomme *Phytosaure*, et le docteur Harlan, dans le 3e volume du journal de l'Académie des sciences naturelles de Philadelphie, en a fait connaître un autre sous le nom de *Saurocéphale*. On trouve enfin dans les Transactions de la société philosophique d'Amérique pour 1830, un nouveau genre de Saurien fossile décrit par M. Hays, sous le nom de *Saurodon*, dont les débris fossiles ont été trouvés dans le New-Jersey, ainsi que ceux du genre précédent.

FIN DU TOME TROISIÈME.

TABLE MÉTHODIQUE

DES MATIÈRES

CONTENUES DANS CE TROISIÈME VOLUME.

SUITE DU LIVRE QUATRIÈME.

DE L'ORDRE DES LÉZARDS OU DES SAURIENS.

CHAPITRE IV.

FAMILLE DES CROCODILIENS OU ASPIDIOTES.

§ I. Considérations générales et distribution en sous-genres. 1
Caractères essentiels. 10
§ II. Organisation des Crocodiliens. 12
1° Des organes du mouvement. 13
2° Des organes de la sensibilité. 18
3° Des organes de la nutrition. 23
4° Des organes de la génération. 31
§ III. Habitudes et mœurs, distribution géographique. 33
§ IV. Partie historique et bibliologique. 47
1° Indication par ordre chronologique des auteurs principaux qui ont écrit sur l'histoire naturelle des Crocodiles. 55
2° Indication, dans le même ordre, des principaux ouvrages sur l'anatomie et la physiologie des Crocodiles. 57
§ V. Des trois sous-genres qui composent la famille des Crocodiliens, et des espèces en particulier. 63
Tableau synoptique des espèces (en regard).

Ier Sous-Genre : Caïman. 65
1re Espèce. Caïman à paupières osseuses. 67
Variété A. 69
Variété B. 72
2. Caïman à museau de brochet (pl. 25 et pl. 26). 75
3. Caïman à lunettes. 79
4. Caïman cynocéphale. 87
5. Caïman à points noirs. 91
IIe Sous-Genre : Crocodile. 93
1re Espèce. Crocodile rhombifère. 97
2. Crocodile de Graves. 101
3. Crocodile vulgaire. 104
Variété A. *Ibid.*
Variété B. 100
Variété C. 118
Variété D. 111
4. Crocodile à casque. 113
5. Crocodile à deux arêtes. 115
6. Crocodile à museau effilé. 119
7. Crocodile à nuque cuirassée. 126
8. Crocodile de Journu. 129
IIIe Sous-Genre : Gavial. 132
1. Gavial du Gange (pl. 26, fig. 4). 134
§ VI. Des Crocodiliens fossiles et des débris osseux qui ont appartenu à des genres voisins dont les espèces ne se trouvent plus vivantes aujourd'hui. 141
Du genre Ichthyosaure en particulier. 146
Du genre Plésiosaure. 149

CHAPITRE V.

FAMILLE DES CAMÉLÉONIENS OU CHÉLOPODES.

§ I. Considérations générales sur cette famille. 153
Caractères essentiels. 154

§ II. Organisation des Caméléoniens. 160
1° Des organes du mouvement. 162
2° Des organes destinés aux sensations. 166
3° Des organes de la nutrition. 182
4° Des organes de la reproduction. 189
§ III. Habitudes et mœurs : distribution géographique des espèces de Caméléoniens. 192
§ IV. Des auteurs qui ont écrit sur les Caméléoniens. 197
Liste chronologique. 198
§ V. Caractères du genre Caméléon, et description des espèces. 203
Tableau synoptique des espèces (en regard).
1. Caméléon ordinaire. 204
2. Caméléon verruqueux (pl. 27, fig. 1). 210
3. Caméléon tigre. 212
4. Caméléon nasu. 216
5. Caméléon nain. 217
6. Caméléon à bandes latérales. 220
7. Caméléon du Sénégal (pl. 27, fig. 2) 221
8. Caméléon bilobé. 225
9. Caméléon à capuchon. 227
10. Caméléon à trois cornes. *Ibid.*
11. Caméléon Panthère. 228
12. Caméléon de Parson. 231
13. Caméléon à nez fourchu (pl. 27, fig. 3). 233
14. Caméléon de Brookes. 235

CHAPITRE VI.

FAMILLE DES GECKOTIENS OU ASCALABOTES.

§ I. Considérations générales sur cette famille et sur sa distribution en sections et en genres. 237
Caractères essentiels des Geckotiens. 242
Historique de cette famille par ordre chronologique. 244
Tableau synoptique des genres d'après Cuvier. 249

Tableau synoptique d'après M. Fitzinger. 251
Etymologie des noms des Geckotiens par ordre alphabétique. 257
§ II. Organisation des Geckotiens.
1° Des organes du mouvement. 258
2° Des organes de la sensibilité. 262
3° Des organes de la nutrition. 269
4° Des organes de la génération. 274
§ III. Habitudes et mœurs. Distribution géographique. 275
Répartition synoptique des régions de la terre où se trouvent les Geckotiens. 280
§ IV. Des auteurs qui ont écrit sur les Geckotiens. 281
§ V. Des genres et des espèces de Geckotiens. 285
Tableau synoptique de la division en sept genres. 289
Ier Genre : PLATYDACTYLE. 290
Tableau synoptique des espèces de ce genre. 294
Ire Division : PLATYDACTYLES HOMOLÉPIDOTES. 296
1. Platydactyle ocellé. 298
2. Platydactyle Cépédien (pl. 28, n° 2). 301
3. Platydactyle demi-deuil. 304
4. Platydactyle Théconyx (pl. 33, fig. 2). 306
5. Platydactyle des Seychelles (pl. 28, fig. 1). 310
6. Platydactyle de Duvaucel. 312
7. Platydactyle de Leach (pl. 28, n° 6). 315
IIe Division : PLATYDACTYLES HÉTÉROLÉPIDOTES. 317
8. Platydactyle des murailles. 319
9. Platydactyle d'Egypte (pl. 28, n° 4). 322
10. Platydactyle de Lalande. 324
11. Platydactyle de Milbert. 325
12. Platydactyle à gouttelettes. 328
13. Platydactyle à bande. 331
14. Platydactyle à deux bandes. 334
15. P atydactyle monarque. 335
16. Platydactyle du Japon. 337

17. Platydactyle homalocéphale (pl. 28, fig. 6, et pl. 29, fig. 1 et 2). 339

IIe Genre. HÉMIDACTYLE. 344

Tableau synoptique des espèces de ce genre. 348

Ire Section. DACTYLOPÈRES ou à doigts tronqués. 350

A. A lames sous-digitales entières.

1. Hémidactyle de l'île Oualan (pl. 28, fig. 7). 350

B. A lames sous-digitales échancrées.

2. Hémidactyle de Péron (pl. 30, fig. 1). 352
3. Hémidactyle varié. 353
4. Hémidactyle mutilé. 355

IIe Section : DACTYLOTÈLES ou à doigts complétement élargis dans toute leur longueur. 355

Subdivision A. DACTOLYTÈLES FISSIPÈDES.

5. Hémidactyle à tubercules trièdres (pl. 28, n° 8). 356
6. Hémidactyle tacheté. 358
7. Hédactyle verruculeux. 359
8. Hémidactyle mabouia. 362
9. Hémidactyle de Leschenault. 364
10. Hémidactyle de Cocteau. 365
11. Hémidactyle bridé. 366
12. Hémidactyle de Garnot. 368
13. Hémidactyle Péruvien. 369

Subdivision B. DACTYLOTÈLES PALMIPÈDES.

14. Hémidactyle bordé (pl. 30, fig. 2). 372
15. Hémidactyle de Séba. 373

IIIe Genre : PTYODACTYLE. 375

Tableau synoptique des espèces de ce genre. 377

Ire Division : LES UROTORNES ou à queue ronde. *Ibid.*

1. Ptyodactyle d'Hasselquitz (pl. 33, fig. 3). 378

IIe Division : UROPLATES ou à queue déprimée. 379

2. Ptyodactyle frangé (pl. 33, fig. 4). 381

3. Ptyodactyle rayé (pl. 31, fig. 1-4). 384
4. Ptyodactyle de Feuillée. 386

IVe Genre : PHYLLODACTYLE. 388
Tableau synoptique des espèces de ce genre. 391
1. Phyllodactyle de Lesueur. 392
2. Phyllodactyle porphyré (pl. 33, n° 5). 393
3. Phyllodactyle gymnopyge. 394
4. Phyllodactyle tuberculeux. 396
5. Phyllodactyle gentil (pl. 33, n° 7). 397
6. Phyllodactyle strophure (pl. 32, n° 1). *Ibid.*
7. Phyllodactyle gerrhopyge. 399
8. Phyllodactyle à bande. 400

Ve Genre : SPHÉRIODACTYLE. 401
Tableau synoptique des espèces de ce genre.
1. Sphériodactyle sputateur. 402
2. Sphériodactyle à très petits points. 405
3. Sphériodactyle bizarre. (*Voyez* pl. 32, n° 2.) 406

VIe Genre : GYMNODACTYLE. 408
Tableau synoptique des espèces ce genre. 410

Ire Division : GYMNODACTYLES HOMONOTES. 411

1. Gymnodactyle de Timor. *Ibid.*
2. Gymnodactyle de Gaudichaud. 413
3. Gymnodactyle Mauritanique. 414
4. Gymnodactyle à gorge blanche. 415
5. Gymnodactyle à points jaunes. 417

IIe Division : GYMNODACTYLE HÉTÉRONOTES. 418

6. Gymnodactyle de Dorbigny. 419
7. Gymnodactyle à bandes. 420
8. Gymnodactyle rude (pl. 33, n° 6). 421
9. Gymnodactyle gentil. 423
10. Gymnodactyle marbré. 426
11. Gymnodactyle phyllure. 428
12. Gymnodactyle de Milius (pl. 33, fig. 1). 430

VIIe Genre : Sténodactyle. 433
1. Sténodactyle tacheté (pl. 34, fig. 2). 434

CHAPITRE VII.

FAMILLE DES VARANIENS OU PLATYNOTES.

§ I. Considérations générales sur cette famille et sur les genres qui la composent. 437
Caractères essentiels comparés aux sept autres familles. 438
Historique par ordre chronologique. 442
Des deux genres en particulier. 444
§ II. Organisation des Varaniens. 445
Des organes du mouvement : des os en particulier. 446
§ III. Habitudes et mœurs ; distribution géographique des espèces de Varaniens. 459
§ IV. Des auteurs qui ont écrit sur les Varaniens : indication du titre de leurs ouvrages. 463

Ier. Genre : Varan. 467
Tableau synoptique des espèces de Varaniens. 470
1. Varan du désert. 471
2. Varan de Timor. 473
3. Varan du Nil (pl. 35, n° 4 ; ses écailles). 476
4. Varan du Bengale. 480
5. Varan nébuleux (pl. 35, nos 2 et 3). 483
6. Varan de Picquot (pl. 35, n° 5). 485
7. Varan à denx bandes. 486
8. Varan chlorostigme. 489
9. Varan bigarré. 491
10. Varan de Bell (pl. 35, n° 1). 493
11. Varan à gorge blanche. 495
12. Varan ocellé. 496

IIe Genre : Héloderme. 499
1. Héloderme hérissé. 500

§ V. Des Varaniens fossiles et de quelques autres espèces perdues des genres voisins. 502

1° Des Sauriens du genre des Monitors, trouvés dans les schistes pyriteux de la Thuringe et dans d'autres contrées de l'Allemagne. 503

2° Du grand Saurien fossile de Maëstricht, auquel M. Conybeare a donné le nom de *Mosasaurus*. 505

3°. Du *Geosaurus*, grand Reptile fossile des environs de Manheim, nommé par Soemmering *Lacerta gigantea* et par Ritgen *Halilimnosaurus*. 507

4° Du *Megalosaurus*, très-grande espèce de Saurien découverte par M. Buckland. 508

FIN DE LA TABLE.

ERRATA ET EMENDANDA.

Page 22, ligne dernière de la note, *papillæ*, lisez *pupillæ*.
Page 75, après la ligne : CAÏMAN A MUSEAU DE BROCHET, ajoutez : (*Voyez* pl. 25 et 26.)
Page 79, avant : LE CAÏMAN A LUNETTES, ajoutez le n° 3.

Page 129, ligne première : LE CROCODILE DE JOURNU, n° 1, lisez n° 8.
Page 134, ligne seconde : fig. 4, lisez fig. 2.
Page 153, CHAPITRE IV, lisez CHAPITRE V.

Page 235, mettez le n° 14 avant LE CAMÉLÉON DE BROOKES.

Page 301, après : LE PLATYDACTYLE CÉPÉDIEN, ajoutez : (*Voyez* pl. 28, n° 2.)
Page 315, après : LE PLATYDACTYLE DE LEACH, ajoutez : (*Voyez* pl. 28, n° 6.)
Page 322, après . LE PLATYDACTYLE D'ÉGYPTE, ajoutez : (*Voyez* pl. 28, n° 3.)
Page 356, après : L'HÉMIDACTYLE A ÉCAILLES TRIÈDRES, ajoutez · (*Voyez* pl. 28, n° 8.)
Page 370, ligne 9 : *de Berlin*, lisez *de Bonn*.
Page 397, ligne 9 : *idem*.
Page 400, ligne 17 : *idem*.
Page 406, après : LE SPHÉRIODACTYLE BIZARRE, ajoutez : (*Voyez* pl. 33, n° 2.)
Page 421, après : LE GYMNODACTYLE RUDE, ajoutez : (*Voyez* pl. 33, n° 6.)
Page 423, après : LE GYMNODACTYLE GENTIL, ajoutez : (*Voyez* pl. 33, n° 7.)